AF569167

Astrofotografie

Thierry Legault ist ein weltbekannter Astrofotograf. 1999 erhielt er für seine Werke den begehrten Prix Marius Jaquemetton der Societé de Astronomique de France. Er genießt in seinem Arbeitsgebiet ein solch hohes Renommee, dass die Internationale Astronomische Union den Asteroiden #19458 offiziell auf den Namen Legault getauft hat.

Legault ist Mitautor des Buchs »New Atlas of the Moon« (Firefly, 2006) und hat zahlreiche Artikel über die Astrofotografie für französische und amerikanische Zeitschriften verfasst. Er gibt regelmäßig Kurse und hält Vorträge zum Thema Astrofotografie in Europa, Amerika und Asien.

Legaults Bilder, vor allem die der ISS (International Space Station), fanden weltweite Verbreitung, unter anderem in Publikationen der NASA, *Nature, Scientific American, The Times, The Wallstreet Journal, Popular Science, Aviation Week* sowie diversen Fernsehsendern, darunter The Discovery Channel, BBC, CNN, ABC, CBS, Fox, CBC und MSNBC.

Thierry verdient seinen Lebensunterhalt als Ingenieur und lebt zurzeit in einem Vorort von Paris.

Weitere Informationen unter: *www.astrophoto.fr*

Thierry Legault

Astrofotografie

Von der richtigen Ausrüstung bis zum perfekten Foto

3., aktualisierte Auflage

Übersetzung aus der französischen 4. Auflage

Thierry Legault

Lektorat: Michael Barabas
Lektoratsbüro: Julia Griebel, Friederike Demmig
Fachlicher Review: Wolfgang Dzieran
Übersetzer: Volker Haxsen und Susanne Ochs
Satz: Petra Strauch, Bonn und Birgit Bäuerlein
Herstellung: Stefanie Weidner, Frank Heidt
Umschlaggestaltung: Eva Hepper, Silke Braun
Druck und Bindung: Grafisches Centrum Cuno GmbH & Co. KG, 39240 Calbe (Saale)

Bibliografische Information der Deutschen Nationalbibliothek
Die Deutsche Nationalbibliothek verzeichnet diese Publikation in der Deutschen Nationalbibliografie; detaillierte bibliografische Daten sind im Internet über *http://dnb.d-nb.de* abrufbar.

ISBN:
Print 978-3-86490-990-0
PDF 978-3-98890-112-5

3., aktualisierte Auflage 2024

Wieblinger Weg 17
69123 Heidelberg

Französischer Originaltitel: Astrophotographie, 4e édition

ISBN: 978-2-416-00690-6

Hinweis:
Dieses Buch wurde mit mineralölfreien Farben auf FSC®-zertifiziertem Papier aus nachhaltiger Waldwirtschaft gedruckt. Der Umwelt zuliebe verzichten wir zusätzlich auf die Einschweißfolie.
Hergestellt in Deutschland.

Schreiben Sie uns:
Falls Sie Anregungen, Wünsche und Kommentare haben, lassen Sie es uns wissen: *hallo@dpunkt.de*.

5 4 3 2 1 0

Danksagungen

Ich möchte Alan Holmes von der Santa Barbara Instrument Group (SBIG) für seine großzügige und dringend notwendige Hilfe bei der Übersetzung des Manuskripts aus dem Französischen ins Englische danken. Dank auch an Michael Barbara und Alan von SBIG für ihre tragende Rolle beim Aufbau des Kontaktes zum Verlag Rocky Nook und der Erleichterung der weiteren Diskussionen.

Mein besonderer Dank für die vorliegende deutschsprachige Ausgabe geht an Volker Haxsen und an Susanne Ochs für die kompetente Übersetzung aus dem Englischen und an Alexander Reischert für die sorgfältige Durchsicht des Manuskripts sowie an das gesamte dpunkt.team, das die Realisierung dieser Edition möglich gemacht hat.

Auch möchte ich Arnaud Frich für seine Idee zu diesem Buch danken, die er mir und Eyrolles (dem Verlag der französischen Originalausgabe) antrug, und für seine wertvolle Hilfe bei der Beschaffung der Fotos der hier präsentierten Ausrüstungsgegenstände der Astronomie. Weiterhin danke ich Eyrolles, dass sie mir die Gelegenheit gaben, diese Idee in völliger gestalterischer und inhaltlicher Freiheit umzusetzen. Vor allem danke ich meiner Lektorin Stéphanie Poisson für ihre Geduld, Güte, Rat und ihr sorgfältiges Korrekturlesen.

Ich muss an dieser Stelle die Pioniere der analogen und digitalen Astrofotografie erwähnen, für die Grenzen nur existierten, um sie zu überwinden. Dies sind vor allen Dingen Jean Dragesco, Christian Arsidi, Gérard Thérin, Christian Viladrich und Robert Gendler. Die Autoren, die in mir das Bedürfnis geweckt haben, den Himmel zu entdecken und zu fotografieren, darunter Pierre Bourge, Jean Dragesco, Serge Brunier, Patrick Martinez und Guillaume Cannat, waren ebenfalls wichtig für meinen Erfolg in der Astrofotografie.

Ich schulde all jenen Softwareentwicklern und Webmastern jede Menge Dank, die uns die Möglichkeit verschafft haben, unsere Aufnahmesessions im Voraus zu planen und das Optimum aus unseren Bildern herauszuholen. Besonders möchte ich hier Arnold Barmettler (CalSky), Christian Buil (IRIS), Cyril Cavadore (PRISM) und Jean-Philippe Cazard (AstroSurf) erwähnen. Zu besonderem Dank bin ich Christian Buil verpflichtet, der in mir das Verlangen geweckt hat, in die Digitalfotografie einzusteigen, mir durch seine CCD-Kameras zum Erfolg verholfen hat und dessen Software und Aufsätze mir sehr viel gegeben haben.

Viele Menschen aus allen Teilen der Welt haben mir dabei geholfen, die Wunder des Himmels zu fotografieren, vor allem Serge Koutchmy, François Colas, Jean-Luc Dauvergne, Jean Mouette, Eric Hivon, Guillaume Blanchard, Donald Pettit, Steve Bowen, Thomas Pesquet und die Mitarbeiter des Kennedy Space Center.

Ich möchte auch den vielen Herstellern danken, die mir ihre Produkte für die Fotos in diesem Buch zur Verfügung gestellt haben: Médas Instruments (Vichy), Optique Unterlinden (Colmar) und La Maison de l'Astronomie (Paris). Mein besonderer Dank gilt Remi Petitdemange, Richard Galli, Thomas Maquaire (Nikon France), Vincent Hamel (MeadeFrance), Alan Holmes (SBIG), Frédéric Jabet (Airylab), Renaud Coilliot (Sigma France), Catalin Fus und Pal Gyulai (CFF), Eric Kopit und Corey Lee (Celestron).

Ich danke den Praktikanten des Astronomiefestivals Haute-Maurienne und des Vereins AstroImages Processing sowie allen Internetnutzern, deren Fragen mir im Laufe der Jahre geholfen haben, dieses Buch so zu gestalten, dass es die Fragen so klar wie möglich beantwortet, und allen Amateurastronomen, die mir bei Vorträgen, Treffen, Kursen oder über das Internet Mut gemacht haben.

Inhalt

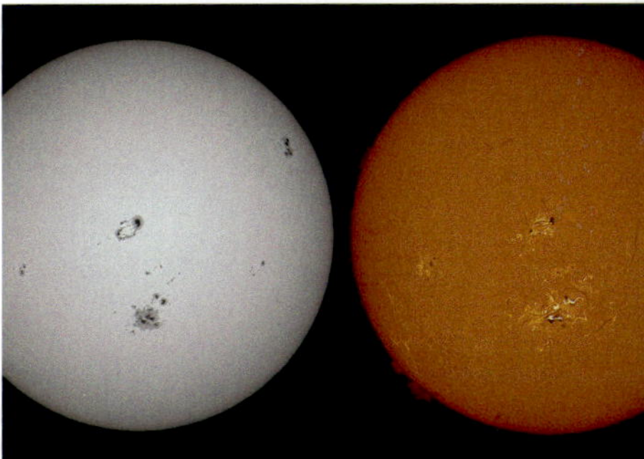

Vorwort

Schauen Sie in einer heißen Sommernacht nach oben. Die Sterne scheinen zum Greifen nah und warten nur darauf, fotografiert zu werden. Suchen Sie sich fern ab der Lichter der Stadt ein Plätzchen, bauen Ihre Kamera auf einem Stativ auf, stellen das Zoomobjektiv auf den Weitwinkelbereich, wählen ein Sternbild aus oder richten die Kamera einfach in Richtung der Milchstraße. Stellen Sie die Schärfe manuell ein und starten Sie eine 30 Sekunden lange Aufnahme. Glückwunsch, Sie haben soeben Ihr erstes astronomisches Foto gemacht! Falls Sie Spaß an dieser Aufgabe hatten und weitermachen möchten, ist dieses Buch für Sie geschrieben. Es ist aber auch an all jene adressiert, die mit ihren Ergebnissen bisher nicht zufrieden sind und lernen möchten, wie man besser werden kann.

Das Buch in Ihren Händen enthält das Meiste dessen, was ich über einen Zeitraum von über 20 Jahren im Gebrauch von Teleskopen, Digitalkameras, Astronomie-Kameras, Videokameras und jedweder Software gelernt habe. Nachdem ich erkannt hatte, dass die Entwicklung der digitalen Sensoren eine neue Ära der Amateurastronomie eingeleitet hatte, kaufte ich 1993 meine erste CCD-Kamera. Mit der gleichen Begeisterung wie damals fotografiere ich heute immer noch den Nachthimmel mit all seinen Facetten. Man kann mit Recht behaupten, dass die digitale Revolution ihr Versprechen eingelöst hat: Die heute von Amateuren erzielten Ergebnisse übertreffen die besten Resultate der größten Observatorien der Generation davor.

Lassen Sie sich nicht durch den Umfang dieses Buches einschüchtern. Es ist der Weite dieses Thema und der Vielzahl der Himmelskörper, die man fotografieren kann, geschuldet. Eine Galaxie kann man nicht auf die gleiche Weise fotografieren, wie man es bei einem Planeten oder einer Finsternis täte. Die Brennweiten, mit denen man den gesamten Himmel über sich (Seite 12) oder den Saturn (Seite 82) fotografiert, unterscheiden sich um mehr als den Faktor 1000! Außerdem gibt es eine große Auswahl an möglicher Fotografie- und Videoausstattung. Es ist sinnvoll, alle gebräuchlichen Ausrüstungsgegenstände der Astrofotografie zu erläutern. Die Ausführungen etwa in Kapitel 5 über die Vor- und Nachteile von Refraktoren sind für Sie völlig irrelevant, falls Sie ein Newton-Teleskop besitzen – es sei denn, dass Sie sich nach Lektüre dieser Seiten entscheiden, Ihre Ausrüstung zu ändern!

Astrofotografie kann man sogar bei helllichtem Tage und Bewölkung praktizieren, wie etwa bei dieser starken Annäherung von Mond und Venus am 18. Juni 2007.

Ich habe mich dafür entschieden, die verschiedenen Arten von Geräten nebeneinander zu behandeln, weil die Erstellung und Bearbeitung von Himmelsfotos mit jedem dieser Geräte mehr Gemeinsamkeiten als Unterschiede aufweist.

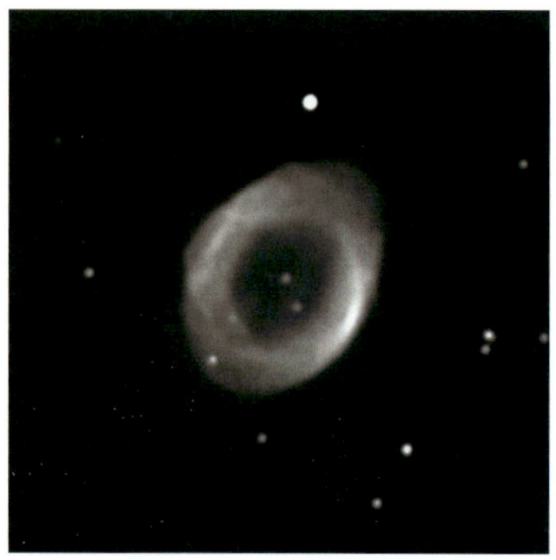

Dieses Schwarzweißbild des Ringnebels im Sternbild Leier liegt mir besonders am Herzen. Nach mehreren Nächten mit nicht überzeugenden Ergebnissen war dies mein erstes vorzeigbares Deep-Sky-Bild, das ich mit einer CCD-Kamera und einem 11-Zoll-Schmidt-Cassegrain-Teleskop im Frühjahr 1994 aufgenommen habe. Dieses Bild war es, das mich dazu gebracht hatte, die Astrofotografie weiter zu betreiben.

Die südliche Milchstraße, fotografiert mit einer DSL, umfasst die schönen Sternbilder Kreuz des Südens, Centaurus und Carina.

Die Galaxie NGC 5128 (Centaurus A), mit einer Digitalkamera und einem 4-Zoll-Refraktor mit den in Kapitel 7 beschriebenen Techniken fotografiert.

Ich habe dieses Buch so aufgebaut, dass es so vollständig und in sich geschlossen ist wie möglich. Trotzdem ist es kein Kurs in Digitalfotografie, über Computer oder allgemeine Astronomie, sodass die Lektüre zusätzlicher Quellen über diese Themen angebracht sein kann. Dennoch bin ich sicher, dass Sie kein Computergenie oder Optik-Wissenschaftler sein müssen, um hübsche Bilder hervorzubringen; die Astrofotografie steht jedem offen. Nichtsdestotrotz verspricht dieses Buch nicht, dass Sie wie von Zauberhand Bilder produzieren, wie sie in astronomischen Zeitschriften oder Büchern zu finden sind. Einige Motive sind relativ einfach zu fotografieren und erfordern wenig Ausrüstung, wohingegen andere komplizierte und teure Technik benötigen. Doch vergessen Sie jenseits aller Hardware- und Softwareaspekte nicht das entscheidende Glied in der Kette der Bildgebung: Sie selbst. Nehmen Sie sich Zeit! In vielerlei Hinsicht kann man die Astrofotografie mit dem Erlernen eines Musikinstruments vergleichen; beides erfordert Geduld und Beharrlichkeit, gepaart mit Neugier und gesundem Menschenverstand. Wie oft haben wir schon Amateure zum Opfer des Reitersyndroms werden sehen (»Wenn ich zu Boden gehe, liegt es immer am Pferd.«) – sie kauften immer größeres, schwereres, teureres und somit theoretisch besseres Equipment in der irrigen Annahme, dass das neuen Equipment bessere Ergebnisse produziere als das Teleskop oder die Kamera, für die sie sich jedoch nie genug Zeit genommen hatten, um sie wirklich zu beherrschen!

Sie werden hier keinen erschöpfenden Überblick oder gar ausführliche Anleitungen aller am Markt befindlichen Hard- und Softwareprodukte finden. Da deren Zahl täglich steigt und sie sich ständig weiterentwickeln, kann dieses Buch nicht in derlei Details einsteigen, da es sich ansonsten schnell überholen würde. Wenn ich daher bestimmte Marken oder Produkte erwähne, dann deshalb, weil ich bestimmte Merkmale, die sie bieten, ansprechen möchte. Wenn ich ein bestimmtes Instrument, eine Kamera oder ein Softwarepaket nicht nenne, heißt das nicht, dass ich es/sie nicht empfehlen würde oder für nutzlos hielte. Stattdessen möchte ich Ihnen hier die Grundprinzipien und allgemeinen Techniken darlegen, die Sie heute Nacht oder in zehn Jahren benötigen werden, sowie Lösungen für die kleinen Probleme liefern, auf die Sie bei der Entwicklung Ihrer Fähigkeiten unweigerlich treffen werden, sei es am ersten oder hundertsten Abend, den Sie mit Astrofotografie verbringen ... wenn es denn einen hundertsten gibt! Es ist völlig in Ordnung, wenn Sie nur zweimal im Jahr während des Urlaubs Astrofotografie betreiben. In diesem Fall sind Ihre Ansprüche und technischen Mittel sicher nicht vergleichbar mit denen des Enthusiasten, der mehrere Nächte im Monat mit der Suche nach den bestmöglichen Ergebnissen verbringt.

Mit den in diesem Buch erklärten Grundlagen werden Sie herausfinden, welche Ausrüstung am besten zu Ihnen passt – zu Ihren Ansprüchen und zu Ihrem Budget –, und Sie werden zwischen Marketing-Hype und echter Qualität unterscheiden lernen. Auch werden Sie in der Lage sein, die Bildbearbeitungstechniken, die in diesem Buch dargestellt sind, mit dem Softwarepaket Ihrer Wahl anzuwenden. Entdecken und erfahren Sie die Astrofotografie in Ihrem eigenen Tempo und mit der Ausrüstung, die Ihnen bereits zur Verfügung steht; versuchen Sie nicht, gleich am ersten Tag sämtliche in diesem Buch erwähnten Techniken anzuwenden, und ziehen Sie nicht gleich los, um all die Ausrüstung, die in diesem Buch erwähnt wird, zu kaufen. Halten Sie einfach nach Antworten auf Ihre Fragen Ausschau, wenn sie aufkommen.

Ich hoffe auch, dass dieses Buch Ihnen hilft, Ihren Blick zu schärfen, sodass Sie Erstklassigkeit erkennen, sowohl bei Ihnen als auch bei anderen. Und, noch wichtiger, es soll Ihnen dabei helfen, jene Felder auszumachen, die noch der Verbesserung bedürfen, und zeigen, wie man zu besseren Resultaten kommt. Wir sollten immer bedenken, dass wir keine vernünftigen Ergebnisse erzielen, wenn wir das Potenzial der verwendeten Ausrüstung und die Erfahrung des Bedieners nicht berücksichtigen.

Ich habe also versucht, so gut wie möglich die Gründe für bestimmte Techniken darzulegen. Blind befolgte Rezepte führen selten zu guten Ergebnissen, was besonders für die Astrofotografie gilt, bei der jede Situation einzigartig ist. Ich habe versucht, das Buch auf einem moderaten mathematischen und technischen Niveau zu halten und komplizierte Formeln zu vermeiden; wir werden nicht über die Quadratwurzel hinauskommen. Vor allen Dingen habe ich mich auf die wesentlichen Prinzipien und notwendigen Techniken konzentriert, die sich bewährt und ihre Effektivität draußen im Einsatz bewiesen haben; daher wurden auch bewusst Techniken mit fragwürdigem Nutzen weggelassen. Ich habe also nicht versucht, alle nur erdenklichen Bearbeitungstechniken zu beschreiben, sondern mich auf diejenigen konzentriert, die die astronomischen Fotos sichtbar verbessern.

Schlussendlich geht es in diesem Buch hauptsächlich um das Schaffen von Bildern und die Verarbeitung von Fotos zu ästhetischen Zwecken, gemeinhin auch »schöne Bilder« genannt – und das ist schließlich ein weites Feld! Die Verwendung von Bildern zur Erfassung physikalischer Phänomene oder zur wissenschaftlichen Forschung ist so weitreichend und spannend, dass man dem ein ganzes weiteres Buch widmen sollte (siehe den Kasten auf der nächsten Seite).

Dank der schwindelerregenden Entwicklung moderner Kameras und der Ausrüstung ist die Astrofotografie heute einfacher als je zuvor. Möge dieses Buch Ihnen dabei helfen, an diesem technologischen Quantensprung teilzuhaben!

Die Regenbogenbucht (Sinus Iridum), mit einer astronomischen Videokamera auf einem 14-Zoll-Teleskop unter Anwendung der in Kapitel 5 beschriebenen Techniken aufgenommen.

Wie man dieses Buch am besten liest

Beginnen Sie zur Einführung in die Astrofotografie und bildliche Erfassung des Nachthimmels mit der Lektüre des Kapitels 1. Dort werde ich darlegen, wie man Bilder von Himmelskörpern und Phänomenen, die man mit bloßem Auge erkennt, mit einer einfachen Kamera einfangen kann.

Um die unterschiedlichen Kameratypen, die in der Astronomie Verwendung finden, kennenzulernen und deren wichtigste Eigenschaften, Gemeinsamkeiten und Unterschiede zu erfahren, lesen Sie bitte Kapitel 2. In diesem Sinne geht es in Kapitel 3 weiter, wo die grundsätzlichen Techniken erklärt werden, mit denen man unvermeidliche Artefakte korrigiert, die man in den RAW-Dateien seiner Digitalkamera findet.

Kapitel 4 beschreibt allgemeine Techniken wie das Fokussieren, was für sämtliche Arten astronomischer Motive nützlich ist, wenn man Kameras und Teleskope benutzt.

Wenn Sie ein Teleskop besitzen oder überlegen, sich eines anzuschaffen, oder gar schon erste Erfahrungen in der Astrofotografie gesammelt haben und Ihre Ergebnisse verbessern wollen, finden Sie im Kapitel 5 eine Anleitung für die Fotografie von Planeten und dem Mond. Das Kapitel 6 ist der Fotografie der Sonne gewidmet und stützt sich stark auf die in Kapitel 5 erlernten Techniken. In Kapitel 7 werden schließlich Aufnahmen von Kometen, Asteroiden, Sternen, Nebeln und Galaxien erläutert.

EIN SCHRITT IN RICHTUNG WISSENSCHAFT

Sie mögen sich fragen: Warum sollte man sich als Amateur mit der Fotografie des Himmels befassen, wenn die großen professionellen Teleskope und Raumsonden heutzutage hervorragende Fotos von Planeten, Nebeln und Galaxien liefern, die man auf vielerlei Webseiten und astronomischen Publikationen bestaunen kann? Ein Teil der Antwort auf diese Frage liegt in dem Verlangen begründet, seine eigenen Bilder der Sterne zu bekommen: Schließlich machen auch die meisten Touristen, die die ägyptischen Pyramiden, die Niagarafälle oder die Chinesische Mauer besuchen, ihre persönlichen Fotos, obwohl doch diese Orte schon millionenfach abgelichtet und in prächtigen Bildbänden publiziert wurden. Das Vergnügen am Fotografieren des Himmels ist eine natürliche Folge der visuellen Beobachtung des Nachthimmels, in erster Linie weil die Fotografie mit Langzeitbelichtungen viel tiefere und farbenprächtigere Blicke auf schwer zu erkennende Objekte wie Nebel und Galaxien ermöglicht.

Darüber hinaus ereignen sich permanent viele Arten von Himmelsphänomenen. Wenn wir von einem Ereignis wie einem Meteoritschauer, einer Finsternis, dem Auftreten eines riesigen Sonnenfleckens, einer Sonneneruption oder der Sichtung eines schönen Kometen beeindruckt sind, ist die Astrofotografie eine Möglichkeit, diese Erinnerung zu bewahren und mit anderen zu teilen, die sie nicht erfahren haben.

Außerdem ist es durchaus möglich, über die rein ästhetischen Aspekte der Astrofotografie hinauszugehen und seine Bilder von Himmelskörpern für das Studium von deren Verhalten zu verwenden und die physikalischen Mechanismen zu erschließen, die sie steuern – und auf diese Weise sogar neue Erkenntnisse zu gewinnen. In manchen Fällen können fortgeschrittene Amateure die Profis bei ihrer Arbeit unterstützen, die – obwohl sie sicherlich viel bessere Kenntnisse und Mittel besitzen – jedoch so wenige sind, dass es für sie unmöglich ist, einen Himmelskörper stetig zu beobachten. Die potenziellen Themen einer solchen Forschung sind zahlreich und erfordern meist keine technischen oder wissenschaftlichen Kenntnisse der Bildgebung über das hinaus, was in diesem Buch beschrieben wird. Astronomiesoftware zur Auswertung steht ebenfalls reichlich zur Verfügung: Solche gibt es zur Messung der Sternhelligkeit (Photometrie), zur Errechnung von Positionen und Bahnverläufen (Astrometrie) und zur Analyse von Spektrallinien (Spektroskopie). Hier nur einige der häufigsten wissenschaftlichen Themen:

- Suche nach Novae und Supernovae und die Überwachung ihrer unterschiedlichen Helligkeiten
- Untersuchung von Helligkeitsunterschieden diverser Sterne inklusive der Suche nach extrasolaren Planeten
- Suche nach neuen Asteroiden oder Kometen und die Bestimmung ihrer Bahnen
- Bestimmung der chemischen Zusammensetzung von Sternen und Kometen sowie Erfassung bestimmter physikalischer Eigenschaften wie etwa von Geschwindigkeit und Temperatur
- Beobachtung der atmosphärischen Aktivität der größten Planeten, darunter Aufzeichnungen der Entwicklung der Staubringe und Wirbelstürme des Jupiter, der saisonalen Zyklone auf dem Saturn, der riesigen Sandstürme und der Veränderungen der polaren Eiskappen auf dem Mars
- Beobachtung der Sonnenaktivität

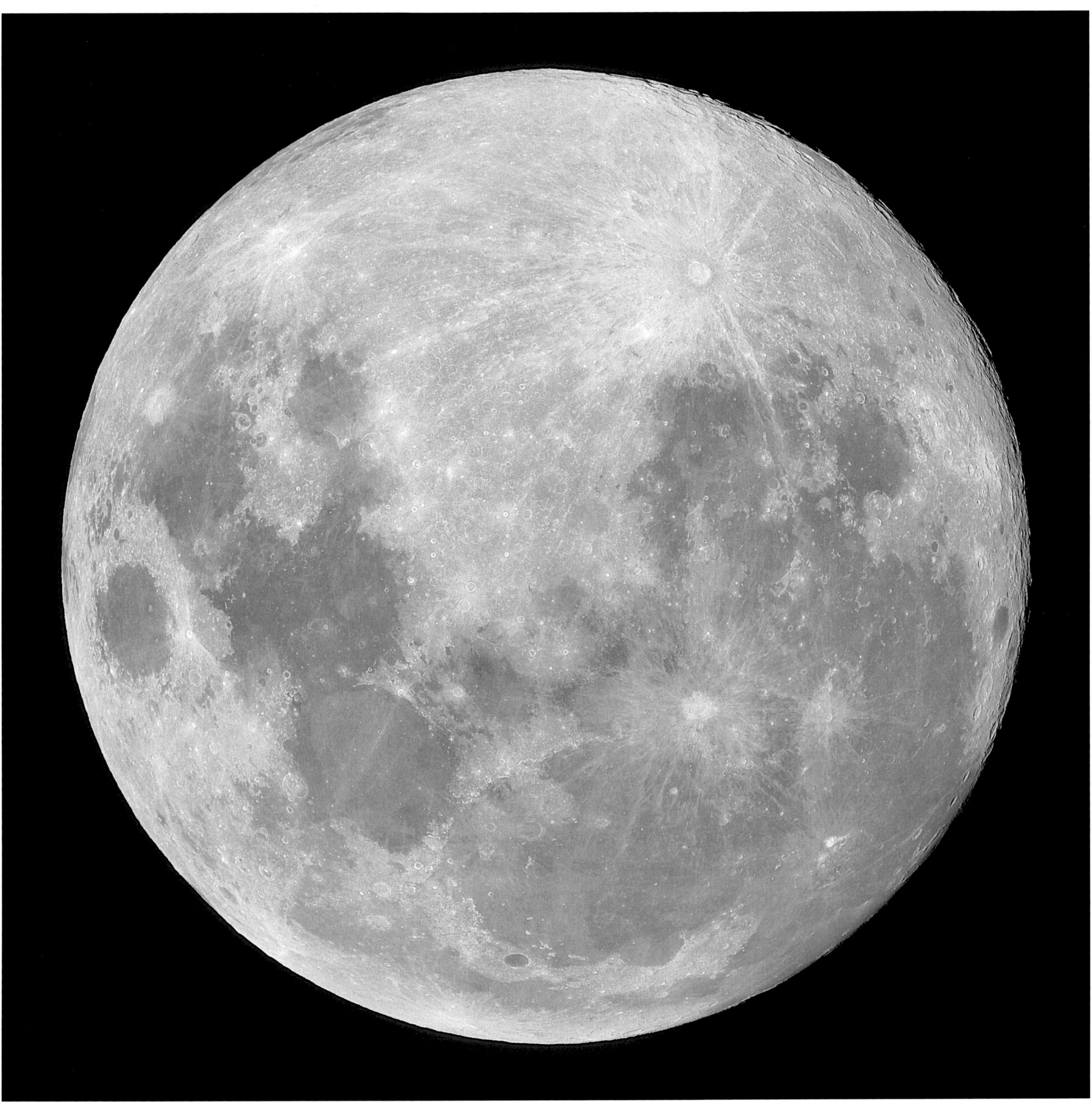

Kapitel 1

Astrofotografie ohne Teleskop

Juli 2020: Für Neowise, den schönsten Kometen der letzten Jahre, habe ich mich südlich von Mont-Saint-Michel (Normandie) positioniert. Der Komet nimmt einen Großteil des Bildes mit dem Teleobjektiv Sigma Art 135 mm an einer Sony Alpha 7RIII ein. Um zu vermeiden, dass ein Nachziehen der Sterne oder des Kometen erkennbar ist, habe ich die Belichtungszeit auf 1,6 Sekunden begrenzt. Den Bildausschnitt und den Aufnahmeort bereitete ich mithilfe der Software Stellarium und TPE vor.

Digitale Kompakt-, Bridge- und DSL-Spiegelreflexkameras (von links nach rechts).

Im Original verwendet der Autor die Abkürzung »AOI« (»appareils photo à objectifs interchangeables«) für Kameras mit Wechselobjektiven. Damit sind Spiegelreflexkameras wie auch spiegellose umfasst. In diesem Buch verwenden wir aus Effizienzgründen stattdessen die Abkürzung »DSL« für beide Varianten.

Der Besitz eines astronomischen Teleskops – eines Refraktor- oder Spiegelteleskops – ist für die Fotografie des Himmels nicht unbedingt erforderlich. Die schönsten mit dem bloßen Auge erkennbaren Ereignisse am Himmel können Sie mit derselben Digitalkamera aufnehmen, mit der Sie auch Ihre anderen, nicht ganz so weit entfernten Motive fotografieren.

Viele Himmelskörper und astronomische Ereignisse lassen sich durchaus mit einer auf einem Stativ montierten Digitalkamera aufnehmen: Sternbilder, Sternspuren, Planetenkonjunktionen, Mondsicheln, der Erdschein, Sternschnuppen und sogar Satelliten. So mancher Fotobegeisterte hat sogar das Glück, daheim oder auf Reisen Zodiakallicht, Polarlichter oder Mond- und Sonnenfinsternisse vor die Linse zu bekommen. Für Himmelsbeobachter und Einsteiger in die Astrofotografie sind diese Motive ideal, um sich mit dem Gebrauch ihrer Kamera und den nächtlichen Bedingungen vertraut zu machen. Für erfahrene Astrofotografen bieten diese Motive eine Gelegenheit, wunderbare Fotos von Himmelskörpern aufzunehmen, die man mit bloßem Auge sehen kann. Seit einigen Jahren kann man Polarlichter sogar in Echtzeit filmen.

Natürlich liegen nicht alle Himmelskörper in Reichweite einer normalen Kamera. Für detaillierte Ansichten von der Sonne, vom Mond und von Planeten, Galaxien und Nebeln braucht man ein astronomisches Teleskop mit einer motorgetriebenen Montierung, wie wir in den späteren Kapiteln noch sehen werden.

Das LCD-Display dieser Kompaktkamera zeigt alle notwendigen Einstellungen für die Astrofotografie (hier gelb markiert): abgeschalteter Blitz; Scharfeinstellung auf Unendlich (∞-Symbol); Selbstauslöser (für diese Kamera gibt es keinen Fernauslöser); manuelle Belichtung (M); Weißabgleich »Tageslicht« (Sonnensymbol).

Kameras und ihre Einstellungen

Digitalkameras lassen sich in zwei große Hauptkategorien einteilen: solche mit festen Objektiven (Kompaktkameras, Smartphones, Tablets usw.) und solche mit austauschbaren Objektiven (DSLs), die schwerer und größer sind. Alle Astrofotografen werden Ihnen bestätigen, dass die zweite Kategorie in ihrer Disziplin die Königin ist. Neben einer besseren Bildqualität durch größere Sensoren bietet sie alles, was für Himmelsaufnahmen wichtig ist: Speicherung der Dateien im Rohformat (»RAW«), einen manuellen Belichtungsmodus, einen manuellen Fokussiermodus, eine Belichtungszeit, die zwischen 1/4.000 s (oder 1/8.000 s) und unendlich eingestellt werden kann, und einen Anschluss für eine Kabelfernbedienung.

Unter der Vielzahl von Möglichkeiten ist die wichtigste die Belichtungseinstellung. In der Astrofotografie bedarf es keiner komplizierten Modi und Sonderfunktionen. Nur ein Modus ist wichtig: die manuelle Belichtungseinstellung. Als Astrofotograf muss man Belichtungszeit und Blende frei wählen können, da die Belichtungsautomatik bei der Fotografie kleiner oder nur schwach leuchtender Himmelskörper selten zuverlässig funktioniert.

Aus dem gleichen Grund arbeitet auch der Autofokus einer Digitalkamera möglicherweise nicht zuverlässig. Man kann zwar versuchen, den Autofokus auf einen Stern oder einen hell leuchtenden Planeten zu richten, sollte aber nicht zu viel erwarten, da die meisten Kameras bei solchen Objekten keinen Fokus finden. Auf jeden Fall sollte die Schärfe der Aufnahme bei maximaler Vergrößerung überprüft werden. Oftmals ist es dann doch nötig, manuell zu fokussieren und die richtige Scharfeinstellung mithilfe des Live-View-Modus zu ermitteln.

Bei allen DSLs können Belichtung und Fokussierung manuell erfolgen, aber nicht alle Kompakten bieten diese

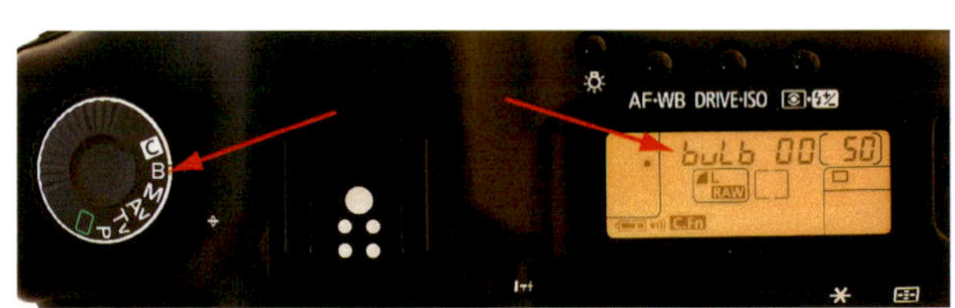

Bei DSLs ist die Langzeitbelichtung (über 30 s) über die Einstellung B oder »Bulb« verfügbar.

Möglichkeit. Auch die sogenannten Bridge-Kameras, die ein fest eingebautes Objektiv besitzen und die Brücke zwischen DSL und Kompaktkamera schlagen, besitzen diese unverzichtbaren Funktionen.

Obwohl Smartphones mit ihren kleinen Sensoren und Objektiven in puncto Bildqualität nicht mit DSLs mithalten können, wurden sie im Laufe der Jahre immer besser, sodass viele mittlerweile in der Lage sind, Sterne und sogar die Milchstraße zu fotografieren. Voraussetzung dafür ist, dass sie über einen »Nacht«- oder »Pro«-Modus verfügen, mit dem Sie sowohl die Belichtungszeit (bis mindestens 30 Sekunden) als auch die ISO-Empfindlichkeit einstellen und den Fokus auf unendlich positionieren können. Bei Smartphones, die nicht über diese erweiterten Funktionen verfügen, können Anwendungen von Drittanbietern die Kontrolle über die Kamera übernehmen und diese Funktionen übernehmen. Natürlich müssen Sie einen Weg finden, das Smartphone auf einem Stativ oder einer anderen stabilen Unterlage zu befestigen.

Stattdessen ist die längste Belichtungszeit ein viel wichtigeres Kriterium für die Auswahl einer Kamera: Bei DSLs ist die Belichtungszeit nach oben offen, während Kompakt- und Bridge-Kameras nach 15 bis 30 Sekunden (manche sogar schon nach 1 oder 2 Sekunden) ihre Obergrenze erreicht haben – ganz und gar indiskutabel bei Motiven wie Sternschnuppen und Sternspuren, bei denen man mehrere Minuten lang belichten muss. Diese Begrenzung ist technisch begründet: Bei einer zu langen Belichtung würden die kleinen Sensoren von Kompaktkameras eine sehr schlechte, kaum noch nutzbare Bildqualität liefern.

Es spielt keine Rolle, ob Ihre Kamera einen echten Spiegelreflexspiegel hat, der während der Belichtungszeit mechanisch eingeklappt wird, oder ob sie zugunsten eines rein elektronischen Suchers darauf verzichtet (man spricht in diesem Fall von einer »spiegellosen« Kamera): In jedem Fall müssen Sie den Live-View-Modus verwenden, da der Spiegelreflexsucher für die Astrofotografie zu lichtschwach ist.

Bei den großen DSL-Herstellern (Canon, Nikon, Sony, Pentax) sind zwei Sensorgrößen erhältlich: APS-C und 24 × 36 (oft auch als »Vollformat« oder »Full frame« bezeichnet). Letzterer kann eine bessere Bildqualität bieten, sofern er mit kompatiblen Objektiven (siehe unten) kombiniert wird, wodurch die Gesamtrechnung deutlich höher ausfällt als bei APS-C. Ein APS-C-Sensor misst etwa 16 × 24 mm und hat damit eine etwa zweieinhalb Mal kleinere Sammelfläche als ein 24 × 36-Sensor.

Olympus und Panasonic bieten Wechselobjektivkameras mit Sensoren im Micro-Four-Thirds-Format an, die mit 13,5 × 18 mm etwas kleiner sind als APS-C-Kameras.

Objektive

Zu Recht gilt eine hohe Lichtstärke (beispielsweise 1:1,8) in der Astrofotografie als großer Vorteil, immer vorausgesetzt, das Objektiv liefert bei voller Öffnung eine gute Abbildungsleistung. Ein lichtstarkes Objektiv kann das vorhandene Licht optimal ausnutzen: Die Erhöhung der ISO-Einstellung zum Ausgleich der geringen Lichtstärke eines Objektivs ist allenfalls eine Notlösung, denn gleichzeitig erhöht man dadurch das Rauschen. Bei Kompakt- und Bridge-Kameras ist nur der optische Zoom von Belang,

Brennweite	Sensor	
	Vollformat und Äquivalente	APS-C
10 mm	(nicht kompatibel)	74° × 98°
11 mm	(nicht kompatibel)	69° × 93°
12 mm	(nicht kompatibel)	64° × 88°
14 mm	81° × 104°	56° × 79°
16 mm	74° × 97°	50° × 71°
20 mm	62° × 84°	41° × 60°
24 mm	53° × 74°	35° × 51°
28 mm	46° × 66°	30° × 45°
36 mm	37° × 53°	24° × 35°
50 mm	27° × 40°	17° × 26°
85 mm	16° × 24°	10° × 15°
100 mm	14° × 20°	8,5° × 13°
135 mm	10° × 15°	6,5° × 10°
200 mm	7° × 10°	4,5° × 6,5°
300 mm	4,5° × 7°	3° × 4,5°

Bildwinkel in Grad (Höhe × Breite) für einige gängige Brennweiten. Die mittlere Spalte enthält die Angaben für Vollformat-DSLs und für Kompakt- und Bridge-Kameras, deren Brennweite meist als Äquivalent zum Vollformat (Kleinbildformat; 24 × 36 mm) angegeben wird (also die Brennweite, bei der man mit einer Vollformatkamera den gleichen Bildwinkel erreichen würde: Die Kompaktkamera Casio EX-Z120 hat z. B. einen Brennweitenbereich von 8–24 mm; das Vollformat-Äquivalent ist 38–114 mm). Das APS-C-Format (Spalte rechts) steht für DSLs und spiegellose Systemkameras mit einem Crop-Faktor von 1,5 bis 1,6: Ihre Sensoren (ca. 15 × 23 mm) sind 1,5- bis 1,6-mal kleiner als ein Vollformatsensor (24 × 36 mm). Oben in der Tabelle werden die Ultraweitwinkelobjektive (sehr kurze Brennweiten) aufgeführt. Fisheye-Objektive sind weiter unten angegeben.

WINKEL IN DER ASTRONOMIE

In der Astronomie werden Winkel im Allgemeinen in Grad (mit dem Symbol °) angegeben. Die Grade werden in Bogenminuten (mit dem Symbol ') unterteilt, die 1/60 eines Grades betragen. Die Bogensekunden (Symbol ") betragen wiederum 1/60 einer Bogenminute. Mit einem Winkel kann man die augenscheinliche Größe eines Himmelskörpers angeben. Die Größe des Vollmonds beträgt beispielsweise 1/2°. Mit einem Winkel kann man auch den Abstand zwischen zwei astronomischen Objekten angeben. So stehen die Sterne Castor und Pollux etwa 4° auseinander.

denn der sogenannte Digitalzoom liefert lediglich einen vergrößerten Ausschnitt der Bildmitte und keine weiteren Details. Von daher ist diese Funktion nutzlos, da man eine solche Ausschnittvergrößerung auch später am Computer vornehmen kann. Ziehen Sie für DSLRs auch Objektive mit Festbrennweiten in Betracht, auch wenn Zoomobjektive praktischer erscheinen. Festbrennweitige Objektive sind oft lichtstärker und liefern mehr Schärfe in den Bildecken. Ein einfaches 50 mm-Objektiv etwa bietet meist eine sehr gute Abbildungsleistung zu einem unschlagbaren Preis. Auch die manuellen Objektive des Herstellers Samyang haben ein hervorragendes Preis-Leistungs-Verhältnis – der fehlende Autofokus ist in der Astronomie kein Problem. Auch ein eventuell ins Objektiv eingebauter Bildstabilisator bringt in der Astrofotografie keinen zusätzlichen Nutzen.

Zum Fotografieren der meisten weiter unten genannten astronomischen Motive ist ein Weitwinkelobjektiv (kurze Brennweite) erforderlich. Die einzige Ausnahme sind Finsternisse – bei diesen Aufnahmen sind Teleobjektive (lange Brennweite) von Vorteil. Der vom Objektiv erfasste Bildwinkel sollte sorgfältig abgeschätzt werden, um sicherzugehen, dass alle Objekte am Himmel innerhalb des Ausschnitts angeordnet sind, beziehungsweise um vor der Aufnahme die optimale Brennweite zu ermitteln. In der Tabelle unten sind die Bildwinkel der gebräuchlichsten Brennweiten aufgelistet, bezogen auf die Höhe und Breite der Sensoren.

Die in der Liste unten aufgeführten lichtstarken Objektive (mit einer Anfangsöffnung von 1:2,8 oder weniger) sind für die Astrofotografie interessant. Objektive von Canon, Nikon, Pentax und Sony passen nur zu Gehäusen der gleichen Marke, während Optiken von Fremdherstellern mithilfe von Adaptern an unterschiedlichen Kameras verwendet werden können (beispielsweise bieten Sigma, Tamron, Samyang und Tokina ihre Objektive meist mit Adaptern für Canon, Nikon und Sony an). Die kursiv geschriebenen Objektive sind für das Vollformat (24 × 36) geeignet.

- Fisheye: Sigma 4,5 mm 1:2,8 (kreisförmig bei APS-C), Samyang 8 mm 1:2,8 (kreisförmig bei 24 × 36, diagonal bei APS-C), Sigma 10 mm 1:2,8
- Weitwinkel und mittlere Brennweite : Samyang 10 mm 1:2,8, Sigma 18–35 1:1,8, Tokina 11–20 mm 1:2,8, Tokina 16–50 mm 1:2,8, Sigma 17–50 mm 1:2,8, Samyang 14 mm 1:2,8 und 24 mm 1:1,4 (oder ihre Entsprechungen bei Canon und Nikon, die über einen Autofokus verfügen, aber teurer sind), Samyang 16 mm 1:2, Canon und Nikon 50 mm 1:1,8, Sigma Art 35, 40 und 50 mm 1:1,4
- Mittelgroße Brennweiten: Samyang 85 mm 1:1,4, Samyang 135 mm 1:2, Sigma Art 85 mm 1:1,4, Sigma Art 105 mm 1:1,8, Sigma Art 135 mm 1:1,8, Tamron SP 85 mm 1:1,8

Trotz ähnlicher technischer Eckdaten bieten nicht alle Objektive die gleiche Abbildungsleistung. Bestimmte Abbildungsfehler (oder »Aberrationen«) können die Qualität der Abbildung auf dem Sensor beeinträchtigen. Die beiden schädlichsten Aberrationen sind in der Astrofotografie folgende:

- Koma und Astigmatismus: Diese Abbildungsfehler führen zu einer kometenschweifartigen Verzerrung der Sterne am Rand des Bildfelds und beeinträchtigen die Bildschärfe; in Kapitel 7 werden wir ausführlich darauf zurückkommen.
- Vignettierung: Die Abbildung wird zu den Bildecken hin immer dunkler; in Kapitel 4 werden wir weiter darauf eingehen.

Die Verzeichnung ist ein Abbildungsfehler, der zu einer verzerrten, mehr oder weniger gewölbten Abbildung von geraden Linien führt. Diese Aberration ist in der Astronomie nicht so relevant und lässt sich gut bei der Nachbearbeitung korrigieren.

Bevor Sie sich für ein Objektiv entscheiden, sollten Sie sich auf einer der zahlreichen Websites für optische Tests informieren, z. B. *opticallimits.com*, *slrgear.com* oder *lenstip.com*. Besonders auf LensTip findet man verlässliche, umfangreiche Tests zu einer großen Bandbreite von Objektiven, u. a. einen Test mit Dioden, bei dem gezeigt wird, wie Sterne am Bildrand aussehen würden. Auf diesen Websites wird auch untersucht, wie sich die Aberrationen je nach eingestellter Blende verändern. So lässt sich der beste Kompromiss für die jeweilige Nutzung herausfinden: Selbst die besten Objektive sind bei voller Öffnung nicht perfekt!

Abschließend noch ein letzter Ratschlag: Wenn es die finanziellen Mittel erlauben, sollten Sie eine Vollformat-DSL kaufen, denn diese Kameras bieten eine bessere Bildqualität als Modelle mit APS-C-Sensor. Allerdings sind die passenden Objektive auch teurer und sperriger. Nach der Auswahl einer Sensorgröße kommt die Entscheidung für ein bestimmtes Objektiv. Wählen Sie eine Optik aus, die Ihren Anforderungen und Ihrem Geldbeutel am besten gerecht wird. Denken Sie allerdings daran, dass es bei modernen Sensoren kaum Qualitätsunterschiede gibt. Der entscheidende Erfolgsfaktor ist stattdessen das Objektiv:

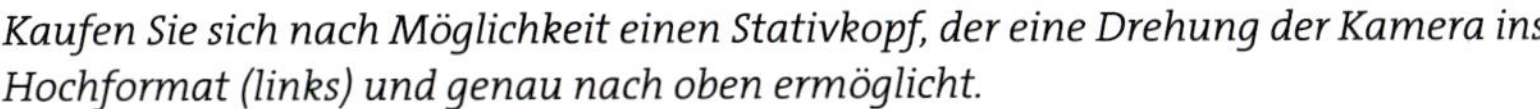

Kaufen Sie sich nach Möglichkeit einen Stativkopf, der eine Drehung der Kamera ins Hochformat (links) und genau nach oben ermöglicht.

Mit einem Fernauslöser (die Kamera oben kann sowohl mit einem Draht- als auch mit einem Infrarotauslöser ausgelöst werden) lassen sich Erschütterungen der Kamera bei der Auslösung zuverlässig vermeiden.

Eine Einsteigerkamera mit einer hervorragenden Optik liefert ein besseres Ergebnis als eine teure Kamera mit einem mittelmäßigen Objektiv. Außerdem verlieren gute Objektive nicht so schnell an Wert wie Kameras.

Die Pixelzahl des Sensors sollte am wenigsten in die Kaufentscheidung einfließen: Alle modernen Kameras haben mehr Pixel, als man für eine Anzeige auf einem 4K/Ultra-HD-Computer- oder Fernsehbildschirm (3840 × 2160 bzw. 4096 × 2160 Pixel) mit einer Auflösung von »nur« 8 MP oder für einen großformatigen Ausdruck braucht. Die Pixelzahl ist kein Garant für eine gute Bildqualität, genauso wenig wie die Anzahl der Seiten für die Qualität eines Buches steht!

Aufstellung der Kamera und Einstellungen

In der Astrofotografie ist ein Stativ unverzichtbar. Aus der Hand zu fotografieren, ist außer bei Teilfinsternissen unmöglich, da die Belichtungszeiten immer mehr als eine Sekunde betragen. Auch der optische Bildstabilisator mancher Kameras und Objektive reicht für die langen Belichtungszeiten der Astrofotografie als Verwacklungsschutz nicht aus. Mithilfe der genormten Stativschraube, über die zum Glück jede moderne Kamera verfügt, befestigen Sie Ihre Kamera am Stativkopf. Das Stativ selbst sollte belastbar genug sein, um das Gewicht Ihrer Kamera zu tragen; eine leichte Kompaktkamera benötigt natürlich ein nicht ganz so stabiles Stativ wie eine DSL mit einem schweren Teleobjektiv.

Bei kurzen Belichtungszeiten können Sie den Auslöser mit Ihrem Finger betätigen, falls die Kamera sicher genug auf dem Stativ befestigt wurde und durch die Auslösung nicht vibriert. Wenn Sie sich nicht sicher sind, verwenden Sie am besten den Selbstauslöser der Kamera. Für alle DSLs und auch für manche Bridge-Kameras sind Fernauslöser (Draht- oder Infrarotauslöser) als Zubehör erhältlich: Diese Geräte bieten den höchsten praktischen Nutzen. Außerdem lassen sich viele Kameras heute auch vom Smartphone aus bedienen (siehe Kapitel 2).

Vergessen Sie bitte nicht, vor der Aufnahme Kamerablitz und Bildstabilisator abzuschalten. Wählen Sie die höchste Auflösung und das JPEG-Format in der höchsten Qualitätsstufe. Falls von Ihrer Kamera angeboten, sollten Sie jedoch auf jeden Fall das RAW-Format nutzen. Der Nachthimmel ist eine Augenweide, die man in allen Einzelheiten genießen sollte, anstatt die Fülle von Details schon im Vorfeld vom JPEG-Format beschränken zu lassen. Wählen Sie im JPEG-Format nach Möglichkeit die geringstmögliche Schärfungseinstellung, da eine solche kamerainterne Schärfung das Bildrauschen verstärkt.

Stellen Sie den Weißabgleich immer auf »Tageslicht« ein und vermeiden Sie eine automatische Einstellung, da die Farben dann vielleicht verfälscht werden und enttäuschend ausfallen. Im RAW-Format wirkt sich jedoch nur die ISO-Einstellung (und die Funktion »Rauschreduzierung bei Langzeitbelichtung«, siehe Kasten) auf den Bildinhalt aus; alle anderen Einstellungen (Weißabgleich, Kontrast, Schärfe usw.) werden nur als Dateiinformatio-

Auf dem Monitor einer Olympus E-M1 wird die Ausrichtung horizontal und vertikal angezeigt.

Kurz nach Sonnenuntergang am 21. April 2015 stand die Mondsichel mit ihrem aschfahlen Licht im Stier, direkt über Aldebaran und dem Sternhaufen der Hyaden. Oben im Bild leuchtet die Venus hell, während sich rechts der fotogene Sternhaufen der Plejaden befindet. Aufnahme: Sony Alpha 7S mit 50-mm-Objektiv, 2 s Belichtungszeit bei ISO 2.000.

nen aufgezeichnet (als EXIF-Daten) und können später bei der Konvertierung der RAW-Datei am Computer noch in aller Ruhe geändert werden.

Die Digitalfotografie bietet gegenüber der analogen Technik den Vorteil, dass Sie Ausschnitt, Schärfe und Belichtung gleich nach der Aufnahme auf dem LCD-Display der Kamera begutachten und die Kameraeinstellungen bei Bedarf anpassen oder verfeinern können, bis Sie die besten Werte gefunden haben. Aber aufgepasst, denn das LCD-Display der Kamera zeigt in dunkler Umgebung eine sehr geschönte Darstellung: Die Abbildung der Objekte wirkt unter diesen Bedingungen häufig heller, schärfer und kontrastreicher als das Bild, das Sie später auf Ihrem Computermonitor sehen. Stellen Sie den Kameramonitor daher am besten auf die geringste Helligkeit ein. Das spart Strom und liefert eine zuverlässigere, realitätsnähere Abbildung.

Astronomische Motive

Planetenkonjunktionen

Manchmal sieht man mit dem bloßen Auge mehrere Planeten (Merkur, Venus, Mars, Jupiter oder Saturn) und meint, dass sie im gleichen Bereich des Himmels eng zusammen mit einem hellen Stern, einer schönen Sternenkonstellation wie Orion oder der Mondsichel stehen. Dieser Eindruck ist jedoch nur die Folge unserer Perspektive – die tatsächlichen Entfernungen von der Erde und die Abstände zwischen den Himmelskörpern sind nach wie vor unterschiedlich. Solche Gruppierungen sind sehr ansprechend und leicht zu fotografieren. Man sieht sie meistens bei Dämmerung, entweder am westlichen Abendhimmel oder morgens im Osten.

Ich trenne mich nie von dem Buch *Le Guide du Ciel* von Guillaume Cannat (amds éditions, jedes Jahr aktualisiert), da dort alle interessanten Ereignisse und Phänomene des kommenden Jahres aufgelistet sind. Auch in astronomischen Zeitschriften (*Astrosurf Magazine*, *L'Astronomie*, *Sterne und Weltraum*) werden planetarische Annäherungen im Voraus angekündigt.

Für tagesaktuelle Hinweise, insbesondere zu Sonneneruptionen und Nordlichtern, besuche ich täglich die Website *Space Weather.* Dort findet man auch Fotogalerien und Berichte über aktuelle Phänomene, es ist eine gute Quelle für technische Informationen und fotografische Inspiration. Ebenso die Foren für Amateurastronomen, insbesondere Webastro (*www.webastro.net*) und Astrosurf (*www.astrosurf.com*).

Vermeiden Sie es, eine Gruppe von Planeten zu eng zu fokussieren, da dies zu einem Foto mit nur wenigen Lichtpunkten führen würde, auf dem der Maßstab des Bildes nicht mehr erkennbar wäre. Der Betrachter würde nicht erkennen, ob das Foto mit einem Tele- oder einem Weitwinkelobjektiv aufgenommen wurde. Versuchen Sie stattdessen einen gut gewählten Vordergrund mit ins Bild zu rücken, beispielsweise eine Landschaft, ein Gebäude oder ein Monument. Solche Astro-Landschaftsaufnahmen der nächtlichen Umgebung vor dem Sternenhimmel fallen in die Kategorie der *Nightscapes*.

Sie können auch ein Planetariumsprogramm – beispielsweise Stellarium, Starry Night, Guide, TheSky usw. – zurate ziehen, das Ihnen ein realistisches Abbild des Himmels (mit Satelliten) an einem bestimmten Ort und zu einer definierten Zeit liefert. Auch einige Smartphone-Apps (The Photographer's Ephemeris, PhotoPills, Plan It! for Photographers) helfen bei der Aufnahmevorbereitung und

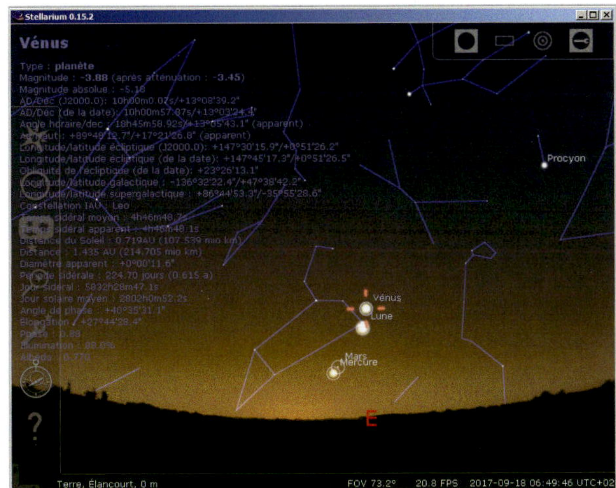

Die Software Stellarium ist kostenlos, sehr umfassend und auf Deutsch erhältlich. Sie enthält eine Funktion, mit der man auf dem Himmel ein Rechteck zeichnen kann, das das Zielfeld eines Foto- oder Teleskopobjektivs darstellt. (siehe https://stellarium.org/de/, Anm. d. Ü.)

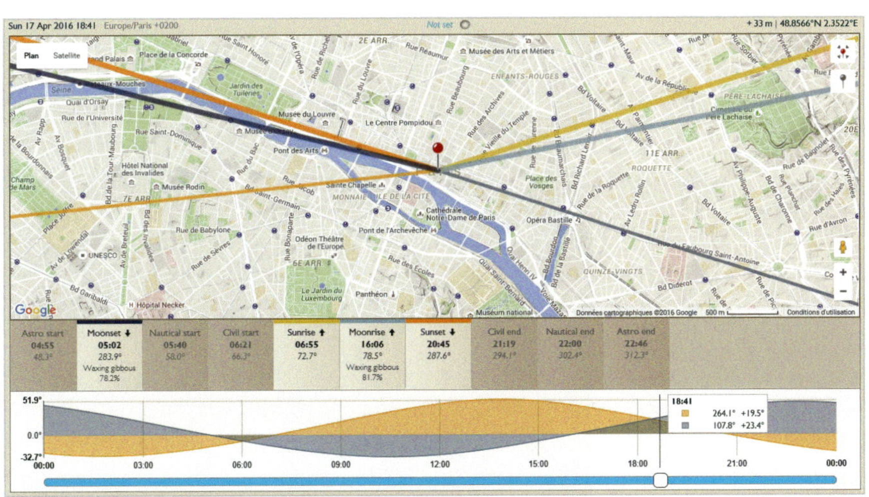

Die Apps The Photographer's Ephemeris (hier), PhotoPills und PlanIt! for Photographers zeigen die Uhrzeiten und Richtungen des Unter- und Aufgangs von Sonne und Mond an einem bestimmten Datum und Ort an. Die umfangreichsten Programme nutzen Augmented Reality und liefern noch weitere Informationen: Uhrzeiten der Dämmerung und Gezeiten, Position der Milchstraße, Berechnungen (Belichtung, Zeitraffer, Sternspuren) usw.

zeigen die wichtigsten Informationen über den Nachthimmel mithilfe von Google Maps- und Google Street View-Karten an. Im Idealfall erkundet man die geplante Location bereits vor der eigentlichen Aufnahme, damit man sicher weiß, ob der Ort bei Nacht zugänglich ist und ob z. B. Stromleitungen oder künstliche Lichtquellen die Aufnahmen stören könnten.

Probieren Sie, beginnend mit 1 Sekunde, unterschiedliche Belichtungszeiten aus (beispielsweise 1 Sekunde, 2 Sekunden, 4 Sekunden, 8 Sekunden) und prüfen die Bilder sofort bei stärkster Vergrößerung am Kamerabildschirm, um die maximale Belichtungszeit zu ermitteln, bei der die von der Erdrotation verursachte Unschärfe noch nicht ins Gewicht fällt (siehe weiter unten). Bei diesen Experimenten können Sie auch feststellen, ob die Aberrationen des Objektivs zu stark in Erscheinung treten; falls dies der Fall ist, sollten Sie eine etwas kleinere Blendenöffnung wählen. Im letzten Schritt passen Sie nun die ISO-Einstellung an, damit eine ausgewogene Abbildung mit einem dunkelblauen Himmel im Hintergrund und einem korrekt belichteten Vordergrund entsteht.

Machen Sie ruhig so viele Aufnahmen wie möglich mit unterschiedlichen Einstellungen. Später am Computer können Sie in aller Ruhe die besten Bilder daraus auswählen.

Sternbilder und die Milchstraße

Die meisten Sternbilder lassen sich mit einem 50 mm-Objektiv an einer Digitalkamera mit Vollformatsensor (bzw. mit einem 35 mm-Objektiv in Verbindung mit einem APS-C-Sensor) vollständig abbilden. Das Fotografieren von Sternbildern mit einer stabil stehenden Kamera wird nur durch ein einziges, dafür aber gravierendes Problem erschwert: Da sich die Erde um ihre eigene Achse dreht, scheint es so, als ob sich das Himmelsgewölbe in die entgegengesetzte Richtung bewegt. Anfänger der Astrofotografie sind stets überrascht von der Geschwindigkeit dieser Bewegung. Am Himmelsäquator beträgt sie immerhin 15″ pro Sekunde, was 1/2° in 2 Minuten entspricht. Diese Zeit reicht, dass sich Sonne oder Mond um ihren ganzen Durchmesser weiterbewegen. Die Winkelgeschwindigkeit nimmt in Richtung Himmelspol ab und beträgt 10″ pro Sekunde bei einer Deklination von 50° und 5″ pro Sekunde bei 70°. Schauen wir uns noch einmal in der Tabelle auf Seite 3 das Beispiel für ein 20 mm-Objektiv an einer DSL mit APS-C-Sensor an. Der Bildwinkel beträgt 40° × 60°. Wenn der Sensor 16 Megapixel hat, enthält das Bild 3300 × 5000 Pixel. Eine einfache Division zeigt uns, dass jedes Pixel einen Winkel von 60/5000 = 0,012°, also 43″ abbildet (diese Kenngrößen nennt man auch Sampling; die Berechnung wird in Kapitel 4 noch genauer erklärt). Deshalb reicht bei einem Stern in der Nähe des Himmelsäquators eine Belichtungszeit

Ich musste mein Stativ absolut stabil auf dem abschüssigen Boden unter dem Delicate Arch aufstellen, damit ich den zentralen Teil der Milchstraße (Bulge) sowie gleichzeitig auch Antares (der gelbe Stern rechts) und Saturn (links davon, genau unterhalb des Pfeifennebels) ins Bild rücken konnte. Das knapp 20 m hohe Wahrzeichen des amerikanischen Bundesstaates Utah wurde während der Aufnahme kurz mit einer Lampe von vorn beleuchtet, um Form und Struktur des Steinbogens zum Vorschein zu bringen. Aufgenommen mit einer Canon 6D mit 14 mm 1:1,8-Objektiv von Sigma und einer Belichtungszeit von 20 Sekunden.

von 3 Sekunden aus, um eine Verwischung (Bewegungsunschärfe) von 1 Pixel auf dem Foto zu bewirken. Selbst wenn das resultierende Bild verkleinert wird, um auf dem Computermonitor dargestellt werden zu können, wird schnell klar, warum Belichtungszeiten, die über 15 Sekunden hinausgehen, unter diesen Umständen nicht sinnvoll sind. Glücklicherweise kann man jedoch trotzdem die Milchstraße und alle mit dem bloßen Auge erkennbaren Sterne auf einer solchen Aufnahme festhalten, vor allem dann, wenn man ein lichtstarkes Objektiv mit einer Anfangsöffnung von 1:1,8 oder 1:2,8 einsetzt. Die längste noch akzeptable Belichtungszeit ist entgegengesetzt proportional zur Brennweite des Objektivs. Der Wechsel von einem 50 mm- zu einem 24 mm-Objektiv beispielsweise erlaubt die Verdopplung der Belichtungszeit. Die Wahl des Objektivs hängt davon ab, wie groß der fotografierte Ausschnitt des Himmels sein soll und wie viel Bewegungsunschärfe man zulässt.

Mit den vereinfachten Formeln unten lässt sich für eine Aufnahme des Himmelsäquators die maximale, zu einer Verwischung der Sterne von einem Pixel führende Belichtungszeit (T) in Abhängigkeit von der Brennweite F und vom Sensortyp errechnen, wenn das Bild verkleinert wird, um es auf einem Full HD-Monitor (1920 × 1080) anzuzeigen:

- APS-C-Sensor: T = 200/f;
- Vollformatsensor: T = 300/f;

Beispiel: Bei Verwendung eines 24 mm-Objektivs ist T 8 Sekunden bzw. 12 Sekunden. Für eine Anzeige mit 4K-Auflösung muss die errechnete Zeit durch zwei geteilt werden.

Für Aufnahmen von der Milchstraße sind ISO-Einstellungen zwischen 800 und 3200 üblich. Nachdem Sie Ihre ersten Experimente gemacht haben, können Sie Anhang 5 zurate ziehen, um die optimale ISO-Einstellung für Ihre DSL zu ermitteln. Auf jeden Fall sollten Sie die höchsten ISO-Einstellungen Ihrer Kamera (höher als 6400 ISO) meiden – diese Werte sind reine Marketingargumente und bringen sogar Nachteile mit sich, vor allem im RAW-Format.

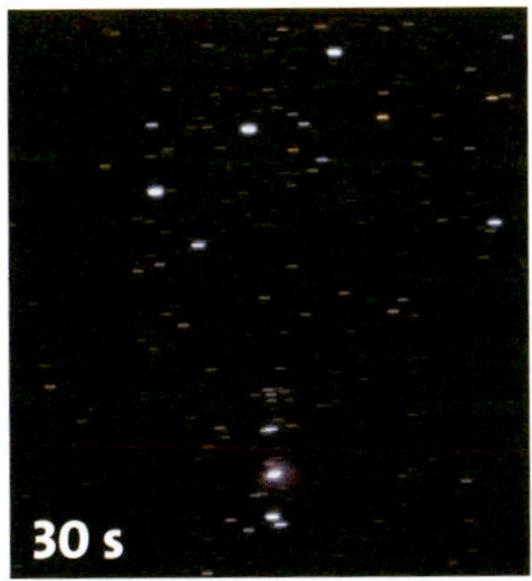

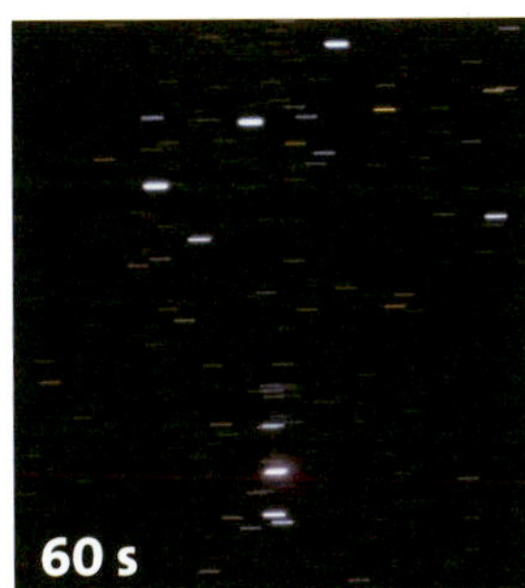

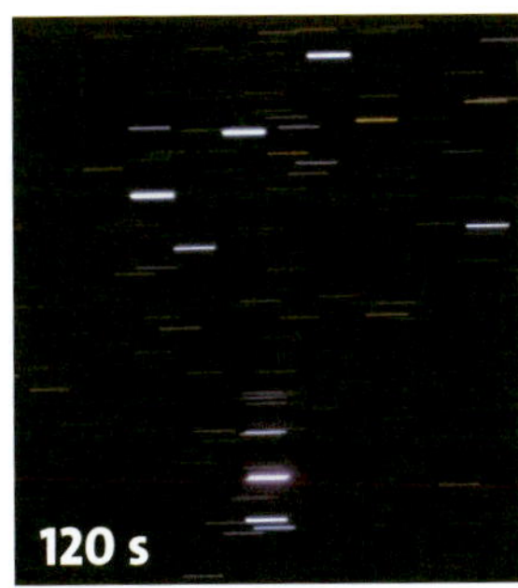

Diese Großaufnahmen von Gürtel und Schwert des Orion entstanden mit zunehmender Dauer der Belichtung und demonstrieren die Bewegungsunschärfe infolge der Erdrotation.

Bereits bei einer Belichtungszeit von 10 Sekunden wirkt sich die Lichtverschmutzung ungünstig auf die Astrofotografie aus.

Außer bei Finsternissen ist es in der Astrofotografie notwendig, sich von Städten und Straßenbeleuchtungen fernzuhalten. Andernfalls werden die Sterne von einem grünlichen oder rötlichen Hintergrund »geschluckt«, der durch den ärgsten Feind des Astronomen verursacht wird – die Lichtverschmutzung. Aus dem gleichen Grund sollte man aber auch einen Voll- oder Dreiviertelmond meiden, es sei denn, man nutzt ihn, um die Landschaft auszuleuchten.

Die Milchstraße ist nichts anderes als unsere eigene Galaxie, nur von innen betrachtet. Mit bloßem Auge sieht sie wie ein breites, schwach leuchtendes Band am Himmel aus. Ein Teil davon ist immer sichtbar, aber er verändert sich je nach Jahres- und Uhrzeit. Die Milchstraße ist nicht einheitlich: Am hellsten leuchtet sie im Zentrum der Galaxie, denn dort befinden sich die meisten Sterne und Staubwolken mit der größten Dichte. Diese Region in der Nähe des Sternbildes Schütze nennt man den »Bulge«. In Mitteleuropa ist der Bulge zwischen März (gegen Ende der Nacht) und September (zu Beginn der Nacht) in südlicher Richtung erkennbar. Je niedriger der Breitengrad, desto höher befindet er sich am Himmel. Aus diesen Gründen ist der Himmel über den Ländern der südlichen Halbkugel, beispielsweise in Chile, Südafrika, Namibia und Australien, so beliebt: Der Bulge ist dort manchmal im Zenit sichtbar und strahlt in seiner ganzen Pracht in der Nähe des einzigartigen Sternbildes Skorpion. Hinzu kommen außerdem die Sternbilder Kreuz des Südens und Centaur sowie zwei Zwerggalaxien in nächster Nachbarschaft zu unserer: die Magellanschen Wolken. Am Nordhimmel gibt es keine vergleichbare Ansicht; wer das Glück hat, dieses Schauspiel an einem Ort ohne Luftverschmutzung zu bewundern, wird den Anblick sicherlich nie vergessen!

Trotz des Vollmonds, der den Himmel blau erscheinen lässt, ist die Milchstraße, die hier von einem hellen Meteoriten durchkreuzt wird, auf dieser Aufnahme mit 1 Minute Belichtungszeit zu sehen. Das Bild entstand mit einem 14 mm 1:2,8-Objektiv an einer Canon 6D am Wallaman-Wasserfall in Australien.

Über den drei Vulkanen der indonesischen Insel Java sieht man das Band der Milchstraße. Zwei dieser Vulkane sind noch aktiv. (Belichtungszeit von 30 Sekunden, 14 mm 1:2,8-Objektiv und Canon 6D bei ISO 1600)

Bearbeitung der Bilder

Wenn Sie Ihre Bilder im JPEG-Format aufgenommen haben, bleibt Ihnen bei der Bearbeitung nur wenig Spielraum. Dennoch können Sie auch bei JPEG-Bildern ein wenig Einfluss auf Weißabgleich, Kontrast und Helligkeit des Himmels im Hintergrund nehmen.

Bei der Entwicklung einer RAW-Datei werden die Rohdaten aus dem Kamerasensor in ein Bild umgewandelt, das am Bildschirm angezeigt und ausgedruckt werden kann. Dazu können Sie entweder die Software des Herstellers Ihrer Kamera verwenden wie z. B. DPP für Canon oder Capture NX für Nikon. Oder Sie greifen auf eine für alle Kameras geeignete Software wie Photoshop, Lightroom oder DxO OpticsPro zurück. Die grundsätzlichen Einstellungen und Arbeitsschritte sind die folgenden:

- Belichtung, Kontrast, Tiefen und Lichter (bzw. helle und dunkle Tonwerte): Ebenso wie in den anderen fotografischen Genres passt man diese Einstellungen an, um eine ausreichend helle und kontrastreiche Abbildung zu schaffen, helle Himmelskörper (beispielsweise eine Mondsichel) nicht überzubelichten und auch dunklere Objekte, insbesondere die Milchstraße, gut vor dem dunklen Himmel zur Geltung zu bringen.
- Schärfen: Wählen Sie hier den geringsten Wert, um das Rauschen nicht zu verstärken.
- Rauschreduzierung: Mit dieser Funktion können Sie das Rauschen verringern, ohne die Farben abzuschwächen oder zu viele Details zu verlieren; je stärker Sie die Belichtung, den Kontrast oder die dunklen Töne anpassen, desto ausgeprägter ist allerdings das Rauschen.
- Korrektur von Objektivfehlern: Falls möglich, sollten Sie die Korrektur von Vignettierungen aktivieren; die Korrektur von Verzerrungen sollte nur dann eingeschaltet werden, wenn horizontale Linien zu stark gekrümmt sind oder wenn Sie anschließend ein Panorama erstellen wollen (siehe weiter unten).

Die Anpassung der Farben ist am schwierigsten! Wenn Sie bei der Aufnahme die Einstellung »Tageslicht« gewählt haben (Farbtemperatur von etwa 5500 K), weist der Himmel im Hintergrund wahrscheinlich einen mehr oder weniger stark ausgeprägten Rotstich auf, auch wenn der Aufnahmeort scheinbar von der Lichtverschmutzung verschont geblieben ist (ein Grünstich ist die Folge des Nachthimmelleuchtens (*Airglow*): Dies ist ein schwaches, bei Nacht sichtbares Leuchten der höheren Atmosphärenschichten). Um den Himmel neutraler oder sogar leicht

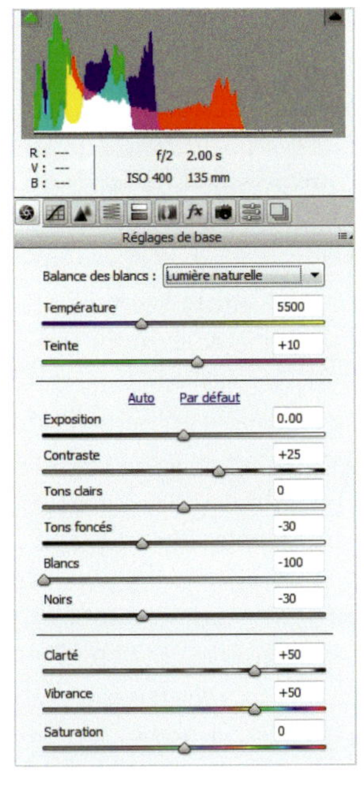

◂ Das in Photoshop enthaltene Modul Camera Raw bietet ein Histogramm und weitere Funktionen zur RAW-Verarbeitung, darunter Objektivkorrektur, Einstellung der Schärfe und Rauschreduzierung.

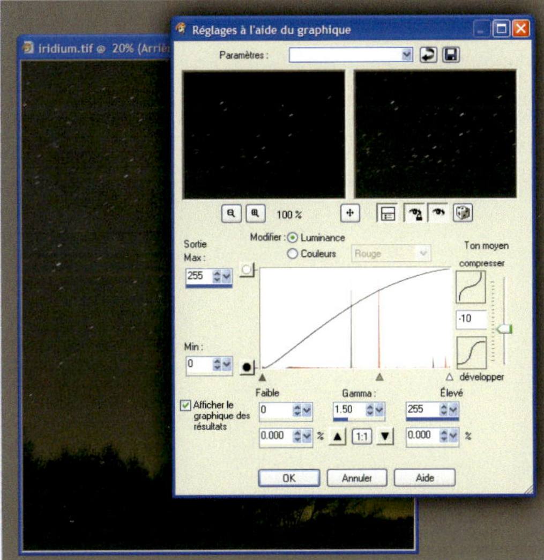

▸ Die Histogrammanpassung in Paint Shop Pro entspricht dem Gradationskurven-Dialog in Photoshop und umfasst umfangreiche Einstellmöglichkeiten der Niveaus und Kurven sowie eine Histogrammanzeige der Abbildung.

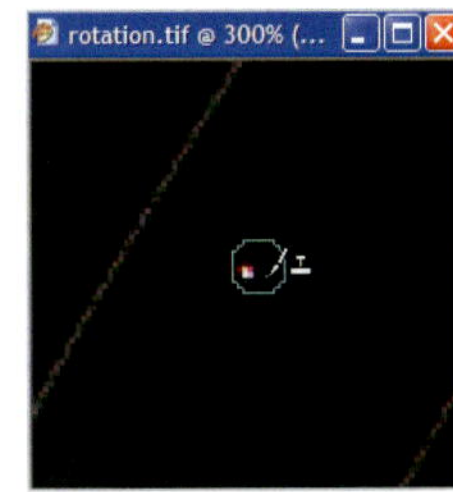

▴ Bei stark vergrößerter Abbildung lassen sich winzige »hot pixels« und Staubflecken oder eine Überflugspur von Flugzeugen oder Satelliten (es gibt immer mehr davon!) mit dem Kopierstempel- oder Klonpinselwerkzeug entfernen.

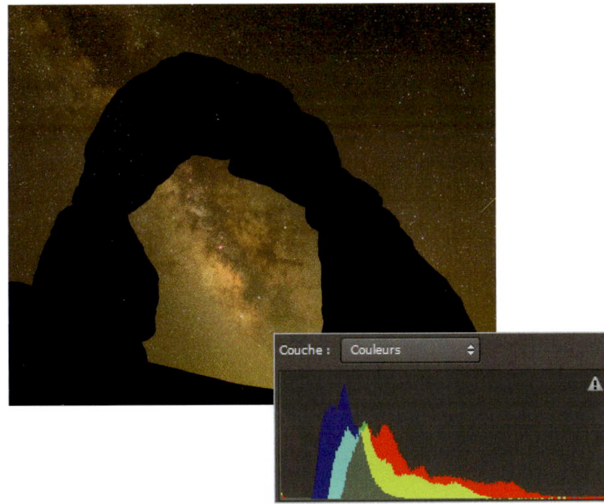

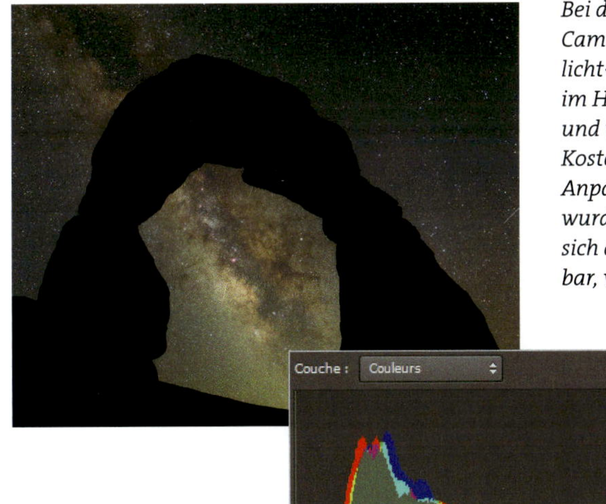

Bei diesem im RAW-Format aufgenommenen und mit Camera Raw (Photoshop) mit der Einstellung »Tageslicht« entwickelten Foto lässt sich der Orangestich im Histogramm gut an der Verschiebung der grünen und vor allem der roten Spitzenwerte nach rechts auf Kosten des blauen Spitzenwerts erkennen. Mithilfe der Anpassung der Temperatur- und Farbton-Einstellung wurde die Farbbalance optimiert. Am Horizont macht sich die Lichtverschmutzung noch ein wenig bemerkbar, wirkt jetzt aber gelblich.

bläulich wiederzugeben, können Sie die Farbtemperatureinstellung etwas nach unten anpassen, in Richtung der Einstellung für »Kunstlicht«. Übertreiben sollten Sie das jedoch nicht, denn diese Farbverschiebung wirkt sich auch auf alle anderen Objekte – Sterne und Sternennebel – aus. Die Sterne sollten aber unbedingt ihre unterschiedlichen Farben behalten, und auch der warme Farbton des galaktischen Bulge (zwischen Gelb und Rot) muss bewahrt bleiben.

Wenn Sie mit dem Ergebnis zufrieden sind und – abgesehen von einer eventuellen Ausschnittänderung – keine weiteren Anpassungen vornehmen möchten, dann können Sie das Bild nun als JPEG-Datei mit höchster Auflösung abspeichern. Andernfalls sollten Sie Ihr Bild als TIFF-Datei mit 16 Bit Farbtiefe speichern. Dies bietet sich an, wenn Sie die Datei später noch einmal bearbeiten möchten, um eventuell noch verbleibende Farbstiche am Himmel mithilfe der Tonwertkorrektur zu beseitigen. In Kapitel 7 (Seite 194) wird dieser Schritt genauer erklärt.

Rechts ein Fisheye des weißrussischen Herstellers Peleng, links ein 8–15 mm-Fisheye-Zoom von Canon.

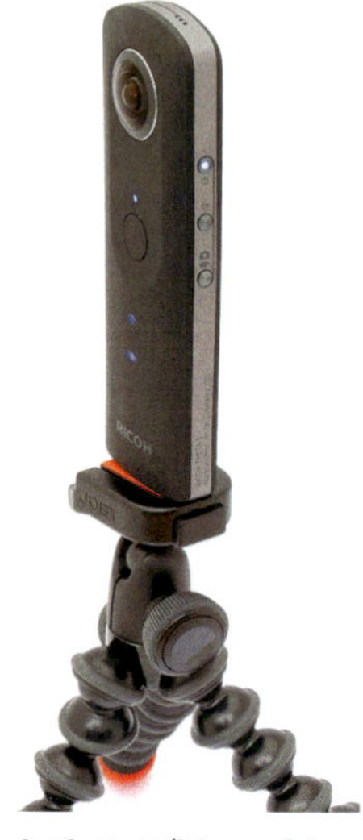

Die kleine Ricoh Theta S (hier auf dem Tischstativ GorillaPod) liefert die ultimative Fischaugenansicht: Mit ihren beiden gegenüberliegenden Objektiven kann sie eine 360°-Rundumsicht ihrer Umgebung fotografieren oder filmen. Nichts entgeht dieser Kamera, noch nicht einmal das Stativ, auf dem sie steht. Sie kann entweder über ihren Auslöseknopf ausgelöst oder über eine Wi-Fi-Verbindung mit dem Smartphone gesteuert werden. Die resultierenden Fotos (nur JPEG) und Videos (MP4) setzen sich aus zwei Halbkugel-Aufnahmen zusammen. Mit dem Anwendungsprogramm der Ricoh Theta kann man durch das 360°-Bild navigieren und das Foto in unterschiedlichen Ansichten präsentieren: als Panorama, als flache, rechteckige Ansicht oder als »kleiner Planet«. Natürlich lässt sich die Bildqualität aufgrund der kleinen Sensoren und Objektive nicht mit einer DSL-Aufnahme vergleichen, aber die Ergebnisse sind bei Belichtungen von mehreren Sekunden erstaunlich gut.

Das Fisheye: ein einzigartiges Objektiv

Die Objektive, von denen bisher die Rede war, liefern eine sogenannte »rektilineare« Abbildung: Gerade Linien wie beispielsweise der Horizont oder eine Gebäudekante werden auf dem Foto ebenfalls (mehr oder weniger) gerade wiedergegeben. Aber diese Objektive erfassen nur einen begrenzten Bildwinkel: Will man mehr, braucht man ein Fisheye. Ein Fisheye-Objektiv (Fischaugenobjektiv) hat eine sehr kurze Brennweite und ist so konstruiert, dass es das größtmögliche Bildfeld mit einer DSLR einfängt. Auf den Zenit gerichtet, produziert ein gängiges Fischaugenobjektiv mit einem Bildwinkel von 180° kreisrunde Bilder, die das gesamte Himmelsgewölbe inklusive des Horizonts wiedergeben. Je nach Charakteristik des Objektivs und Sensorgröße passt dieses Bild auf den Sensor oder auch nicht. Das kreisrunde Bild eines 8 mm-Fisheye-Objektivs (Sigma, Canon, Nikon, Peleng, Samyang) misst zwischen 22 mm und 25 mm und wird daher mit einem Vollformatsensor vollständig erfasst. Um mit einem APS-C-Sensor dasselbe Ergebnis zu erzielen, braucht man ein Fisheye-Objektiv mit 4,5 mm Brennweite (Sigma). Auf dem APS-C-Sensor würde ein 8 mm-Fisheye-Objektiv den gesamten Sensor bis auf schwarze Ecken ausfüllen. Diagonale Fisheye-Objektive haben für eine APS-C-Kamera eine Brennweite von etwa 10 mm und bilden den Bildwinkel von 180° nur in der Diagonalen ab. Mit diesen sehr kurzen Brennweiten sind Belichtungszeiten von Dutzenden von Sekunden möglich, ohne dass die Sterne zu stark verwischen. Aufnahmen mit Fisheye-Objektiven sind allerdings besonders anfällig für Lichtverschmutzung, selbst wenn man kilometerweit von der nächsten Ansiedlung entfernt ist. Außerdem schlägt sich leicht Feuchtigkeit auf der vorgewölbten Frontlinse nieder.

Dieses Foto des Südhimmels wurde mit einem 8-mm-Fischauge auf einem 24 × 36-Sensor aufgenommen: Der Horizont ist über 360° sichtbar. Das gelbe Rechteck zeigt, was ein APS-C-Sensor mit einem 10-mm-Fish-Eye oder ein 24 × 36-Sensor mit einem 15-mm-Fish-Eye (diagonaler Bildausschnitt) sehen würde. Das weiße Rechteck zeigt den APS-C-Bildausschnitt mit dem 8-mm-Fischauge.

Verlängerung der Belichtungszeit

Damit noch mehr Sterne auf dem Bild zu sehen sind und auch die Milchstraße besser zur Geltung kommt, muss man die Belichtungszeit weiter verlängern. Damit die Erdrotation nicht zu Unschärfen führt, besteht die beste Lösung darin, die Bewegung des Himmels mithilfe einer motorgesteuerten äquatorialen Montierung auszugleichen. Eine solche Montierung muss nicht unbedingt teuer oder sperrig sein: Einige Hersteller bieten heutzutage für ein paar Hundert Euro kleine Äquatorialmontierungen für die Reise an, die auf ein Fotostativ montiert werden und eine DSL und ein Objektiv mit einer Brennweite von bis

BESEITIGUNG VON HEISSEN PIXELN

Bei Langzeitbelichtungen entsteht im Inneren des Sensors ein unerwünschtes Phänomen, auf das wir noch häufiger in diesem Buch zurückkommen werden, denn es macht allen Deep-Sky-Fotografen das Leben schwer: das thermische Rauschen. Es äußert sich in Form von hellen, farbigen Punkten, die sich scheinbar zufällig im Bild verteilen (die berühmten heißen Pixel oder »hot pixels«). Diese Pixel befinden sich beim jeweiligen Sensor immer an den gleichen Stellen der Abbildung. Nur die Helligkeit dieser Pixel variiert: Sie steigt an, je länger die Belichtung dauert und je höher die Umgebungstemperatur ist.

Viele Digitalkameras bieten die Funktion »Rauschreduzierung bei Langzeitbelichtung«, in der sofort nach der jeweiligen Langzeitbelichtung eine zweite Aufnahme gleicher Dauer gemacht wird, ohne den Verschluss zu öffnen, sodass die heißen Pixel reproduziert werden. Diese zweite Aufnahme wird dann anschließend automatisch von der ersten abgezogen, bevor die Kamera die Datei auf die Speicherkarte schreibt. Dies ist der Grund, weshalb die Kamera in diesem Modus bei einer einminütigen Belichtungszeit zwei Minuten beschäftigt ist.

Natürlich muss diese Funktion bei Aufnahmen von Sternspuren deaktiviert werden, da sonst zwischen den Einzelaufnahmen zu große Lücken entstehen würden. Auch für Panoramaaufnahmen ist dieser Modus ungeeignet. Man könnte versucht sein, die Funktion bei Ansichten von Sternbildern und von der Milchstraße immer einzuschalten, aber die Kamerahersteller verschweigen grundsätzlich eine wichtige Information: Die heißen Pixel werden dadurch zwar beseitigt, aber dafür erhöht sich das Grundrauschen der Abbildung um 40 %! Ich nutze diesen Modus also fast nie und entferne eventuelle heiße Pixel lieber manuell mit dem Kopierstempel-Werkzeug.

Legen Sie die Bilder als Ebenen mit der Füllmethode »Differenz« übereinander. Falls die Deckung nicht stimmt, erscheinen die Sterne doppelt.

zu 200 mm halten können. Alle diese motorgesteuerten Montierungen und ihr praktischer Einsatz werden in Kapitel 7 beschrieben.

Bei einer fest montierten Kamera mit einem Objektiv mit kurzer oder mittlerer Brennweite besteht noch die Möglichkeit, mehrere Aufnahmen mit relativ kurzer Belichtungszeit miteinander zu kombinieren, um die Wirkung einer längeren Belichtungszeit zu erreichen; beispielsweise ergeben 20 aufeinanderfolgende Aufnahmen mit 15 Sekunden ein Ergebnis, das mehr oder weniger einer Einzelaufnahme von 5 Minuten mit einem Nachführsystem entspricht. Weil sich die Sterne zwischen den aufeinanderfolgenden Aufnahmen bereits wieder bewegt haben, ist es natürlich notwendig, die Einzelaufnahmen vor ihrer Zusammenfügung korrekt in Deckung zu bringen.

Die einfachste und effektivste Methode ist die Verwendung der kostenlosen Software Sequator, die allerdings nur für PCs und in englischer Sprache erhältlich ist. Die Software wurde entwickelt, um eine Sequenz aufeinanderfolgender RAW-Aufnahmen mit derselben Belichtungszeit und demselben Bildausschnitt zu erstellen, wobei die Himmelselemente (Sterne, Milchstraße, Planeten usw.) neu ausgerichtet werden, während die Landschaft unbewegt bleibt. Dazu müssen Sie ihm helfen, indem Sie mit einem Pinsel (grob) die Grenze zwischen Himmel und Vordergrund zeichnen. Es stehen zahlreiche Einstellungsparameter zur Verfügung: Art der Kombination, Grad der Korrektur der Lichtverschmutzung, Verringerung der Verzerrung, Verstärkung der Sterne, Entfernung heißer Pixel usw. Anschließend muss das resultierende Bild nur noch auf herkömmliche Weise (Ebenen, Kurven usw.) in einem Bildbearbeitungsprogramm bearbeitet werden.

Auf dem PC ist die einfachste und effektivste Methode die Verwendung der kostenlosen Software Sequator (das Pendant für den Mac ist SLS: Starry Landscape Stacker).

Im Ausschnitt eine 10 s lange Belichtung mit einem 14-mm-Objektiv bei F/2 an einer Micro-Four-Thirds-Kamera (Olympus E-M1 II): Der Mond (außerhalb des Bildes) ertränkt die Milchstraße in einem dunkelblauen Himmel. Als Hauptbild wurden sechzehn aufeinanderfolgende Aufnahmen mit Sequator kombiniert, wobei die Bewegung der Sterne ausgeglichen und die Lichtverschmutzung reduziert wurde. Nach der Bearbeitung des resultierenden Bildes (Photoshop-Werkzeuge »Ebenen« und »Rauschunterdrückung«) kam die Milchstraße viel besser zur Geltung, und es waren viel mehr Sterne zu sehen. Diese Bilder wurden im Juli 2020 aufgenommen: Über dem Berg nähern sich Jupiter und Saturn Tag für Tag einander, bevor sie im Dezember eine außergewöhnliche Konjunktion eingehen werden (siehe Foto auf Seite 93).

Sequator wurde entwickelt, um eine Sequenz aufeinanderfolgender RAW-Aufnahmen mit derselben Belichtungszeit und demselben Bildausschnitt zu kombinieren, wobei die Himmelselemente (Sterne, Milchstraße, Planeten ...) neu ausgerichtet werden, während die Landschaft unbewegt bleibt. Dazu müssen Sie ihm helfen, indem Sie mit einem Pinsel (grob) die Grenze zwischen Himmel und Vordergrund zeichnen. Es stehen zahlreiche Einstellungsparameter zur Verfügung: Art der Kombination, Grad der Korrektur der Lichtverschmutzung, Verringerung der Verzerrung, Verstärkung der Sterne, Entfernung heißer Pixel usw. Anschließend muss das resultierende Bild nur noch auf herkömmliche Weise (Ebenen, Kurven usw.) in einem Bildbearbeitungsprogramm bearbeitet werden.

Panoramaansichten

In der Weitwinkelfotografie ist die Erstellung eines Panoramas eine einfache Möglichkeit, den Bildwinkel noch weiter zu vergrößern. Bei einem horizontalen Panorama, auf dem noch einige Landschaftselemente zu sehen sind, muss man zuerst mit der integrierten Wasserwaage überprüfen, ob der Stativkopf genau horizontal ausgerichtet ist. Die einzelnen Aufnahmen sollten sich um mindestens 25–30 % überlappen, damit man zum Zusammenfügen des Gesamtbildes bei der Nachbearbeitung genug Anknüpfungspunkte hat. Die Zeit zwischen den Einzelbildern muss möglichst kurz gehalten werden, damit sich die Erdrotation bei der Zusammenfügung der Bilder nicht bemerkbar macht. Darüber hinaus ist es wichtig, ein Bildbearbeitungsprogramm zu verwenden, das Objektivfehler (Vignettierungen, Verzerrungen) korrigiert. Zur Erstel-

Das Panorama unten besteht aus diesen vier Aufnahmen.

Mit einer Canon 6D und einem 20 mm 1:1,4-Objektiv von Sigma wurden vier Aufnahmen mit 20 Sekunden Belichtungszeit und ISO 1600 gemacht und mit PTGui zu einem Panorama zusammengefügt. Anschließend wurden die Farben und der Himmelshintergrund ähnlich wie bei einem Einzelbild in Photoshop angepasst. In der Mitte der Panoramaaufnahme erkennt man das Zodiakallicht: Es zeigt sich in unmittelbarer Nachbarschaft zum Planeten Venus am Horizont. Links von der Kuppel des Teleskops SALT (South African Large Telescope) im Südwesten von Südafrika sieht man die Magellanschen Wolken.

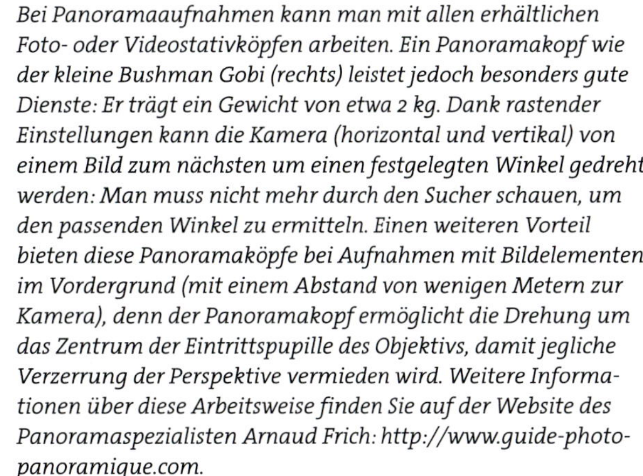

Bei Panoramaaufnahmen kann man mit allen erhältlichen Foto- oder Videostativköpfen arbeiten. Ein Panoramakopf wie der kleine Bushman Gobi (rechts) leistet jedoch besonders gute Dienste: Er trägt ein Gewicht von etwa 2 kg. Dank rastender Einstellungen kann die Kamera (horizontal und vertikal) von einem Bild zum nächsten um einen festgelegten Winkel gedreht werden: Man muss nicht mehr durch den Sucher schauen, um den passenden Winkel zu ermitteln. Einen weiteren Vorteil bieten diese Panoramaköpfe bei Aufnahmen mit Bildelementen im Vordergrund (mit einem Abstand von wenigen Metern zur Kamera), denn der Panoramakopf ermöglicht die Drehung um das Zentrum der Eintrittspupille des Objektivs, damit jegliche Verzerrung der Perspektive vermieden wird. Weitere Informationen über diese Arbeitsweise finden Sie auf der Website des Panoramaspezialisten Arnaud Frich: http://www.guide-photo-panoramique.com.

lung von Mosaiken können Sie eines der auf dem Markt erhältlichen Panoramaprogramme (PTGui, Autopano, Microsoft ICE usw.) ausprobieren: Bei der Anordnung und Zusammenfügung von scheinbar unvereinbaren Bildern vollbringen sie Meisterleistungen und lassen gleichzeitig helle Übergänge verschwinden.

Fangen Sie mit einem einfachen horizontalen Panorama an. Bei einer Drehung der Kamera um 90° (ins Hochformat) können Sie in vertikaler Richtung mehr Fläche ins Bild rücken als im Querformat. Wenn der Bildwinkel Ihres Objektivs nicht ausreicht, um die gewünschte vertikale Ansicht auf einmal zu erfassen, können Sie mehrteilige Panoramen mit zwei oder sogar drei überlagerten Bildreihen anfertigen. Für solche Aufnahmen empfehle ich Ihnen einen Panoramakopf.

Zodiakallicht

Das Zodiakallicht (Tierkreislicht) wird durch interplanetarischen Staub verursacht, der von der Sonne angestrahlt wird, und tritt längs der Ekliptik in Richtung des Tierkreises in Erscheinung. Es hat die Form eines schwachen Lichtkegels und wird auf Aufnahmen mit mehreren Minuten Belichtungszeit sichtbar. Am deutlichsten tritt das Phänomen im Osten vor Sonnenaufgang und im Westen nach Sonnenuntergang auf, allerdings nur, wenn es keinerlei Lichtverschmutzung gibt. Die besten Orte, das Zodiakallicht zu beobachten, befinden sich in den Wüsten Afrikas, Südamerikas und Australiens. Das Zodiakallicht in Westeuropa zu Gesicht zu bekommen, grenzt dagegen fast schon an ein Wunder …

Der Komet C/2011 L4 (PANSTARRS), mit einem 135 mm-Objektiv bei einer Belichtungszeit von 2 Sekunden unterhalb eines noch sehr dünnen zunehmenden Mondes aufgenommen, war im Abendlicht des 13. März 2013 mit dem bloßen Auge kaum erkennbar.

Kometen

Helle, aber dafür seltene Kometen wie Hale-Bopp, der 1997 an der Erde vorbeiflog, sind mit Belichtungszeiten von mehreren Sekunden einfach zu fotografieren. Weniger helle Kometen sind von dunklen Orten aus zwar immer noch mit dem bloßen Auge erkennbar, erscheinen aber auf Fotos, die nach den oben beschriebenen Methoden aufgenommen werden, als kleine verwischte Flecken.

Sternspuren

Mithilfe eines Weitwinkelobjektivs kann man sich die Erdrotation zunutze machen, um die Bewegung des Himmelsgewölbes auf die Spitze zu treiben und die Schönheit der Sternspuren um den Himmelspol herum zu zeigen. Der Winkel der Rotation der Sternspuren um den Himmelspol ist proportional zur gesamten Belichtungszeit: 15° pro Stunde ergibt eine Viertelumdrehung in 6 Stunden und eine vollständige Umrundung in 24 Stunden. Ein etwas ungewöhnlicheres Bild erhält man, wenn man die Kamera auf eine andere Himmelsregion wie etwa den Himmelsäquator richtet.

Die Kamera muss für Langzeitbelichtungen geeignet sein: Die Verwendung einer DSL bietet sich hier an. Aus verschiedenen Gründen kann man die Sternspuren nicht viele Minuten oder gar Stunden lang belichten, um sie auf einer Einzelaufnahme zu verewigen: Das Foto wäre komplett überbelichtet, selbst wenn der Aufnahmeort von der Lichtverschmutzung verschont geblieben ist. Stattdessen müssen die Bilder aufeinanderfolgend in mehreren Intervallen mit einer Dauer von jeweils einigen Dutzend Sekunden aufgenommen werden. Meiner Erfahrung nach sollte die Zeit zwischen den Einzelaufnahmen so kurz wie möglich sein (im Idealfall eine Sekunde); andernfalls ziehen sich die Sternspuren nicht durch. Ein Intervalometer hilft dabei, die Zeiten zwischen den Aufnahmen zu steuern, und erweist sich daher als unverzichtbar.

Vor Beginn der Aufnahmeserie muss man die grundlegenden Einstellungen auswählen. Da in diesem Fall keine schwach leuchtenden Objekte wie die Milchstraße aufgezeichnet werden müssen, können wir die Objektivblende etwas schließen, sodass die Abbildung der Sterne am Bildrand verbessert und die Vignettierung reduziert wird. Im Hinblick auf die Nachbearbeitung (siehe weiter unten) muss bei der Einstellung der Belichtungszeit und der ISO-Empfindlichkeit berücksichtigt werden, dass das Endergebnis genauso aussehen soll wie eine Einzelaufnahme, was die Menge der Sterne und die Helligkeit des Him-

Konzentrische Sternspuren, bei denen 480 Belichtungen von je 30 Sekunden über dem Fluss Sioule in Puy-de-Dôme kombiniert wurden. Der Vollmond (außerhalb des Bildfeldes) beleuchtet die Landschaft und färbt den Himmel blau. Ein sehr weitwinkliges Objektiv wie das verwendete (14 mm an einem 24 × 36 Sigma mit L-Gehäuse) führt unweigerlich zu ovalen Kreisen. Mit dem Filter »Objektivkorrektur« in Photoshop lässt sich dieses Phänomen beseitigen, für diejenigen, die Kreise den Ellipsen (unten) vorziehen.

An einem Objektiv befestigter Handwärmer (links). Das hier gezeigte Modell ist wiederverwendbar: Nach einigen Minuten in kochendem Wasser ist es wieder einsatzbereit. Für astronomische Instrumente gibt es auch kleine Heizmanschetten (rechts).

TAU AUF DER FRONTLINSE VERMEIDEN

Wird ein Objektiv bei Nacht längere Zeit auf den Himmel gerichtet, so beschlägt unweigerlich in weniger als einer Stunde die Frontlinse der Optik. In feuchter Umgebung geschieht das schon nach wenigen Minuten. Mit der Sonnenblende des Objektivs lässt sich dieses Phänomen ein wenig hinauszögern, aber nicht ganz vermeiden. Die beste Lösung besteht darin, die Frontlinse des Objektivs ein klein wenig zu erwärmen. Ein Handwärmer, der mit Gummibändern oder Klettband am Objektiv befestigt wird, kann die Taubildung über mehrere Stunden verhindern. Solche Handwärmer sind im Sport- oder Outdoor-Handel erhältlich. Der kanadische Astronomiezubehör-Hersteller Kendrick bietet auch Heizmanschetten unterschiedlicher Länge für astronomische Instrumente an. Diese Heizmanschetten werden an ein 12-Volt-Steuergerät angeschlossen, sodass die abgegebene Leistung auf das notwendige Minimum beschränkt werden kann.

melshintergrunds betrifft. Der einzige Unterschied ist die Länge der Sternstriche, die sich mit steigender Anzahl der miteinander kombinierten Aufnahmen erhöht. Durch die kürzere Belichtungszeit jeder Einzelaufnahme sollen die Helligkeit des Himmelshintergrunds und die heißen Pixel (siehe Kasten auf Seite 13) in Grenzen gehalten werden.

Hinsichtlich der Aufnahmedauer gibt es noch zwei Probleme, die man bedenken muss: Taubildung auf den Linsen und die Akkulaufzeit. Der Akku muss lange genug durchhalten, um die gesamte Belichtungszeit zu überstehen, da man die Serie zwischendurch nicht unterbrechen kann, um ihn zu wechseln. Da sich die Akkuleistung bei tieferen Temperaturen oft drastisch verringert, ist es ratsam, Testläufe zu machen und eine zusätzliche Spannungsquelle wie einen Batteriegriff oder sogar ein Netzteil für die Kamera zu besorgen.

Bei der Nachbearbeitung werden alle aufgenommenen Fotos miteinander kombiniert. Die einfachste Methode ist die Entwicklung aller Bilder mit denselben Einstellungen (wenn sie im RAW-Format aufgenommen wurden) und die Kombination der Fotos als Ebenen. Die Füllmethode dieser Ebenen muss auf »Aufhellen« gestellt werden. Danach werden alle Ebenen zusammengefügt. Wenn die Kamera während der Aufnahmeserie absolut ruhig gestanden hat und die Einzelaufnahmen mit minimalen Unterbrechungen aufeinanderfolgten, verbinden sich die Bögen der Sternspuren auf sehr ästhetische Weise. Falls Sie sehr viele Bilder aufgenommen haben (Dutzende oder sogar Hunderte), können Sie sie auch in kleinen Gruppen zusammenfügen, beispielweise 150 Aufnahmen in 15 Gruppen à 10 Fotos. Anschließend werden die resultierenden 15 Fotos ebenfalls nach der gleichen Methode als Ebenen miteinander kombiniert.

Zur direkten Kombination ganzer Aufnahmeserien von Sternspuren gibt es auch eine Reihe von Spezialprogrammen, beispielsweise StarMax und StarStaX. Auch Sequator im »Accumulation«-Modus biete diese Möglichkeit.

Bei einer Zusammenfügung der Ebenen mit der Füllmethode »Negativ multiplizieren« verlieren sich die Sternspuren in einem immer heller werdenden Himmel im Hintergrund (links). Mit der Füllmethode »Aufhellen« (rechts) wird dieser störende Effekt vermieden.

Meteore (Sternschnuppen)

Sternschnuppen, also jene kleinen Lichtstreifen, die durch interplanetarische Staubpartikel beim Eintritt in die Erdatmosphäre verursacht werden, sind ein äußerst flüchtiges Phänomen. Die Erscheinung dauert nur Sekundenbruchteile, und doch erfordert ein Foto einer einzigen Sternschnuppe mehrere Aufnahmen, die etliche Minuten dauern können. Richtet man erst dann die Kamera auf den Himmel, wenn sich der Meteor am Himmel zeigt, kann man nicht mehr schnell genug reagieren. Die Lösung besteht darin, ein Weitwinkelobjektiv zu verwenden, so lange wie möglich zu belichten und zu hoffen, dass ein Meteor mitspielt, der im richtigen Moment das Blickfeld kreuzt. Sternschnuppen fotografiert man also auf dieselbe Weise wie Sternspuren. Übrigens lassen sich beide Motive hervorragend zusammen auf einem Foto verewigen.

Auch bei Aufnahmen von Meteoren braucht man einen Aufnahmeort ohne Lichtverschmutzung und eine Nacht ohne Mondschein. Meteore, die mit bloßem Auge gerade noch erkennbar sind, treten auf dem Foto wahrscheinlich kaum noch in Erscheinung. Um die Wahrscheinlichkeit zu erhöhen, eine schöne helle Sternschnuppe einzufangen, muss man bei größter Blendenöffnung und – unter Verwendung eines Zoomobjektivs – bei kürzester Brennweite mehrere Minuten lang belichten. Am vielversprechendsten sind die sogenannten Meteorschauer, von denen es jedes Jahr mehrere zu jeweils festen Terminen gibt; allerdings kann ihre Intensität von Jahr zu Jahr variieren. In der Tabelle unten sind die Meteorschauer mit den meisten Meteoren aufgelistet. Jeder Meteorschauer hat seinen eigenen Radianten, also ein Sternbild, aus dem die Meteore aufgrund der Perspektive zu kommen scheinen. Doch die Wahrscheinlichkeit ist genauso hoch, Meteore in einem anderen Teil des Himmels zu sichten, sodass man die Kamera auf jeden Bereich richten kann.

Meteorströme	**Radiant**	**Maximum**
Quadrantiden	Bärenhüter	3. Januar
Eta-Aquariiden	Wassermann	5. Mai
Perseiden	Perseus	12. August
Orioniden	Orion	20. Oktober
Leoniden	Löwe	17. November
Geminiden	Zwillinge	14. Dezember

Einige auffällige Meteorströme. Die Beobachtungszeit erstreckt sich über einen Zeitraum von mehreren Tagen vor und nach dem angegebenen Datum.

Polarlichter

Die in den Polregionen der Erde sichtbaren Polarlichter entstehen durch Anregung der Atome in der oberen Atmosphäre infolge schnell beweglicher Partikel, die durch solare Ereignisse wie Eruptionen und koronale Masseauswürfe erzeugt werden. Auf ihrem Weg zur Erde treffen diese Partikel auf das Erdmagnetfeld, das sie zu den Polarregionen leitet. Polarlichter sind daher in Breitengraden über 60°, vor allem in Nordskandinavien, Island, Alaska und Kanada, zu sehen. (In Mitteleuropa sind Polarlichter ein äußerst seltenes Phänomen: Sie treten im Schnitt etwa einmal pro Jahrzehnt auf.) Die Polarlichter sind zur Tag-und-Nacht-Gleiche etwas häufiger und sehen aus wie Tücher oder Flecken aus Licht; sie halten sich für wenige Sekunden bis zu mehreren Stunden. Normalerweise sind sie grün, manchmal auch rot (aufgrund der Sauerstoffatome) oder sogar blau (Stickstoffatome). Innerhalb weniger Sekunden lassen sich sehr eindrucksvolle Weitwinkelaufnahmen machen. Auf Websites wie *www.spaceweather.com* kann man sich in Echtzeit über die Wahrscheinlichkeit von Polarlichtern informieren.

Der Himmel über Nordnorwegen erstrahlt im Februar 2018 in Nordlichtern auf dieser mehrere Sekunden langen Aufnahme mit einem Sigma Art 14 mm F/1,8 Objektiv auf Sony Alpha 7R III.

Mond- und Sonnenfinsternisse

Mond- und Sonnenfinsternisse (eingehender in den Kapiteln 5 und 6 beschrieben) sind gute Motive für fest montierte Kameras; allerdings sind Schutzvorrichtungen (Filter) während der partiellen Phasen einer Sonnenfinsternis absolut notwendig. Wie schon weiter oben erwähnt, braucht man ein Teleobjektiv, um ein ausreichend großes Bild der Mond- oder Sonnenscheibe zu erhalten, damit auch Details zum Vorschein kommen. In den partiellen Phasen einer Mondfinsternis reichen kurze Belichtungszeiten von etwa 1/1000 Sekunde aus. Während der totalen Mondfinsternis ist jedoch wie bei Aufnahmen des Erdscheins eine Belichtungszeit von einer bis zu mehreren Sekunden nötig. Man sollte allerdings darauf achten, dass die Bewegung des Mondes (etwa 15" pro Sekunde) keine Bewegungsunschärfe verursacht, die mehr als ein paar Pixel beträgt. Die dazu erforderliche maximale Belichtungszeit können Sie in Abhängigkeit von der verwendeten Kamera und Optik berechnen, wie schon weiter oben beschrieben.

Um eine partielle, eine ringförmige oder die partiellen Phasen einer totalen Sonnenfinsternis zu fotografieren, muss das Objektiv mit einem Sonnenfilter geschützt werden. Um unangenehme Überraschungen zu vermeiden, sollte man einige Tage vor der Sonnenfinsternis durch

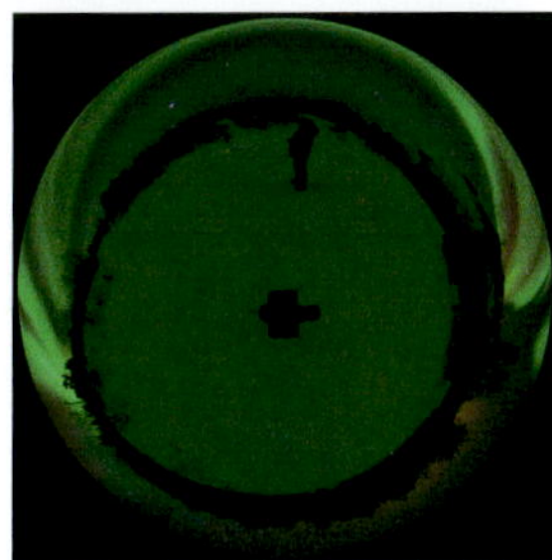

Polarlichter, aufgenommen aus unterschiedlichen Perspektiven mit einer Belichtungszeit von mehreren Sekunden mit einer Ricoh Theta.

Die partielle Mondfinsternis vom 21. Januar 2019, fotografiert in Paris in der Nähe von Notre-Dame. Sigma Art 40 mm Objektiv auf Sony Alpha 7R III, 1 s Belichtungszeit bei ISO 100.

»Perlschnur« der totalen Sonnenfinsternis vom 2. Juli 2019 über den argentinischen Anden, aufgenommen mit einem 40-mm-Objektiv von Sigma Art auf einer Sony Alpha 7R III. Die partiellen Phasen im Abstand von 5 Minuten wurden durch ein Stück Astrosolar-Filterfolie (siehe Kapitel 6) vor dem Objektiv aufgenommen, das für eine 2-Sekunden-Belichtung in der Mitte der totalen Phase kurz entfernt wurde. Die Bildserie wurde dann in Photoshop als Ebenen im Modus »Aufhellen« gestapelt. Am Vorabend zur gleichen Zeit fand ich den Standort am Seeufer, von dem aus ich die Reflexionen der verfinsterten Sonne am besten genießen konnte.

Ausprobieren die richtige Belichtungszeit ermitteln. Bei Verwendung eines Teleobjektivs kann die Belichtungszeit bei einer totalen Sonnenfinsternis stark variieren, je nachdem, welchen Bereich der Sonnenkorona man anvisiert (siehe Kapitel 6), doch auch hier kann die Erdrotation die maximale Belichtungszeit beschränken. Mit einem Weitwinkelobjektiv lassen sich auch Landschaften mit ins Bild rücken, was zu wunderbar stimmungsvollen Fotos führt. Vergessen Sie nicht, vor Eintritt der totalen Finsternis eventuelle Sonnenfilter abzunehmen und nach Ende des Schauspiels sofort wieder zu montieren!

Die Internationale Raumstation (ISS)

Die ISS umkreist die Erde in etwa 400 km Höhe und ist von der Helligkeit her mit der Venus vergleichbar. Ihre Umlaufbahn steht in einem Winkel von 51,6° zum Äquator und ist von allen Orten der Erde unterhalb des 60. Breitengrades sichtbar. Mit einer scheinbaren Geschwindigkeit von 1,2° pro Sekunde am Zenit überkreuzt die ISS in wenigen Minuten den Himmel von Westen nach Osten und wird sichtbar, wenn die Sonne weniger als 20° unter dem Horizont steht. Je nach Tiefe der Dämmerung kann sie abends vor Erreichen des östlichen Horizonts im Erdschatten verschwinden. Ebenso kann sie im Morgengrauen aus dem Erdschatten heraus auftauchen. Die Termine und Uhrzeiten der ISS-Transite kann man für seinen Aufenthaltsort auf den Websites CalSky *(www.calsky.com)* und Heavens-Above *(www.heavens-above.com)* oder mit der App *ISS Detector* abrufen. In den Wochen um die Sommersonnenwende herum sinkt die Sonne in Mitteleuropa nachts nur wenig unter den Horizont, sodass man in einer Nacht drei, vier oder sogar fünf Transite der ISS in einem Abstand von 90 Minuten sehen kann: Das nennt man den »ISS-Marathon«.

Den Überflug der ISS fotografiert man am besten mit einem Stativ und einem Weitwinkelobjektiv bei einer Belichtungszeit von einigen Sekunden. Dazu fokussiert man im Vorfeld auf einen Stern oder einen hellen Planeten und richtet die Kamera dabei auf denjenigen Bereich des Himmels, den die Website mit den Vorhersagen angegeben hat.

Die ISS bewegt sich etwa von Westen nach Osten; der Kulminationspunkt kann aber auch nach Norden, zum Zenit oder nach Süden abweichen. Die vier Transite, die man auf dieser mit einem Fisheye aufgenommenen Ansicht sieht, fanden in der Nacht vom 26. auf den 27. Mai 2017 statt. Während der gesamten Nacht wurden Aufnahmen mit Belichtungszeiten von über 10 Sekunden gemacht; die Fotos, auf denen man die ISS sieht, wurden genauso miteinander kombiniert wie Bilder von Sternspuren. Der Punkt unten im Bild, um den sich die Sterne zu drehen scheinen, ist der Himmelsnordpol.

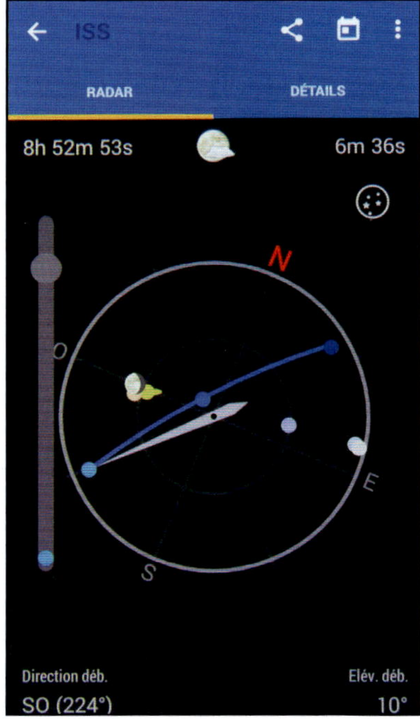

Zu den Smartphone-Apps gehört der ISS Detector, der anhand von GPS und Kompass des Smartphones Vorbeiflüge vorhersagt und die Flugbahn der ISS auf eine Scheibe zeichnet, die den Sternenhimmel darstellt.

Inclure les passages: ◉ visibles ○ tous

Cliquez sur la date pour obtenir la carte du ciel et autres détails du passage

Date	Luminosité (mag)	Début			Culmination			Fin			Type de passage
		Heure	Elev	Az	Heure	Elev	Az	Heure	Elev	Az	
30 sept.	-3,9	19:59:02	10°	ONO	20:02:14	80°	NNE	20:05:26	10°	ESE	visible
30 sept.	-2,1	21:35:44	10°	O	21:38:24	24°	SO	21:38:30	24°	SO	visible
1 oct.	-2,8	20:42:21	10°	ONO	20:45:21	39°	SSO	20:47:34	16°	SSE	visible
2 oct.	-1,1	21:26:38	10°	OSO	21:28:08	13°	SO	21:29:19	11°	SSO	visible
3 oct.	-1,6	20:32:39	10°	O	20:35:09	21°	SO	20:37:40	10°	SSE	visible
5 oct.	-0,8	20:23:46	10°	OSO	20:24:44	11°	SO	20:25:43	10°	SSO	visible

Die Website heavens-above.com kann den Vorbeiflug aller künstlichen Satelliten vorhersagen, natürlich auch den der ISS. Dazu muss man ihm zuvor den Ort der Beobachtung mitteilen. Dann kann er den Tag und die Uhrzeit des Vorbeiflugs und andere wichtige Informationen angeben: Ankunfts- und Abflugrichtung, Höhe und Richtung der Kulmination (größte Höhe am Horizont), Magnitude. Er zeichnet Ihnen sogar eine Himmelskarte mit der genauen Flugbahn der ISS Minute für Minute.

Erstellen von Zeitrafferaufnahmen

Aus ein paar Dutzend oder auch einigen Hundert Fotos, die nach den bereits beschriebenen Methoden in regelmäßigen Zeitabständen aufgenommen wurden, kann man spektakuläre Zeitraffervideosequenzen erzeugen. Auch in dieser Aufnahmesituation brauchen Sie ein stabiles Stativ, ein Intervalometer, genügend Akkuleistung und eventuell eine Vorrichtung zur Verhinderung von Taubildung auf dem Objektiv.

Zur Vermeidung von Helligkeitsunterschieden innerhalb dieser Sequenz müssen die Kameraeinstellungen (Belichtungszeit, Blende usw.) bei allen Bildern genau gleich sein. Wenn Szenen dabei sind, die den Übergang vor oder nach Sonnenauf- bzw. -untergang mit einschließen, sollte man die Belichtungszeit der Bilder in der Sequenz zum jeweiligen Zeitpunkt manuell anpassen, um die Helligkeitsunterschiede anzugleichen. Dabei muss die Belichtungszeit jeder Aufnahme durch Ausprobieren ermittelt werden; die Belichtungen sollten zwischen ein paar Sekunden bis zu einer Minute dauern, ähnlich wie bei Einzelaufnahmen des Himmels. Bei Amateuren gehen die Meinungen über das zu verwendende Dateiformat auseinander. Manche empfehlen das RAW-Format, andere bevorzugen das JPEG-Format mit verringerter Auflösung. Der Vorteil bei Letzterem besteht darin, dass man es mit wesentlich kleineren Dateien zu tun hat, dafür sind aber die Bearbeitungsmöglichkeiten (Belichtungsanpassung) beschränkt.

Wenn man die Bilder im RAW-Format aufgenommen hat, entwickelt man sie wie üblich und wandelt sie bei geringer Kompression in eine JPEG-Datei um. Der nächste Arbeitsschritt ist die Verkleinerung aller Bilder auf die Größe des Videoformats, das man verwenden möchte: 640 × 360 für 360p, 854 × 480 für 480p, 1280 × 720 für 720p, 1920 × 1080 für 1080p (Full HD) oder 3840 2160 für 2160p (Ultra HD). Damit die Einzelbilder zum Seitenverhältnis der Videoformate passen, müssen sie vermutlich an der oberen und unteren Kante beschnitten werden, da das Seitenverhältnis der Kamera anders ist (Full-HD-Video hat ein Verhältnis von 16:9 und ein DSL-Sensor 3:2). Wenn man die Einzelbilder nicht beschneidet, fügen einige Videoportale (z. B. YouTube und Dailymotion) oben und unten einen schwarzen Balken ein. Mit Programmen wie Photoshop, Lightroom oder den Filtern von VirtualDub kann man in einem Schritt ganze Bilderserien in eine andere Bildgröße umwandeln.

Jetzt sind die Bilder so weit, dass sie zu einer Videosequenz zusammengefügt werden können. Adobe Premiere Elements bietet zwar einige zusätzliche Funktionen wie Zoomen und Schwenken, aber zur Einarbeitung würde ich empfehlen, mit dem kostenlosen Programm VirtualDub anzufangen, das alle benötigten Grundfunktionen enthält. Man öffnet das erste Bild der Sequenz mit dem Befehl »Open Video File« im Menü »File«. VirtualDub öffnet nun alle Dateien, die fortlaufend nummerierte Dateinamen haben (z. B. img4235, img4236, img4237 usw.). Falls nötig, kann man im Menü »Video« den Resize-Filter aufrufen und die Bilder in andere Größen umrechnen und beschneiden lassen (z. B. 1920 × 1080 bei 16:9). Im Menü »Video« wählt man die *frame rate* (Bildrate). Es gibt unzählige Videoformate, die sich nach »Codecs« (Kodierung und Dekodierung der Daten) und »Container« unterscheiden.

Container sind Behälter, die das Video und die dazugehörigen Daten enthalten; sie werden oft als Dateierweiterung bezeichnet (z. B. .mp4, .mov, .wmv) und können sowohl Bild- als auch Audiodaten enthalten und synchronisieren. Codecs komprimieren (bei der Aufzeichnung) und dekomprimieren (beim Abspielen) die Videodaten. Wie JPEG-Daten bei Fotos müssen auch Videodaten aus Platzgründen komprimiert werden: Eine einfache unkomprimierte Videosequenz von einer Minute in Full HD würde bereits Dutzende Gigabyte beanspruchen, was sowohl für die Speicherung als auch für die Wiedergabe zu viel wäre.

In puncto Codec ist MPEG-4 und höher empfehlenswert, insbesondere H.264, denn dieser Standard bietet eine gute Videoqualität. Wenn der Codec, den Sie nutzen möchten, noch nicht auf Ihrem Computer installiert ist, steht wahrscheinlich im Internet eine kostenlose Version zum Download bereit. Für den Container ist auch MP4 eine gute Wahl. Ich selbst verwende Premiere Elements, das viele Codecs enthält (darunter auch H.264) und die Hinzufügung eines Audio-Soundtracks und praktischer Effekte ermöglicht, beispielsweise die »Weiche Blende« für Überblendungen, Zoomen/Schwenken und die Einfügung von Texten.

Damit Ihre Zuschauer nicht gelangweilt werden, machen Sie am besten kurze Filme von 5–10 Sekunden Dauer. Erstellen Sie nur längere Videos, falls sich in der Sequenz interessante Ereignisse abspielen. Die Bildrate der Videos beträgt meist 24 oder 25 Bilder pro Sekunde; eine höhere Bildrate ist unnötig. Geht man unter eine Bildrate von 15 Bildern pro Sekunde, kann das Video ruckeln. Bei 24 Bildern pro Sekunde benötigt ein Video von 10 Sekunden 240 Einzelbilder; beträgt die Belichtungszeit bei jedem Einzelbild 15 Sekunden, beläuft sich die Gesamtaufnahmedauer auf 3600 Sekunden (1 Stunde).

Videoaufnahmen des Himmels

Die spiegellose Vollformatkamera Sony Alpha 7S (12 MP) hat seit ihrer Markteinführung im Jahr 2014 neue Maßstäbe in der Astrofotografie gesetzt, denn sie bietet die Möglichkeit, den Nachthimmel in Echtzeit zu filmen, d. h. mit 25 Bildern pro Sekunde. Bis heute (Mitte 2023) sind nur die Sony Alpha 7S und ihre Nachfolgerin 7S Mark II dazu in der Lage.

Dafür gibt es zwei Gründe. Erstens ist die Elektronik dieser Kameras ganz besonders leistungsfähig: Das Ausleserauschen (siehe Kapitel 3) bei hohen ISO-Zahlen liegt bei nur einem Elektron. Zweitens sind die Fotodioden (Pixel) ungewöhnlich groß: 8,5 Mikrometer. Die resultierende Lichtempfindlichkeit spielt bei Videoaufnahmen bei Nacht eine große Rolle, denn die Belichtungszeit ist bei jeder Einzelaufnahme auf 1/25 Sekunde beschränkt. Bei Videoaufnahmen mit 4K, was in etwa einer Auflösung von 3840 × 2160 Pixeln, also insgesamt etwa 8 MP entspricht, verknüpft die Kamera jedes Pixel des Sensors mit einem Videopixel, sodass der gesamte Sensor als lichtempfindliche Fläche genutzt wird. Bei einer SLR mit beispielsweise 24 MP kommt dagegen bei Videoaufnahmen mit einer Auflösung von 4K nur eines von drei Pixeln zum Einsatz, sodass die Lichtempfindlichkeit der beiden eliminierten Pixel ungenutzt bleibt. Die 7S ist das perfekte Beispiel dafür, dass der »Pixelwahn« nicht nur überflüssig, sondern in bestimmten Fällen, beispielsweise bei nächtlichen Videoaufnahmen, sogar kontraproduktiv ist!

Mit meiner 7S filme ich vor allem sehr flüchtige Himmelsphänomene, insbesondere Polarlichter, die häufig so schnell wieder vorbei sind, dass eine Bildfrequenz von 25 Bildern pro Sekunde kaum ausreicht, um ihre Bewegungen einzufangen. Auch Sternschnuppen und den Überflug von Satelliten in geringer Höhe fange ich mit dieser Kamera in Echtzeit ein. Die ISO-Empfindlichkeit der 7S reicht bis 409600, aber ich stelle nie eine höhere Zahl als ISO 25600 ein, denn sonst nimmt das Rauschen zu stark zu und an den Bildrändern zeigt sich das Phänomen der Elektrolumineszenz (bläulicher Rand). Natürlich ist bei nächtlichen Videoaufnahmen die Lichtstärke des Objektivs ausschlaggebend für den Erfolg (mindestens 1:2,8, besser noch 1:1,8 oder 1:1,4).

Am 15. Dezember 2015 filmte ich diese Region des Himmels mit den Sternbildern Orion und Zwillinge mit einer 7S und einem 24 mm-Objektiv 1:1,4 über mehrere Stunden. Anschließend wurden die Bilder, auf denen eine Sternschnuppe der Geminiden zu sehen war, ausgewählt und mit ähnlichen Methoden ausgerichtet und kombiniert wie auf Seite 18 beschrieben.

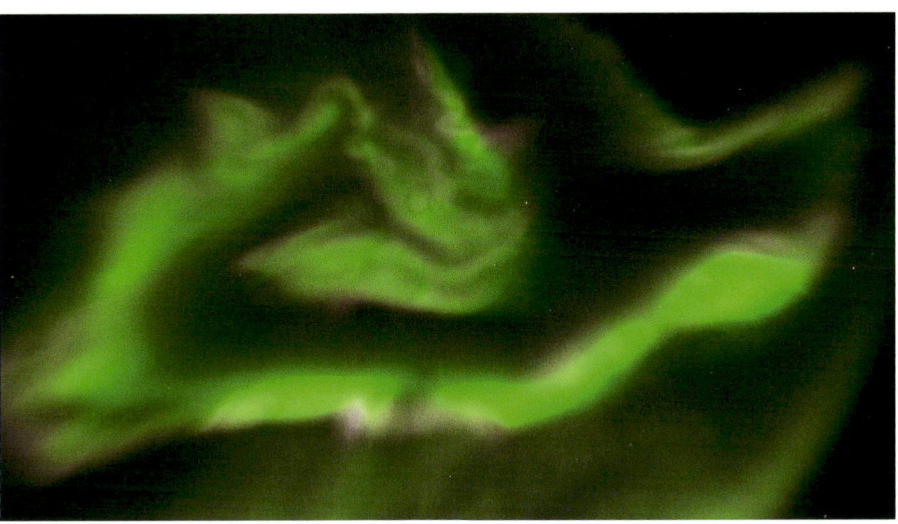

Bild aus eine Videosequenz von Polarlichtern, das aus der Hand mit der Sony Alpha 7S (ISO 16.000, 1/30 s) mit einem 20-mm-F/1,4-Objektiv von Norwegen aus aufgenommen wurde.

In der Bioluminescent Bay von Vieques in Puerto Rico, die für ihre leuchtenden Algen berühmt ist, wurden Sterne, Mond und Venus vom Kajak aus mit einer 7S gefilmt.

Kapitel 2

Die Kameras für die Astrofotografie

Amateurdigitalkameras oder Astronomiekameras (gekühlt oder ungekühlt): In der Astrofotografie werden verschiedene Arten von Geräten verwendet. Es ist wichtig, deren grundsätzliche Funktionsweise zu verstehen, um aus jedem Kameratyp das Beste herauszuholen.

Der sehr helle Stern Alnitak lebt mit dem schwachen Nebel in der Region des Pferdekopfes im Schulterblatt des Orion zusammen. Das Bild wurde in 3 Stunden (360 Belichtungen à 30 Sekunden) mit einem 106-mm-Refraktor mit F/D 5 und einem Sigma fp-Gehäuse mit modifiziertem IR-Sperrfilter aufgenommen. Bearbeitung: Siril und Photoshop.

Trotz ihrer großen äußerlichen Unterschiede haben alle Kameras, die in der Astrofotografie benutzt werden, eines gemeinsam: den Sensor, einen kleinen elektronischen Chip, der die Aufgabe hat, Licht einzufangen. Die unterschiedlichen Kameras ergänzen sich eher, als dass sie in Konkurrenz stehen, und jede von ihnen ist für ein bestimmtes Ziel am Himmel geeignet – je nach finanziellen Mitteln.

So eignen sich astronomische Videokameras hervorragend für die Planetenfotografie und gekühlte Kameras für Deep-Sky-Aufnahmen. Digitale Konsumenten-Kameras, wie wir sie in Kapitel 1 definiert haben, und insbesondere Kameras mit Wechselobjektiven (DSLs) sind nicht nur auf einen Aspekt spezialisiert; sie eignen sich für viele Einsatzarten. Ihr Hauptvorteil besteht darin, dass sie durch ihr exzellentes Preis-Leistungs-Verhältnis den Amateurastronomen die Türen zur Himmelsfotografie geöffnet haben. Die wichtigsten Unterschiede zwischen den Geräten sind nicht immer offensichtlich: So kann beispielsweise das Vorhandensein eines Schwarz-Weiß-(Monochrom-) Sensors anstelle eines Farbsensors unter bestimmten Umständen ein entscheidender Vorteil sein.

Der Aufbau aus Fotodioden lässt sich bei diesem Sensor, der durch ein Mikroskop fotografiert wurde, gut erkennen. Jede Fotodiode misst etwa 5 µm im Querschnitt.

Der Sensor

Um die nachfolgenden Kapitel gut nachvollziehen zu können, ist es hilfreich, die grundsätzlichen Funktionen und Eigenschaften von Bildsensoren zu verstehen.

Sensoraufbau

Der Sensor ist ein elektronischer Chip mit Leiterbahnen und einer kleinen Glasscheibe, die die lichtempfindliche Fläche aus Silizium schützt. Diese Siliziumoberfläche besteht aus schachbrettartig angeordneten, mikroskopisch kleinen Einheiten, die die Lichtpartikel, sogenannte Photonen, einfangen und zählen. Deshalb nennt man diese Einheiten Fotodioden. Die meisten Leute nennen sie *Pixel* (picture elements), doch wir nennen sie *Fotodioden,* da, wie wir noch sehen werden, diese Begriffe etwas Unterschiedliches meinen.

Eines der Hauptmerkmale eines Sensors ist die Anzahl seiner Fotodioden. Da diese meist rechtwinklig regelmäßig angeordnet sind, lässt sich deren Zahl leicht berechnen. Ein Sensor mit 4.000 mal 6.000 Fotodioden enthält insgesamt 24 Millionen Pixel bzw. 24 Megapixel. In der Amateur-Astrofotografie von heute variiert die Anzahl der Fotodioden zwischen mehreren 100.000 bis zu etwa 60 Millionen. In der professionellen Astronomie sind die Detektoren aus riesigen Mosaiken großer Sensoren zusammengesetzt, bei denen die Anzahl der Fotodioden mehrere hundert Millionen pro Sensoranordnung erreichen kann.

Ein weiterer wichtiger Parameter ist die Größe des lichtempfindlichen Fotodioden, die in Tausendsteln eines Millimeters, also in Mikrometern (µm), gemessen wird. In den 1990er-Jahren näher an 10 µm, hat sie sich mit jeder neuen Sensorgeneration tendenziell verringert. Bei den meisten Sensoren, die heute von Amateurastronomen verwendet werden, liegt diese Größe zwischen 2 und 6 µm. Die Multiplikation dieser Größe mit der Anzahl der Fotodioden über die Breite oder Länge des Sensors ergibt die Abmessungen der empfindlichen Oberfläche. Ein Sensor mit 4.000 × 6.000 jeweils 4 µm großen Fotodiouden bietet beispielsweise eine empfindliche Fläche von 16.000 × 24.000 µm, d. h. 16 × 24 mm.

Die kleinsten Sensoren in astronomischen Videokameras sind nur wenige Millimeter groß. Diese Größe verwenden auch Kompaktkameras der Einstiegsklasse oder in Smartphones. Die Sensoren von DSLs hingegen klettern auf über 10 mm und erreichen 24 × 36 mm bei Modellen, die oft als »Vollformat« bezeichnet werden, wie die Canon

Von links nach rechts sind einige der gängigsten Sensoren im Maßstab 1:1 abgebildet: 1/3"; Micro-Four-Thirds; APS-C-Format; 24 × 36-Format. Ihre genauen Abmessungen sind in der Tabelle zur Feldberechnung in Kapitel 4 (Seite 70) zusammengefasst. Die lichtempfindliche Fläche ist das dunkle Rechteck in der Mitte des Mikrochips.

R6, Sony Alpha 7/7R/7S, Nikon Z7 und Sigma fp. Noch größere Sensoren sind in einigen gekühlten High-End-Kameras zu finden, die bis zu 60 × 60 mm groß sind. Es ist üblich, dass Digitalkamera-Sensoren in astronomischen Kameras eingebaut sind, z. B. ist der Sony IMX 410-Sensor in der Nikon Z6 und der gekühlten Kamera QHY 410C verbaut. Die Tabelle auf Seite 3 zeigt die Abmessungen der gängigsten Sensoren.

Die Kosten eines Sensors werden im Allgemeinen weniger durch die Anzahl der Fotodioden als vielmehr durch die Größe der lichtempfindlichen Oberfläche bestimmt. Die Siliziumscheiben (Wafer), aus denen die Sensoren hergestellt werden, enthalten unvermeidlich eine gewisse Anzahl von Defekten, die statistisch über die Fläche verteilt sind. Die Wahrscheinlichkeit, dass ein Sensorelement von einem Defekt betroffen ist, steigt also mit dessen Größe. Damit nimmt auch deren Ausschussrate mit der Größe zu. Aus diesem Grund steigt der Preis eines Sensors mit seiner Größe exponentiell an. Ein in riesiger Stückzahl hergestellter Webcam-Sensor kostet nur wenige Euro, ein 24 × 36 mm-Sensor kann über 1000 € kosten.

CCD-Sensoren (charge-coupled device, ladungsgekoppeltes Bauteil) waren in den frühen 1970er-Jahren die ersten ihrer Art. Diese Sensoren der ersten Generation hatten nur eine geringe Anzahl von Fotodioden und wurden hauptsächlich im Videobereich benutzt, der allgemein mit weniger Fotodioden auskommt als die Fotografie. Wissenschaftler, darunter vor allem die professionellen Astronomen, erkannten schnell die zahlreichen Vorteile dieser Erfindung, sodass CCDs in den späten 70ern bereits in einigen Observatorien zur Anwendung kamen. Gegen Ende des Jahrtausends gab es einen neuen Typ, den CMOS-Sensor (complementary metal oxide semiconductor, komplementärer Metalloxid-Halbleiter). Die ersten CMOS-Sensoren eigneten sich noch nicht für die Astrofotografie, da sie nicht sonderlich empfindlich waren und die Bilder deshalb mehr Rauschen aufwiesen als die von CCD-Sensoren. Einige Hersteller wie etwa Canon und Sony schafften es schließlich, dass CMOS-Sensoren billiger und stromsparender als vergleichbare CCD-Sensoren wurden. Heutzutage (2022) haben CMOS-Kameras die CCD-Kameras eindeutig verdrängt, die nach und nach aus dem Angebot an Amateurkameras verschwinden. Trotz der fundamentalen Unterschiede in der Arbeitsweise haben CCD- und CMOS-Sensoren in der Praxis sehr ähnliche Eigenschaften, sodass es für den Fotografen oft schwer zu sagen ist, welcher Sensortyp in seiner Kamera verbaut wurde.

Bilderfassung

Die Erfassung eines Digitalfotos erfordert mehr als nur eine Belichtung. Die Kamera muss mehrere Arbeitsschritte ausführen, die im Hintergrund ablaufen.

Belichtungsphase

Entgegen landläufiger Meinung ist der Kamerasensor ein analog arbeitendes Bauteil. Trifft ein Photon auf eine Fotodiode, bewirkt dessen Energie das Herausschleudern eines Elektrons aus einem Siliziumatom durch den sogenannten fotoelektrischen Effekt. Die Hauptfunktion einer Fotodiode besteht in einer Art Elektronenfalle. Eine solche Falle speichert dauerhaft die Elektronen, die durch den fotoelektrischen Effekt herausgelöst wurden; sie verhindert damit, dass sie in benachbarte Fotodioden driften oder wieder in das Siliziumatom zurückkehren. Im Vergleich zum Film in der Analogfotografie besteht einer der Hauptvorteile des Sensors darin, auf Licht in linearer Weise zu reagieren, d. h., die Anzahl der gespeicherten Elektronen ist proportional zu den auftreffenden Photonen. (In Wirklichkeit ist es schon noch etwas komplizierter, da Elektronen, die nicht durch Licht angeregt wurden, sich mit anderen Elektronen vermischen, wie wir noch in Kapitel 3 sehen werden.)

Die Anzahl dieser Elektronen in einer Fotodiode ist jedoch begrenzt. Die Kapazität der Fotodioden beträgt bei den meisten Sensoren mehrere 10.000 Elektronen. Wenn alle anderen Parameter konstant sind, ist die Kapazität einer Fotodiode proportional zu deren Oberfläche. Aus diesem Grund sind größere Fotodioden, wie wir noch in Kapitel 3 sehen werden, besser. Wenn zu viel Licht empfangen wird, ist der Brunnen gesättigt und es ist nicht mehr möglich, die Menge des tatsächlich gesammelten Lichts zu erkennen.

Phase des Auslesens und der Digitalisierung

Nach dem Ende der Belichtung werden die Elektronen in den Fotodioden ausgeleert und die Kamera misst elektronisch deren Ladung. Dank eines weiteren elektronischen Bauteils, dem Analog-Digital-Wandler (A/D-Wandler), können Computer diese Messwerte in Ganzzahlen verwandeln. Diese entsprechen allerdings weder der Gesamtzahl der eingefangenen Photonen noch der der gespeicherten Elektronen, sondern sind zu diesen beiden Werten lediglich proportional, wodurch der lineare Zusammenhang erhalten bleibt.

Die Art des A/D-Wandlers, der zum Einsatz kommt, bestimmt die Anzahl der möglichen Ausgabewerte, die durch die Anzahl der Bits definiert ist. In der Fotografie gilt ein 8-Bit-Wandler als akzeptabel. Er gibt Werte zwischen 0 und 255 aus, also 256 (2 hoch 8) mögliche Helligkeits- oder Graustufen. Einige Kameras haben einen 16-Bit-Wandler, wodurch sich ein ganzzahliger Bereich zwischen 0 und 65.535 ergibt, also 65.536 (2 hoch 16) mögliche Werte.

Anzahl der Bits	Anzahl der Helligkeitsstufen	Wertebereich
8	256	0 bis 255
10	1.024	0 bis 1.023
12	4.096	0 bis 4.095
14	16.384	0 bis 16.383
16	65.536	0 bis 65.535

Anzahl der Helligkeitsstufen und Wertebereiche der gebräuchlichsten A/D-Wandler in Digitalkameras

BITS UND BYTES

Ein Bit ist die kleinste Informationseinheit, die Computer verstehen. Diese Information nennt man *binär*, da sie nur zwei Werte annehmen kann: 0 oder 1. Eine Kombination von 2 Bit kann daher vier Werte annehmen, 3 Bit acht Werte und so geht es weiter in der Reihe, die sich ergibt, wenn man die Anzahl der Bits als Exponenten zur Basis 2 nimmt. Eine Gruppe aus 8 Bit nennt man ein *Byte*.

Unsere Augen können nicht mehr als 100 Graustufen unterscheiden. Warum benötigen wir daher mehr als 256 davon? Wenn man ein Bild anzeigt oder ausdruckt, reichen 8 Bit sehr gut aus. Doch ein Deep-Sky-Foto enthält meist sehr dunkle Bereiche, die die niedrigsten Graustufen besetzen. Diese kleinen Helligkeitsunterschiede können durch zahlreiche Verarbeitungsschritte herausgearbeitet werden, die später in diesem Buch noch beschrieben werden. All dies ist nur möglich, wenn diese feinen Abstufungen nicht dadurch verloren gehen, dass sie einfach in eine einheitliche Graustufe geworfen werden.

Nehmen wir beispielsweise an, ein 8-Bit-Wandler gibt den Wert 128 aus, also genau in der Mitte des Wertebereichs von 8 Bit. Wenn die Kamera dagegen mit einem 16-Bit-Wandler ausgestattet ist, beträgt dieser Wert 32.768, liegt also wieder in der Mitte des Wertebereichs von 16 Bit. Hätte eine benachbarte Fotodiode 0,2 % weniger Elektronen gespeichert, würde der 16-Bit-Wandler einen Wert von 32.703 ausgeben – und der 8-Bit-Wandler *müsste*, um dem genau zu entsprechen, 127,7 ausgeben. Stattdessen rundet er auf die nächste ganze Zahl, also 128 auf, sodass der kleine Helligkeitsunterschied zwischen diesen beiden Fotodioden nicht ausgewertet wird.

Einen Wandler mit mehr Bit-Auflösung zu benutzen, ist also so, als würde man eine Person 100-Gramm-weise wiegen und nicht nur in ganzen Kilogramm; das Ergebnis wird genauer, jedenfalls bis zu einem gewissen Punkt. Unser Körpergewicht in Gramm anzugeben, ist nicht nun aber praxisgerecht. Und ein 16-Bit-Wandler ist vergleichsweise sinnlos, wenn der Sensor nur verrauschte Bilder liefert, da die letzten Bits diejenigen sind, die die größte Präzision liefern sollten, aber durch Rauschen überlagert und deshalb unbrauchbar sind. Die Kamerahersteller müssen daher Wandler verwenden, die zur Qualität der gesamten elektronischen Signalverarbeitungskette passen. Hüten Sie sich daher vor diesbezüglichen vollmundigen Werbeversprechen; eine Kamera mit einem 16-Bit-Wandler produziert nicht automatisch bessere Bilder als eine mit einem 14-Bit-Wandler!

Die digitale Signalverarbeitungskette wird jeweils so gestaltet, dass der Maximalwert etwas unter der Kapazität der Fotodiode liegt. Beträgt diese bei einem bestimmten Sensor beispielsweise 30.000 Elektronen, wird bei einem 8-Bit-Wandler der Ausgabewert von 255 für etwa 25.000 Elektronen angesetzt, d. h. pro Helligkeitsstufe etwa 100 Elektronen (25.000 geteilt durch 255). Geht die Anzahl der Elektronen über diesen Maximalwert hinaus, gibt der Wandler immer 255 aus.

Quanteneffizienz und spektrale Empfindlichkeit

In einer idealen Welt würde der fotoelektrische Effekt es dem Sensor ermöglichen, sämtliche auftreffende Photonen einzufangen. Diese Quanteneffizienz, also das Verhältnis zwischen der Anzahl auftreffender Photonen und der Anzahl der Elektronen, die die Fotodiode effektiv einsammelt, betrüge dann 100 %. Leider erreicht die Quanteneffizienz niemals 100 %, und zwar aus folgenden (und noch weiteren) Gründen:

- Die lichtempfindliche Sensorfläche und deren Schutzglas reflektieren einen Teil des auftretenden Lichts. Die Sensoren sind dunkelgrau und nicht schwarz, was auch schon zeigt, dass nicht alles Licht absorbiert wird.
- Selbst wenn der Sensor Mikrolinsen hat, füllen die Fotodioden nicht die ganze Sensorfläche aus. Photonen gehen in den Zwischenräumen der Fotodioden verloren, vor allen Dingen auf den Anti-Blooming-Gates, und beim IT-Sensor an den Transferregistern.
- Obwohl die Photonen des ultravioletten Lichts mehr Energie haben als die des sichtbaren Spektrums, können sie Silizium nicht besonders gut durchdringen. Die Mehrzahl der Photonen kann keinen fotoelektrischen Effekt auslösen. Infrarotphotonen mit einer Wellenlänge von über 1 µm gehen einfach durch das Silizium hindurch und haben auch nicht genug Energie, um den fotoelektrischen Effekt auszulösen.

Aus diesem Grund lässt sich die Quanteneffizienz eines Sensors nicht in einer einzigen Zahl ausdrücken, sondern man muss dabei die Wellenlängen berücksichtigen. Die Quanteneffizienz wird deshalb meist in Form einer Kurve angegeben, die den Prozentwert für die jeweiligen Wellenlängen, von Ultraviolett über Blau und Rot bis zum Nahinfrarot, angibt.

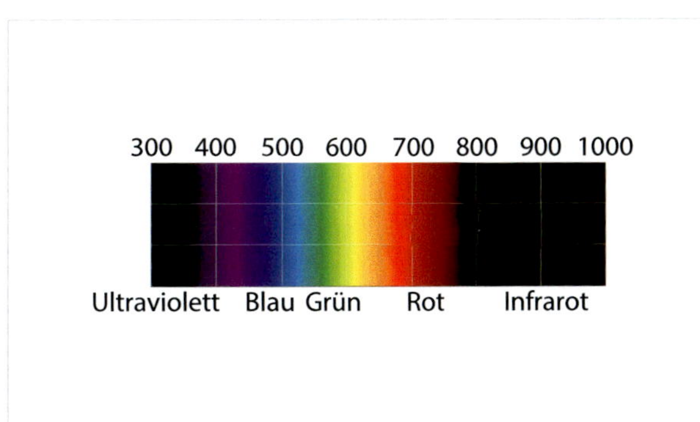

Die Spektralbereiche des Lichts. Die Wellenlängen des Lichts werden meistens in Nanometern (nm) angegeben. Von links nach rechts durch das Spektrum gehend, sind die Wellenlängen wie folgt: Unterhalb von 400 nm befindet sich das ultraviolette Licht, zwischen 400 und 500 nm liegt Blau, zwischen 500 und 600 nm Grün, zwischen 600 und 700 nm Rot und oberhalb von 700 nm der Infrarotbereich. Natürlich sind die Übergänge zwischen den Farben fließend und die angegebenen Werte ungefähre Angaben.

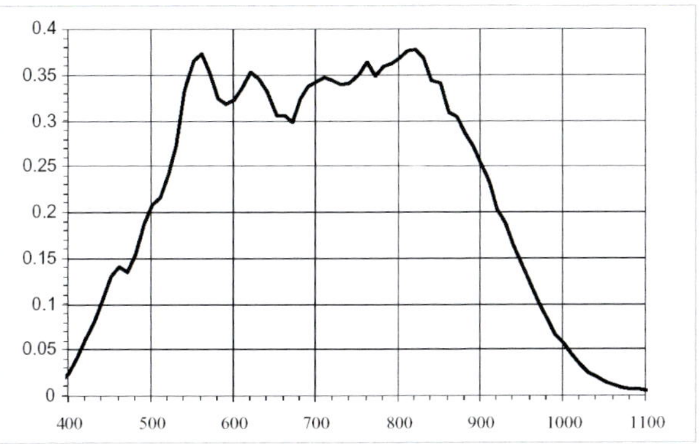

Die Quanteneffizienz des Kodak KAF-0400, eines monochromen Sensors, der in den 1990er-Jahren eingeführt wurde und 400.000 Fotodioden enthält. Er war einer der ersten von Amateuren eingesetzten Sensoren und befand sich in meiner ersten CCD-Kamera, die ich 1993 kaufte. Sein Ertrag erreichte seinen Maximum bei etwa 35 %. (On Semi) Imaging/Kodak-Dokument)

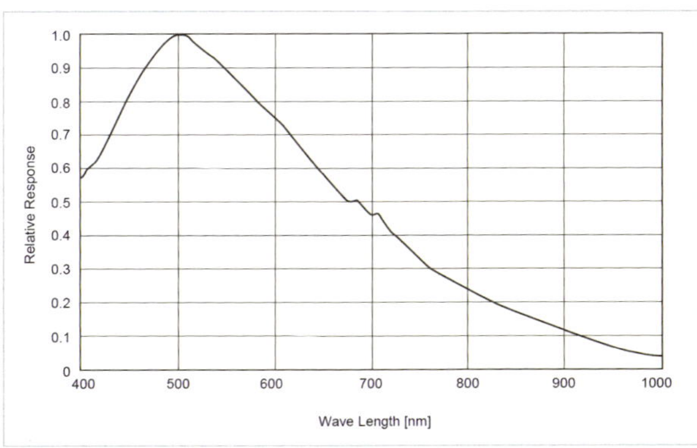

Die von manchen Sensorherstellern (On Semi, E2V) publizierten Quanteneffizienzkurven geben die absoluten und damit realen Werte an, sodass direkte Vergleiche zwischen den unterschiedlichen Modellen möglich sind. Bei Sony (etwa beim monochromen Sensor ICX274) werden leider nur die relativen, also immer prozentuale, Quanteneffizienzkurven veröffentlicht. Canon veröffentlich gleich gar keine Quanteneffizienzkurven seiner DSL-Sensoren (Diagramm Sony).

Die Empfindlichkeitsspitzen variierten je nach Sensor zwischen 40–90 %. Diese beeindruckenden Zahlen belegen die Überlegenheit von elektronischen Sensoren gegenüber analogem Film in Sachen Empfindlichkeit. Film ist zusätzlich durch seine Quanteneffizienz von nur wenigen Prozent und seinen Schwarzschildeffekt limitiert. Elektronische Sensoren machen es einfach, Messier-Objekte zu fotografieren, und haben tausende Deep-Sky-Objekte in die Reichweite von Amateur-Astrofotografen geholt.

NAH- UND FERNINFRAROT

In der allgemeinen Fotografie gebräuchliche Sensoren sind zwar für Infrarotlicht empfindlich, allerdings nur für das Nahinfrarot im Wellenlängenbereich knapp über dem sichtbaren Rot (bis 1000 nm). Das Ferninfrarot, wie es etwa als thermische Strahlung von Lebewesen abgegeben wird, können sie nicht detektieren, sehr wohl aber die Energie, die ein Lötkolben abstrahlt.

Verwechseln Sie nicht den Infrarotfilter mit dem Infrarotsperrfilter. Ersterer lässt Wellenlängen über 700 oder 1000 nm hindurch (je nach Filter). Letzterer blockiert infrarote Wellenlängen und lässt nur sichtbares Licht passieren.

Farbsensoren

Bei den bisherigen Zahlen zur Quanteneffizienz ging es um monochrome Sensoren. Sie liefern Graustufenbilder, weil sie die Photonen aus blauem Licht nicht von denen aus grünem oder rotem unterscheiden können. Doch wie wir in den Kapiteln 5 und 7 noch sehen werden, kann man damit durchaus Farbbilder erzeugen, indem man Farbfilter wie Rot, Grün und Blau zu Hilfe nimmt.

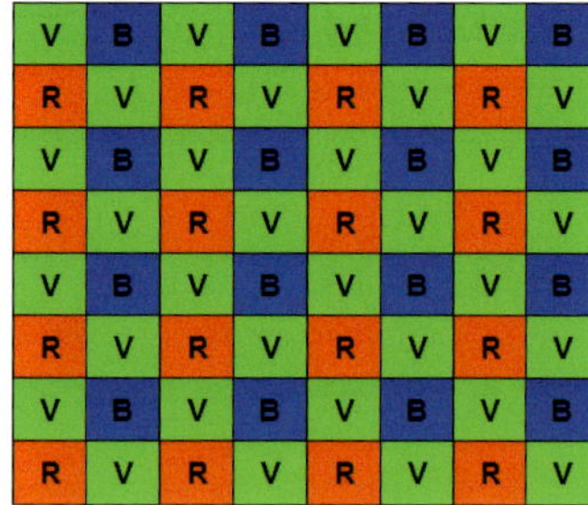

Ein Beispiel einer Bayer-Matrix. Es gibt vier Möglichkeiten der Anordnung: GBRG (oben), GRBG, RGGB, BGGR.

Die Unterscheidbarkeit von Farben wird bei Amateurausrüstungen durch ein Mosaik von winzigen Farbfiltern auf dem Sensor erreicht. Bei den verbreitesten Sensoren kommt meistens eine Bayer-Matrix (leitet sich vom Namen des Erfinders ab) zur Anwendung. Sie besteht aus einer Gruppe von Fotodioden in 2×2-Gruppen. Bei diesem Prinzip sind zahlreiche Filteranordnungen möglich – wie z. B. Blaugrün, Magenta, Gelb und Grün –, doch die gebräuchlichste Anordnung basiert auf Rot-, Blau- und Grünfiltern. Aus diesem Grund haben die meisten 20-Megapixel-Sensoren 5 Millionen rote, 5 Millionen blaue und 10 Millionen grüne Fotodioden. Da diese Filter meist für Nahinfrarotlicht teildurchlässig sind, wird ein zusätzlicher Filter (Infrarotsperrfilter, IRB, infrared blocking filter) über dem Sensor angebracht.

Der Vorteil der Bayer-Matrix besteht in ihrer einfachen Herstellung, doch hat sie auch einen entscheidenden Nachteil, vor allem für die Astronomiefotografie: Ein großer Teil der auftreffenden Photonen geht verloren. Alle Photonen aus blauem und rotem Licht werden nicht durchgelassen, wenn sie auf eine Fotodiode mit einem grünen Filter treffen. Das Gleiche gilt natürlich für alle Fehlkombinationen von Wellenlängen und Filtern. Die Transmissionsrate der einzelnen Filter für ihre entsprechende Farbe beträgt zudem weit weniger als 100 %.

Man braucht nur kurz nachzurechnen, um zu sehen, dass ein Farbsensor weniger als ein Viertel der Photonen sammelt als sein monochromes Pendant! Jetzt versteht man, warum monochrome Sensoren in der Astrofotografie, wo Licht immer knapp ist, so hoch im Kurs stehen. In Kapitel 7 werden wir außerdem sehen, dass bei Nebeln, die monochromatisches Licht aussenden, wie auch bei der Sonne in H-alpha (siehe Kapitel 6), Farbsensoren ebenfalls zu erheblichen Komplikationen führen: Ein Farbsensor kann mitunter zwanzigmal weniger Photonen einfangen als die monochrome Version desselben Sensors.

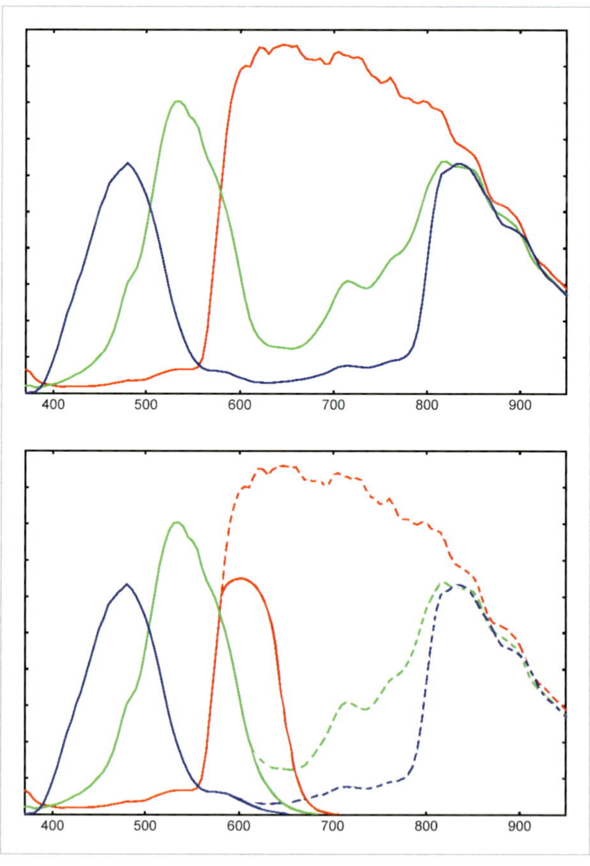

Typische Empfindlichkeitsverläufe eines Farbsensors (hier ein CMOS-Sensor von Kodak) – oben die Empfindlichkeit ohne IRB-Filter, unten mit IRB-Filter (Truesense Imaging/Kodak-Dokument)

MONOCHROMATISCH UND MONOCHROM

Verwechseln Sie nicht die Begriffe *monochromatisch* und *monochrom*. Licht bezeichnet man als monochromatisch, wenn seine Wellenlängen auf einen sehr engen Bereich konzentriert sind wie etwa beim roten Licht H-alpha, das von den meisten Nebeln emittiert wird. Ein monochromer Sensor ist dagegen für einen sehr breiten Bereich von Wellenlängen empfindlich und produziert Graustufenbilder, da er keine Farben unterscheiden kann.

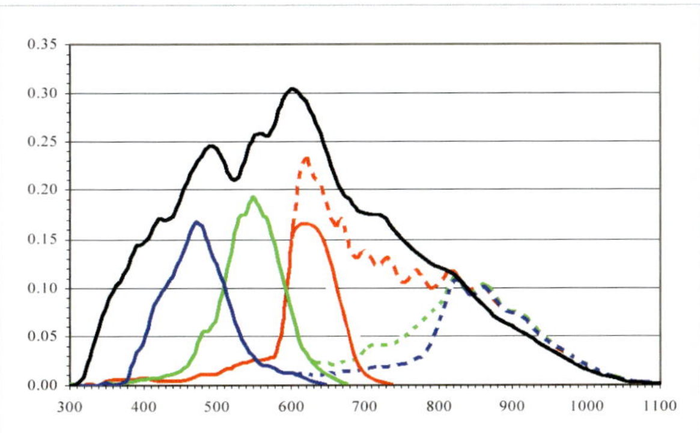

Die Fläche, die von der schwarzen Linie (monochromer Sensor), und die, die von den roten, grünen und blauen Linien (Farbsensor) umschlossen werden, zeigen den riesigen Unterschied zwischen den Lichtempfindlichkeiten dieser beiden Sensortypen. Der Unterschied ist vor allem dadurch bedingt, dass bei einem Farbsensor nur jede zweite Fotodiode grüne Photonen sowie nur jede vierte rote und blaue Photonen einfängt. (Truesense Imaging/Kodak-Dokument)

Bei einem Sensor mit Bayer-Matrix werden die roten, grünen und blauen Farben durch das sogenannte Demosaicing interpoliert (siehe Anhang 2). Wenn eine Software wie Photoshop eine RAW-Datei aus einer normalen Digitalkamera öffnet, führt sie diesen Vorgang durch und bringt die Farben in ein Gleichgewicht, das erstens durch die Eigenschaften des Sensors und zweitens durch die Farbeinstellungen des Fotografen bestimmt wird, die in den EXIF-Daten der Bilddatei hinterlegt sind.

Da ein Farbpixel aus drei Werten besteht (Rot, Grün und Blau), hat ein Bild mit 12 Millionen Farbpixeln 36 Millionen Datenpunkte. Dazu würden streng genommen 36 Millionen Fotodioden benötigt, von denen jeweils ein roter, ein grüner und ein blauer Datenpunkt geliefert würde. Allerdings besitzt ein Kamerasensor mit 12 Megapixeln nur 12 Millionen Fotodioden und nicht 36 Millionen. Die verbleibenden 24 Millionen Datenpunkte müssen durch Interpolation rekonstruiert werden, was nicht das Gleiche ist, als mit einer Kamera zu arbeiten, die tatsächlich 36 Millionen Fotozellen besitzt. Die Bildqualität ist nicht so hoch, insbesondere was die Schärfe und das Signal-Rausch-Verhältnis betrifft (siehe Kapitel 3).

EMPFINDLICHKEIT

Normale Digitalkameras haben eine Einstellung für die *Empfindlichkeit* oder *ISO*, die man nutzt, um zu bestimmen, wie lichtempfindlich der Sensor sein soll. Bei Film wird die Empfindlichkeit durch die Wahl des Films selbst verändert, was allerdings einen Nachteil hat: Ein Film mit ISO 400 ermöglicht zwar Aufnahmen mit viermal weniger Licht als ein ISO 100-Film, doch sind Filme mit höheren ISO-Zahlen grobkörniger. Bei einer Digitalkamera wird der Sensor selbst nicht verändert, sodass seine Quanteneffizienz ebenfalls gleich bleibt! Die Änderung von ISO 100 auf ISO 400 erfolgt lediglich durch die Verstärkung des Signals vom Sensor mit dem Faktor 4. Aber auch dafür hat man einen Preis zu zahlen, wie im nächsten Kapitel zu lesen ist.

Kameratypen

Übliche Digitalkameras

Wie schon in Kapitel 1 erläutert, können alle üblichen digitalen Kameras für die Astrofotografie ohne Teleskop eingesetzt werden, wobei es natürlich je nach Kameratyp und Funktionsumfang gewisse Einschränkungen gibt. Mit speziellen Adaptern für die afokale Projektion (siehe Kapitel 4 und 5) kann man Kompakt- und Bridgekameras und sogar Smartphones an ein astronomisches Instrument montieren und dadurch Bilder von Planeten, dem Mond und der Sonne machen.

Amateurfotografen, die Astrofotografie betreiben wollen, vor allen Dingen per Langzeitbelichtung, sollten eine DSL einsetzen. Dieser Kameratyp bietet zahlreiche Vorteile, wie etwa die unbegrenzte Belichtungszeit, die einfache Anschlussmöglichkeit an ein Teleskop, die Möglichkeit der Fernsteuerung über einen Computer und vor allen Dingen eine bessere Bildqualität, da der Sensor größere Fotodioden besitzt und RAW-Dateien (siehe Anhang 1) mit

12 oder 14 Bit ohne Informationsverlust durch Bildkompression liefert.

Wenn man eine DSL an einem astronomischen Instrument anbringt, darf man die Kamera zum Auslösen nicht berühren, da die dabei unvermeidlichen Erschütterungen das Bild verwackeln würden. Eine Möglichkeit besteht darin, den Selbstauslöser der Kamera zu verwenden.

Eine DSL, die mit einer programmierbaren Fernbedienung (Intervalometer), einem Netzadapter und einem Winkelsucher ausgestattet ist.

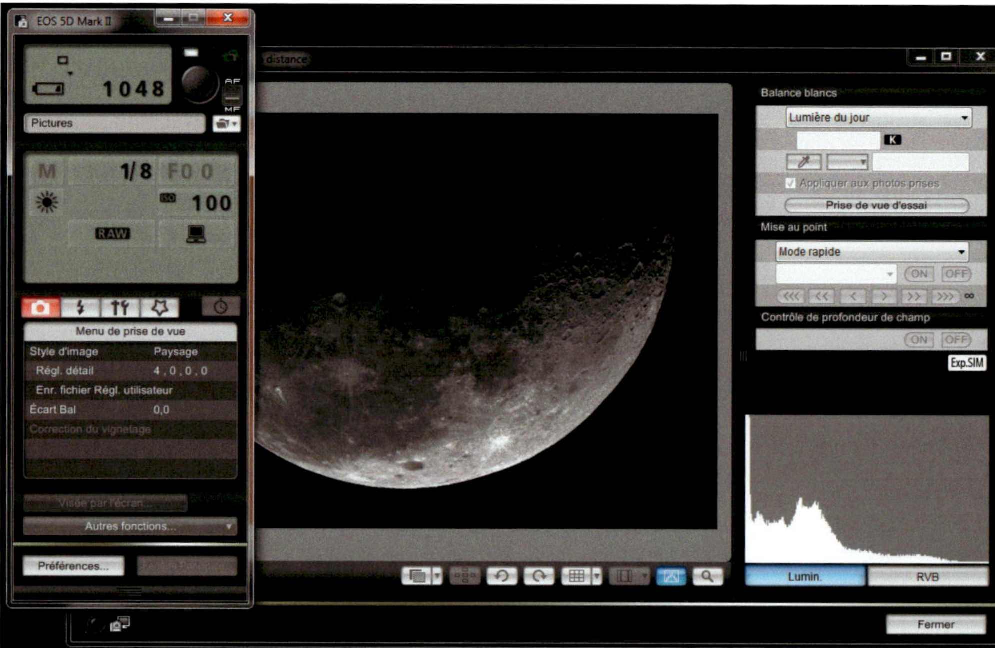

Die mit der Kamera ausgelieferte Software Canon EOS Utility bietet eine Fernauslösefunktion, die Möglichkeit, alle bildrelevanten Parameter einzustellen, und Live-View-Bilder, die man über die USB-Verbindung herunterladen kann. Mithilfe des 10x-Zooms auf einen ausgewählten Bildbereich kann man damit sehr genau fokussieren.

Die bessere Lösung ist jedoch ein kabelgebundener oder drahtloser Fernauslöser. Die billigsten Kabelfernbedienungen haben eine einfache, feststellbare Auslösetaste: Sie sind für Schnappschüsse (Mond, Sonne) völlig ausreichend, aber nicht für Langzeitbelichtungsserien. Die einfachsten Ausführungen, etwa der MC-DC2 für Nikon D7500 und der RS60-E3 für Canon 80D oder 200D, haben nur einen einfachen Knopf zum Auslösen.

Die sogenannten Intervalometer haben den größten Funktionsumfang, sind aber auch am teuersten. Mit ihnen lassen sich Fotoserien realisieren, bei denen man die Belichtungszeit jedes Einzelfotos und die Zeitintervalle dazwischen individuell regeln kann. Das TC-80N3 für die Canon 6D Mark II und das MC-36 für die Nikon D810 sind Beispiele dafür. Man muss bei diesen Geräten, die sowohl kabelgebunden als auch drahtlos auch von Fremdherstellern (Phottix, Hama, Kaiser, Hähnel, Starblitz und anderen) angeboten werden, bedenken, dass sie nur für den jeweiligen Kamerahersteller und dort auch noch nicht einmal mit jedem Modell kompatibel sind. Aufgrund unterschiedlicher Anschlüsse funktioniert das Canon RS60 nur mit der Canon EOS 200D und nicht mit der 6D (dafür braucht man das RS80). Kostenlos mitgelieferte Software wie etwa Canon EOS Utility oder zusätzlich erhältliche Software wie Nikon Camera Control Pro ermöglichen über eine USB-Verbindung die Steuerung der Kamera von einem Computer aus. Allerdings steht dabei die Einstellung für Langzeitaufnahmen (B) nicht zur Verfügung, sodass man die Intervalometer-Funktion der Software nur bis zu der in der Kamera direkt wählbaren längsten Belichtungszeit (meistens 30 Sekunden) verwenden kann.

Mehr und mehr DSLs bieten Menüs mit Intervalometer, in denen die Basisparameter (Belichtungszeit, Intervalllänge) eingestellt werden können, meist ebenfalls auf

Steuerung eines Geräts über WLAN auf einem Smartphone; hier die Sony PlayMemories Mobile-App auf Android.

30 Sekunden begrenzt. Eine weitere Lösung findet man auf der Website von Magic Lantern *(www.magiclantern.fm)*. Dort gibt es eine alternative Firmware für Canon EOS-Kameras, die zusätzliche Funktionen bietet, darunter für die meisten Bodys von Canon auch ein integriertes Intervalometer.

DSLs mit WLAN-Funktion können auch auf kurze Distanz per Smartphone, Tablett oder Computer gesteuert werden. Viele Apps, ob kostenlos oder kostenpflichtig, können von den Herstellern (Canon Camera Connect, Nikon Camera Control Pro, Sony PlayMemories ...) oder von Drittanbietern bezogen werden. Sie bieten unterschiedliche Funktionen wie Live-Ansicht, Wiedergabe aufgezeichneter Fotos, Ändern bestimmter Einstellungen, Auslösen von Fotos und die Übertragung von Bildern.

Die Sensorgrößen von DSLs reichen vom Micro-Four-Thirds-Format (ca. 13 × 18 mm) über das sogenannte APS-C-Format von etwa 15 × 23 mm bis zum Vollformat von 24 × 36 mm. Amateure träumen meist vom Letzteren, doch es gibt auch Nachteile. Die Möglichkeiten des Vollformats lassen sich nur ausschöpfen, wenn man es mit hochwertigen Objektiven oder astronomischen Instrumenten kombiniert, die auch entsprechende Qualität und einen ausreichenden Bildkreis liefern (Kapitel 7), wodurch ein großer Teil der erhältlichen Ausrüstung am Markt ausscheidet.

In astronomischen Foren wird häfig die Frage nach der besten Lösung für die Astrofotografie gestellt. Auf den ersten Blick sind alle DSLs gleich, weil sie alle die wesentlichen Funktionen für dieses Hobby haben: RAW-Format, B-Position, manueller Modus zur Einstellung der Belichtung (Verschlusszeit und Blende), Anzeige des Histogramms eines Bildes. In der Astrofotografie sind fortgeschrittene Belichtungs- oder Autofokus-Modi nutzlos! Und es ist nicht notwendig, auf einen Blitz oder einer Stabilisierung zu bestehen, die während der Aufnahme systematisch deaktiviert werden müssen. Das APS-C-Format bietet heute das beste Preis-/Leistungsverhältnis.

Viele Jahre lang waren die CMOS-Sensoren von Canon bei der Bildqualität von Langzeitaufnahmen der Konkurrenz voraus, da sie nur ein sehr geringes thermisches Signal produzierten. Heutzutage sind aber die DSLs aller Hersteller, also auch von Nikon, Pentax, Sony oder Sigma, in Sachen Quanteneffizienz, Ausleserauschen (bei hohen ISO-Zahlen) und thermischem Signal vergleichbar. Deshalb liefern sie alle hervorragende Ergebnisse in der Astrofotografie.

Videokameras für die Astronomie

Diese Kategorie unterteilt sich in zwei Kategorien: Kameras für die planetare Bildgebung und Kameras für die Deep-Sky-Bildgebung.

Beginnen wir mit einer wichtigen Klarstellung: Im Englischen bezeichnet der Begriff »camera« sowohl ein Gerät zur Aufnahme von Videos (die nichts anderes als aufeinanderfolgende Bildserien sind) als auch ein Gerät, das Einzelbilder aufnimmt. In der Astrofotografie wird die Gesamtheit dieser Geräte auf Deutsch ebenfalls als Kamera bezeichnet.

Eine astronomische Kamera ist für jemanden, der noch nie eine gesehen hat, ein seltsames Objekt: Sie hat kein Objektiv, keine Knöpfe, keinen Bildschirm und keinen Sucher. Nur ein Fenster, das den Sensor schützt, Buchsen für verschiedene Anschlüsse und ein Metallgehäuse, das in der Regel mit Flügeln versehen ist. Wie eine Webcam ist auch eine Astronomie-Kamera nicht autonom, sondern muss an einen Computer angeschlossen werden: Über diesen Computer gibt der Benutzer Befehle an die Kamera und ruft die Bilder oder Videos ab, die sie aufgenommen hat, und zwar über eine Software, die die Kamera steuern kann, die sogenannte »Aufnahmesoftware«. Diese Software verfügt über alle Funktionen eines Intervallmessers, d. h. sie ermöglicht es, eine Reihe von Fotografien mit beliebig langen Belichtungszeiten zu starten. Die ersten CCD-Kameras dialogisierten mit dem Computer über die serielle oder parallele Schnittstelle. Heute wird am häufigsten die USB3-Verbindung verwendet, die bei einigen Kameras, die über große Entfernungen gesteuert werden müssen, durch eine Ethernet-Verbindung ersetzt wird.

Planeten-Kameras

In den späten 1990er-Jahren kamen einige Amateure auf die Idee, eine Webcam (Philips Vesta Pro) ohne das eingebaute Objektiv an ein astronomisches Instrument zu montieren, um damit Bilder von der Sonne, den Planeten und vom Mond zu bekommen (dies sind die Objekte, die unter dem Begriff »Planetary Imaging« zusammengefasst werden). Dabei fiel ihnen sofort auf, dass ein Video die bei Weitem beste Möglichkeit ist, diese Himmelskörper zu fotografieren. Die damit erzeugten Bilder waren viel besser als die mit viel teurerer Ausrüstung (CCD-Kameras und anderen Digitalkameras) gemachten. Die Gründe dafür sind in Kapitel 5 zu erfahren. Gleich nach ihrem Erscheinen wurde die Philips Vesta Pro aufgrund ihrer überragenden Bildqualität von Amateurastronomen modifiziert.

Einige planetare astronomische Videokameras: ZWO, QHY, Orion.

Ihr folgten dann die ToUcam Pro, die ToUcam Pro II und schließlich die SPC900NC. Die Hauptbeschränkungen von Webcams liegen in der Komprimierung der Videos und der niedrigen Bildrate. Sie werden nun von astronomischen Videokameras verdrängt. Zu den derzeit (2022) am weitesten verbreiteten Marken gehören QHYCCD, ZWO, Orion und Bresser.

Einige dieser Kameras verfügen über 10- oder 12-Bit-Wandler, was zumindest auf dem Papier sehr verlockend ist. In der Praxis ist die Bildgebung von Planeten allerdings von Rauschen dominiert (Kapitel 3), das die zusätzliche Bittiefe übertrifft und sie deshalb überflüssig macht. Falls Sie bereits eine solche Kamera besitzen, vergleichen Sie einfach mal die Ergebnisse des 10- oder 12-Bit- mit dem 8-Bit-Modus, um zu überprüfen, ob die zusätzliche Bildinformation die niedrigere Bildrate, die größere Dateigröße und die längere Verarbeitungszeit wert sind.

Die Aufnahmesoftware dieser Kameras bietet die Grundeinstellungen wie Belichtungszeit, Verstärkung, Bildrate und Aufnahmedauer (in Sekunden oder Anzahl der Aufnahmen) sowie Bittiefe (bei Kameras, die mehr als 8 Bit bieten). Ausschnitt und Wahl des Binning-Modus stehen ebenfalls zur Verfügung (siehe Kapitel 7).

Diese Programme nehmen eine Bildsequenz entweder als zusammenhängende Videodatei oder als Serie von Bilddateien auf. Die Videodateien werden entweder im AVI- oder im SER-Format gespeichert. Das in der Astronomie sehr gebräuchliche SER-Format wird zur Aufzeichnung unkomprimierter (riesiger!) Videos mit einer Bittiefe von 8 Bit oder mehr verwendet. AVI-Dateien (8 Bit) werden in der Regel komprimiert, was zu einem gewissen Datenverlust führt, aber auch Geschwindigkeitsvorteile und geringeren Speicherplatzbedarf bedeutet. Es ist das Pendant zu JPEG bei Fotos. Die Kompression führt eine Softwarekomponente, der Codec (Kodierer/Dekodierer), durch. Es gibt zahlreiche Typen und Varianten von Video-Codecs, und jede(r) von ihnen wird durch einen bestimmten mathematischen Kompressionsalgorithmus charakterisiert. Die in der Videowelt gängigsten sind H.264, DivX, Xvid, WMV, MPEG-2, MPEG-4 und QuickTime. Bevor man den Codec zum Aufzeichnen und Wiedergeben von komprimierten Videos verwenden kann, muss man ihn auf seinem Computer installiert haben. Zur Aufnahme von Video und Serien einzelner Bilddateien lauten die häufigsten Formate FITS (8 bis 16 Bit unkomprimierte monochrome Bilder), TIFF (8 bis 16 Bit unkomprimierte Farbbilder) und JPEG (8 Bit komprimierte Farbbilder).

Auch die Videos, die von Digitalkameras geliefert werden, sind verlustbehaftet komprimiert, was einen enormen Nachteil gegenüber den Planetenkameras darstellt. In den meisten Fällen ist der Unterschied in der Bildqualität zwischen den beiden sehr ausgeprägt, sodass eine Einsteigervideokamera mühelos bessere Ergebnisse liefert als die ausgefeilteste Digitalkamera.

Obwohl viele dieser Kameras auch als Farbversion verkauft werden, bevorzugen die meisten Astrofotografen die Empfindlichkeit und Vielseitigkeit der monochromen Ausführungen. Bei Mars, Jupiter und Saturn ist Farbe wirklich nützlich, aber für die anderen Planeten, den Mond und die Sonne nicht nötig. Farbe ist beim Fotografieren der Venus im ultravioletten Spektrum oder der Sonne im Licht von H-alpha sogar nachteilig. Für Farbaufnahmen kann man ein Filterrad mit Rot-, Grün- und Blaufilter sowie möglicherweise einem klaren Filter für die Luminanzebene vor dem monochromen Sensor verwenden. Bei einem computergesteuerten Filterrad kann ein Sequenzer im Aufnahmeprogramm dann Bilderserien mit den jeweiligen Filtern durchführen.

Die Kamera mit der höchstmöglichen Bildrate ist immer verlockend, doch muss man bedenken, dass die tatsächliche Bildrate direkt von der Belichtungszeit abhängt. Wenn man beispielsweise den Saturn mit einer Belichtungszeit von 1/40 Sekunde fotografiert, kann die Kamera nicht mehr als 40 Bilder pro Sekunde liefern.

Deep-Sky-Kameras

Deep-Sky-Kameras unterscheiden sich von Planetenkameras nur in einer Hinsicht: Ihr Sensor ist gekühlt, wodurch sie besonders effizient für Belichtungszeiten von einigen zehn Sekunden bis zu mehreren Minuten sind, wie sie für Fotos von Nebeln und Galaxien erforderlich sind. Diese Kameras sind in der Tat die ersten digitalen Geräte, die von Amateuren verwendet wurden, lange vor dem Auftauchen von Digitalkameras und Webcams, denn die ersten »CCD-Kameras« wurden Anfang der 1990er-Jahre auf den Markt gebracht. Es war sogar ein Franzose, Christian Buil, der bereits 1985 die erste Amateurkamera entworfen und gebaut hatte.

Wie wir im nächsten Kapitel noch genauer sehen werden, führt die thermische Bewegung der Atome, aus denen der Sensor besteht, zum Auftauchen von Rauschen im Bild, das umso störender ist, je länger die Belichtung dauert und je höher die Temperatur des Sensors ist. Die Kühlung des Sensors ist eine sehr wirksame Lösung, um Bilder zu erhalten, die durch diesen thermischen Effekt so wenig wie möglich beeinträchtigt werden.

In professionellen Observatorien wird dafür zu einer drastischen, aber höchst wirksamen Methode gegriffen: flüssiger Stickstoff. Amateurkameras dagegen besitzen ein kleines elektronisches Bauteil, ein sogenanntes Peltier-Element, um den Sensor zu kühlen. Diese Elemente werden üblicherweise in Minikühlschränken für Autos verwendet. Der Lamellenkörper und der kleine Ventilator, der bei diesen Kameras vorhanden ist, vervollständigen dieses Element, indem sie möglichst viel Wärme an die Umgebungsluft abgeben. Die Wirksamkeit des Peltier-Elements wird durch den erzielbaren Temperaturunterschied

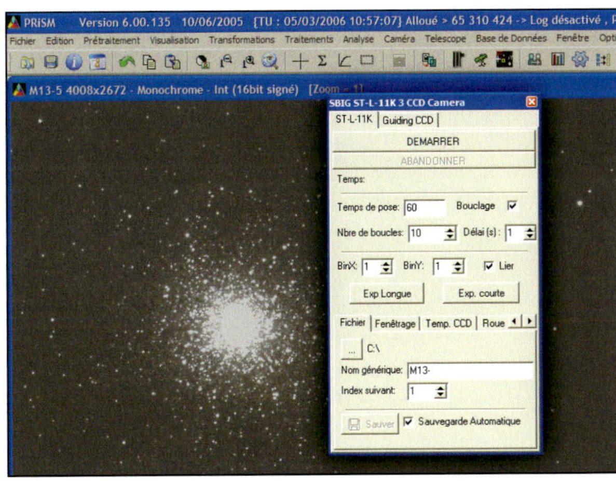

In diesem Kontrollfenster der Aufnahmesoftware MaxIm DL kann man die Belichtungszeit, die Anzahl der Aufnahmen, den Dateinamen, den Binning-Modus, das Ausschnittsfenster und weitere Parameter wie die Temperaturregulation und die Position des Filterrades bestimmen.

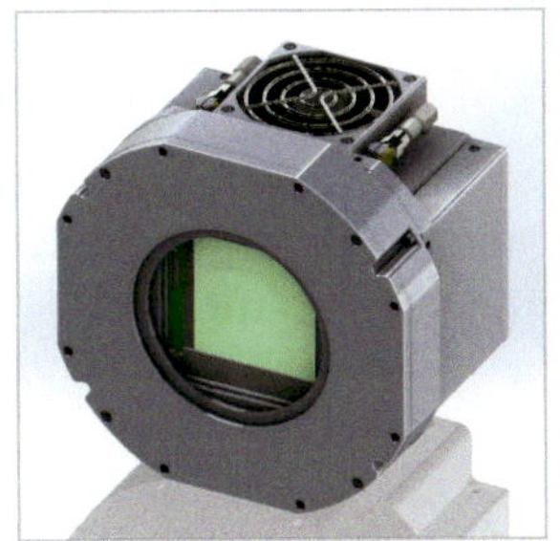

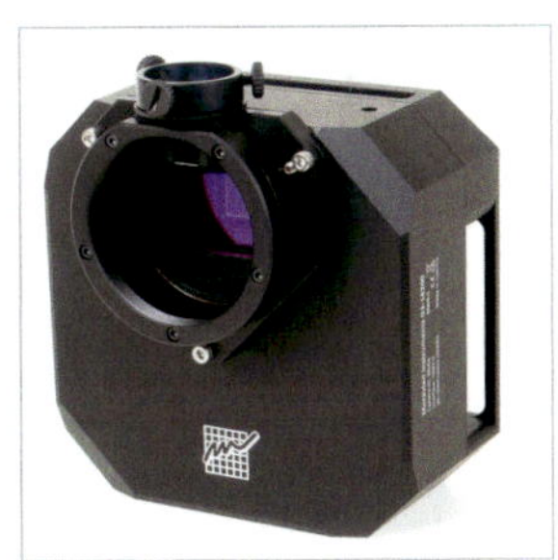

Mehrere Modelle von CCD-Kameras, die in Frankreich vertrieben werden [freie Positionierung]: QHY, ZWO, FLI, QSI, Moravian, Atik, Explore Scientific, SBIG, Starlight Xpress.

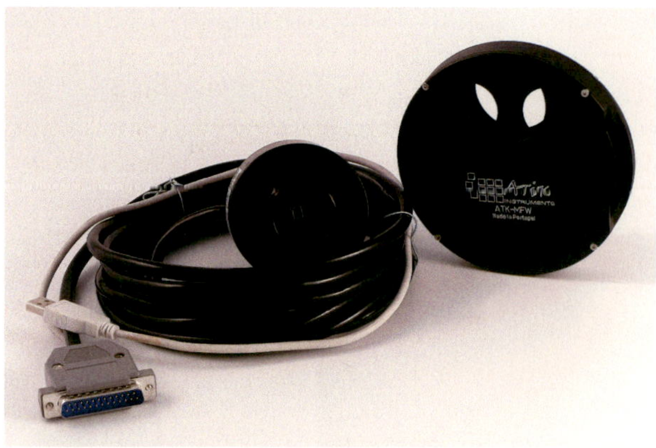

Von links nach rechts: ein motorgesteuertes Filterrad, das in einer CCD-Kamera integriert ist (man wählt einen Filter über die Aufnahmesoftware); eine CCD-Kamera und ihr manuelles Filterrad; ein eigenständiges motorgesteuertes Filterrad und dessen Steuereinheit.

zwischen der Umgebungsluft und dem Sensor angegeben. Bei Amateurkameras beträgt diese Differenz meist zwischen 20 °C und 30 °C. Die meisten gekühlten Kameras sind mit einer Temperaturregelung ausgestattet.

Die meisten Kameras regeln die Temperatur so, dass sie innerhalb des erzielbaren Temperaturbereichs konstant bleibt. Wie wir im nächsten Kapitel noch sehen werden, erweist sich dies als ein Riesenvorteil.

Die Kühlung des Sensors ist allerdings recht kompliziert. Denn sobald ein Objekt unter den Taupunkt abkühlt, kondensiert Feuchtigkeit aus der umliegenden Luft auf dessen Oberfläche. Wäre der Sensor nun direkt der Umgebungsluft ausgesetzt, würde er von Feuchtigkeit bedeckt und dadurch dunkle und unscharfe Bilder liefern. Die Sensoren werden deshalb so luftdicht wie möglich verbaut und mit einer Glasscheibe abgedichtet. Bei einigen Kameras ist diese luftdichte Kammer mit Stickstoff gefüllt; andere enthalten eine kleine Menge Trockenmittel, um Feuchtigkeit aufzunehmen, die ansonsten langsam in die Kamera kriechen würde. Das Trockenmittel muss dann regelmäßig in einem Ofen regeneriert werden. Wenn man einige Vorsichtsmaßnahmen trifft (die Kamera z. B. nicht an einem feuchten Ort lagert), kann man die meisten Feuchtigkeitsprobleme vermeiden. Um zu verhindern, dass sich Kondenswasser auf dem Glasfenster absetzt, sind einige von ihnen von kleinen Heizwiderständen umgeben.

Einige Deep-Sky-Kameras werden mit einem Farbsensor angeboten, andere mit monochromen Sensoren. Erstere haben den Vorteil der Einfachheit (wie Kompaktkameras), letztere haben andere Vorteile, auf die wir im Laufe dieses Buches noch näher eingehen werden. Für die Erstellung von Farbbildern mit einem monochromen Sensor werden als Grundausstattung oder optional Filterräder angeboten, mit denen nacheinander verschiedene Filter vor den Sensor gesetzt werden können, ohne dass die Kamera vom Instrument abmontiert werden muss. Diese Räder können je nach Modell Filter in verschiedenen Durchmessern aufnehmen, insbesondere in 1,25 Zoll oder 2 Zoll.

Jede Erfassungssoftware, egal ob für Planeten oder Deep Sky, kann eine Fernsteuerung durchführen. Diese Funktion besteht, wie der Name schon sagt, darin, nur einen gewünschten Teil der Photodioden auszulesen. Dies ist nützlich, wenn der interessante Stern nur einen kleinen Teil des vom Sensor anvisierten Feldes einnimmt. Diese Funktion wird auch beim Fokussieren auf einen Stern verwendet, um mit einem kleinen Bild zu arbeiten, das in schneller Folge aufgefrischt wird (siehe Kapitel 4).

In Anhang 2 sind die derzeit (2022) wichtigsten Hersteller von CCD-Kameras und astrofotografischem Zubehör aufgeführt. Beachten Sie, dass die Grenze zwischen Planeten- und Deep-Sky-Kameras nicht starr ist: Es spricht nichts dagegen, eine gekühlte Kamera für planetare Zwecke zu verwenden, insbesondere wenn sie eine hohe Bildrate bietet (auf Deep Sky spezialisierte Kameras haben oft eine langsamere Bildrate, um die bestmögliche Scangenauigkeit zu gewährleisten). Umgekehrt ist es denkbar, eine Planetenkamera für Deep Sky zu verwenden, obwohl ihr Sensor nicht gekühlt ist: Schließlich sind die Sensoren von Digitalkameras auch nicht gekühlt!

Computer

Die Anforderungen an die Computerhardware hängen von der verwendeten Kamera und den Bedingungen beim Einsatz ab. Mobil arbeitende Amateure mit einer Video- oder CCD-Kamera benötigen einen Laptop. Aus Gründen der Zuverlässigkeit und des Strombedarfs verbietet sich der Einsatz von Desktop-Computern im Freien. Ein Laptop ist nicht so empfindlich gegenüber nächtlicher Kälte und Feuchtigkeit, solange er eingeschaltet bleibt, da er die Umgebungsluft aufwärmt und trocknet. Wenn man ihn nur zum Speichern und Betrachten der Bilder nachts verwendet, reicht ein günstiges Modell. Eine Videokamera erfordert eine große Festplatte mit schnellem Datendurchsatz. Eine hohe Bildrate aus einer schnellen Kamera wird schnell zu einer Herausforderung. Ein Sensor mit beispielsweise 2 Millionen Pixeln liefert bei 8 Bit 2 MB pro Bild, die bei 50 Bildern pro Sekunde 100 MB/s an Datendurchsatz erfordern. Eine Aufnahmezeit von 1 Stunde verschlingt so 360 GB Speicherplatz! Schnelle Kameras mit großen Sensoren verlangen daher Festplatten mit hoher Schreibgeschwindigkeit: nicht 100 MB/s wie im vorherigen Beispiel, sondern bei einem 4-Megapixel-Sensor und 100 Bildern pro Sekunde sind es 400 MB/s. Ganz gleich, ob man gewöhnliche Festplatten oder SSDs (solid-state drives) verwendet, muss man die theoretischen Herstellerangaben zur Schreibgeschwindigkeit mit Vorsicht genießen, da diese in der Realität häufig deutlich niedriger sind. Die Schreib- und Lesegeschwindigkeiten können sehr stark abweichen und zusätzlich dadurch reduziert werden, dass das Laufwerk gleichzeitig andere Programme bedient (Betriebssystem, Virenschutzprogramm etc.). Die Geschwindigkeit kann zudem durch weitere limitierende Faktoren in der Datenkette (interner Datenbus des Computers, Verbindung zur Kamera etc.) verringert sein.

Wie groß die Bildschirmauflösung des Computers sein muss, hängt von der Auflösung des Sensors ab. Bei einem kleinen Sensor reicht ein Display mit 1024 × 768 Pixeln. Wenn allerdings Bilder aus Sensoren mit mehreren Millionen Pixeln verwendet werden, ist ein Full-HD-Display (1920 × 1080 Pixeln) schön zu haben, selbst wenn dessen zwei Megapixel ein Bild mit z. B. 8 Millionen Pixeln nicht in ganzer Größe darstellen kann. Displays sollten mindestens 65.000 Farben und 64 Graustufen darstellen können, doch am besten sind 16 Millionen Farben und 256 Graustufen. In der Astrofotografie häufen sich schnell die Gigabytes an, sodass ebenso schnell externe Festplatten erforderlich werden. Bewahren Sie Ihre besten RAW-Dateien und Videos gut auf. Sie entsprechen den Negativen beim Film. Falls die Kamera keine eindeutigen Dateinamen vergibt, sortieren Sie die Dateien nach Motiv und Datum und notieren sich die Parameter der Bildgebung (Instrument, Aufnahmeort, Kameraeinstellungen etc.). Hinterher vergisst man diese Details nur allzu leicht.

Stromversorgung

Jedes elektrische oder elektronische Gerät hat zwei fundamentale Kennzahlen: seine Versorgungsspannung in Volt (V) und die Stromstärke im Betrieb, die in Ampere (A) ausgedrückt wird. Während die Spannung eigentlich immer auf dem Gerät angegeben wird, gilt das für die bedarfsabhängige Stromstärke nicht immer. Hier nun die dafür in der Astrofotografie relevanten Gerätekennzahlen:

- Montierungen werden mit 12 V versorgt und kommen (mit Ausnahme der schnellen GOTO-Phase) mit 1 A aus.
- Heizelemente und deren Regler werden ebenfalls mit 12 V versorgt, wobei der Strombedarf von der Größe abhängt und von 0,5 A für eines von 30 cm (Sucherteleskop, Lunette-Guide etc.) bis zu 2 A bei 120 cm reicht (Teleskope mit 300–350 mm Durchmesser).
- Übliche Digitalkameras haben die Akkus im Gehäuse, die extern geladen werden, wobei nie mehr als 12 V und 1 A gebraucht werden.
- CCD-Kameras werden meist mit 12 V versorgt und ziehen ohne Kühlung sowie bei inaktivem Sensor weniger als 1 A. Im aktiven gekühlten Betrieb steigt der Bedarf auf mehrere Ampere.
- Videokameras für die Astronomie werden über den USB-Anschluss des Computers versorgt.
- Ein Laptop-Computer hat immer sein eigenes Netzteil mit einer Eingangsspannung von 110 V oder 230 V und einer Ausgangsspannung zwischen 10 V und 19 V. Die gelieferte Stromstärke liegt bei mehreren Ampere.

Was Batterien und Akkus betrifft, sind die zwei wichtigsten Größen die Ausgangsspannung (z. B. 12 V bei Autobatterien) und die Kapazität. Letztere wird in Watt- (Wh) oder Amperestunden (Ah) angegeben. Um von Ah auf Wh umzurechnen, multipliziert man den Wert mit der Spannung: Eine Autobatterie mit 12 V und einer Kapazität von 10 Ah hat entsprechend 12 × 10, also 120 Wh.

Um nun den Gesamtstrombedarf seiner Ausrüstung (in Wh) zu beziffern, müssen Sie jeweils drei Kennzahlen miteinander multiplizieren: die Eingangsspannung, die Stromstärke und die Nutzungsdauer. Eine CCD-Kamera beispielsweise, die bei 12 V Spannung 3 A Stromstärke über 6 Stunden zieht, konsumiert dementsprechend 12 × 3 × 6 = 216 Wh (was bei 12 V satte 18 Ah sind). Diese Berechnung nehmen Sie entsprechend für alle Ihre Verbraucher vor, die Sie an einem Abend oder über eine ganze Nacht für die Astrofotografie betreiben wollen. Dabei ist einzukalkulieren, dass man seine Stromquellen nicht vollständig entladen sollte, wenn man sie nicht schädigen will. Lithium-Zellen sollten nicht unter 20 %, Bleiakkus (Autobatterie) nicht unter 40 % ihrer Kapazität fallen. Außerdem nimmt die nutzbare Kapazität bei Kälte ab.

Je nach betriebenem Aufwand sowie Kosten- und Gewichtsbeschränkungen gilt es eigene Lösungen zu finden: von »Powertanks« einiger Astronomiezubehör-Hersteller über Autobatterien (schwer, aber mit unschlagbarem Preis-Kapazitäts-Verhältnis) bis zu Hilfsakkus aus dem Kfz-Handel.

Für 12 V-Geräte findet man im Handel einfache Netzteile, die 220 – 230 V (Wechselstrom) in 12 V (Gleichstrom) umwandeln. Im Autozubehörhandel finden wir dagegen Geräte, die das Gegenteil bewirken. Diese sogenannten Wechselrichter wandeln den Gleichstrom des Bordnetzes des Autos in 220 V-Wechselstrom um, damit wir unsere für das Stromnetz zuhause geeigneten Geräte daran betreiben können. Hier muss man allerdings darauf achten, dass auch die benötigten Stromstärken bereitgestellt werden können.

Die Stromanschlüsse sind vielgestaltig (Zigarettenanzünder, Hohlstecker, Krokodilklemmen für die Pole der Autobatterie etc.), sodass Sie die nötigen Anschlusskabel oder -adapter für Ihre Verbraucher parat haben müssen.

Dazu folgende Tipps:

- Wählen Sie einen dem Stromfluss angemessenen Kabeldurchmesser, damit sich das Kabel nicht unter Last aufheizt.
- Wählen Sie für jede unterschiedliche Versorgungsspannung eine andere Art Steckverbindung, um Verwechslungen vorzubeugen.
- Mit einem Multimeter können Sie sich vor Ort noch einmal über die Anschlüsse, deren Spannungen und Polaritäten vergewissern, bevor Sie sie an Ihre Geräte anschließen.
- Achten Sie auf gute Isolierung sämtlicher elektrischer Anschlüsse: Nächtliche Feuchtigkeit und Morgentau vertragen sich schlecht mit provisorischen Verbindungen …

Wenn Sie Ihre Verbraucher vom Zigarettenanzünder Ihres Autos aus betreiben wollen, sollten Sie bedenken, dass viele moderne Fahrzeuge diesen nach 10 – 20 Minuten nicht mehr versorgen und Sie danach den Zündschlüssel erneut drehen müssen, wobei dann jede Menge Lichter angeht und dadurch eine hübsche Lichtverschmutzung erzeugt wird! Die Lösung liegt hier in Polklemmen, die Sie einfach direkt an der Autobatterie befestigen. Schon aus diesem Grund ist ein Hybridauto oder gar ein vollelektrisches Fahrzeug eine prima Wahl für Astrofotografen im mobilen Einsatz.

▸ Die partielle Mondfinsternis vom 21. Dezember 2010 am Himmel über dem Mont Saint-Michel, aufgenommen mit einem 135 mm-Objektiv und einer Vollformat-DSL (Belichtungszeit 1 Sekunde).

Kapitel 3
Bilder kalibrieren und zusammenfügen

Selbst mit den fortschrittlichsten Sensoren von heute können astronomische Bilder durch Sensorfehler oder Beschränkungen von Teleskopen Artefakte aufweisen. Manche Artefakte treten regelmäßig auf, ganz gleich welche Art von Himmelsobjekt man fotografiert. Es stehen deshalb mehrere Methoden und Algorithmen zur Verfügung, die speziell für die Astronomie entwickelt wurden, mit deren Hilfe man diese Artefakte mildern oder beheben kann und die Bilder dadurch wissenschaftlich exakter und ästhetisch ansprechender werden.

Der Rosettennebel im Sternbild Einhorn (Monoceros)

Der zentrale Bereich eines Bildes vom Rosettennebel, das mit einem 5-Zoll-Refraktor und einer gekühlten, monochromen Kamera bei einer Belichtungszeit von 5 Minuten aufgenommen wurde. Das Bild auf den vorangehenden Seiten wurde aus 60 Bildern wie diesem hier zusammengesetzt, die kalibriert, ausgerichtet und dann – wie in diesem Kapitel beschrieben – zusammengefügt wurden.

Nicht nur Amateure haben mit Bildfehlern zu kämpfen. Die RAW-Bilder, die das Weltraumteleskop Hubble übermittelt, enthalten Fehler, die einfach zu erkennen sind, wie zum Beispiel durch kosmische Strahlung, die während der Aufnahme auf den Sensor getroffen ist. Bevor solche Bilder zur Veröffentlichung kommen, werden sie Verarbeitungsalgorithmen unterzogen, die denen ähneln, die in diesem Kapitel beschrieben sind. (Bilder von NASA und STScI)

Umgangssprachlich wird der Begriff *Digital* häufig mit Präzision und oder sogar Perfektion assoziiert. Doch sowohl ein elektronisches Bauteil als auch das Licht, das durch eine Kamera eingefangen wird, unterliegen den Naturgesetzen: In der Praxis gibt es keine Perfektion! Selbst Raumsonden und professionelle astronomische Instrumente haben ihre Schwächen. Jede Kamera und jedes Instrument bringen in das Rohbild ihre spezifischen Artefakte ein, die dadurch wie eine Signatur für den ganzen Prozess wirken. Eine der größten Herausforderungen der digitalen Fotografie ist die einfache und effiziente Abmilderung oder Behebung dieser Störungen.

In diesem Kapitel werden wir die Eigenschaften der drei Hauptfehler untersuchen und Techniken kennenlernen, mit denen man diese minimiert: Fehler wie das thermische Signal, Abweichungen von der Uniformität und – der schwerste von allen – das im Bild inhärent vorhandene Photonenrauschen. Die Erklärungen sollen dabei helfen, Antworten auf solche Fragen zu finden wie: Entspricht eine Kombination von 10 Aufnahmen von je 1 Minute Dauer einer einzigen Aufnahme mit 10 Minuten Belichtungszeit? Oder warum ist es schwieriger, mitten in der Stadt Galaxien zu fotografieren als Planeten?

Ausschnitt einer Aufnahme mit 5 Minuten Belichtungszeit mit einer astronomischen Kamera vor und nach der Korrektur des thermischen Signals. Die angezeigten Tonwerte (siehe Anhang 1) wurden stark gespreizt, um das thermische Signal zu verdeutlichen.

Woraus ein Bild besteht

Das thermische Signal

Das Licht ist nicht der einzige Bestandteil des Signals, den eine Digitalkamera einfängt, um daraus ein Bild zu erzeugen. In Kapitel 2 haben wir gesehen, dass ein Sensor die Information in jeder Fotozelle durch den fotoelektrischen Effekt in Form von Elektronen speichert. Doch es tritt noch ein weiteres Phänomen auf. Bei Raumtemperatur schwingen die Siliziumatome mit hoher Intensität, wodurch gelegentlich Elektronen angeregt und herausgeschleudert werden. Bei Langzeitbelichtungen sammeln sich diese unerwünschten Elektronen an und gesellen sich zu denen, die durch den fotoelektrischen Effekt freigesetzt wurden.

Man würde annehmen, dass diese thermisch bedingte Ansammlung von Elektronen bei jeder Fotodiode in etwa gleich wäre, sodass es im Bild ein gleichmäßiges Hintergrundsignal gäbe. Doch durch kleine Unterschiede in der chemischen Zusammensetzung oder durch Störungen im Kristallgitter hat jede Fotodiode ihre eigene Charakteristik und sammelt thermisch bedingte Elektronen mit ihrer spezifischen Rate. Manche Fotodioden sind in der Hinsicht sehr aktiv, sodass man sie daher *heiße Fotodioden* nennt (die dann im Bild als *heiße Pixel* zu sehen sind), da sie sich verhalten, als wären sie einer höheren Temperatur ausgesetzt als die Nachbarfotodioden, obwohl dies gar nicht der Fall ist. Glücklicherweise verhalten sich die meisten Fotodioden eines Sensors wie gewünscht und akkumulieren thermisch bedingte Elektronen nur sehr langsam. Eine Aufnahme, die bei totaler Dunkelheit mit einer Belichtungszeit von mehreren Minuten stattgefunden hat, ist daher mit Punkten unterschiedlicher Helligkeit durchsetzt. Bei einer DSL ist das Auftreten einiger heißer Pixel bei Belichtungszeiten von mehreren Sekunden normal und weist nicht auf eine defekte Kamera hin. Was machen schließlich unter 10 oder 20 Millionen ein paar heiße Pixel aus? Immerhin ist es besser, ein paar heiße als sehr viele »warme« Pixel zu haben.

Bildausschnitte aus Aufnahmen mit 5 Minuten Belichtungszeit in totaler Dunkelheit mit unterschiedlichen Modellen von Digitalkameras. Das thermische Signal kann sich von einem zum anderen Modell drastisch unterscheiden. Auch Kameras desselben Modells können aufgrund kleiner Fertigungstoleranzen der Sensoren voneinander abweichen. Selbst wenn die Signalquelle nicht echtes Licht ist, erscheint das Signal der heißen Fotodioden farbig, da die Kamera die Informationen aus der Fotodiode anhand des Farbfilters interpretiert, der jeweils auf ihr sitzt.

Ausschnitt aus einem Bild mit 10-minütiger Belichtungszeit, das im Dunkeln mit einer gekühlten Kamera aufgenommen wurde. Links: bei 20 °C; rechts: bei -20 °C.

Das Phänomen der Elektrolumineszenz, was sich hier in der Bildecke unten links bei einer Langzeitbelichtung mit einer DSL zeigt. Bei einigen Kameras sieht man in einer Ecke oder entlang einer Kante bei Langzeitbelichtungen ein leichtes Glühen. Es wird durch ein elektronisches Bauteil, den Vorverstärker, verursacht, der während der Aufnahme weiter unter Strom steht (selbst wenn keine Daten ausgelesen werden) und ein durch den Sensor erfasstes schwaches Licht abgibt. Kameras, die dieses Phänomen aufweisen, sind für Deep-Sky-Aufnahmen nicht geeignet, es sei denn, dass dieser Effekt auf ein ganz kleines Areal begrenzt ist.

Bei jeder einzelnen Fotodiode ist die Anzahl thermisch bedingter Elektronen proportional zur Aufnahmedauer, d. h. der Zeit, in der die thermischen Schwingungen der Atome Elektronen erzeugen können. Dazu kommt jedoch noch ein weiterer Faktor: die Temperatur des Sensors. Mit zunehmender Temperatur schwingen die Atome immer heftiger und setzen immer leichter Elektronen frei. Dieser Zusammenhang verläuft exponentiell: Wenn die Temperatur um 6 bis 7 °C zunimmt, verdoppelt sich das thermische Signal (auch *Dunkelstrom* genannt). Der Nutzen der Sensorkühlung wird schnell deutlich: Eine Temperaturabsenkung um 13 °C vermindert das thermische Signal um den Faktor 4 und durch Abkühlung um 20 °C um den Faktor 8 usw. Dies bedeutet, dass selbst ein Temperaturunterschied von 1 °C einen sichtbaren Effekt auf das Dunkelsignal hat.

Wie bei den Digitalkameras während des CCD/CMOS-Übergangs weisen auch die neueren gekühlten Kameras eine wesentlich bessere Leistung auf als ihre Vorläufer, aber die Sensorkühlung ist bei langen Belichtungszeiten nach wie vor von Vorteil, da sie nicht nur das Wärmesignal reduziert, sondern auch die Sensortemperatur stabilisiert, was die Beseitigung dieses Signals erheblich vereinfacht.

Das Grundsignal

Wenn man bei sehr kurzer Belichtungszeit mit einer Digitalkamera ein Dunkelbild aufnimmt, würde man erwarten, dass alle Pixel einen Nullwert ergeben, da weder Licht auf den Sensor trifft, noch das thermische Signal Zeit genug hat, sich aufzubauen. In Wirklichkeit jedoch weisen alle Pixel einen leicht positiven Wert auf, der sich mehr oder weniger konstant über das ganze Bild verteilt. Die Erklärung für dieses überraschende Resultat liegt darin, dass jedes Bild ein Hintergrundsignal enthält, das kleine, zufallsmäßige Schwankungen um einen Mittelwert aufweist. Für die weitere Signalverarbeitung ist es wichtig, dieses Grundsignal nicht zu verändern. Wäre das durchschnittliche Grundsignal gleich null, würden die kleinen positiven Abweichungen infolge des Rauschens erhalten bleiben, nicht jedoch die kleinen negativen, die an der Null-Linie abgeschnitten würden. Um dieses Abschneiden (Clipping) zu vermeiden, sind die Chips so konstruiert, dass der Hintergrund bei einer kurzen Belichtungszeit in der Dunkelheit bei den meisten DSLs und allen Digitalkameras im Rohbild nicht komplett schwarz aussieht, sondern dunkelgrau. Deshalb nennt man das in einem solchen Bild enthaltene Signal Grundsignal oder auch Bias- bzw. Offsetsignal.

Ein Biasbild ist allgemein uniform, doch wenn man den Kontrast stark steigert, erkennt man kleine Abweichungen in der Helligkeit des Grundsignals, wobei man zusätzlich zum Rauschen ganz schwach vertikale oder horizontale Muster wahrnimmt. Links sieht man ein Biasbild aus einer CCD-Kamera, das in einem Bereich eine ganz leichte Wellenform zeigt. Das Biasbild rechts stammt aus einer astronomischen Videokamera mit einem CMOS-Sensor. Das gitterartige Muster und die leichten Uniformitätsabweichungen verschwinden nach der Subtraktion des Master-Bias- oder Master-Dunkelbildes – Techniken, die noch später in diesem Buch beschrieben werden.

Das Offsetsignal ist in allen Rohbildern vorhanden, die von einer Kamera, die im RAW-Format arbeitet, oder von einer astronomischen Kamera stammen. Bei Bildern, die von einer Digitalkamera im JPEG-Format stammen, ist dieses Offsetsignal jedoch nicht sichtbar, da es von der Kamera bereits vor der Aufnahme der Bilder subtrahiert wird.

Uniformitätsfehler

Einige Bildfehler entstehen im Helligkeitssignal schon bevor es den Sensor erreicht. Während es beim Einsatz von Film praktisch unmöglich ist, diese Fehler zu korrigieren, sind sie bei der digitalen Fotografie mit Astronomiesoftware leicht zu beheben.

Eigenschaften und Ursachen der Uniformitätsfehler

Uniformitätsfehler treten meist in diesen beiden Formen auf:

1. **Vignettierung:** die unter Fotografen wohlbekannte Abdunkelung im Randbereich des Bildes. Jedes optische Instrument, Fotoobjektiv oder Teleskop, weist zu einem gewissen Grad dieses Phänomen auf, das von seinem optischen Aufbau, seiner Blende, seinen mechanischen Eigenschaften und der möglichen Existenz von Zusatzoptiken (Brennweitenreduzierer, Barlowlinse etc.) beeinflusst wird. Die Stärke der Vignettierung hängt zudem von der Größe des Sensors ab: Je größer der Sensor, desto ausgeprägter ist die Vignettierung. In Extremfällen können die Bildecken komplett schwarz sein. Meist führt die Vignettierung zu einem uneinheitlichen Hintergrund, der es schwer bis unmöglich macht, alle Bereiche des Bildes gleichzeitig mit hohem Kontrast und großer Helligkeit darzustellen. Dies ist vor allem bei Deep-Sky-Bildern oder anderen sehr lichtschwachen Objekten der Fall, bei denen eine hohe Uniformität des Hintergrunds erforderlich ist.
2. **Dunkle Flecken:** Kleine dunkle Flecken, die über die ganze Bildfläche verteilt sind. Sie werden durch Staub verursacht (der sich entweder auf dem Sensor oder bei einer astronomischen Kamera auf dem Fenster, das den Sensor schützt, abgelagert hat), der seinen Schatten auf den empfindlichen Bereich wirft. Die Größe, Schärfe und Intensität dieser Flecken hängt von der Größe der Partikel ab, der Entfernung zur Sensoroberfläche und der Blendenzahl des Objektivs oder Instruments.

Dies Bild wurde mit einer Kamera durch ein Schmidt-Cassegrain-Teleskop mit einem 1:6,3-Brennweitenreduzierer aufgenommen. Durch kleine mechanische oder optische Fehlstellungen ist der Verlauf der Vignettierung nicht immer zentral.

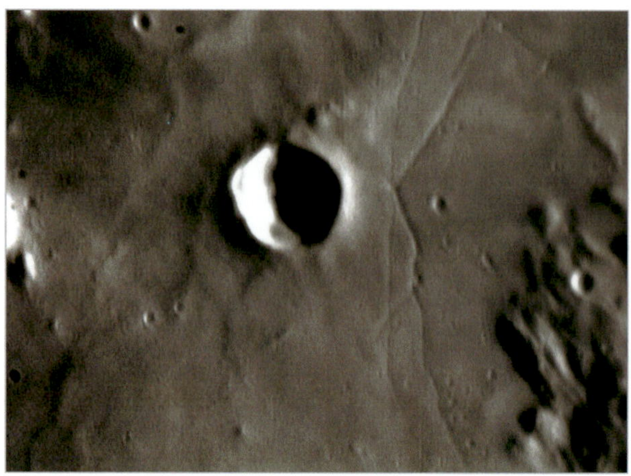

In der Nähe des linken und oberen Bildrands sind auf diesem Bild, das aus einem Video durch ein Teleskop bei Lichtstärke f/40 stammt, Staubpartikel zu sehen.

Bilder des blauen Himmels, die mit einer Digitalkamera aufgenommen wurden, bei dem die Blende des Objektivs auf 2,8 völlig geöffnet wurde (links) bzw. mit Blende 32 die kleinste Öffnung gewählt wurde (rechts). Mit zunehmendem Blendenwert (kleinerer Blendenöffnung) tritt die Vignettierung weniger ausgeprägt auf, die durch Staubpartikel verursachten Schatten werden jedoch kleiner und schärfer. Der breitere Lichtstrahl bei geöffneter Blende erzeugt dabei größere Schatten mit weniger Kontrast, wohingegen der engere Lichtstrahl Schatten ergibt, die kleiner, aber stärker sichtbar sind.

Anhang 3 beschreibt die Hauptursachen für Ungleichmäßigkeiten und deren Behebung. Insbesondere die Vignettierung durch den Adapterring der Kamera ist eine Ursache, die man bei Bedarf leicht beeinflussen kann.

Bildkalibrierung

Korrektur des thermischen Signals

Mischen sich thermisch bedingte Elektronen erst einmal unter die Elektronen in der Fotodiode, lassen sie sich von den durch Licht erzeugten Elektronen nicht mehr unterscheiden. Wir können jedoch das thermisch bedingte Signal, das das Bild überlagert, entfernen, indem wir uns zunutze machen, dass es reproduzierbar ist. Die Methode zur Entfernung dieses Signals ist deshalb einfach: Man macht eine Aufnahme mit derselben Belichtungszeit und bei derselben Temperatur wie beim eigentlichen Bild (Hellbild), jedoch bei völliger Dunkelheit. Dieses Dunkelbild (darkframe) wird dann von den Hellbildern subtrahiert. Bei den für Planetenaufnahmen typischen kurzen Belichtungszeiten (z. B. 1/1.000 s oder sogar 1/10 s) ist diese Korrektur nicht erforderlich, da das Wärmesignal keine Zeit hat, sich zu manifestieren.

Aufnahme eines Dunkelbildes

Im Hinblick auf die Empfindlichkeit des Sensors ist es dringend erforderlich, diesen bei der Aufnahme eines guten Dunkelbildes vor jedweder Lichtquelle abzuschirmen. Es darf auf keinen Fall zu Lichteinfällen durch schlecht sitzende Objektivdeckel oder durch den Sucher der Kamera kommen. Allerdings ist es nicht nötig, die Kamera dafür am Instrument zu belassen, da währenddessen schließlich kein Licht auf den Sensor fällt.

Da das thermische Signal von der Temperatur und der Belichtungszeit abhängt, muss das Dunkelbild unter den gleichen Bedingungen entstehen wie jenes Bild, das damit korrigiert werden soll. Mit einer temperaturgeregelten, gekühlten Kamera kann man die Dunkelbilder zu irgendeinem Zeitpunkt nachts aufnehmen und sogar solche aus anderen Nächten wiederverwenden. Wird die Temperatur des Sensors nicht durch eine Regelung stabilisiert, weicht sie auf jeden Fall von Nacht zu Nacht und auch selbst innerhalb derselben ab, je nach Änderung der Umgebungstemperatur und Einsatz der Kamera. Die Erfahrung hat gezeigt, dass es lange dauern kann, bis sich die Temperatur eines Digitalkamerasensors eingependelt hat, welche sich im Betrieb um über 10 °C im Vergleich zu den Minuten zuvor erhöhen kann! Deshalb gilt es abzuwägen, ob man möglichst viele Aufnahmen haben will, oder folgendermaßen versucht, die Sensortemperaturen konstant zu halten:

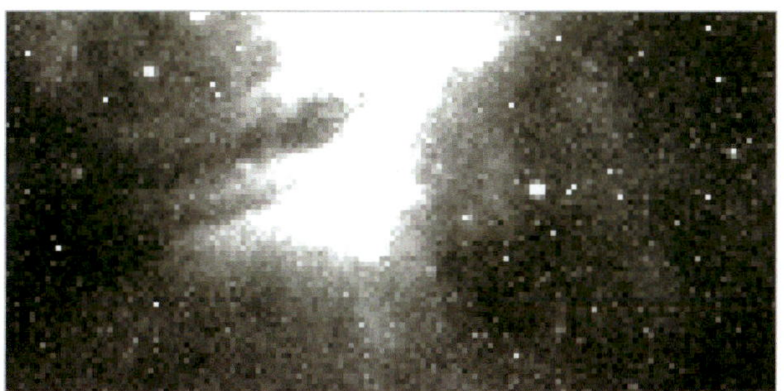

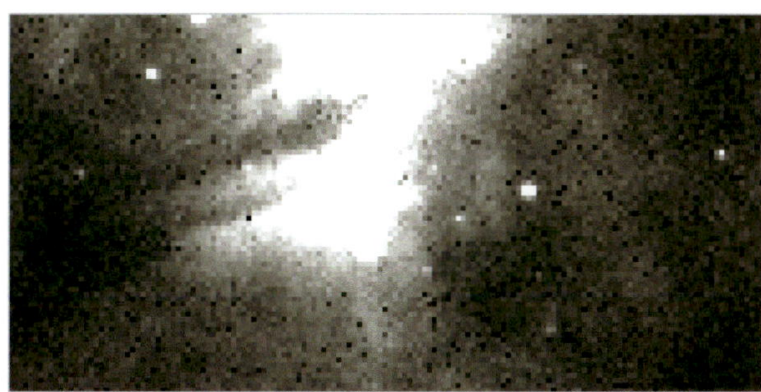

Das linke Bild ist das gleiche wie auf Seite 43 nach Abzug eines Dunkelbilds, was bei einer Temperaturabweichung von 5 °C nach unten aufgenommen wurde. Die Korrektur war unzureichend, da immer noch Reste von heißen Pixeln klar erkennbar sind. Nimmt man dagegen das Dunkelbild bei einer zu hohen Temperatur auf (rechts), ist der Bildhintergrund von schwarzen Punkten übersät.

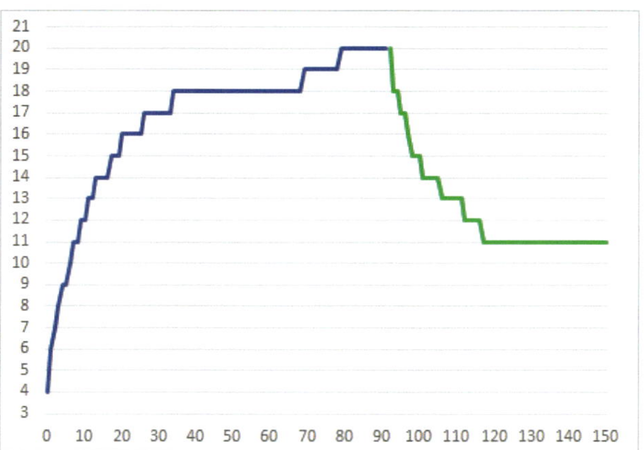

Einige Canon-Kameras zeichnen – versteckt in den EXIF-Daten der RAW-Dateien – die Temperatur des Sensors zum Zeitpunkt der Aufnahme auf. Die blaue Kurve wurde mit dem ExifTool aus einer Serie von 90 einminütigen Aufnahmen auf einer Canon 6D aufgenommen, sobald die Box eingeschaltet wurde.

Wir sehen, dass sich die Temperatur bei einem Wert stabilisiert, der etwa fünfzehn Grad über der Umgebungstemperatur liegt, und vor allem, dass es nicht weniger als 30 Minuten dauert, bis diese Stabilisierung erreicht ist. Die grüne Kurve entspricht dem Zustand des Gerätes eingeschaltet, aber inaktiv: Der Temperaturabfall ist sehr plötzlich, sobald die Aufnahmen stoppen.

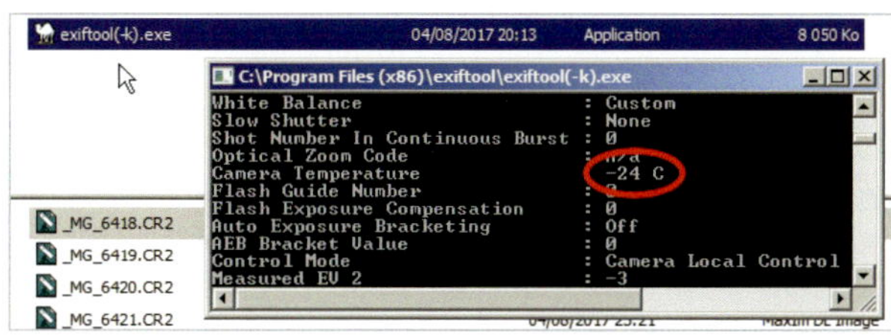

Ein kleines Programm namens ExifTool kann aus dem Internet heruntergeladen werden. Zieht man eine RAW-Datei auf dieses Programm, erscheint ein Fenster, in dem alle EXIF-Daten, einschließlich der Sensortemperatur für Canon-Kameras, angezeigt werden. Auf diese Weise können Sie die Temperatur anzeigen, bei der Ihre Rohbilder oder Dunkelbilder aufgenommen wurden.

DIE »KOSMETISCHE« KORREKTUR VON DUNKELBILDERN

Die meisten astronomischen Bearbeitungsprogramme können aus einem Dunkelbild eine Liste mit heißen Pixeln erstellen, deren Intensität über einem vom Benutzer gewählten Schwellenwert liegt. Für jedes Rohbild des Himmels können sie dann jedes Pixel in dieser Liste bearbeiten, indem sie es durch den Durchschnitt (oder Median) der Pixel um es herum ersetzen: Dies wird als kosmetische Dunkelbild-Korrektur bezeichnet. Dieser Algorithmus wird normalerweise als Ergänzung zur Dunkelbild-Korrektur verwendet, aber wenn die Software in der Lage ist, mehrere zehn- oder hunderttausend heiße Pixel aufzulisten, ist es denkbar, den Algorithmus allein arbeiten zu lassen, um bei der Vorverarbeitung der Rohbilder keine Dunkelbilder mehr zu verwenden.

- Indem man die Dunkelbilder erstellt, während das Gerät weiterläuft oder während man die Ausrüstung einpackt oder sich auf die nächste Aufnahme vorbereitet;
- Das Gerät vor der eigentlichen Aufnahmesequenz laufen lassen (während man gerade die automatische Nachführung einmisst), selbst wenn dadurch überzählige Dunkelbilder entstehen, die man später von der Speicherkarte löscht.

DSLs haben eine Rauschreduzierungsfunktion bei Langzeitbelichtung zur Entfernung des thermischen Signals. Das haben wir bereits im ersten Kapitel besprochen. Der

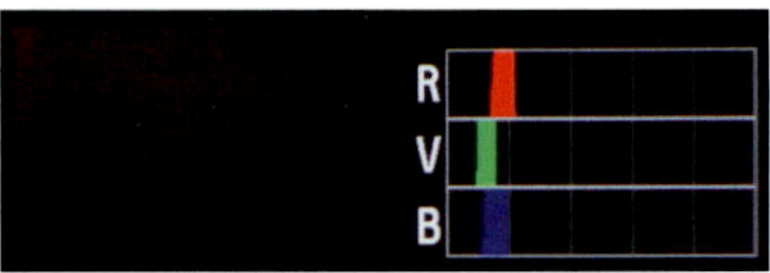

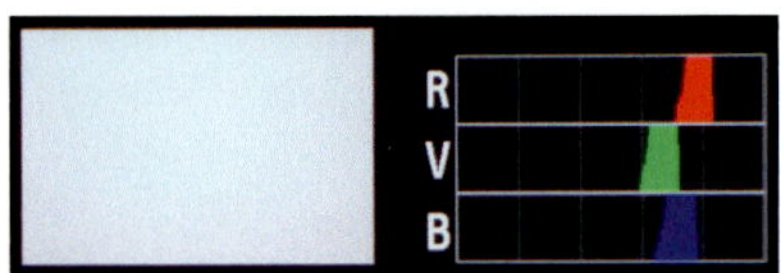

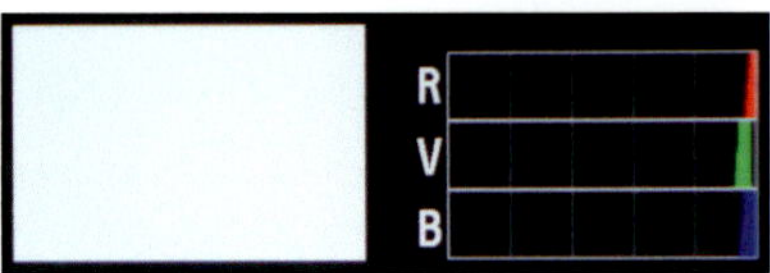

Bei der Anfertigung des Weißbilds kann man mithilfe des Histogramms überprüfen, ob dessen Tonwertumfang nicht zu weit nach unten (links) oder oben (rechts) abwandert.

Nachteil dieser Methode besteht darin, dass hierbei die halbe Nacht mit der Aufnahme von Dunkelbildern verbracht wird und das mitunter für dasselbe Objekt am Himmel. Auf diese Weise eliminiert man zwar heiße Pixel, erhöht aber, wie wir später noch sehen werden, das Bildrauschen.

Korrektur der Uniformitätsfehler

Wie das thermische Signal können auch Uniformitätsfehler korrigiert werden, weil sie reproduzierbar sind. Dazu muss man im Grunde nur ein einziges Bild einer einheitlich ausgeleuchteten Fläche aufnehmen, das so genannte *Weißbild±*. Dies ist jedoch leichter gesagt als getan, da diese Fläche wirklich perfekt gleichförmig sein muss: Eine Helligkeitsabweichung von nur ein oder zwei Prozent bei Deep-Sky-Aufnahmen, die dem Auge nie auffallen würde, fällt nach der Bildkorrektur garantiert auf.

Anfertigung eines Weißbilds

Es gibt mehrere Techniken zur Anfertigung eines Weißbilds, im Englischen auch Flat Field genannt. Die klassische Methode besteht darin, bei Morgengrauen ein Bild vom dunkelblauen Himmel zu machen, wenn die Sterne nicht mehr zu sehen sind. Der Nachteil dieser Methode ist natürlich, dass wir dann noch vor dem Abbauen des Instruments auf das Ende der Nacht warten müssen. Darüber hinaus ist der Himmel selbst auch nicht völlig gleichmäßig und die Lichtverhältnisse ändern sich in diesem Zeitraum rapide. Heutzutage geht man diese Aufgabe meist mit Leuchtkästen an, wie sie von diversen Herstellern (Geoptik, Lacerta, Gerd Neumann) angeboten werden. Sie bestehen aus mit 12 V betriebenen LED-Anordnungen, die sich in der Helligkeit regeln lassen und mittels Diffusoren für äußerst gleichförmiges Licht sorgen.

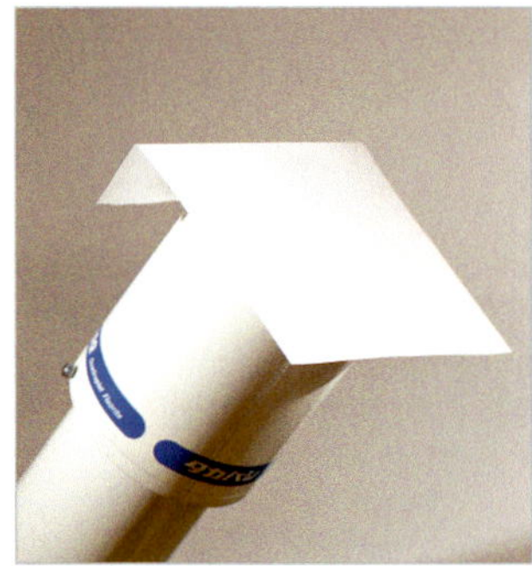

Unterschiedliche Methoden zur Anfertigung eines Weißbilds. Tagsüber reicht ein einfaches weißes Blatt Papier oder undurchsichtiges Plexiglas, die als Diffusoren dienen und die Vorderseite des Teleskops oder Objektivs abdecken.

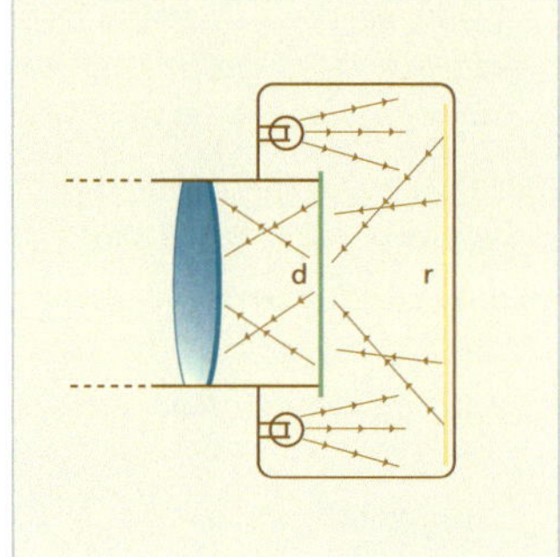

Nachts fixiert man auf der Vorderseite des Teleskops einen Leuchtkasten mit mehreren Lampen oder LEDs, der innen reflektiert (r) und einen Diffusor (d) besitzt.

Die Voraussetzungen für ein gutes Weißbild

Ein Weißbild muss sorgfältig mit exakt den gleichen Bedingungen aufgenommen werden wie die Bilder, die damit korrigiert werden sollen: gleiche Fokussierstellung, gleiche Blende und gleiche Brennweite beim Fotoobjektiv. Beim astronomischen Instrument muss die Fokussierstellung ebenfalls konstant bleiben und die optische Konfiguration dieselbe sein (insbesondere Filter und optische Korrektoren). Das Instrument darf zwischendurch nicht auseinander gebaut oder umgedreht werden, da dadurch einerseits Staub hineingelangen kann und anderseits die Zentrierung der Vignettierung verstellt werden kann.

Es ist wichtig, dass das Weißbild eine gute Dynamik aufweist, etwa die Hälfte oder zwei Drittel der verfügbaren Skala, aber sie darf keine gesättigten Bereiche enthalten. Das Weißbild sollte nicht zu farbintensiv sein, aber eine leichte Farbdominanz (rot, blau ...) hat keinen Einfluss auf die Korrekturqualität.

Funktionsweise der Weißbildkorrektur

Die Weißbildkorrektur wird immer nach Abzug des Grundrauschens und des thermischen Signals (bei Langzeitaufnahmen) vorgenommen. Die mathematische Operation ist allerdings eine andere. Es wäre ja auch absurd, ein Weißbild mit seinen hellen Bildtönen von einem Deep-Sky-Bild mit sehr dunklen Bildtönen zu subtrahieren. Das Ergebnis bestünde aus völlig bedeutungslosen negativen Werten! Da das vom Sensor gelieferte optische Signal durch die Uniformitätsfehler lokal reduziert wird, muss es durch die Korrektur an diesen Stellen verstärkt werden. Deshalb erfolgt die Weißbildkorrektur durch eine Pixel für Pixel vorgenommene Division des eigentlichen Bildes mit dem Weißbild und nicht durch eine Subtraktion.

Nehmen wir beispielsweise an, dass ein Deep-Sky-Bild eine Vignettierung hat, die für einen Randlichtabfall von 20 % im Vergleich zur Bildmitte sorgt. Wenn das Weißbild gut gemacht wurde, weist es in den Bildecken den gleichen Randlichtabfall von 20 % auf, auch wenn sich das Helligkeitsniveau dieser beiden Bilder deutlich unterscheidet. Wird die Astroaufnahme nun mit dem Dunkelbild dividiert, findet der Ausgleich statt (0,80/0,80 = 1), und die Gleichmäßigkeit des Bildes herbeigeführt. Wenn die Astronomiesoftware die Weißbildkorrektur vornimmt, multipliziert sie aus praktischen Gründen das Ergebnis nach

Links sehen wir das Bild von Seite 45, nachdem die Vignettierung mithilfe eines Weißbilds korrigiert wurde. Rechts wurde die Korrektur mit einem Weißbild vorgenommen, nachdem die Kamera verdreht wurde. Die Korrektur ist deshalb nicht so gut ausgefallen.

der Division mit dem Mittelwert des gesamten Weißbilds, damit die globalen Werte der astronomischen Aufnahme im gleichen Bereich bleiben.

Bildkalibrierung

Für die Kalibrierung werden drei unterschiedliche Bilder benötigt: Biasbild, Dunkelbild und Weißbild. Jedes von ihnen enthält unterschiedliche Artefakte, die unten in der Tabelle aufgeführt sind.

Bildinformation	Grundrauschen	thermisches Signal	Uniformitätsfehler
Biasbild	x		
Dunkelbild	x	x	
Weißbild	x		x
RAW-Bild	x	x	x

Die allgemeine Formel der Bildkalibrierung sieht demnach folgendermaßen aus:

$$\text{Kalibriertes Bild} = \frac{(\text{RAW-Bild} - \text{Dunkelbild})}{(\text{Weißbild} - \text{Biasbild})}$$

Das Grundrauschen taucht bei allen Bildern auf. Es wird auch durch das Dunkelbild durch Subtraktion herausgerechnet, da dies bereits das Grundrauschen enthält. (Achten Sie darauf, das Grundrauschen nicht zweimal abzuziehen!) Auf jeden Fall muss das Grundrauschen vom Weißbild abgezogen werden, bevor es zur Anwendung kommt.

Dieser Korrekturprozess kommt bei langen Belichtungszeiten (Deep Sky) voll zur Anwendung. Bei kurzen Belichtungszeiten (Planetenaufnahmen) enthält das Dunkelbild nur das Offsetsignal und besteht somit nur aus einem Biasbild. Außerdem ist bei der Planetenabbildung das Feld sehr klein und leidet daher nicht unter Vignettierung: Wenn der Planet in einem staubfreien Bereich des Sensors platziert wurde, ist es nicht notwendig, ein Weißbild zu machen, wodurch der Vorverarbeitungsschritt überflüssig wird.

Verwendung eines generischen Dunkelbildes

Wenn die Dunkelbilder nicht bei den gleichen Temperaturen und Belichtungszeiten aufgenommen werden können, gibt es eine andere Lösung: ein sogenanntes generisches Dunkelbild. Aus mehreren, unter unterschiedlichen Bedingungen aufgenommenen Dunkelbildern lässt sich mit spezieller Astronomiesoftware bestimmen, welcher der jeweils beste Skalierungskoeffizient ist, um eine optimale Korrektur des thermischen Signals zu bekommen. Diese Technik basiert auf einer erstaunlichen Eigenschaft des thermischen Signals: Die Intensitäten der Einzelsignale zweier Dunkelbilder, die bei unterschiedlichen Temperaturen aufgenommen wurden, sind proportional zueinander. Dadurch steht das thermisch bedingte Signal jeder einzelnen Fotodiode zwischen zwei Bildern immer im selben Verhältnis.

Der Einsatz des generischen Dunkelbildes setzt voraus, dass das Grundrauschen vom Dunkelbild abgezogen wurde, bevor der Skalierungskoeffizient angewendet wird (damit das Grundrauschen von der Skalierung ausgenommen wird). In diesem Fall lautet der Zähler in der Bildkalibrierungsgleichung:

$$\begin{gathered}(\text{RAW-Bild} - \text{Biasbild}) \\ - \text{Skalierungskoeffizient} \times (\text{Dunkelbild} - \text{Biasbild})\end{gathered}$$

Nicht für die Astronomie entwickelte Bildbearbeitungsprogramme können zwar Bilder voneinander subtrahieren, aber nicht dividieren. Deshalb kann man ohne ein spezielles astronomisches Verarbeitungsprogramm diese intensive Form der Kalibrierung nicht durchführen. Photoshop und DxO Optics haben beispielsweise Funktionen zur Unterdrückung der Vignettierung bei Objektiven, doch basieren sie auf einem einfachen mathematischen Modell der Vignettierung und nicht auf realen Daten aus Weißbildern, die zudem die Staubflecken mit enthalten.

Ein weiterer entscheidender Vorteil von Astronomieprogrammen ist, dass sie alle Kalibrierungsschritte auf einen Befehl hin auf eine ganze Fotoserie anwenden können: Alles, was man zu tun hat, ist die Dateinamen der Kalibrierungsbilder (Bias-, Dunkel- und Weißbild) zuzuweisen, um zu bestimmen, auf welche Bilder sie angewendet werden sollen.

Die Verarbeitung von Digitalkamera-Bildern erfolgt auf der Grundlage von RAW-Dateien. Für ein exaktes Dunkelbild ist es daher unbedingt notwendig, dieselbe ISO-Einstellung zu wählen wie bei den Bildern, die man damit korrigieren möchte. Beim Weißbild ist dies unwichtig, sodass jede beliebige ISO-Einstellung verwendet werden kann. Man kann zum Beispiel seine Weißbilder bei der niedrigsten ISO-Einstellung (je nach Kamera meist ISO 100 oder 200) aufnehmen, selbst wenn die Himmelsbilder bei ISO 800 gemacht werden. Die niedrige ISO-Einstellung sorgt für rauschärmere und glattere Weißbilder. Hinsichtlich des Rauschens kann man sagen, dass eine Kombination von acht Weißbildern bei ISO 800 einem einzigen Weißbild bei ISO 100 entspricht

Da die Digitalkamera JPEG- und sogar TIFF-Dateien intern Algorithmen unterzogen hat, sind diese Dateiformate für diesen Zweck unbrauchbar. Bilder aus Videokameras werden übrigens genauso kalibriert wie die aus einer astronomischen oder Fotokamera, wobei man allerdings nicht den ganzen Film, sondern ausgewählte Einzelbilder der Sequenz kalibriert.

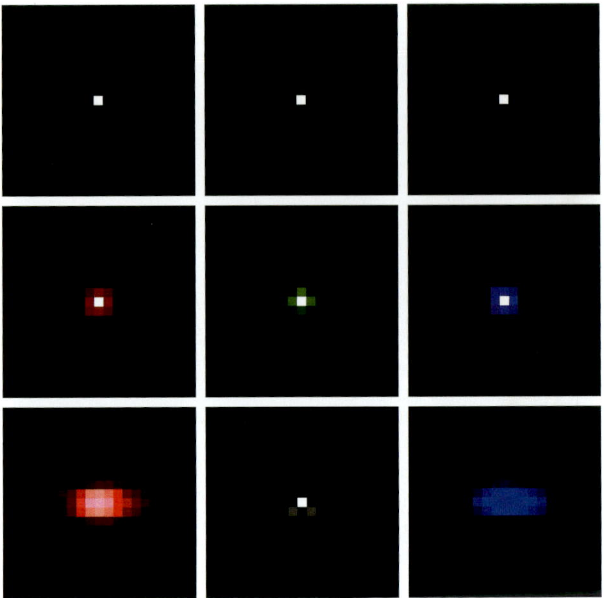

Stark herausvergrößerte Ausschnitte von Dunkelbildern aus einer DSL im RAW-Modus um drei Fotozellen, die mit rotem, grünem bzw. blauem Filter bedeckt sind. Durch die Konvertierung der RAW-Daten in ein Farbbild wandelt die Bayer-Interpolation die heißen Fotozellen (oberste Reihe) in farbliche heiße Pixel um (mittlere Reihe).

Aufgrund der Interpolation driftet das Signal der heißen Fotodiode ein wenig in die benachbarten Pixel über. Dies ist der Grund, warum die Subtraktion des thermischen Signals stattfinden muss, bevor die Astronomiesoftware die Interpolation vornimmt.

In der unteren Reihe wurde das Dunkelbild im JPEG-Modus aufgenommen. Aufgrund von Kompressionsartefakten wurden die heißen Fotozellen bei der kameraseitigen Übertragung in ein farbiges JPEG-Bild stark vergrößert.

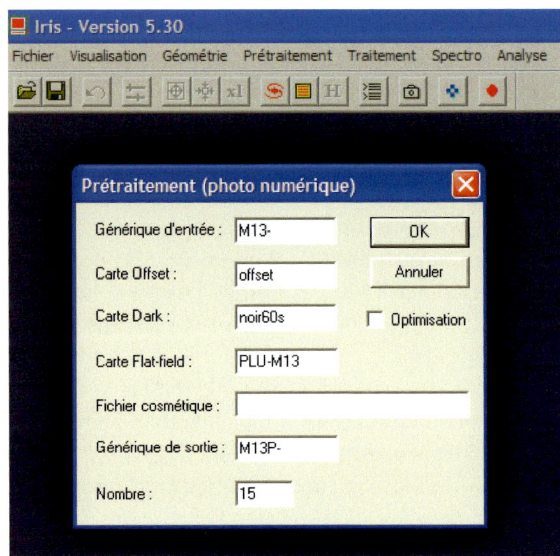

Die Batch-Bildvorverarbeitung ist eine der Grundfunktionen jeder astronomischen Software (hier Prism). Unter anderem bietet sie die Optimierung von Dunkelbildern.

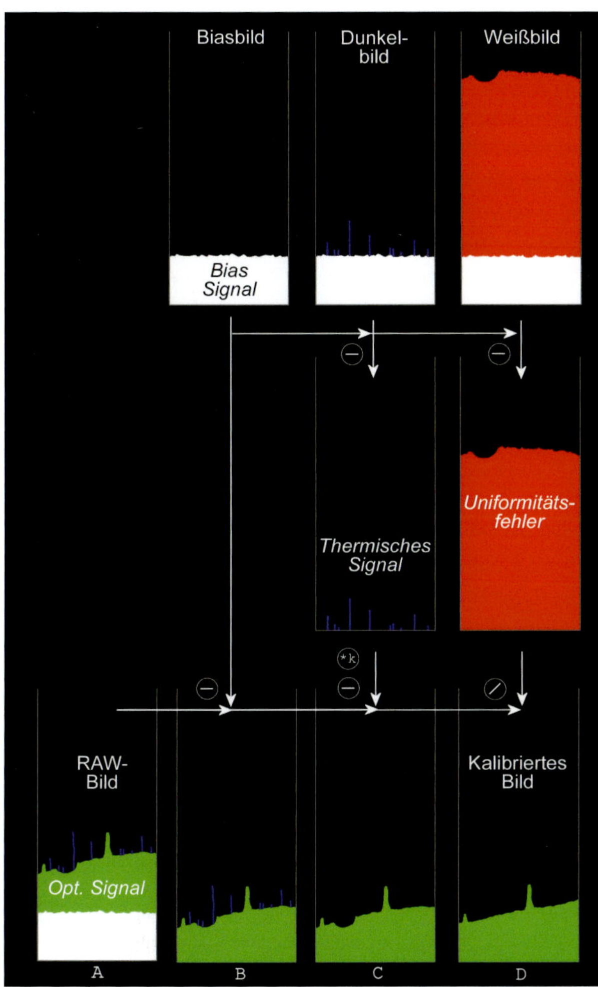

Die für die Kalibrierung verwendeten Aufnahmen, ihre Signale und Kombinationen im Überblick dargestellt. Die in Spalte A dargestellte RAW-Aufnahme enthält das Grundrauschen (weiß), das thermische Signal (heiße Pixel, blau), das optische Signal (grün) mit dem Himmelshintergrund und zwei Sternen sowie einem Schatten durch einen Staubpartikel (kleine Delle links) und etwas Vignettierung. In Spalte B ist das Grundrauschen von der RAW-Aufnahme abgezogen. In Spalte C ist auch das thermische Signal nach Subtraktion des Grundrauschens, das im Dunkelbild bereits enthalten ist (inklusive eines eventuellen Skalierungskoeffizienten k), abgezogen.

In Spalte D sind die Staubflecken und die Vignettierung durch Division entfernt worden, nachdem das Grundrauschen, dasim Weißbild enthalten war (rotes Lichtsignal), bereits subtrahiert wurde. Das kalibrierte Bild enthält noch einen linearen Gradienten, der später (Kapitel 7) entfernt wird. Bei kurzen Belichtungszeiten (Planetenaufnahmen) wird die Spalte C ausgelassen.

Das Rauschen und seine Reduzierung

Die Fehler, die alle astronomischen Bilder betreffen, sind jetzt beschrieben worden. In einer perfekten Welt wäre das Kapitel damit beendet. Allerdings müssen wir uns noch einem weiteren Phänomen widmen, das ebenso tückisch wie allgegenwärtig ist: dem Rauschen.

Das Rauschen sieht man als körnigen Effekt unterschiedlicher Intensität, wodurch es in gewisser Hinsicht dem Korn von silberbasiertem Film entspricht. Bei einem Farbbild, bei dem jeder Farbkanal sein eigenes Rauschen hat, führte dies zu einem Sammelsurium kleiner Farbpunkte. In jedem Fall handelt es sich um ein Artefakt, das die Wiedergabetreue und Schönheit eines Bildes verändern kann wie das Brummen einer schlechten Stereoanlage.

Die Ursachen des Rauschens

Prinzipiell betrachtet, ist jedes Signal von Rauschen begleitet. Das Rauschen verändert das eigentliche Signal und verhindert, dass es perfekt reproduziert werden kann. In der elektronischen Signalverarbeitungskette (Sensor, Verstärker, Konverter etc.) entsteht das sogenannte *Ausleserauschen*. Dieses Rauschen überlagert das Grundrauschen und ist daher in jedem mit dieser Kamera aufgenommenen Bild vorhanden. Das Ausleserauschen eines Geräts wird in der Regel als Anzahl der Elektronen pro Fotodioden gemessen. Es gibt mittlerweile DSLs und Kameras, die bei hohen ISO-Werten (oder Verstärkung) unter 1 Elektron fallen, was einen bemerkenswerten technologischen Fortschritt im Laufe der Jahre belegt: Das Ausleserauschen unserer ersten Kameras vor etwa 30 Jahren betrug mehrere Dutzend Elektronen!

Bei Fotografien mit langen Belichtungszeiten tritt ein weiteres Rauschen auf: das thermische Rauschen, das nicht mit dem begleitenden thermischen Signal zu verwechseln ist, das wir bereits beschrieben haben. Wenn man zwei Dunkelbilder mit der gleichen Belichtungszeit bei der gleichen Temperatur aufnimmt und ein Bild vom anderen subtrahiert, erhält man ein Bild mit einem Durchschnittspegel von null, das jedoch von Pixel zu Pixel leichte Schwankungen aufweist: Das thermische Signal wurde zwar eliminiert, aber die kleinen zufälligen Schwankungen dieses Signals bleiben bestehen (und kombinieren sich mit denen des Ausleserauschens). Dies ist der Hauptgrund, warum die Sensoren von Deep-Sky-Spezialkameras gekühlt werden: Man versucht, das thermische Rauschen zu reduzieren, indem man das thermische Signal verringert.

DAS SIGNAL UND DAS RAUSCHEN

Der fundamentale Unterschied zwischen dem Signal und dem Rauschen besteht darin, dass man das Signal identisch reproduzieren kann. Wenn man z.B. an einen Spielfilm im Fernsehen denkt und der Sender ihn an einem anderen Tag wiederholt, sieht man natürlich dieselben Szenen, dieselben Schauspieler, dieselben Dialoge usw. Alle diese Elemente kann man sich als Signale vorstellen. Doch wenn der Empfang schlecht ist, gibt es vielleicht ein Rauschen wie Schnee im Bild. Wenn der Spielfilm also wiederholt wird, gibt es keinen Grund zur Annahme, dass diese Störsignale auf genau die gleiche Weise an genau den gleichen Stellen im Film vorkommen. (Wenn der Spielfilm mitten in einer spannenden Szene für die Werbung unterbrochen wird, ist das für uns eher ein unerwünschtes Signal und kein Rauschen...). Es ist diese zufallsartige Charakteristik, die dieses Phänomen zum Rauschen macht: Es tritt nie auf genau gleiche Weise auf. In der Astronomie darf man sich Rauschen deshalb nicht als etwas vorstellen, was einfach zum Signal addiert wird, sondern als zufallsartige, nicht vorhersagbare Komponente (plus oder minus), die zum Signal gehört, sodass man das Licht niemals mit perfekter Genauigkeit messen kann. Je stärker das Rauschen, desto weniger genau kann die Messung des Signals sein.

Eine weitere wichtige Quelle für Rauschen in der Astronomie ist mit dem Licht an sich verbunden. Das Licht setzt sich aus Partikeln, den Photonen, zusammen, die über die Zeit zufallsmäßig und niemals exakt in gleicher Menge ankommen ... etwa so wie Regentropfen auf den Boden prallen. Diese zufallsmäßige Abweichung der Photonenmenge spiegelt sich in der Anzahl der Elektronen wider und wird deshalb *Photonenrauschen* genannt.

Die Kombination aller Rauschphänomene, die bei einem mit einer Digitalkamera aufgenommenen Bild auftreten, wird oft *digitales Rauschen* genannt. Doch dies heißt nicht, dass das Rauschen nur durch die Kamera selbst verursacht wird. Je besser die Qualität in der Kameraelektronik ist, desto deutlicher tritt das Photonenrauschen zutage. Das Photonenrauschen stellt die ultimative physikalische Grenze dar, zumindest was das kamerainterne Rauschen betrifft. Selbst wenn man eine »perfekte« Kamera benutzt, wird das Bild gezwungenermaßen Photonenrauschen enthalten.

Das Rauschverhalten

Eine grundlegende Eigenschaft des thermischen Rauschens und des Photonenrauschens ist, dass ihre Stärke von der Intensität des Signals abhängt, das sie begleiten. Je größer das Signal, desto größer das Rauschen, aber die Gesetze der Physik, die durch die Empirie bestätigt werden, lehren uns, dass es keine Proportionalität zwischen Signal und Rauschen gibt: Der Rauschpegel steigt nur mit der Quadratwurzel des Signals. So wird ein viermal so hohes Signal von einem Rauschen begleitet, dessen Amplitude nur doppelt so hoch ist. Das Entscheidende an einem Bild ist also nicht die absolute Menge an Rauschen, sondern der Rauschpegel im Verhältnis zum Nutzsignalpegel (die Photonen der fotografierten Gestirne). Dies wird als »Signal-Rausch-Verhältnis« oder »SNR« (von engl. signal-to-noise ratio) bezeichnet und ist ebenfalls wie die Quadratwurzel des Signals veränderlich. Das SNR verbessert sich also, wenn die Menge des gesammelten Lichts zunimmt, genauso wie die Befragung von mehr Menschen die Zuverlässigkeit einer Meinungsumfrage erhöht. Das SNR ist ein grundlegender Faktor für die optische Qualität eines Bildes: Je höher es ist, desto tiefer und weicher ist das Bild und desto besser sind die schwächeren Teile von Nebeln und Galaxien zu sehen.

Dieses Verhalten hat folgende Konsequenz: Sobald ein Rauschen die anderen etwas dominiert, können diese als vernachlässigbar angesehen werden. Es ist also sinnlos, nach sekundären Rauschquellen zu jagen, sondern es ist profitabler, sich auf die Hauptquelle des Rauschens zu konzentrieren. Diese variiert je nach Art des Bildes und der Kamera. Wenn das Objekt hell genug ist, um einen Großteil des Dynamikbereichs des Sensors auszufüllen (Mond, Sonne, Planet), wird die Rauschquelle wahrscheinlich das Photonenrauschen des Objekts selbst sein. Bei einem Deep-Sky-Objekt ist das Photonenrauschen jedoch schwächer, und es ist möglich, dass das Auslese- und thermische Rauschen nicht mehr vernachlässigbar sind. Bei schwachen Objekten kann ein weiteres Rauschen einen großen Einfluss haben: das Photonenrauschen des Himmelshintergrunds. Wenn Bilder von einem Himmel aufgenommen werden, der vom Mond oder von den Lichtern der Städte beleuchtet wird, ist das Himmelshintergrundsignal hoch und geht daher mit einem starken Rauschen einher. In der Praxis, wenn das zu fotografierende Objekt schwach ist, wird dieses Himmelshintergrundrauschen übermächtig, und es ist dann das Rauschen, das den Signalrauschabstand des eigentlichen Bildes begrenzt. Daher ist es sinnvoll, bei einem Himmel zu arbeiten, der nicht durch

Die mit einer DSL an einem Refraktor aufgenommene Galaxie NGC 6946. Ganz links eine kalibrierte Aufnahme mit 5 Minuten Belichtungszeit. In der Mitte und rechts befinden sich Kombinationen von 4 bzw. 16 solcher Aufnahmen, die zu einer Verbesserung des Signal-Rausch-Verhältnisses um den Faktor 2 bzw. 4 führten.

Beleuchtung verunreinigt ist: Bei gleicher Belichtungszeit und gleichem Objekt wird das SNR von vornherein besser sein, da der Beitrag des Himmelshintergrunds zum Rauschen im Bild geringer ist. Andererseits ist es durchaus möglich, den Mond oder einen Planeten von einem Stadtzentrum aus ohne Beeinträchtigung zu fotografieren, da das Rauschen des Hintergrundlichts gegenüber dem Photonenrauschen des Himmelskörpers vernachlässigbar ist.

Verbesserung des Signal-Rausch-Verhältnisses

Ein ganz offensichtlicher Weg, das Signal-Rausch-Verhältnis zu verbessern, ist die Belichtungszeit zu verlängern. Dies ist allerdings nicht immer möglich, entweder weil sonst helle Bereiche des Objekts überbelichtet würden oder aber die Montierung nicht in der Lage ist, bei einer längeren Belichtung gut genug nachzuführen. In vielen Fällen ist es daher besser, mehrere aufeinanderfolgende Bilder mit den gleichen Einstellungen (Ausschnitt, Belichtungszeit etc.) zu machen und sie, wie später noch erklärt, bei der Verarbeitung zu vereinigen. Hinsichtlich der Gesamtmenge der thermischen und der Photonensignale und deren assoziierten Rauschanteilen entsprechen 10 Aufnahmen mit je 1 Minute Belichtungszeit einer Aufnahme mit 10 Minuten Belichtungszeit. Sie entsprechen sich jedoch nicht im Ausleserauschen, da dies im ersten Fall zehnmal auftritt. Das Ausleserauschen nimmt um den Faktor der Quadratwurzel von 10 zu, d. h. im ersten Fall etwa um den Faktor 3, bei der Einzelaufnahme um den Faktor 1. Von daher ist es wichtig zu wissen, ob das Ausleserauschen im Vergleich zu den anderen Rauschquellen (Photonen, thermisches Signal) vernachlässigbar ist. Praktisch äußert sich das so, dass man für vergleichbare Ergebnisse bei mehreren kürzeren Aufnahmen in Relation zu einer einzigen langen die kürzeren Aufnahmen nicht zu kurz wählen sollte. Eine Deep-Sky-Aufnahme von 10 Minuten kann beispielsweise nicht durch 600 Aufnahmen von je 1 Sekunde ersetzt werden.

In der Tabelle unten ist die erreichbare Verbesserung im Signal-Rauschabstand der Photonen sowohl als Einzelaufnahme als auch durch eine Vielzahl von Aufnahmen aufgeführt. Eine Erhöhung des Signals um das 25-Fache führt zu einem fünfmal höheren Signal-Rauschabstand, wohingegen wir ein 100-fach stärkeres Signal benötigen, um einen zehnmal besseren Signal-Rauschabstand zu bekommen. Die Quadratwurzelregel führt dazu, dass der Nutzen ab einem gewissen Punkt nicht mehr im Verhältnis zum Aufwand steht. Die offensichtlichste Lösung (allerdings nicht die billigste), diesen Punkt zu überwinden, besteht darin, einen Sensor mit besserer Quanteneffizienz oder ein größeres Teleskop zu verwenden. Deswegen sind professionelle Teleskope, deren Aufgabe es ist, sehr lichtschwache Objekte und deren Spektren zu erfassen, so riesig.

Faktor der Signalzunahme	2	4	9	16	25	100	400	1.000
Verbesserungsfaktor des Signal-Rausch-Verhältnisses	1,4	2	3	4	5	10	20	32

Zunahme des SNR je nach Erhöhung der Belichtungszeit.

Eine oft gestellte Frage lautet: Wie lautet die minimale Belichtungszeit einer Aufnahme, bei der das schwächere Signal für eine deutliche Beeinträchtigung der Bildqualität sorgt? Darauf kann man unmöglich eine einfache Antwort geben, da es sehr auf die Bedingungen bei der Aufnahme ankommt: Kamera, Instrument, Filter, Grad der Lichtverschmutzung usw. Der erste Parameter ist die Qualität der

Nachführung: Wenn man keine automatische Nachführung einsetzt (siehe Kapitel 7), ist man vielleicht auf 10 bis 60 Sekunden begrenzt, bis es zur sichtbaren Strichbildung kommt, es sei denn, man arbeitet mit einem Instrument bzw. Objektiv mit kurzer Brennweite. Darüber hinaus gibt es eine optimale Belichtungszeit, über die hinaus es für das einzelne Bild keinen Vorteil mehr gibt. Wie man aus konkreten Daten die optimale Belichtungszeit bestimmt, ist im Anhang 5 beschrieben. Liegt dieses Optimum für Ihr Setup an Ihrem Ort beispielsweise bei 4 Minuten, ergeben zehn Aufnahmen mit je 4 Minuten ein vergleichbares Ergebnis wie 4 Aufnahmen von je 10 Minuten.

Aufeinanderfolgende Aufnahmen miteinander zu kombinieren, verbessert das Signal-Rausch-Verhältnis, weil das Rauschen zufallsmäßig ist. Wenn Sie sich vorstellen können, wie das Rauschen ein Signal in Form einer Reihe von Bergen und Tälern beeinflusst, die sich von einem Bild zum nächsten komplett verändern, verstehen Sie auch, dass obwohl die Signalintensität linear mit der Anzahl der Aufnahmen steigt, das Rauschen jedoch viel langsamer zunimmt, da einige Täler aus dem einen Bild sich eventuell mit einigen Bergen aus anderen und umgekehrt überlagern und ausgleichen. Natürlich macht man sich diese Eigenschaft des Rauschen nur zunutze, wenn man unterschiedliche Bilder kombiniert: Ein und dasselbe Bild mehrfach übereinanderzulegen, bringt überhaupt keine Verbesserung!

Kombinationsmethoden

Die Astronomiesoftware bietet unterschiedliche Methoden zur Kombination von Bildern an, die unter ähnlichen Bedingungen aufgenommen wurden. Und jede hat ihre Vor- und Nachteile.

DER MEDIAN

Nehmen wir an, wir wollen fünf kalibrierte und exakt übereinandergelegte Bilder kombinieren, und ein ganz bestimmter Pixel hat bei diesen Bildern folgende Werte:

99, 103, 101, 98, 102

Zuerst werden diese Werte in aufsteigender Reihenfolge sortiert:

98, 99, 101, 102, 103

Anschließend wird der Zentralwert, in diesem Fall 101, ausgewählt. Bestimmt man diesen sogenannten Median bei jedem einzelnen Pixel, so erhält man ein Median-Bild.

Ermitteln wir aus diesen Werten dagegen den arithmetischen Mittelwert, bekommen wir 100,6, was aufgerundet 101 ergibt; in diesem Fall ähneln sich der Median und der Mittelwert stark. Dies ist immer dann der Fall, wenn die Werte relativ konsistent sind und im Vergleich zu den anderen kaum Ausreißer enthalten. Wenn dagegen ein Satellit, ein Flugzeug oder ein kosmischer Strahl in einem der Bilder erfasst würde, wäre das Signal an dieser Stelle bis zu dessen Maximalwert gesättigt, wie z. B. 16.383 bei einer DSL mit 14 Bit. Man erkennt leicht, dass der Median durch diese Form der Störung nicht beeinflusst wird. Der Mittelwert hingegen beträgt für dieses Pixel etwa 3350, was ganz offensichtlich kein realistischer Wert ist. Der Vorteil der Median-Methode liegt also in ihrer Fähigkeit, Störungen, die in einem der Bilder der Fotoserie auftreten, auszufiltern (unter der Voraussetzung, dass weniger als die Hälfte der gesamten Bilder von dieser Störung betroffen sind, können auch Störungen in mehreren Bildern ausgeschlossen werden).

Die Median-Summe wird in normalen Bildbearbeitungsprogrammen wie Photoshop nicht angeboten. Es ist eine Besonderheit, die Astronomieprogrammen vorbehalten ist, welche in der Lage sind, Pixel für Pixel den Beitrag eines jeden Bildes zum Median zu berechnen. Für alle Bilder, die zum Median beitragen sollen, gilt, dass deren Pixelwerte jeweils nah beieinanderliegen müssen. Aus mathematischen Gründen ist es üblich, dass der Beitrag einzelner Bilder etwas abnimmt. Im vorigen Beispiel würde man z. B. 23 %, 21 %, 20 %, 19 %, 17 % erhalten. Eine starke Abweichung (z. B. 5 %, 54 %, 26 %, 14 %, 1 %) wäre ein sicheres Zeichen dafür, dass die Bilder nicht konsistent sind.

Theoretisch ist die Addition der Mediane bei der Verbesserung des Signal-Rausch-Verhältnisses etwas weniger effektiv als die reine Summenmethode, doch dieser Unterschied ist in der Praxis schwer auszumachen.

Die Berechnung des Medians geht davon aus, dass die Anzahl der Bilder ungerade ist. Die Astronomiesoftware weiß aber mit einer geraden Anzahl von Bildern umzugehen (indem sie z. B. den Mittelwert der beiden Zentralwerte bildet).

Kombination über die Summe oder den Median

Die beiden grundsätzlichen Methoden der Kombination summieren die Bilder direkt arithmetisch oder über deren Median. Da man diese Methoden regelmäßig anwendet, ist es wichtig, deren jeweiligen Vorteile und Grenzen zu kennen.

Die Summierung der Bilder erfolgt durch einfaches Addieren jedes einzelnen Pixels der unterschiedlichen Bilder. Bei hellen Objekten kann dies zu einem Überlaufen der Werte führen, wodurch es zur Sättigung und demzufolge auch zum Informationsverlust kommt. Um dieses Problem zu vermeiden, kann die Software auch den Mittelwert der Bilder errechnen, also deren Summe geteilt durch die Anzahl der Bilder. In Sachen Signal-Rausch-Verhältnis gleichen sich Summe und Mittelwert.

Die Verarbeitung über den Median ist etwas raffinierter, da man damit einige Störungen in Einzelbildern ausschließen kann (siehe Textbox »Der Median«).

Die Methode des Medians hat allerdings eine wichtige Einschränkung: Alle zu kombinierenden Bilder müssen konsistent sein und vergleichbare Helligkeitswerte aufweisen. Dies ist dadurch gegeben, dass man immer dieselben Kameraeinstellungen verwendet (wie etwa gleiche Belichtungszeiten) und die Bilder innerhalb kurzer Zeit aufnimmt. Bei Aufnahmen jedoch, die sich über einen Zeitraum von mehr als 20 Minuten erstrecken oder aus verschiedenen Nächten stammen, können einige Faktoren die Helligkeitswerte des Hintergrunds zwischen Anfang und Ende der Fotoserie deutlich verändern:

- Mondauf- oder -untergang können die Helligkeit des Himmels verändern.
- Die Lage des beobachteten Himmelsausschnitts verändert sich in Relation zum Horizont (und damit zu Quellen der Lichtverschmutzung), wodurch sich die Hintergrundhelligkeit im Bild verändert.
- Selbst leichte Änderungen in der Durchsichtigkeit der Atmosphäre infolge von Feuchtigkeit oder hohen Wolken, aber auch eine dünne Lage Tau auf den Linsen kann für das bloße Auge nicht wahrnehmbare Abweichungen mit sich bringen, die die Helligkeit der Objekte sowie die Intensität der Lichtverschmutzung in Bildern verändern.

Aus diesem Grund müssen die Bilder *normalisiert* werden, bevor man sie kombiniert, also ihre Helligkeitswerte so angepasst werden, dass die Bilder zueinander passen. Dies geschieht entweder additiv (durch Addition oder

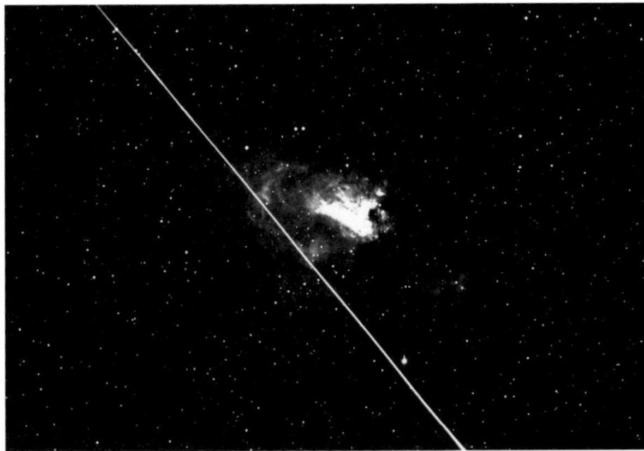

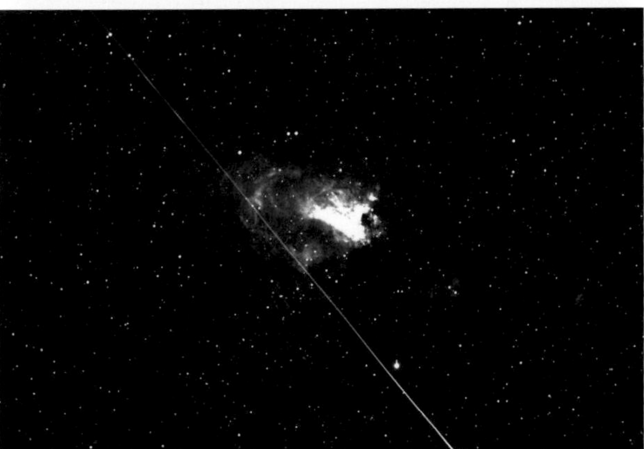

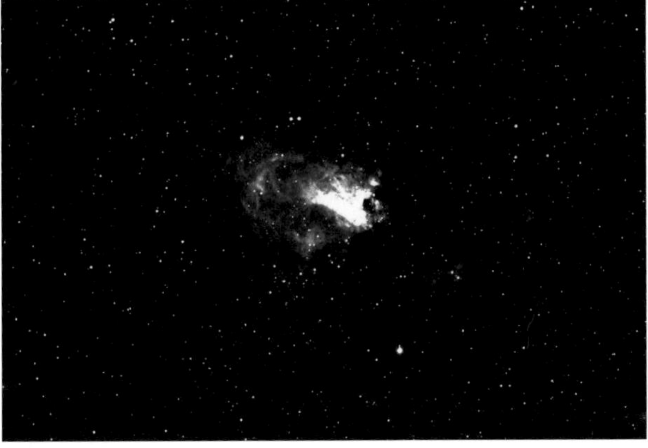

Hier sind drei Bilder von M17, einem Nebel im Sternbild Schütze (Sagittarius), zu sehen. Jedes dieser Beispiele ist durch eine unterschiedliche Methode der Kombination von fünf CCD-Bildern entstanden. Im obersten Bild hat ein künstlicher Satellit während der Aufnahme eine helle Spur hinterlassen. Beim mittleren Bild, dem arithmetischen Mittelwert der fünf Bilder, ist diese Spur noch zu sehen. Durch die Verwendung des Medians konnte das Bild mit der Satellitenspur verwendet und trotzdem die Spur entfernt werden. Solche Spuren von Satelliten und Flugzeugen kommen bei Deep-Sky-Bildern häufig vor.

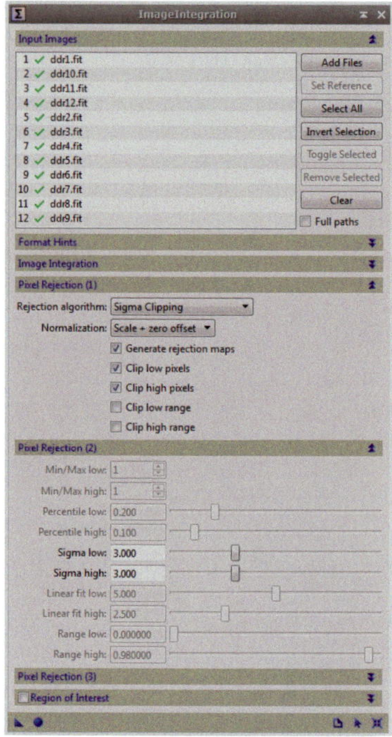

Auch wenn man mithilfe von Ebenen in üblichen Bildbearbeitungsprogrammen Bilder kombinieren kann, so kann man doch mit astronomischer Software Bilder noch mit ganz anderen Algorithmen wie dem Median oder Sigma-Clipping (wie hier in PixInsight gezeigt) zusammenfügen.

Bei dem weißen Fleck in der Mitte dieses Dunkelbildes handelt es sich nicht um eine heiße Fotodiode, sondern um kosmische Strahlung, die den Sensor während der Aufnahme getroffen hat. Zu solchen Phänomenen kommt es bei Langzeitaufnahmen immer wieder, vor allem wenn sich der Aufnahmeort in größerer Höhe befindet. Mithilfe des Medians kann man sie wirksam entfernen.

Die Kombination von vier Aufnahmen von je 5 Sekunden des NGC 6946 (wie auf Seite 53) wurde mit einer speziellen Rauschreduzierungssoftware bearbeitet. Trotz der ersichtlichen Verbesserung des Bildes reicht dessen Qualität bei Weitem nicht an die der Kombination von 16 Bildern heran.

Subtraktion von einer Konstanten) bei Abweichungen im Hintergrund des Himmels oder multiplikatorisch (durch Multiplikation mit einem Faktor nahe 1,0) für die Abweichungen in der Intensität oder durch beides. All diese Operationen durchzuführen, wäre manuell sehr aufwändig, doch glücklicherweise gibt es hochentwickelte Programme wie PixInsight, die solche Normalisierungsoperationen automatisch vornehmen können.

Kombination durch Sigma-Clipping

Der Median hat einen Nachteil: Das resultierende SNR ist etwas schlechter als bei der Kombination über die Summe. Es gibt eine dritte Methode der Zusammenstellung, die ein Hybrid zwischen Summe und Median ist: das Sigma-Clipping (auch »Kappa-Sigma« genannt). Es handelt sich um eine Summe mit dem Unterschied, dass die verschiedenen Intensitätswerte für jeden Pixel untersucht werden und die als Ausreißer eingestuften Werte aus dieser Summe ausgeschlossen werden. Der Parameter für diese Berechnung ist das Toleranzintervall (ausgedrückt in Standardabweichungen oder »Sigma«), über das hinaus die Werte verworfen werden. Sein Wert liegt in der Regel zwischen 2 und 5. Ist er zu hoch, ist die Aussortierung nicht wirksam; ist er zu niedrig, werden gültige Daten unnötigerweise ausgeklammert. Durch Versuche mit einigen Werten kann der beste Kompromiss durch Vergleich des Rauschpegels und eines möglichen Hintergrundbildes ermittelt werden. Diese Methode erfordert wie der Median, dass die Bilder kohärent sind und daher, wenn nötig, vorher normalisiert wurden.

Es versteht sich von selbst, dass die zu komponierenden Bilder vor der Durchführung dieses Vorgangs relativ zueinander gut neu zentriert werden müssen. Wir werden die verschiedenen Techniken zur Neuzentrierung in den Kapiteln, die die Aufnahme von Planeten- und Deep-Sky-Bildern beschreiben (Kapitel 5 und 7), erörtern, da sie für jeden Objekttyp spezifisch sind.

Rauschreduzierung bei einem Einzelbild

Die meisten üblichen Bildbearbeitungsprogramme bieten eine Reihe von Rauschbehandlungsfunktionen, die auf mehr oder weniger ausgeklügelte Weise auf ein Bild einwirken, um das Rauschen zu reduzieren und gleichzeitig

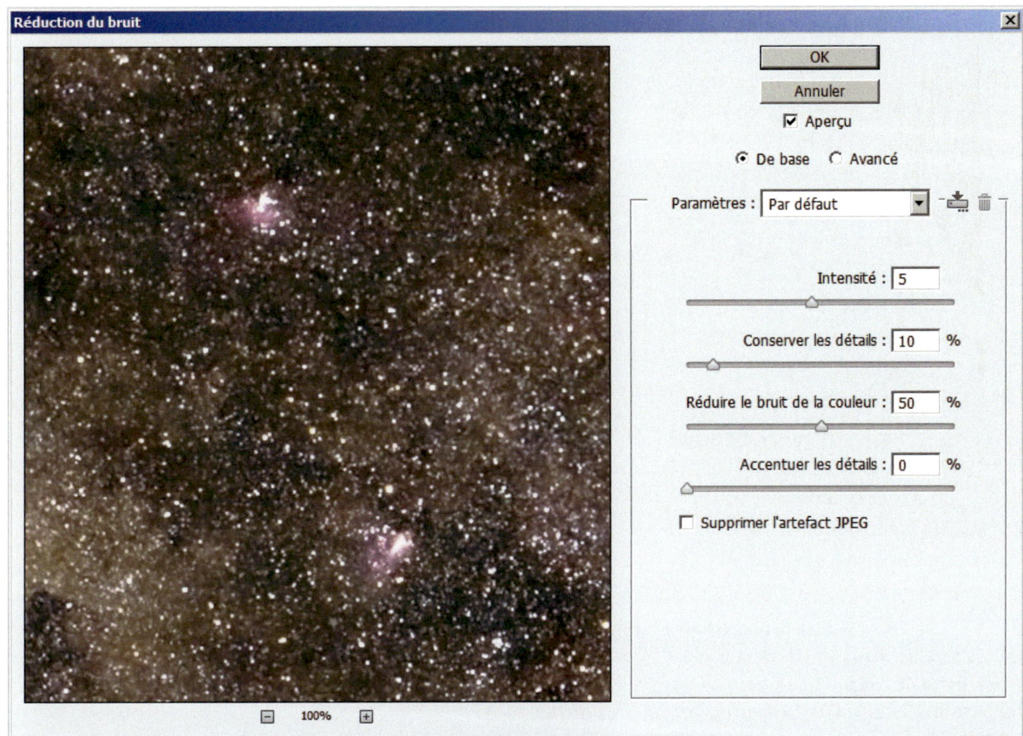

Das Dialogfeld für die Reduktion des Bildrauschens in Adobe Photoshop. Spielen Sie darin mit den Parametern Stärke, Details erhalten und Farbrauschen reduzieren, um das Bildrauschen im Hintergrund zu minimieren, ohne die Klarheit des Bildes zu gefährden oder ihm einen künstlichen Look zu verleihen. Den Regler für Details scharfzeichnen belassen Sie in der Nullstellung.

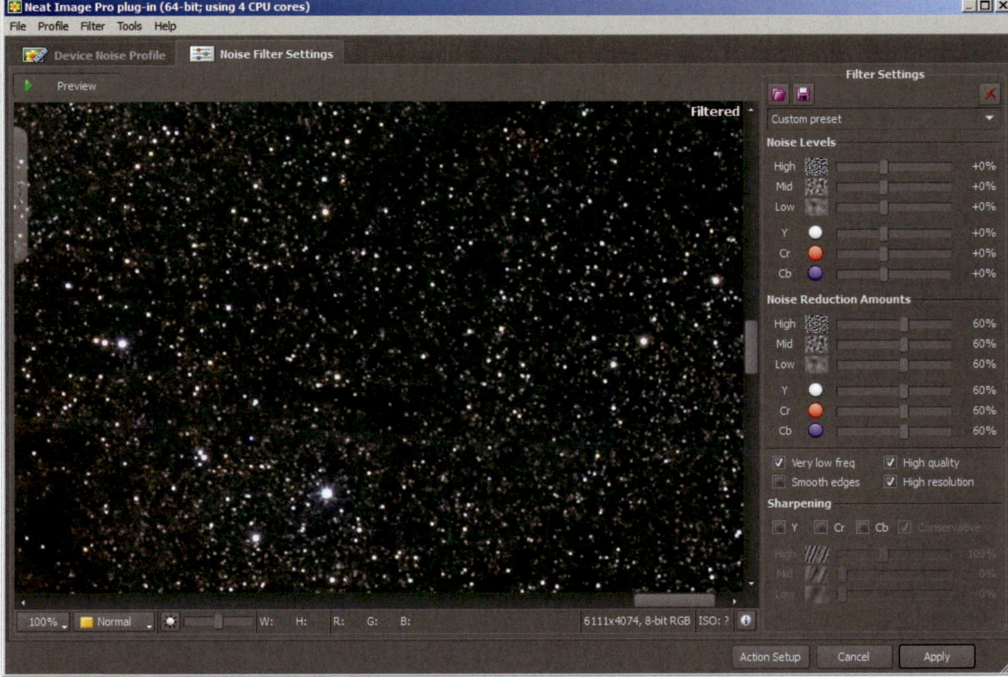

Die Benutzeroberfläche der Pro-Version von Neat Image als Photoshop-Plug-in dient allein der Rauschunterdrückung und bedient sich dabei einer mathematischen Modellierung des in der individuellen Aufnahme vorhandenen Rauschmusters. Die Stärke der Rauschreduzierung kann man anhand der Farbe oder Frequenz (high, medium, low) bestimmen. Neat Image ist als eigenständiges Programm für Windows oder macOS oder auch als Plug-in für Adobe Photoshop erhältlich. Die Firma bietet noch das Schwesterprogramm Neat Video an, das sich durch Bild-für-Bild-Rauschunterdrückung sehr wirksam um das gleiche Problem bei Bewegtbildern kümmert. Neat Video wird in Form von Plug-ins für eine ganze Reihe namhafter Videoschnittprogramme (VirtualDub, Adobe Premiere (inkl. Elements), Final Cut Pro u. a.) angeboten.

DIE KALIBRIERUNG SCHRITT FÜR SCHRITT

Bei seiner ersten Nacht mit Astrofotografie sollte man sich noch keine Sorgen um Kalibrierungsbilder machen. Mit der Handhabung der Ausrüstung wird man genug zu tun haben. Bei Nutzung einer Digitalkamera nimmt man daher seine ersten Bilder im JPEG-Modus auf und aktiviert die Rauschreduzierung bei Langzeitbelichtungen. Dadurch werden die Bilder direkt anzeigbar. Später dann, vor allem wenn die Bilder von offensichtlichen Fehlern wie Vignettierung und Schatten durch Staubpartikel betroffen sind (und alle Bilder inzwischen natürlich im RAW-Modus aufgenommen werden), kann man mit der Kalibrierung der Bilder unter Einsatz astronomischer Software experimentieren. Dann ist man schließlich auch so weit, Kalibrierungs-Masterbilder anzufertigen und diverse Kombinationstechniken anzuwenden, um das bestmögliche Ergebnis zu erzielen.

Die Kalibrierung und Kombination von Bildern sind einfache, aber effektive Techniken, ohne die kein fähiger Astronom, sei er Amateur oder Profi, auskommt. Damit sie zu schönen, ästhetischen und realistischen Abbildern des Himmels führen, müssen diese Techniken sorgfältig angewendet werden. Lässt man diese Schritte aus, sind die verbleibenden Bildfehler äußerst störend und weder mit normaler noch astronomischer Software vernünftig zu entfernen.

die Details so wenig wie möglich zu beeinträchtigen. Die Ergebnisse, die diese Algorithmen liefern, sind durchaus zufriedenstellend, solange man nicht mehr von ihnen verlangt, als sie leisten können: Da es unmöglich ist, zwischen Bildrauschen und Details absolut zu unterscheiden, sobald sie in einem Bild gemischt sind, beeinflussen diese Behandlungen mehr oder weniger die tatsächlichen Details und können in bestimmten Bereichen des Bildes, wenn sie nicht maßvoll eingesetzt werden, zu einer erheblichen Verringerung des Kontrasts oder der Schärfe oder sogar zum Verschwinden von Informationen führen. Außerdem sind sie natürlich nicht in der Lage, Details zu finden, die aufgrund einer unzureichenden Belichtungszeit nicht aufgenommen wurden. Sie sollten nur als letzte Nachbearbeitung verwendet werden, um das Restrauschen etwas zu reduzieren, zusätzlich zu den oben erwähnten Techniken zur Verbesserung des SNR, die sie nicht ersetzen können.

In letzter Zeit sind Softwareprogramme zur Rauschreduzierung erschienen, die auf künstlicher Intelligenz (KI) basieren, wie z. B. Topaz Denoise AI und DxO Photolabs DeepPrime AI. So beeindruckend die Ergebnisse auf normalen Fotos auch sein mögen, die astronomische Community hat bereits festgestellt, dass auf einigen Bildern, die mit diesen Methoden bearbeitet wurden, falsche Details erzeugt wurden, wie zum Beispiel kleine Krater oder Verwerfungen, die es auf dem Mond nicht gibt, oder falsche Filament- oder Klumpenstrukturen in Galaxien oder Nebeln. Wenn Sie sich von diesen Werkzeugen angesprochen fühlen, rate ich Ihnen, sie mit Vorsicht zu verwenden und die Ergebnisse immer mit Bildern zu vergleichen, die mit leistungsfähigeren Instrumenten aufgenommen wurden.

Hinweis zur Bildkalibrierung

Kommen wir noch einmal kurz auf den Kalibrierungsprozess zurück, dessen Aufgabe es ist, das thermische Signal und Uniformitätsfehler zu entfernen. Die Kalibrierung eines Bildes verbessert nicht dessen Signal-Rausch-Verhältnis, sondern kann es sogar verringern, da jedes Kalibrierungsbild sein eigenes Rauschen mitbringt. Eine weitere grundlegende Eigenschaft des Rauschens ist nämlich, dass sich Rauschen nie subtrahieren lässt: Die Kombination zweier Bilder führt immer zu einem resultierenden Bild, in dem das Rauschen größer ist als in jedem der beiden Bilder, selbst wenn es sich um eine Subtraktion von einem Bild zum anderen handelt. Entgegen einer weit verbreiteten Meinung entfernt ein Offsetbild nicht das Leserauschen; es subtrahiert lediglich das Offsetsignal.

Aus diesem Grund ist es keine optimale Lösung, für jeden Kalibrierungsschritt jeweils ein Einzelbild zu verwenden, da dessen Rauschen in alle zu kalibrierenden Bilder hineingetragen wird und unter Umständen das Rauschen im finalen Bild dominieren kann. Viel besser ist es, mehrere Kalibrierungsbilder der einzelnen Typen zu nehmen, diese jeweils zu kombinieren und dadurch die meist als *Master Dark, Master Bias* und als *Master Flat* bezeichneten Kalibrierungsbilder zu erhalten. Das Ziel besteht darin, das Signal-Rausch-Verhältnis der jeweiligen Kalibrierungsbilder zu verbessern, sodass deren Beitrag zum Rauschen im Endergebnis vernachlässigbar wird.

Die Kombination der jeweiligen Serien von Kalibrierungsbildern (Bias-, Dunkel- und Weißbild) nimmt man am besten über deren Median vor, da die Entfernung aller möglichen Störungen, die sich in einem Einzelbild befinden, für die Erstellung eines Kalibrierungs-Masterbilds entscheidend ist. Beim Weißbild (Master Flat) muss die Bilderserie zunächst normalisiert werden (mittels eines Faktors), was durch die Astronomieprogramme bei der Erstellung des Master Flat automatisch durchgeführt werden kann.

Wir werden in den Kapiteln 5 (»Die Planeten und der Mond«) und 7 (»Bilder von Deep-Sky-Objekten«) genauer darauf eingehen, wie viele Referenzbilder man anfertigen sollte.

Warum sollte man vorzugsweise das Median Compositing verwenden? Dies ist besonders wichtig, wenn es sich um Bilder handelt, mit denen alle Himmelsbilder korrigiert werden sollen.

Kapitel 4
Ihre Ausrüstung einsetzen

- Wie bringt man seine Kamera an einem Teleskop an?
- Wie berechnet man den Erfassungswinkel seines Setups?
- Wie fokussiert man ein Teleskop präzise?
- Wie kollimiert man die Optik seines Teleskops?

Die Antworten auf diese Fragen sind für jede Form der Astrofotografie wichtig und werden in diesem Kapitel erläutert.

Belichtungszeiten von einigen Minuten bis zu einigen Dutzend Minuten auf einer äquatorialen Montierung enthüllen die Strukturen der dichtesten Region der Milchstraße, die durch die Sternbilder Schütze und Skorpion verläuft. Der Bildausschnitt dieses Fotos entspricht einem 50-mm-Objektiv bei 24 × 36 oder einem 35-mm-Objektiv bei APS-C.

Dieser riesige Nebelkomplex um den Stern Gamma Cygni wurde mit einem monochromen 24 × 36 mm-Sensor und einem 300 mm-Teleobjektiv aufgenommen, das ein Bildfeld von mehreren Grad erfasst. In der unteren rechten Ecke liegt der Sichelnebel. Unten ist dieser Nebel näher gezeigt, wobei eine Kamera mit 10 × 15 mm-Sensor und ein 1000 mm-Refraktor zum Einsatz kamen. Die längere Brennweite führt zu einer höheren Auflösung, sodass man feinere Details des Nebels aufzeichnen kann, der Blickwinkel reduziert sich dadurch allerdings deutlich.

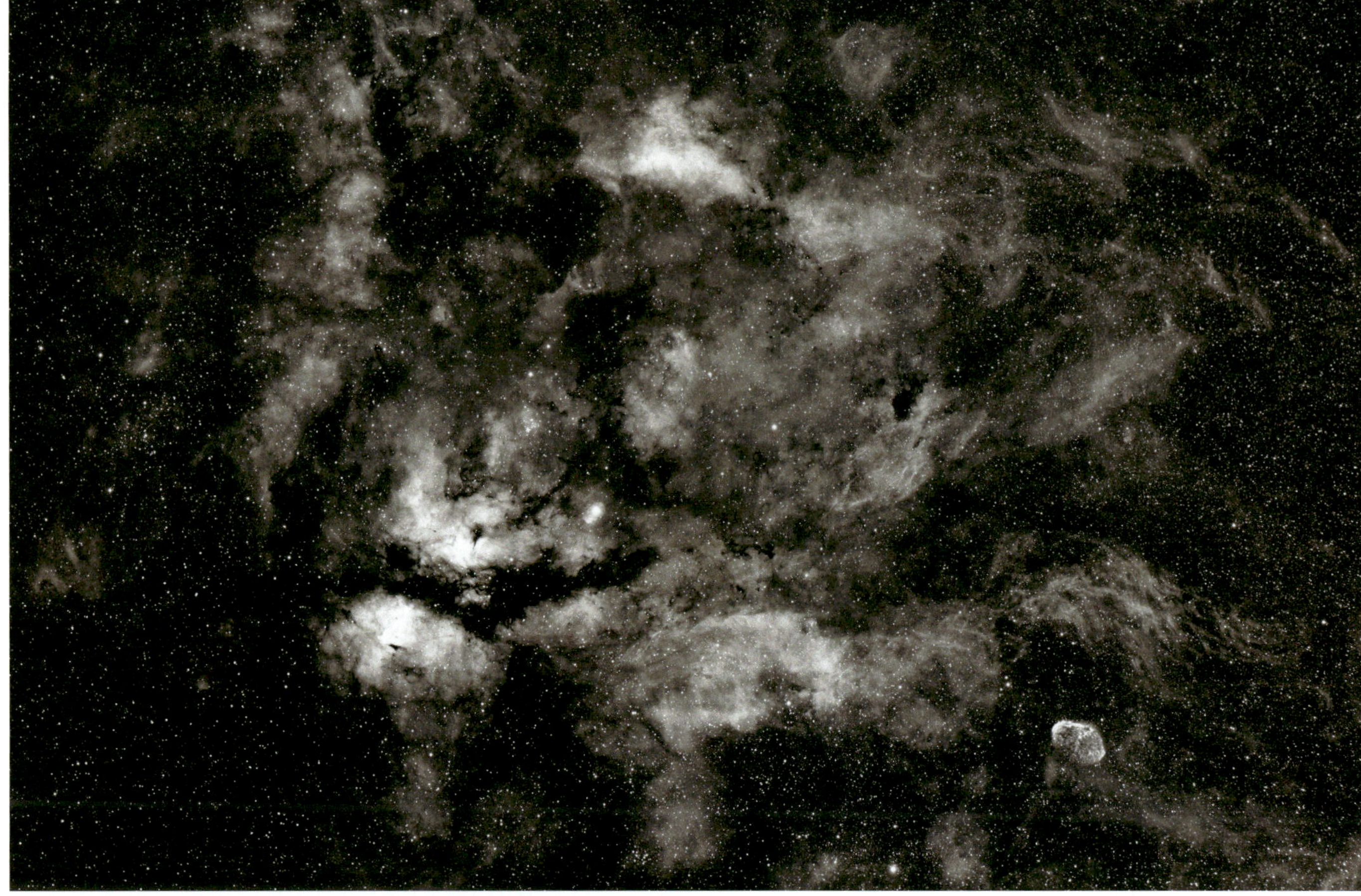

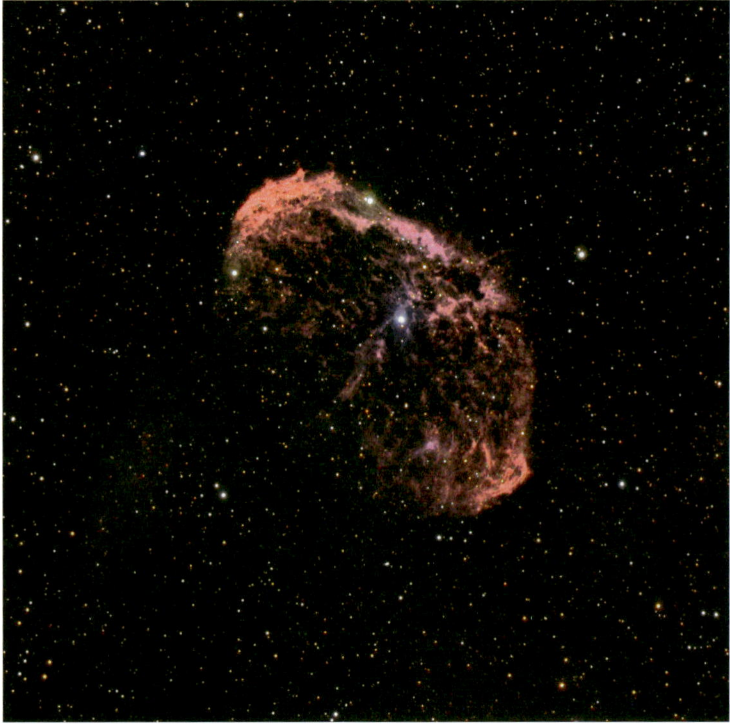

Bevor wir konkret in die Techniken der Planeten-, Sonnen- und Deep-Sky-Fotografie einsteigen, schauen wir uns noch einige grundsätzliche Methoden an, die der Astrofotograf beherrschen muss, ganz gleich, wie das Ziel am Himmel aussieht. Es gibt viele sehr unterschiedliche Möglichkeiten, eine Kamera an einem Teleskop zu befestigen, und nur allzu leicht verliert man sich in dem Dschungel der von den Herstellern angebotenen Adapterringe. Noch komplizierter wird das Ganze durch die Vielzahl an Okularen und Barlowlinsen, die meistens für die direkte visuelle Beobachtung eingesetzt werden. Und diese wiederum benötigen spezielle Adapter und Distanzringe für die richtige Ausrichtung sowie speziell für die Deep-Sky-Fotografie gefertigte Brennweitenreduzierer. Zusätzlich zur Verwirrung trägt die Frage nach dem Blickfeld bei, das der Sensor abdeckt, und wie sich dies im Verhältnis zu der Größe des Ziels am Himmel im Bildergebnis niederschlägt.

Astrofotografen, die das Beste aus ihrem Teleskop herausholen möchten, sollten sich auch noch um ein weiteres Thema kümmern: die Ausrichtung der optischen Elemente in ihrem Teleskop (Kollimation), was vor allem bei Spiegelteleskopen einen einfachen, aber umso notwendigeren Vorgang darstellt. Außerdem ist noch zu bedenken:

Während das Fokussieren bei der Alltagsfotografie mit modernen Digitalkameras nur noch eine reine Formalität ist, verhält sich dies in der Astrofotografie ganz anders, schon allein dadurch, dass es nur selten einen brauchbaren Autofokus gibt. Deshalb sind einige Fokussierungstechniken und Tipps zum Erzielen scharfer Bilder sehr hilfreich.

Befestigung der Kamera an das Teleskop

Ein Teleskop (Refraktor oder Spiegelteleskop) ist ein vielseitiges modulares System, an das viele Zubehörteile für die Betrachtung oder zum Fotografieren angebracht werden können. Einige dienen dem Anschluss von Kameras, andere verlängern oder verkürzen die effektive Brennweite des Teleskops, um dem Astronom eine dem Zoomobjektiv aus der konventionellen Fotografie vergleichbare Flexibilität zu bieten. Allerdings lässt sich die Brennweite eines Teleskops nur innerhalb gewisser Grenzen verändern (für einige von ihnen gibt es nicht einmal Brennweitenverkürzer).

Huckepackbefestigung

In Kapitel 1 haben Sie gesehen, dass es möglich ist, eine Kamera zu verwenden, die einfach auf einem Stativ montiert ist, allerdings mit einer wichtigen Einschränkung: Da die Kamera fix steht, muss die Belichtungszeit kurz genug sein, um die Auswirkungen der Erdrotation nicht im Bild zu sehen; nach ein paar Sekunden wird selbst eine Aufnahme mit einem Weitwinkelobjektiv verwischt.

Astronomen, die im Besitz einer äquatorialen Montierung sind, können dieses Problem umgehen, indem sie die Kamera auf die Montierung selbst oder am Tubus des Teleskops befestigen (letzteres nennt man Huckepackmontierung). Huckepackmontierungen sind für viele Teleskope erhältlich und halten die Kamera an ihrem Stativgewinde fest. Verwendet man ein schweres Objektiv, ist es wichtig, eine stabile Halterung zu benutzen und ein Gegengewicht für die Teleskopmontierung zu verwenden. Mit einer motorgesteuerten Äquatorialmontierung, die präzise auf den Himmelspol ausgerichtet wurde (siehe Kapitel 7), kann man Langzeitbelichtungen machen und dabei den Himmelsausschnitt beibehalten.

Anbringen eines Adapters für die fokale Projektion

Jedes ordentliche Teleskop ist mit einem Adapter für die fokale Projektion (Prime-Focus-Adapter) ausgerüstet oder bietet es zumindest als Option an. Bei der fokalen Projektion wird die Kamera direkt hinten am Teleskop angebracht, ganz ohne weiteres Zubehör wie ein Okular, eine Barlowlinse oder einen Brennweitenreduzierer. Es mag verlockend sein, die Kamera mit dem Objektiv aufzustellen, aber das ist ein Fehler, da das Teleskop bereits als Objektiv fungiert (nur dass es weder Blendenlamellen noch ein Autofokussystem gibt).

Kameraseitig ist die Standardbefestigung ein T2-Adapter, der aus einem 42-mm-Gewinde mit einer Steigung von 0,75 mm besteht. Dieser Anschluss ermöglicht die Verbindung zu den meisten astronomischen Kameras. Bei

Mit einem T2-Adapter ausgestattetes Gehäuse von Canon, daneben T2-Adapter für Olympus- und Nikon-Gehäuse

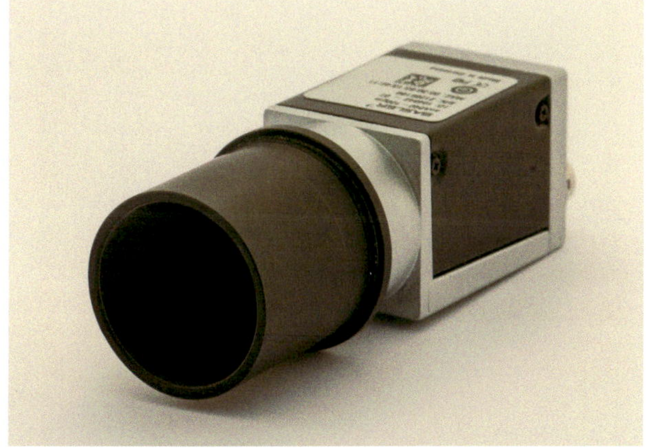

Eine Videokamera, die mit einer Teleskopkupplung ausgestattet ist, die man wie ein Okular einfach aufsteckt. Die Kupplung hat ein Gewinde, um einen Filter aufzunehmen zu können.

Eine Kamera huckepack auf einem Teleskop. Mit einem Weitwinkelobjektiv muss die Kamera an das Teleskopende montiert werden, sodass nicht das Teleskopende mit in das Blickfeld gerät. (Oben) Dieses einfache System verhindert die Drehung des Blickfelds, sodass die Seiten des Bildes immer parallel zu den Himmelsachsen ausgerichtet bleiben (Rektaszension und Deklination). (Unten) Der Stativring am Objektiv ermöglicht eine solche Drehung.

einem DSL ist ein T2-Anschluss mit dem entsprechenden Bajonettanschluss des Herstellers nötig. T2-Adapter sind für alle gängigen DSL-Marken wie Canon, Nikon, Olympus, Pentax, Sony usw. erhältlich.

Instrumentenseitig sind die Adapter unterschiedlich konstruiert:

- ein Gewindeadapter, männlich oder weiblich, der oft nur für das jeweilige Instrument passt, wie zum Beispiel ein Adapter, den man direkt hinten an ein Schmidt-Cassegrain-Teleskop (oder einen entsprechenden Brennweitenreduzierer) schraubt.
- ein männlicher Tubus vom gleichen Durchmesser wie das Okular, der in die Okularhalterung eines Teleskops gesteckt wird. Dabei gibt es zwei mögliche Durchmesser: 1,25 Zoll (31,75 mm) für kleine Sensoren und 2 Zoll (50,8 mm) für die größten Sensoren.

VERMEIDUNG VON REFLEXIONEN

Die nach innen zeigende Seite des Adapterrings für die Kamera oder anderes Zubehör darf nicht reflektieren. Sollte sie es doch tun, kann der Bildkontrast verringert sein und es so zu unerwünschten Reflexionen im Sichtfeld kommen. Sind die Ringe nicht bereits werkseitig schwarz anodisiert, gibt es zwei Lösungen: mattschwarze Farbe oder selbstklebender, schwarzer Filz.

In diesem Bild sind zwei Arten von Reflexionen zu sehen: (1) Der runde Lichthof um die beiden Sterne wird durch einen vor der Kamera angebrachten Filter verursacht und die in der rechten Seite des Bildes erkennbaren Strahlen (2) stammen von dem Licht eines weiteren hellen Sterns, der sich knapp außerhalb des Blickfelds befindet und dessen Licht von einem Aluminiumring reflektiert wird.

Die zweite Art der Konstruktion erleichtert die Drehung der Kamera für eine gute Ausschnittswahl, kann jedoch in bestimmten Situationen zu Instabilität (durch lockere Schrauben) oder zu Vignettierung führen (siehe Kapitel 3).

Verlängerung der Brennweite

Bei der Fotografie von Planeten, die ein kleines Gesichtsfeld einnehmen, ist es notwendig, die Brennweite des Teleskops zu verlängern, um mehr Details der Planetenoberflächen zu erfassen. Dazu müssen wir ein Zubehörteil verwenden, das auch für die visuelle Beobachtung verwendet wird: eine Barlowlinse.

Der Einsatz einer hochwertigen achromatischen Barlowlinse ist eine gute Lösung zur Brennweitenverlängerung ohne Verschlechterung der Bildqualität. Dieses Zubehörteil besteht aus einer Zerstreuungslinse (konkav), die die Aufgabe hat, die Vergrößerung des Okulars zu verstärken. Der Verlängerungsfaktor wird immer auf dem Tubus angegeben. Eine 2x-Barlowlinse verdoppelt die Vergrößerung des Okulars und wird an dessen Ende angebracht. Wenn man die Barlowlinse ohne Okular direkt vor dem Sensor platziert, verlängert sie die Brennweite des Teleskops zusammen mit dem Wert des Öffnungsverhältnisses um den gleichen Faktor. Das Äquivalent für eine Barlowlinse wäre in der normalen Fotografie ein Telekonverter.

Allerdings muss man bei der Barlowlinse einen weiteren Parameter mit berücksichtigen. Der Verlängerungsfaktor ist nämlich variabel. Er hängt vom Abstand zwischen der Linse und dem Sensor ab. Wird dieser Abstand vergrößert, wird aus einer 2x-Barlowlinse eine 2,5x-, eine 3x-Linse usw. Die Formel zur Berechnung der Brennweitenverlängerung wird später im Abschnitt »Verlängerungsfaktor einer Barlowlinse« angegeben.

Es gibt zwei Möglichkeiten, eine Barlowlinse vor dem Sensor anzubringen. Besteht der Anschluss der Kamera aus einer 1,25-Zoll- oder 2-Zoll-Steckhülse, kann die Barlowlinse einfach zwischen Teleskop und Kamera platziert werden. Erfolgt der Kameraanschluss über einen T2-Adapter, braucht man einen speziellen fotografischen Adapter. Die Barlowlinse, genauer gesagt nur der vordere Teil davon (der Teil, der die Linsen trägt), kann dann in den Adapter eingeführt werden. In diesem Fall sollte eine in zwei Teile zerlegbare Barlowlinse verwendet werden. Glücklicherweise sind die meisten Barlowlinsen so aufgebaut. Den Abstand zwischen den Linsen und dem Sensor kann man auf zwei Arten verändern: mit einem Adapter,

EIN GRUNDBEGRIFF: DAS ÖFFNUNGSVERHÄLTNIS

Das Öffnungsverhältnis eines Teleskops wird in der Astrofotografie immer wieder erwähnt. Es drückt das Verhältnis zwischen der Brennweite des Teleskops (F) und dessen optischem Durchmesser (D) aus. Ein 100 mm-Refraktor z. B. mit einer Brennweite von 1000 mm hat ein Öffnungsverhältnis von 10. In der normalen Fotografie nennt man diese Öffnungsverhältnis meist *Blende* und hat Werte wie 2, 2,8, 5,6, 8, 11. Man beachte jedoch, dass in der Astronomie das Wort *Blende* meist den Durchmesser der Optik des Instruments (D) bezeichnet.

Das Öffnungsverhältnis kann allerdings nicht einfach durch die äußeren Dimensionen des Teleskops oder des Objektivs bestimmt werden, vor allem nicht in folgenden Fällen:

- Bei der Familie der Cassegrain-Teleskope (Schmidt-Cassegrain, Maksutov-Cassegrain etc.) ist die effektive Brennweite viel länger als die Ausmaße des Tubus, da der Lichtstrahl im Innern wie gefaltet verläuft und die Brennweite durch einen Sekundärspiegel verlängert wird.
- Aufgrund ihres komplizierten optischen Aufbaus haben Weitwinkelobjektive eine größere Frontlinse, als deren Anfangsöffnung erwarten lassen würde. Der Durchmesser der Frontlinse eines 28 mm-Objektivs mit einer Lichtstärke von 2,8 ist viel größer als 10 mm.

Hinzu kommt, dass in der Astrofotografie häufig verwendetes optisches Zubehör wie Barlowlinsen und Brennweitenreduzierer den Lichtkegel verändert und mit ihm das tatsächliche Öffnungsverhältnis des Instruments.

Die Öffnungsverhältnisse der gebräuchlichsten astronomischen Instrumente sind:

- 5 bis 12 bei Refraktoren
- 3 bis 8 bei Newton- und Schmidt-Newton-Teleskopen
- 10 bei Schmidt-Cassegrain-Teleskopen
- 10 bis 15 bei Maksutov-Cassegrain-Teleskopen

Im Gegensatz zu fotografischen Objektiven haben astronomische Instrumente keine Blende. Sie sind so konzipiert, dass sie bei voller Öffnung arbeiten, um möglichst viel Licht zu sammeln und die maximale Auflösungsleistung zu nutzen (siehe Kapitel 5).

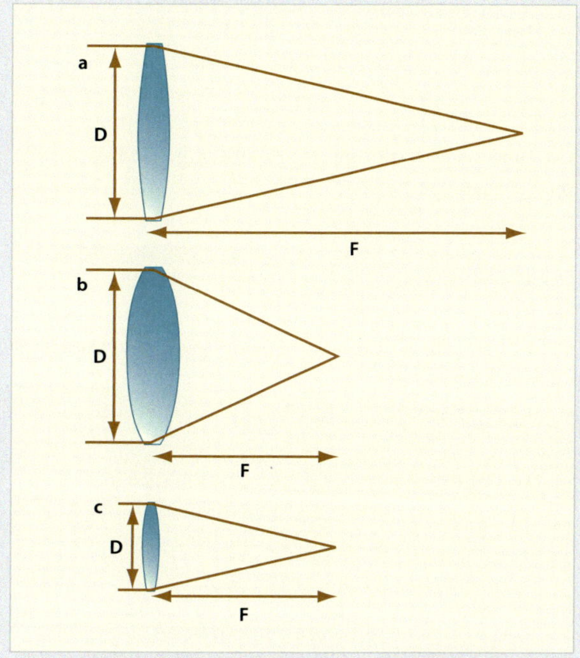

Die Teleskope a und b haben denselben Durchmesser, doch b hat eine kürzere Brennweite. Teleskop c weist dieselbe Brennweite wie b auf, jedoch einen kleineren Durchmesser, was einen größeren Wert für das Öffnungsverhältnis ergibt, der dem von a entspricht.

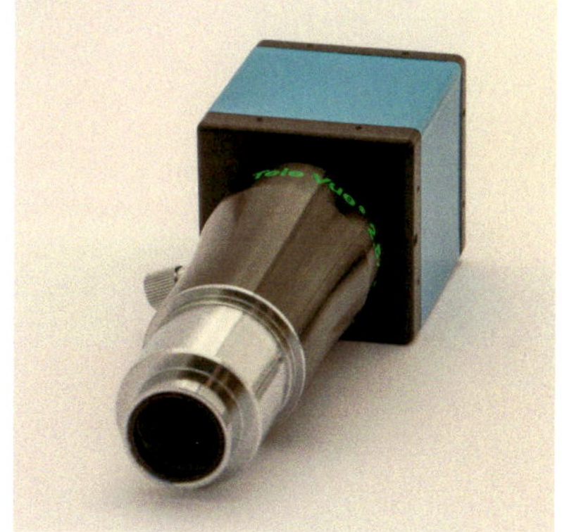

Anschluss einer Barlowlinse vor einer Videokamera

Die meisten Barlowlinsen können in zwei Teile zerlegt werden: das mit den optischen Elementen und den Okulartubus.

der eine solche Variation erlaubt, oder mithilfe von Zwischenringen, die man nach Bedarf einfügen oder herausnehmen kann.

Wenn Verlängerungsfaktoren von über 4 oder 5 gebraucht werden, kann man zwei Barlowlinsen hintereinander anbringen (wobei sich die Verlängerungsfaktoren multiplizieren).

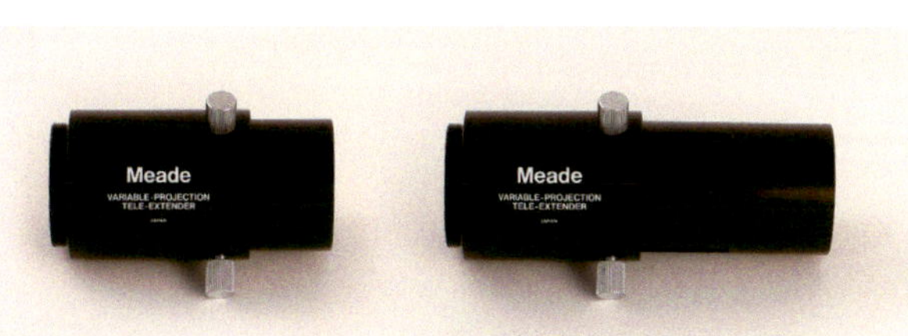

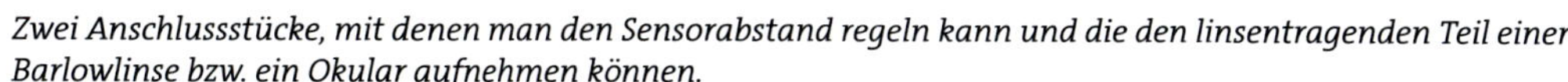

Zwei Anschlussstücke, mit denen man den Sensorabstand regeln kann und die den linsentragenden Teil einer Barlowlinse bzw. ein Okular aufnehmen können.

VERGRÖSSERUNG ODER VERLÄNGERUNG

Der Begriff der Vergrößerung ist nur im Bereich der visuellen Beobachtung angebracht. Er drückt das Verhältnis zwischen der scheinbaren Größe, dem Sehwinkel eines Objekts, das man durch ein Instrument beobachtet, und dessen Sehwinkel mit bloßem Auge aus. Deswegen zeigt ein Teleskop mit einem Okular, das beispielsweise eine 50-fache Vergrößerung hat, den Mond mit einem Sehwinkel von 25° im Gegensatz zu 0,5° mit bloßem Auge; mit dem Teleskop sieht der Mond also 50-mal größer aus. Genauso verhält es sich bei 7×40-Ferngläsern, die alles 7-fach größer zeigen; die Objekte scheinen dem Betrachter siebenmal näher zu sein.

Der Begriff der Verlängerung bezieht sich auf zusätzliche optische Systeme, die die effektive Brennweite eines Teleskops verlängern sollen. Auch durch sie wird die lineare Größe eines Objekts in der Fokusebene des Instruments, also auf dem Sensor vergrößert. Somit produziert ein Instrument mit einer Brennweite von 1000 mm in Verbindung mit einem Zubehör mit dem Verlängerungsfaktor 3 ein Bild derselben Größe auf dem Sensor wie ein Instrument, das eine native Brennweite (also ohne Zubehör) von 3000 mm hat.

Verlängerungsfaktor einer Barlowlinse

Um den tatsächlichen Verlängerungsfaktor (A) einer Barlowlinse zu berechnen, benötigt man zwei Parameter: die Brennweite der Barlowlinse (f) und den Abstand zwischen der optischen Linse und dem Sensor (d):

$$A = \frac{d}{f} + 1$$

Eine Barlowlinse mit einer Brennweite von beispielsweise 100 mm, die 150 mm vor dem Sensor eingebaut wird, ergibt einen Verlängerungsfaktor von: (150 / 100 + 1) = 2,5.

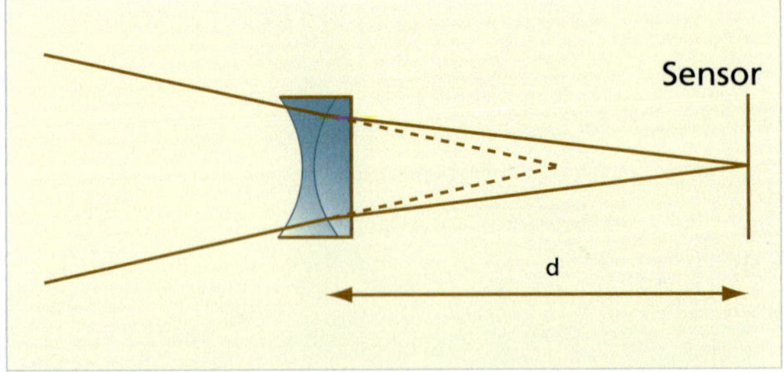

Durch Verengung des Lichtkegels verlängert eine Barlowlinse die effektive Brennweite des Instruments und bewegt die Fokusebene weiter hinter das Teleskop.

In dieser Formel wird die Brennweite als positiver Wert angegeben, obwohl sie streng genommen bei einer konkaven Linse (Zerstreuungslinse) negativ ist. Die Brennweite der meisten Barlowlinsen liegt zwischen 50 mm und 130 mm (2 bis 5"). Das Problem ist, dass die meisten Hersteller diesen Wert nie angeben! Glücklicherweise lässt sich die Brennweite von Barlowlinsen empirisch ermitteln: Man nimmt ein Bild eines Planeten (oder ein weit entferntes Objekt auf der Erde) mit und ohne Barlowlinse auf und misst den jeweiligen Abstand zwischen Linse und Sensor. Anschließend berechnet man das Verhältnis der Objektgrößen auf den zwei Bildern und erhält den Verlängerungsfaktor (A). Diese Berechnung des Größenverhältnisses kann man bei Digitalbildern ganz einfach über die Messung der Objektgröße in Pixeln vornehmen. Mit der folgenden Formel kann man die Brennweite einer Barlowlinse berechnen:

$$f = \frac{d}{A - 1}$$

Wenn sich beispielsweise der Jupiter auf einem Bild ohne Barlowlinse über 50 Pixel und mit einer 90 mm vor dem Sensor befindlichen Barlowlinse über 125 Pixel erstreckt, können wir daraus schließen, dass A 2,5 (125/50) und f ca. 60 mm (90/1,5) beträgt.

Man beachte, dass die von Tele Vue Optics *(www.televue.com)* unter dem Namen Powermate verkauften Barlowlinsen viel aufwändiger konstruiert sind als klassische Barlowlinsen. Ihr Verlängerungsfaktor ändert sich durch die Distanz zum Sensor deshalb nur wenig, sodass die hier erwähnten Formeln nicht gelten. Auf der Website von Tele Vue finden sich genauere Informationen über deren Eigenschaften.

Der Einsatz von Brennweitenreduzierern

Im Gegensatz zur Fotografie von Planeten ist es bei Deep-Sky-Aufnahmen manchmal nötig, die Brennweite des Teleskops zu reduzieren, um das Gesichtsfeld zu erweitern und die Belichtungszeit zu verringern (siehe Kapitel 7 für weitere Einzelheiten). Dafür kann man ein optisches Zubehörteil, den *Brennweitenreduzierer,* verwenden. Wie bei anderen optischen Zubehörteilen auch muss er mithilfe der richtigen Ringe und Adapter in die korrekte Position gebracht werden. In gewissem Sinne funktioniert er wie eine Barlowlinse, nur dass es sich um ein konvexes (Sammellinsen-)System handelt, dessen Verlängerungsfaktor unter 1 liegt und auf diese Weise zu einer Reduzierung der Brennweite führt.

Links ist ein Brennweitenreduzierer für einen achromatischen Refraktor abgebildet, rechts ein für ein bestimmtes Schmidt-Cassegrain-Teleskop konstruiertes Modell.

Bei der Verwendung eines Brennweitenreduzierers ist man sehr viel eingeschränkter als bei einer Barlowlinse. Erstens arbeitet er nur innerhalb eines engen Bereichs von Reduzierungsfaktoren korrekt, und das auch nur innerhalb eines engen Abstandbereichs zwischen ihm und dem Sensor. Außerhalb dieses Bereichs führen die optischen Abbildungsfehler zu Bildbeeinträchtigungen, vor allem in den Ecken. Ist der Abstand zu groß, kann man mitunter gar nicht mehr fokussieren!

Zweitens verlagert ein Brennweitenreduzierer die Fokusebene weiter in das Teleskop hinein. Dies ist einer der Gründe, warum man einen Brennweitenreduzierer im Allgemeinen nicht an einem Newton-Teleskop verwenden kann, weil dessen Fokusebene nicht weit genug hinter der Fokuseinstellung liegt. Bei Schmidt-Cassegrain-Teleskopen wird er dagegen häufig eingesetzt, da deren Fokussysteme es erlauben, die Fokusebene weit hinter das Teleskop zu legen. Er eignet sich vor allem für diese Instrumente, deren Brennweite öfter ein wenig zu lang ist. Sowohl Celestron als auch Maede bieten einen 0,63-fachen Brennweitenreduzierer für ihre Schmidt-Cassegrain-Teleskope an, der das Öffnungsverhältnis von 10 auf 6,3 ändert. Der Durchmesser des nutzbaren Bildkreises beträgt etwa 20 bis 25 mm. Darüber stören die Abbildungsfehler und die Vignettierung zu sehr. Die Brennweite des Brennweitenreduzierers von Celestron beträgt etwa 230 mm.

Von Meade und Optec gibt es sogar Brennweitenreduzierer mit einem Faktor von 0,33 bis 0,5, die zu Sensoren mit einer Diagonalen bis zu 15 mm passen. Für diverse Refraktoren gibt es eigens konstruierte Brennweitenreduzierer, die für diese Art von Instrumenten die beste Lösung darstellen. Ein Brennweitenreduzierer, der für ein bestimmtes Modell gebaut wurde, funktioniert an anderen Modellen nur selten korrekt, vor allem bei großen Sensoren. Beim Celestron EdgeHD mit einem Backfocus von etwa 150 mm lässt sich ein großer Brennweitenreduzierer anbringen, der einen großen Sensor ausleuchten kann und sogar noch für Zubehör wie etwa ein Filterrad Platz bietet.

Reduzierungsfaktor eines Brennweitenreduzierers

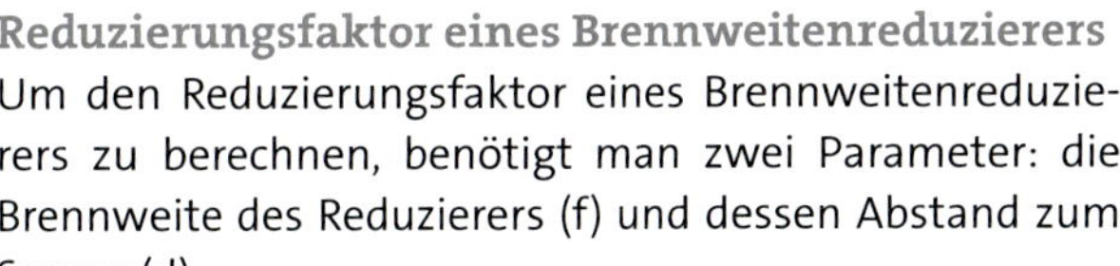

Um den Reduzierungsfaktor eines Brennweitenreduzierers zu berechnen, benötigt man zwei Parameter: die Brennweite des Reduzierers (f) und dessen Abstand zum Sensor (d):

$$R = 1 - \frac{d}{f}$$

Ein Brennweitenreduzierer mit einer Brennweite von 230 mm, der 90 mm vor dem Sensor platziert wird, ergibt einen Reduzierungsfaktor von 0,61 (1 – 90 / 230).

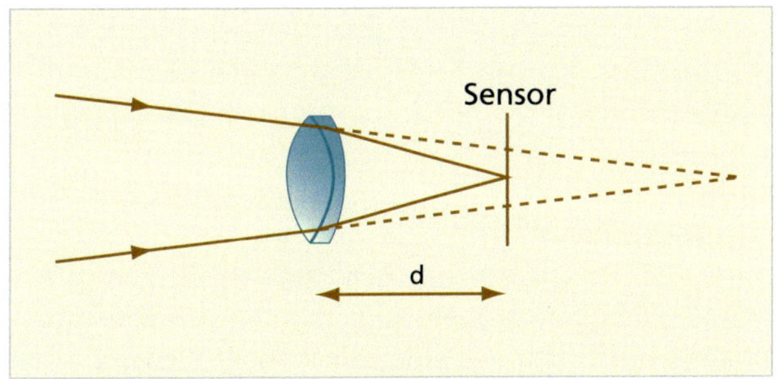

Ein Brennweitenreduzierer verbreitert den Lichtkegel und lässt die Fokusebene nach vorne rücken.

Zwei mit einem 24 × 36 mm-Sensor aufgenommene Weißbilder durch ein Schmidt-Cassegrain-Teleskop mit Adapter für fokale Projektion ohne (oben) und mit einem Brennweitenreduzierer (Faktor 0,63, unten). Das weiße Rechteck entspricht dem Feld eines APS-C-Sensors.

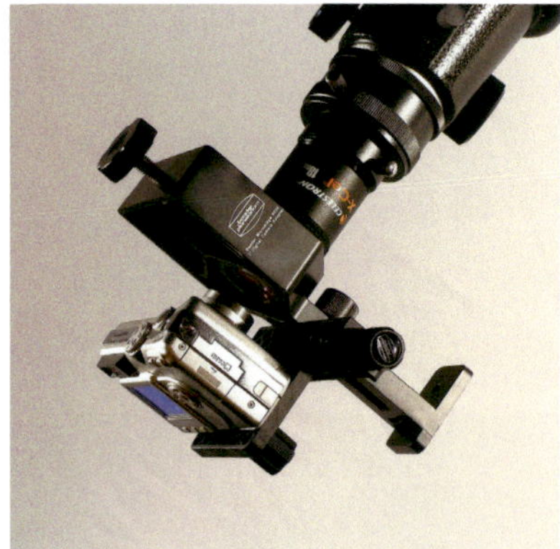

Befestigung einer Digitalkamera mit fest eingebautem Objektiv hinter einem Okular; bei der oberen Abbildung über das Stativgewinde der Kamera und einer einstellbaren Halterung, und über einen am Okular befestigten Ring, der die Kamera mit einem am Objektiv befestigten Adapter trägt.

Bei einem Adapter für die afokale Projektion hängen Maßstab und Gesichtsfeld von der Einstellung des Zoomobjektivs ab. Beim linken Bild ist der Adapter auf die Weitwinkelposition gestellt und beim rechten auf eine Brennweite im Telebereich. In der Weitwinkelposition kann es passieren, dass der Bildwinkel der Kamera größer ist als das Gesichtsfeld des Okulars, wodurch es zu einer Vignettierung durch das Okular kommt.

Doch wie kann man die Brennweite eines Brennweitenreduzierers ermitteln? Am einfachsten nimmt man ihn in die Hand, projiziert den Mond oder die Sonne durch ihn auf ein Blatt Papier und misst dann den Abstand zwischen der Linse des Brennweitenreduzierers und dem scharfen Bild des Mondes oder der Sonne auf dem Blatt Papier.

Afokale Befestigungen

Unter allen Anschlussmethoden ist die Befestigung eines afokalen Adapters an einer Kamera mit fest eingebautem Objektiv oder sogar an einem Smartphone die kniffligste. Die einzige Möglichkeit besteht darin, ein Okular zu verwenden. In diesem Fall muss auch das Objektiv der Kamera so nah wie möglich an das Okular herangebracht werden (wie sonst das Auge). Der Handel für Astronomiezubehör bietet viele unterschiedliche Befestigungslösungen an, je nach Kamera. Aufgrund ihres Gewichts und ihres großen Objektivs sind Bridgekameras auf diese Weise schwierig anzubringen.

Ein Zoomobjektiv ermöglicht es, die Größe des Gesichtsfelds und damit die Größe der Objekte zu verändern. Die Berechnung der entsprechenden Brennweite ist einfach: Man multipliziert die Brennweite des Objektivs mit dem Vergrößerungsfaktor des Okulars. Ein 20 mm-Okular an einem Refraktor mit 600 mm Brennweite beispielsweise erzielt eine 30-fache Vergrößerung. Wird nun eine Kamera, deren Zoomobjektiv auf 50 mm Brennweite eingestellt ist, hinter dem Okular angebracht, produziert es ein Brennweitenäquivalent für den entsprechenden Bildsensor von 1500 mm.

Bevor man die Kamera befestigt, muss man mit dem Okular direkt mit dem Auge fokussieren. Anschließend kann man, falls das Ziel am Himmel ausreichend groß und hell ist, das Autofokussystem der Kamera benutzen. Beim Mond oder der Sonne ist das ganz praktisch, doch bei Planeten oder Sternen funktioniert es nur selten. Kompaktkameras, die keine manuelle Scharfstellung ermöglichen, haben eventuell eine »Unendlich«-Einstellung; in diesem Fall wählt man diese Option und nimmt die Feineinstellung mit dem Okular vor.

Spezielle Befestigungen an einem Fotoobjektiv

Anschluss an eine astronomische Videokamera

Es ist absolut denkbar, eine astronomische Videokamera hinter einem Fotoobjektiv zu verwenden, sofern der entsprechende Adapter verfügbar ist. Man muss bedenken, dass es an den modernen Canon-Objektiven keinen Blendenring gibt und die Blende nur über die Kamera eingestellt werden kann. Allerdings gibt es einen Trick, der es ermöglicht, auch so die gewünschte Blende am Objektiv einzustellen: Man setzt das Objektiv am Canon-Gehäuse an, wählt an der Kamera seine Blendeneinstellung, drückt die Abblendtaste und nimmt das Objektiv bei gedrückter Abblendtaste vom Gehäuse ab. Die Blende bleibt so lange geschlossen, bis man das Objektiv wieder an der Kamera ansetzt.

Die Objektivfassung muss in einem bestimmten Abstand von der Sensorebene (Brennebene) angebracht werden, wobei dieser Abstand je nach Marke und Typ der

Astronomische Kamera mit einem motorisierten 5-Positionen-Filterrad und einem Ring für den Anschluss eines Objektivs mit Canon EF-Mount. Diese drei Elemente sind so konzipiert, dass sie dem Standardauszug dieses Objektivs (44 mm) entsprechen.

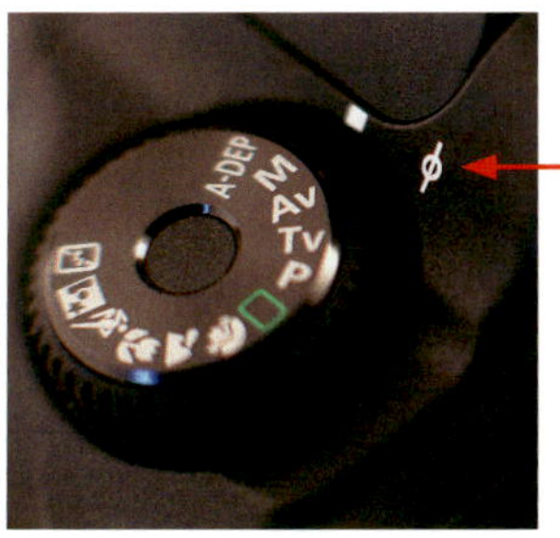

Diese kleine Markierung auf dem Gehäuse einer DSL zeigt die Lage der Sensorebene an.

Fassung variiert. Die Tabelle zeigt für die gängigsten Marken den Abstand zwischen der Vorderseite des Bajonetts am Gehäuse und der Brennebene.

Abstand [mm]	Hersteller
16	Nikon Z
17,52	Video C-mount
18	Canon RF, Sony E
19,25	Micro 4/3 (hybrid)
20	L-Mount (Leica, Sigma, Panasonic)
38,67	Olympus 4/3
42	Canon FL, FD
44	Canon EF/EF-S, Sigma
44,5	Konica, Minolta, Sony A
45,5	M42, Pentax K
46,5	Nikon F

Abstand vom Objektivflansch bis zum Sensor für die meisten Kamerahersteller.

Anschluss eines Objektivs an das Gehäuse eines anderen Herstellers

Im Handel findet man Adapter für den Anschluss von Objektiven des einen Herstellers an das Gehäuse eines anderen. Auch kann es interessant sein, ein altes, aber gutes Objektiv auszuprobieren, das man günstig erstanden hat. Natürlich können dabei alle Automatisierungsfunktionen (Autofokus und Belichtungsautomatik) nicht genutzt werden, doch ist das in der Astronomie auch nicht wichtig. Allerdings muss der Abstand zwischen dem Flansch des Objektivs und dessen Fokusebene mit dem Abstand zwischen Bajonett und Fokusebene am Gehäuse kompatibel sein. Aus der gerade gezeigten Tabelle können wir entnehmen, dass es nicht möglich ist, ein altes Canon-Objektiv (FD) an ein aktuelles Canon EF-Modell anzuschließen, da man dann nicht auf Unendlich fokussieren könnte. Mit einem Adapter, der nicht dicker als 3 mm ist, können Sie jedoch ein Nikon-Objektiv an diesem Gehäuse befestigen. Aufgrund ihrer geringen Auflagefläche können die spiegellosen Systemkameras von Sony E, Canon RF, Nikon Z, Sigma/Panasonic/Leica mit L-Mount und Olympus/Panasonic (Micro-Four-Thirds-Mount) über den Ad-hoc-Ring viele Objektive (von der gleichen Marke oder von anderen Marken) aufnehmen, die für Spiegelreflexkameras entwickelt wurden.

Berechnung des Gesichtsfelds und des Abbildungsmaßstabs

Aus der normalen Fotografie kennt man, dass durch längere Brennweiten die Objekte größer erscheinen und der Bildwinkel abnimmt. Genau das Gleiche gilt in der Astronomie, zumal ein Planet nicht mit der gleichen Brennweite fotografiert werden kann wie ein Nebel. Die folgenden kleinen Gleichungen ermöglichen uns, die Größe eines Objekts auf dem Sensor sowie die optimale Brennweite zu bestimmen.

Berechnung des Gesichtsfelds

Das Gesichtsfeld (GF) hängt von zwei Parametern ab: der Brennweite (F) des Instruments und der Größe (S) des Sensors, deren Einheiten die gleichen sind (Millimeter oder Zoll). Bei S kann sich das Maß auf die Höhe, die Breite oder die Diagonale des Sensors beziehen, was vom jeweiligen Einsatzzweck abhängt. Bei der Brennweite

Das Gesichtsfeld eines Bildes hängt von der Brennweite des Teleskops oder des Objektivs ab. Die weißen Rahmen zeigen das Gesichtsfeld an, das mit einem APS-C-Sensor mit unterschiedlichen Brennweiten bei der Andromedagalaxie (M31), einem der größten Deep-Sky-Objekte, abgedeckt wird.

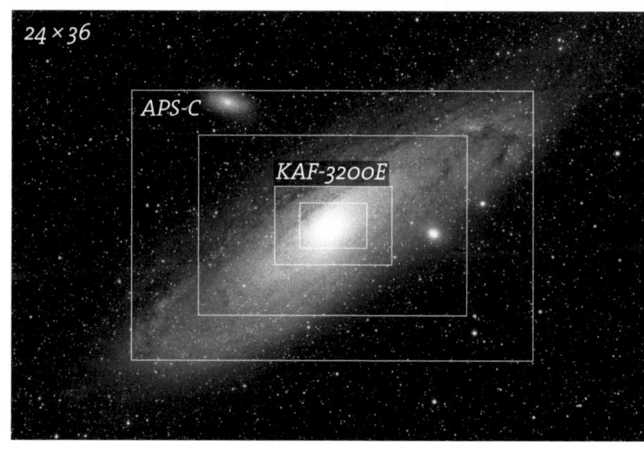

Das Gesichtsfeld des Bildes hängt auch von der Größe des Sensors ab. Diese weißen Rahmen zeigen für die Brennweite von 1000 mm die Gesichtsfelder bei M31 mit unterschiedlichen Sensoren.

ist selbstverständlich von der effektiven Brennweite die Rede, die durch den Einsatz einer Barlowlinse oder eines Brennweitenreduzierers verändert sein kann. Die folgende Formel gibt uns näherungsweise das Gesichtsfeld in Grad an und gilt für Brennweiten über 50 mm:

$$GF = 57{,}3 \times \frac{S}{F}$$

Ein Sensor beispielsweise, dessen Größe (S) 15 × 23 mm beträgt und der an einem Teleskop mit einer Brennweite (F) von 1 m (1000 mm) angebracht ist, deckt ein Gesichtsfeld von (57,3 × 15/1000) = 0,86° = 51′ an der kurzen Kante und (5 7,3 × 23/1000) = 1,3° = 77′ an der langen Kante ab.

Sind die Maße der kurzen (s) und der langen Seite (l) des Sensors bekannt, so kann man mithilfe des Satzes von Pythagoras die Diagonale errechnen:

$$d = \sqrt{s^2 + l^2}$$

In der Tabelle unten sind die Gesichtsfelder (Bildwinkel) der kurzen und der langen Seite der gebräuchlichsten Sensortypen und Brennweiten aufgelistet.

Die maximale Brennweite (F) für ein Ziel am Himmel mit dem Sehwinkel (scheinbare Größe) in Grad lässt sich leicht durch die Umkehrung der vorherigen Formel bestimmen:

$$F = 57{,}3 \times \frac{S}{A}$$

Gesichtsfelder (kurze und lange Kanten) unterschiedlicher Sensoren und Brennweiten

Brennweite Sensor	50 mm	100 mm	200 mm	500 mm	1.000 mm	2.000 mm	5.000 mm	10.000 mm
2,8 × 3,7 mm (1/4" Typ)	3,2° 4,2°	1,6° 2,1°	48' 1,0°	19' 25'	9,6' 12'	4,8' 6,3'	1,9' 2,5'	1' 1,2'
3,6 × 4,9 mm (1/3" Typ)	4,1° 5,6°	2,0° 2,8°	1,0° 1,4°	24' 33'	12' 16'	6,1' 8,4'	2,4' 3,3'	1,2' 1,6'
4,8 × 6,5 mm (1/2" Typ)	5,5° 7,4°	2,7° 3,7°	1,3° 1,8°	33' 44'	16' 22'	8,2' 11'	3,3' 4,4'	1,6' 2,2'
6,7 × 9,0 mm (2/3" Typ)	7,6° 10°	3,8° 5,1°	1,9° 2,5°	46' 1,0°	23' 30'	11' 15'	4,6' 6,1'	2,3' 3,0'
13,3 × 17,7 mm (Micro 4/3)	15° 20°	7,6° 10°	3,8° 5,1°	1,5° 2,0°	46' 1,0°	23' 30'	9,1' 12'	4,6' 6,1'
16 × 23 mm (APS-C-Sensor)	18° 26°	9,1° 13°	4,5° 6,5°	1,8° 2,6°	55' 1,3°	27' 39'	11' 15'	5,5' 7,9'
24 × 36 mm	27° 41°	13° 20°	6,8° 10°	2,7° 4,1°	1,3° 2,0°	41' 1,0°	16' 24'	8,2' 12'

Möchte man beispielsweise den gesamten Vollmond (mittlerer Durchmesser 0,53°) mit einem Sensor fotografieren, dessen kurze Kante 15 mm beträgt, benötigt man eine Brennweite, die unter (57,3 × 15/0,53) = 1622 mm liegt. Berücksichtigt man, dass noch etwas Platz gebraucht wird, um den Mond zu zentrieren, liegt die Grenze in der Praxis eher Richtung 1300 mm.

Berechnung des Abbildungsmaßstabs und der Objektgröße

Der Abbildungsmaßstab ist der Sehwinkel, der durch eine einzelne Fotodiode des Sensors abgedeckt wird. Wie in den Kapiteln 5 und 7 zu sehen, ist es wichtig, dass das Teleskop mit einem für das Ziel angemessenen Abbildungsmaßstab arbeitet. Wenn man berücksichtigt, dass die Größe (P) einer Fotodiode meistens in Mikrometern angegeben wird und die Brennweite in Millimetern, kann uns die folgende Formel den Abbildungsmaßstab (ABM) in Bogensekunden für eine Fotodiode ausgeben:

$$SAMP = 206 \times \frac{P}{F}$$

Eine 6 µm große Fotodiode beispielsweise, die sich in der Fokusebene eines 500 mm-Teleskops befindet, produziert einen Abbildungsmaßstab von (206 × 6/500) = 2,5 Bogensekunden pro Fotodiode.

Die Größe eines Himmelsobjekts auf einem Bild in Pixeln anzugeben, lässt sich einfach vom Abbildungsmaßstab ableiten, indem man den Sehwinkel des Objekts (in Bogensekunden) durch den Abbildungsmaßstab teilt. Da der Sehwinkel beispielsweise des Jupiter 40″ beträgt, bedeutet ein Abbildungsmaßstab von 2,5 Bogensekunden pro Fotodiode, dass der Jupiter auf dem Bild eine Größe von 16 Pixeln einnimmt (zu klein, um Details auf der Jupiterkugel zu erkennen; dafür benötigt man eine längere Brennweite).

Umgekehrt lässt sich daraus ableiten, dass man den Sehwinkel eines Objekts aufgrund seiner Größe in Pixeln und des Abbildungsmaßstabs berechnen kann. Ebenso ist es nicht schwierig, die effektive Brennweite eines Instruments aus der Größe eines Objekts in Pixeln bzw. Bogensekunden herzuleiten.

Kollimation des Teleskops

Teleskope bestehen immer aus mehreren optischen Elementen. Bei der Konstruktion achtet der Optiker stets darauf, dass alle diese Elemente exakt ausgerichtet sind, und zwar nicht nur relativ zueinander, sondern auch zum Tubus und dem Okularhalter des Instruments. In der Praxis führen Herstellungstoleranzen und Verbiegungen sowie mechanische Probleme allerdings zu Abweichungen von der perfekten Zentrierung. Während die werkseitige dauerhafte Justierung kleiner optischer Elemente (unter 100 mm) wie bei Fotoobjektiven oder kleinen Refraktoren relativ einfach ist, ist dies bei größeren Elementen anders. Deshalb müssen alle Teleskope über 120 mm Durchmesser, egal wie gut sie sind, mit Stellschrauben versehen sein, um ein oder zwei optische Elemente zu justieren – oder zu kollimieren. Diesen Aufwand muss man auf sich nehmen, um die beste Leistung aus der Optik herauszuholen, die mit astronomischer Präzision bis auf Bruchteile von Mikrometern genau geschliffen wurde: Sie verdienen eine exakte Zentrierung!

Die Kollimation des Teleskops ist sowohl für die Astrofotografie als auch für die visuelle Beobachtung wichtig. Nicht einmal die raffinierteste Bildverarbeitung kann Schäden beheben, die durch Zentrierungsfehler verursacht wurden. Mit etwas Übung wird die Kollimation zu einer einfachen und alltäglichen Handlung. Ein Teleskop nicht ordentlich zu kollimieren ist so, als würde man ein Auto fahren und niemals den Reifendruck oder den Ölstand kontrollieren oder eine Geige spielen, die niemals gestimmt wird.

Die Kollimation erfolgt normalerweise dadurch, dass man bei starker Vergrößerung einen Stern in der Mitte des Gesichtsfelds betrachtet (am besten hoch am Himmel, um die Auswirkungen atmosphärischer Turbulenzen zu minimieren), und die Stellschrauben so regelt, dass das Bild des Sterns symmetrisch wird. Dazu sind zwei Zentrierungsschritte erforderlich:

1. Beginnen Sie mit einer Vergrößerung, die ein bis anderthalb Mal dem Durchmesser des Instruments in Millimetern beträgt (bei einem 150 mm-Teleskop etwa 200-fach), und stellen den Stern leicht unscharf ein, wodurch eine aus Ringen ähnlicher Helligkeit und vergleichbarem Kontrast bestehende Scheibe entsteht. Ziel der Justierung ist es, dieses sogenannte Beugungsscheibchen in eine symmetrische Form zu bringen, die wie eine Zielscheibe aussieht.

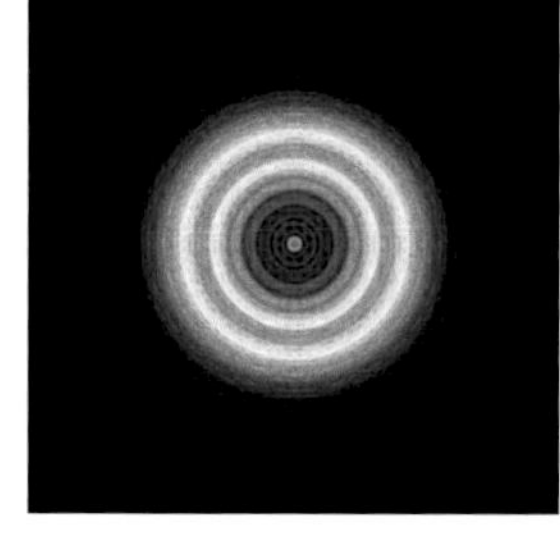

Schritt 1 der Kollimation: Die Figuren werden immer symmetrischer (von links nach rechts).

2. Durch Steigerung der Vergrößerung (auf das Zwei- oder Dreifache des Durchmessers des Instruments) und vorsichtiges Fokussieren auf den Stern kann man das Beugungsscheibchen (oder Airy-Scheibchen) genauer beobachten. Ein stark verstelltes Teleskop weist ein unregelmäßiges Muster mit einem Schweif auf: die Koma (siehe Kapitel 7). Ist der erste Diffraktionsring vollständig und gleichmäßig um das Zentrum des Musters zu sehen, kann man die Justierung als perfekt betrachten.

Schritt 2 der Kollimation: Das Beugungsscheibchen wird zunehmend symmetrisch (von links nach rechts).

Tipps für eine gute Kollimation

Mit etwas Erfahrung ist es möglich, direkt zum zweiten Schritt der Justierung überzugehen, doch die atmosphärischen Turbulenzen (auch Seeing genannt) können das Beugungsscheibchen deutlich verzerren, sodass man sich manchmal auf den ersten Schritt beschränken muss. Den Schatten des Sekundärspiegels bei einem Spiegelteleskop bei mittlerer Vergrößerung auf das unscharfe Muster zu zentrieren, wird oftmals in den Bedienungsanleitungen empfohlen, doch ist diese Methode nicht genau genug und sollte Instrumenten vorbehalten bleiben, die noch nie justiert wurden. Nach der Durchführung dieser Methode erreicht das Teleskop mitunter nur die Hälfte seines Auflösungsvermögens. Wer würde sich schon mit einem Auto zufriedengeben, dessen Motor nur mit halber Kraft arbeitet? Der erste Justierungsschritt erreicht schon eine Genauigkeit, die viel besser ist, als gar nicht zu kollimieren, doch erst der zweite Schritt garantiert, dass das Teleskop mit über 90 % seines Vermögens arbeitet.

Der Zusammenhang zwischen der Orientierung der Asymmetrie und den jeweils zu verstellenden Schrauben unterscheidet sich von Instrument zu Instrument, sodass man bei der ersten Kollimation unter Zuhilfenahme der Bedienungsanleitung etwas herumprobieren muss. Die Schrauben sollten vorsichtig und immer nur wenig verstellt werden; keine Schraube sollte extrem lose oder sehr fest gedreht werden. Die Drehungen an den Schrauben sind nur minimal: Ein stark dejustiertes Teleskop braucht maximal eine halbe oder ganze Drehung. Bei der letzten Kollimation in der zweiten Stufe nimmt man meist nur allerkleinste Bewegungen vor. Jedes Mal, nachdem eine oder mehrere Schrauben verstellt wurden, ist der Stern wieder im Gesichtsfeld zu zentrieren. Am besten nimmt man die Kollimation mit einem Setup vor, das der Situation beim Fotografieren am nächsten kommt, und sollte deshalb dafür keine Zubehörteile verwenden, die nicht zusammen mit der Kamera zum Einsatz kommen (wie z. B. einen Zenitspiegel).

Welche Justierung für welches Teleskop?

Die gerade beschriebenen Schritte beziehen sich auf die Justierung des Sekundärspiegels eines Schmidt-Cassegrain- oder Maksutov-Cassegrain-Teleskops. Ersteres bietet eine Reihe von Vorteilen, vor allem eine kompakte Bauweise zu einem vernünftigen Preis. Man muss sich allerdings darüber im Klaren sein, dass die Empfindlichkeit der Kollimation unter allen gebräuchlichen optischen Konstruktionen bei diesem Typ am höchsten ist. Die Bildqualität hängt von sehr kleinen Bruchteilen einer Umdrehung der Kollimationsschrauben ab und die werksseitige Justierung hält in aller Regel nicht sehr lange. Ich erinnere mich an ein fabrikneues Schmidt-Cassegrain-Teleskop, das auf einem Astronomie-Workshop von seinem Besitzer direkt aus der Verpackung genommen wurde. Es war derart dejustiert, dass die Bilder durch das Okular selbst bei schwacher Vergrößerung fürchterlich waren; es erwies sich als fast unmöglich, die Sterne scharf zu stellen, die allesamt nur verwaschen mit einem langen Schweif zu sehen waren. Der Besitzer zeigte sich natürlich enttäuscht, doch nach ein paar Justierungen an den Kollimationsschrauben waren die Bilder scharf. Ich selber überprüfe die Kollimation meines Schmidt-Cassegrain-Teleskops vor jedem Gebrauch, vor allem nachdem ich es im Auto transportiert habe.

Ein Maksutov-Cassegrain-Teleskop mit separatem Sekundärspiegel muss genauso kollimiert werden, doch im Gegensatz zum Schmidt-Cassegrain ist die Kollimation dank der Unempfindlichkeit der optischen Berechnung gegenüber Justierungsfehlern meist sehr stabil.

Bei einem Newton-Teleskop entspricht die Justierung des Primärspiegels (oder Hauptspiegels) den oben beschriebenen Schritten. Allerdings muss zuvor der Sekundärspiegel justiert werden, was mithilfe geometrischer Methoden bei Tage geschieht und auf zahlreichen Webseiten und in Büchern beschrieben ist.

Der Objektivtubus der meisten Refraktoren mit einem Durchmesser von über 100 bis 120 mm hat Stellschrauben für die Kollimation. Auch wenn die Kollimation dieses Instrumententyps sehr stabil ist, empfiehlt sich eine regelmäßige Überprüfung: Denn die Zahl dejustierter Refraktoren ist größer, als man denkt. Gelingt es dem Benutzer nicht, ein vernünftiges Beugungsscheibchen zu erzielen, kann der Grund darin liegen, dass sich ein optisches Element gegenüber einem oder mehreren anderen verschoben hat. In solch einem Fall muss das Instrument zum Hersteller eingeschickt werden.

Als Ersatz für einen echten Stern werden häufig verwendet:

- Ein künstlicher Stern in Form einer Metallkugel, die weit entfernt vom Teleskop platziert wird und das Licht einer starken Birne oder einer Taschenlampe reflektiert. Das Problem bei dieser Methode ist, dass die dafür nötige horizontale Ausrichtung des Teleskops nicht der normalen Verwendung entspricht.
- Bei einem Newton-Teleskop kann man einen Kollimationslaser in den Okularhalter einführen, dessen Strahl mehrmals von den beiden Spiegeln reflektiert wird. Bei dieser Methode muss der Okularhalter allerdings perfekt am Tubus ausgerichtet sein.

In allen Fällen lautet mein Rat, die letzte Justierung an einem echten Stern vorzunehmen, da es die verlässlichste, genaueste und zudem preisgünstigste Methode ist.

Die Kollimation eines Schmidt-Cassegrain- oder Maksutov-Cassegrain-Teleskops mit einem separaten Sekundärspiegel wird über eigens dafür geschaffene Stellschrauben vorne am Teleskop durchgeführt (links). Die Kollimation eines Refraktors nimmt man über die Stellschrauben vorne am Objektivtubus vor (rechts).

Fokussierung

Das Fokussieren ist die Platzierung des Sensors in der Fokusebene des Teleskops, also dem Ort, an dem alle Strahlen, die ein Stern aussendet, zusammenlaufen. Im Gegensatz zum Auge bei der visuellen Beobachtung kann ein Sensor kleine Fehler bei der Fokussierung nicht ausgleichen und benötigt daher eine exakte Positionierung. Und wie bei der Dejustierung gilt auch hier, dass keine Bildverarbeitung eine schlechte Fokussierung ausgleichen kann. Im Gegensatz zur normalen Fotografie, wo der Autofokus meist sehr gut funktioniert, ist das manuelle Fokussieren in der Astronomie die Regel und stellt für den Anfänger eine der größten Herausforderungen dar, wenn er zunächst lange nach der richtigen Einstellung sucht und sich dann nicht sicher ist, ob er sie wirklich gefunden hat. Doch selbst erfahrene Astrofotografen benutzen Tricks und Hilfsmittel, die ihnen dabei helfen, das schärfstmögliche Bild zu erhalten.

Fokustoleranzen

Glücklicherweise liegt die Fokussierung, die man als ausreichend gut betrachtet, innerhalb eines gewissen Bereichs, dessen Größe von zwei Parametern abhängt: dem Öffnungsverhältnis des Teleskops und dem Ausmaß der tolerierbaren Unschärfe. Die Größe der Fotodioden hat ebenfalls einen Einfluss auf die Fokustoleranz: Sie ist bei größeren Fotodioden etwas größer als bei kleineren.

Es gibt einen Fokussierbereich, innerhalb dessen die Fokussierung als zufriedenstellend angesehen wird. Je geringer das Öffnungsverhältnis (je breiter der Lichtkegel), desto kleiner ist diese Fokustoleranz.

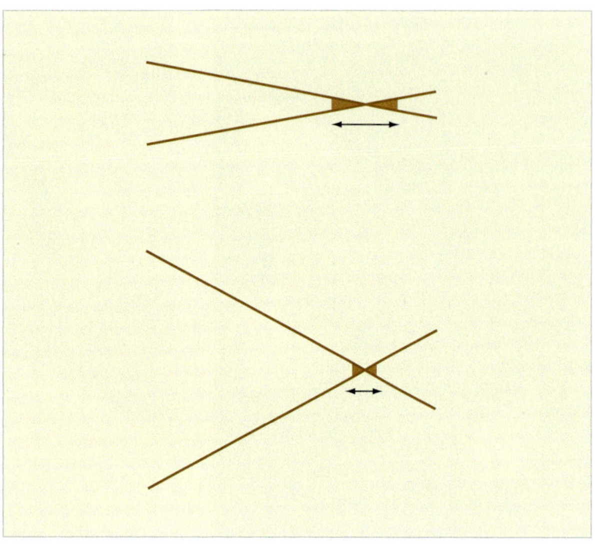

Nehmen wir einmal an, das Teleskop sei perfekt. Auf der Fokusebene treffen sich alle von einem Punkt am Himmel kommenden Strahlen am selben Punkt und haben exakt dieselbe Distanz von der Lichtquelle zurückgelegt. Dies bedeutet, dass ihre optischen Wege identisch sind, sie die Fokusebene also »in Phase« erreichen. Befindet sich die Fokussierung allerdings nicht an der optimalen Position, legen die Strahlen Wege von leicht unterschiedlicher Entfernung zurück (siehe Textbox unten). Das Entscheidende daran ist, dass sich die Größe des Bereichs der Fokustoleranz proportional zum Quadrat des Öffnungsverhältnisses verhält: Bei fokaler Projektion hat ein Teleskop mit einem Öffnungsverhältnis f/5 einen Bereich akzeptierter Schärfe, der viermal geringer ist als bei f/10 und 16-mal geringer als bei einem Teleskop mit f/20. In der Tabelle unten sind die Fokustoleranzen (+/–) für grünes Licht in Abhängigkeit vom Öffnungsverhältnis und die dafür erforderliche Präzision aufgelistet.

Fokussierungsqualität ▸ ▾ Öffnungsverhältnis	sehr gut	korrekt	mittelmäßig
2	±0,004 mm	±0,008 mm	±0,018 mm
4	±0,018 mm	±0,04 mm	±0,08 mm
6	±0,04 mm	±0,08 mm	±0,16 mm
8	±0,08 mm	±0,14 mm	±0,3 mm
10	±0,12 mm	±0,2 mm	±0,4 mm
15	±0,2 mm	±0,5 mm	±1 mm
30	±1 mm	±2 mm	±4 mm

BERECHNUNG DES FOKUSTOLERANZ-INTERVALLS

Der Wellenfrontfehler, der durch ungenaue Fokussierung entsteht, kann als maximale Differenz im optischen Weg zwischen zwei Lichtstrahlen, die die Fokusebene erreichen, ausgedrückt und in Bruchteilen einer Wellenlänge (λ) angegeben werden. Die folgende Formel berechnet die akzeptable Fokustoleranz (L, gleiche Einheit wie Δλ) in Abhängigkeit vom Öffnungsverhältnis (F/D) und dem Wellenfrontfehler (Δλ):

$$L = \pm 8 \times \left(\frac{F}{D}\right)^2 \times \Delta\lambda$$

Bei beispielsweise einem Gangunterschied (Phasenverschiebung) von 1/4 λ grünen Lichts (λ = 0,56 µm) beträgt bei einem Öffnungsverhältnis von 10 die Fokustoleranz ±0,1 mm.

Bei der Fotografie von Planeten können wir bei einer Genauigkeit von 1/8 λ von einer sehr guten, bei 1/4 λ von einer korrekten, bei 1/2 λ von einer mittelmäßigen und über 1 λ von einer schlechten Fokussierung sprechen. Bei Deep-Sky-Bildern ist das akzeptable Fokusintervall doppelt so groß wie bei Planeten, da der Abbildungsmaßstab geringer ist und die atmosphärischen Störungen und Nachführfehler weniger ins Gewicht fallen.

Wenn wir die Lagetoleranz für ein bestimmtes fokussierendes Element berechnen wollen, müssen wir dessen Öffnungsverhältnis berücksichtigen. Bei einem Refraktor oder einem Newton-Teleskop ist es das Öffnungsverhältnis der Linse bzw. des Primärspiegels. Bei einem Schmidt-Cassegrain-Teleskop jedoch ist das Öffnungsverhältnis, das man auf dieser Ebene verwendet, 2, da die Fokussierung über die Bewegung des Primärspiegels erfolgt. Mit diesem Wert ergibt die Gleichung oben eine Fokustoleranz von unter 1/200 mm bei Planetenaufnahmen, was 1/300 einer Umdrehung des Fokussierrades entspricht!

WERDEN ALLE OBJEKTE AM HIMMEL GLEICH FOKUSSIERT?

Wenn man auf einen Hunderte von Lichtjahren entfernten Stern fokussiert, passt diese Einstellung dann auch für den Mond, dessen Umlaufbahn sich »nur« durchschnittlich 384.000 km von der Erde weg befindet? Eine einfache Rechnung zeigt, dass der Unterschied in der Fokusposition zwischen diesen beiden Himmelskörpern auf der Fokusebene eines Teleskops mit 1000 mm Brennweite ein Milliardstel Millimeter ausmacht, der Unterschied also vernachlässigbar und nicht messbar ist. Alle Himmelsobjekte, selbst die künstlichen Satelliten, sind so weit entfernt, dass man sie optisch als unendlich weit entfernt betrachten kann. Dies gilt auch für die Mitte und den Randbereich des Mondes und der Sonne: Die Fokusposition ist die gleiche. Zeigt ein Bild von der Sonne oder dem Mond Randunschärfen und eine scharfe Mitte (oder umgekehrt), liegt das an Abbildungsfehlern des Instruments (siehe Kapitel 7; »Gesichtsfeld«) und nicht an der Fokussierung.

Fokussysteme

Bei Teleskopen gibt es zwei Fokussysteme: den Zahnstangenantrieb, der bei Newton-Teleskopen und Refraktoren gebräuchlich ist (wie auf den Bildern in Kapitel 7 zu sehen), und das System, bei dem der Hauptspiegel bewegt wird, wie es bei Schmidt-Cassegrain- und anderen Teleskopen der Cassegrain-Familie üblich ist. Beim Letzteren geschieht dies durch einen Drehknopf, der am hinteren Teil des Teleskops liegt und die Drehung auf den Hauptspiegel überträgt. Bei diesem System bewegt sich nicht die Kamera in die Fokusebene, sondern umgekehrt. Der Vorteil daran ist der sehr lange Fokusbereich hinter dem Teleskop, der ein großes Spektrum an Zubehör (Brennweitenreduzierer, Binokularansätze, Zenitspiegel usw.) ermöglicht. Bei diesen Teleskopen wird die Bewegung des Hauptspiegels durch den konvexen Sekundärspiegel um einen Faktor von meistens 5 verstärkt, wodurch sich die Fokusebene 25-mal (5 zum Quadrat) mehr verschieben lässt, als der Hauptspiegel bewegt werden kann. Eine Bewegung des Hauptspiegels von 1 mm führt daher beispielsweise zur Verschiebung der Fokusebene um 25 mm. Allerdings hat dieses System auch seine Nachteile, vor allem in Form von seitlichen Verkippungen. Mechanisches Spiel im Fokussystem kann zu einer seitlichen Verkippung des Bildes in der Fokusebene führen, wenn die Drehrichtung des Fokusrades umgekehrt wird. Diese Verkippung kann von einem Teleskop zum anderen ziemlich abweichen und mehrere Bogenminuten betragen, sodass es schwierig wird, damit einen Planeten auf dem kleinen Sensor einer Videokamera zu zentrieren. Im vorigen Abschnitt wurde die Beziehung zwischen Fokustoleranz und Öffnungsverhältnis erörtert. Wenn wir die Positionstoleranz eines mechanischen Fokuselements berechnen wollen, müssen wir das Öffnungsverhältnis an diesem Element in unsere Berechnung einbeziehen. Bei einem Newton-Teleskop oder einem Refraktor ist das Öffnungsverhältnis des Hauptspiegels oder der Linsen ausschlaggebend, da das System hinter der Führung angeordnet ist, und es spielt keine Rolle, ob es eine Brennweitenvergrößerung oder -verkleinerung gibt. Die mechanische Genauigkeit der Fokussierung für ein System, bei dem der Hauptspiegel bewegt wird, muss aus dem Öffnungsverhältnis des Spiegels berechnet werden, das bei Schmidt-Cassegrain 2 beträgt. Die Tabelle auf Seite 74 zeigt, dass eine gute Fokussierung eine Positionierung des Hauptspiegels mit einer Genauigkeit von nur einigen Tausendstel Millimetern erfordert, was einer Positionierung des Fokusrads von weniger als 1/300 Umdrehung entspricht! Unabhängige Hersteller bieten für diese Teleskope manuelle oder motorisierte Führungen vom Typ Crayford an, die die Genauigkeit und Leichtigkeit der Fokussierung verbessern. Ein Fokusmotor, der oft als Option angeboten wird, kann dabei helfen, Vibrationen des Instruments beim Fokussieren zu vermeiden. Der Motor sollte jedoch präzise und vor allem nicht zu schnell sein, da es sonst schwierig ist, die gesuchte Position zu fixieren.

Ein zusätzliches Fokussystem mit Zahnstangenantrieb für ein Schmidt-Cassegrain- oder Maksutov-Cassegrain-Teleskop kein den eingebauten Fokus ergänzen und ist einfach zu justieren.

Die Entfernungsskala an einem Objektiv ist meist nicht präzise genug für gute Fokussierung.

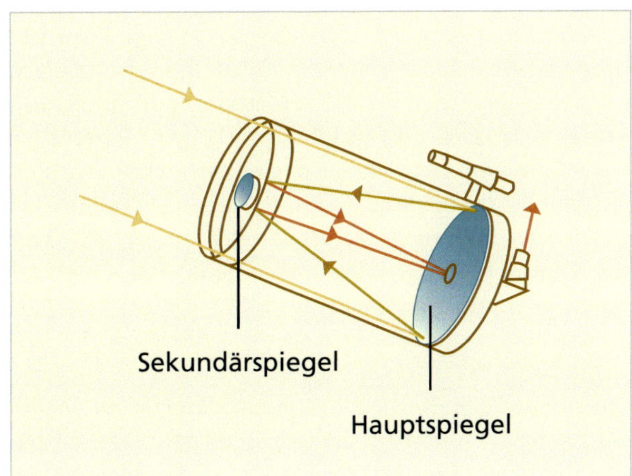

Schematische Darstellung eines Schmidt-Cassegrain-Teleskops. Zum Fokussieren wird der Hauptspiegel bewegt. Das Öffnungsverhältnis dieses Spiegels beträgt 2 und der konvex geformte Sekundärspiegel verstärkt ihn um den Faktor 5 (wie es auch eine Fünffach-Barlowlinse täte), sodass daraus schließlich ein Öffnungsverhältnis von insgesamt 10 resultiert.

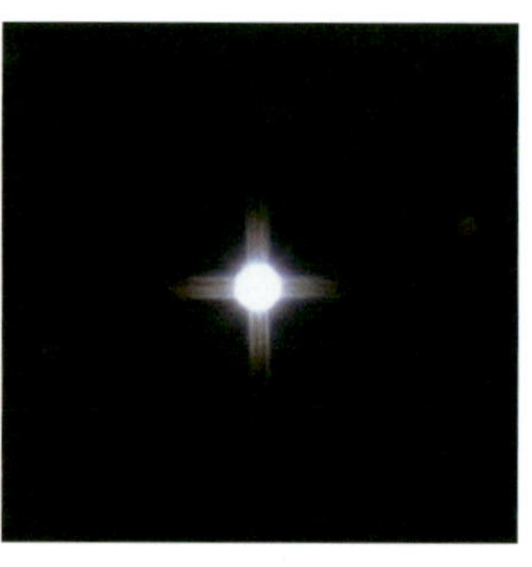

Zwei rechtwinklig angeordnete dünne Fäden (Fadenkreuz) produzieren um einen hellen Stern ein Beugungskreuz; die Strahlen des Beugungskreuzes werden durch die zunehmend bessere Fokussierung dünner (von links nach rechts). Eine Variante dieser Methode ist die Bathinov-Maske, bei der die Beugung durch ein Streifenmuster erzeugt wird.

Tipps und Tricks für gutes Fokussieren

Fokussierung auf einen Stern

Die Sterne sind so weit entfernt, dass deren scheinbare Größen bestenfalls im Bereich von Tausendsteln einer Bogensekunde liegen. Deshalb kann man sie als Punktquellen unendlich kleiner Größe betrachten, sodass sie ein praktisches Ziel zum Fokussieren darstellen. Die beste Fokussierung ist gefunden, wenn ihre Größe in der Fokusebene am geringsten ist.

Eine Methode des Fokussierens besteht aus zwei Drähten oder Schnüren, die rechtwinklig zueinander vorne am Teleskop angebracht werden wie eine Fangspiegelspinne. Wird das Teleskop nun auf einen hellen Stern gerichtet, produzieren diese Schnüre bei mehreren Sekunden Belichtungszeit Beugungskreuze über Sternen in deren Mitte. Je besser die Fokussierung, desto länger, heller und dünner sind diese Beugungskreuze. Angelschnüre funktionieren dafür ganz gut, jedoch muss deren Dicke sorgsam gewählt werden.

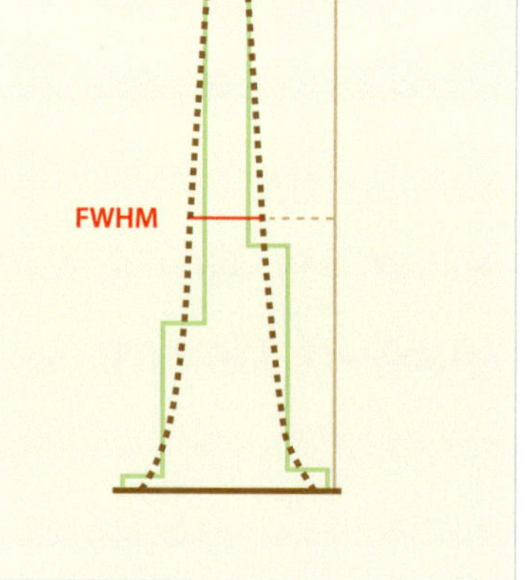

Das Bild eines Sterns erstreckt sich normalerweise über mehrere Fotodioden (durchgezogene grüne Linie). Die Helligkeitsverteilung lässt sich als Glockenkurve unterschiedlicher Breite darstellen (gepunktete Linie), dessen Breite bei halbmaximaler Höhe (FWHM) von der Aufnahmesoftware errechnet wird.

Eine weitere Methode besteht darin, eine Maske zu verwenden, in die diametral gegenüberliegend zwei Löcher gebohrt sind und die vor dem Teleskop angebracht wird. Ist die Fokussierung noch nicht gut, produzieren diese beiden Löcher von ein und demselben Stern zwei unterschiedliche Bilder. Mit zunehmend besserer Fokussierung nähern sich die beiden Bilder an und verschmelzen schließlich. Man nennt diese Vorrichtung manchmal auch *Hartmann-Maske*, was technisch nicht ganz korrekt ist, weil eine echte Hartmann-Maske aus sehr vielen Löchern besteht und für optische Qualitätsmessungen konstruiert wurde. Der Erfahrung nach ist diese Methode von ihrer Genauigkeit her fragwürdig und auf jeden Fall schlechter als die mit den Schnüren.

Digitalkamera und Autofokus

Wenn eine Digitalkamera mit ihrem Objektiv verwendet wird, kann der Autofokus auf den Mond oder einen hellen Stern gerichtet werden, der im Sucher gut zentriert ist. Verlassen Sie sich aber nicht blind auf diesen Automatismus, denn manche Kameras scheinen mit ihrer Fokussierung zufrieden zu sein... was Sie nicht immer sind, wenn Sie anschließend das vergrößerte Bild auf dem Bildschirm der Kamera oder des Computers betrachten!

Mit einer Digitalkamera besteht eine andere Methode darin, mehrere Fotos mit einigen Sekunden Belichtungszeit zu machen, wobei der Fokus leicht verschoben wird, und dann die Feinheit der Sterne zu untersuchen, indem das Bild auf dem Display der Kamera maximal vergrößert wird. Die praktischste und schnellste Methode ist jedoch sicherlich die Fokussierung auf Sterne, mit oder ohne Adler-System, im Live-View-Modus mit 10-facher Vergrößerungsanzeige.

In ähnlicher Weise bieten Astronomiekameras mit schneller Datenrate (wie sie im Planetenbereich verwendet werden) eine Echtzeitansicht des Bildes auf dem Computerbildschirm. Bei langsameren Astronomiekameras, die im Deep-Sky-Bereich eingesetzt werden, ist der Fall anders gelagert: Hier muss das Objekt nacheinander abgebildet werden, wobei zwischen den einzelnen Bildern die Schärfe überprüft und nachbearbeitet werden muss.

Glücklicherweise erlaubt es die Aufnahmesoftware, den kleinen Bereich des Sensors, der einen Stern enthält,

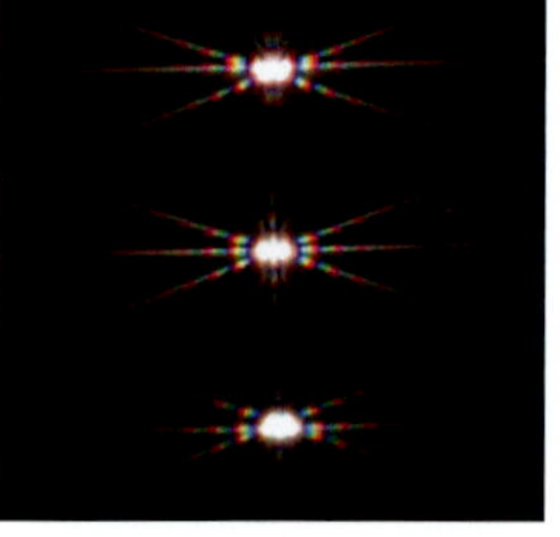

Die Bahtinov-Maske ist eine speziell geschlitzte Scheibe, die man auf die Öffnung seines Teleskops setzt und dadurch Beugungsmuster um einen Stern herum erzeugt, die man durch korrekte Fokussierung in ein symmetrisches Muster bringt. Diese Fokussierhilfe funktioniert allerdings nicht bei Weitwinkelobjektiven.

Eine preiswerte Messuhr (für unter 20 €) mit einer Teilung von 1/100 mm ist für die meisten Situationen geeignet.

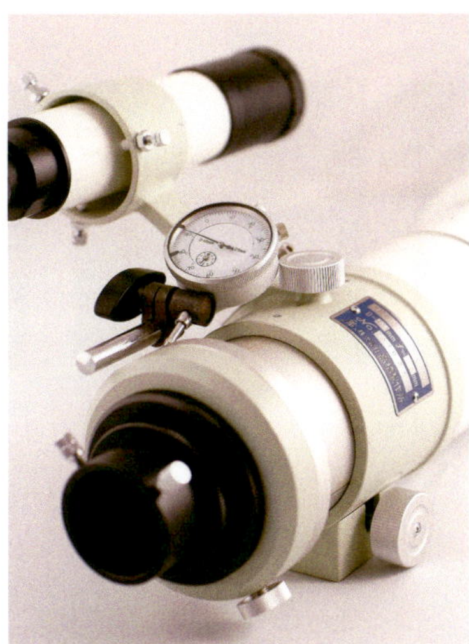

Links eine auf einem Refraktor installierte Messuhr. Ein kleines Stück Aluminium unter dem Sucherfernrohr stützt eine Achse ab, die die Messuhr über ein kleines Kugelgelenk hält. Der Messtaster drückt auf das bewegliche Teil des Okularhalters. Rechts ist die Messuhr auf einem Newton-Teleskop mit einem kleinen Gelenkarm befestigt, wobei der Messtaster gegen die Kamera drückt.

mit Belichtungszeiten von einigen Zehntelsekunden in einer Endlosschleife festzuhalten. Die Software analysiert den Stern bei jedem Bild und gibt die Intensität des hellsten Pixels an. Diesen Wert gilt es zu maximieren. Besser noch: Viele Aufnahmeprogramme können aus der Form des Sternbildes die Halbwertsbreite (engl. Full Width at Half Maximum, FWHM) des Sterns berechnen, die es zu minimieren gilt. Diese zweite Messung ist zuverlässiger als die erste, da sie weniger anfällig für Turbulenzen ist. Nach Meinung vieler Amateurfotografen ist das FWHM das genaueste Fokussierungskriterium. Die Bestimmung des FWHM ist die vermutlich präziseste Fokusmethode und unabhängig von der Helligkeit des Sterns, vorausgesetzt, dass der Helligkeitspeak nicht gesättigt ist.

Messung der Fokusposition

Egal welche Kamera und Fokusmethode man verwendet (Beugungskreuze, FWHM, Live-View), ist es hilfreich, ein System zu haben, das die Position desjenigen mechanischen Elements misst, das bei der Fokussierung unterschiedliche Positionen einnimmt. Dafür verwende ich seit vielen Jahren ein kleines, preisgünstiges Hilfsmittel, ohne das ich nicht mehr arbeiten könnte: eine Messuhr. Sie besteht aus einem runden Ziffernblatt mit einem kleinen Zeiger, der über einen Zahnstangenantrieb von einem Messtaster bewegt wird. Man bringt sie auf einem unbeweglichen Teil des Instruments an, sodass der Messtaster gegen ein Teil drückt, dass beim Fokussieren bewegt wird (umgekehrt würde es im Prinzip auch funktionieren). Dazu braucht man eventuell noch einen selbst gebauten Halter aus Metall oder Holz bzw. einen Gelenkarm, um die Messuhr zu befestigen.

Es gibt Zubehör, das mit einem Nonius oder einem digitalen Messsystem ausgestattet ist, das die gleichen Möglichkeiten wie eine Messuhr bietet. Alle diese Messgeräte haben den großen Vorteil, dass sie jederzeit eine Positionsreferenz für das Fokussiersystem bereitstellen können. Mehrere Werte dieser Position können so ausprobiert und die besten von ihnen schnell und präzise gefunden werden. Der Fotograf hat keine Angst mehr, den Fokus in der Nacht so oft wie nötig zu überprüfen und zu retuschieren, da er nicht riskiert, die Orientierung zu verlieren und den ursprünglichen Fokus nicht zu finden, wenn er sich als der beste herausstellt.

Sollte der Fokus während der Nacht regelmäßig überprüft werden? Ja, denn es ist normal, dass die Nachttemperatur mit der Zeit sinkt. Infolgedessen schrumpfen die Röhren von Instrumenten, die im Allgemeinen aus Aluminium bestehen (Carbon dehnt sich weniger aus, was zu einem geringeren Erwärmungseffekt führt). Dies führt zu einer Fokusverschiebung, deren Wirkung manchmal in weniger als einer halben Stunde auf die Schärfe der Bilder sichtbar ist.

Mehrere Bilder desselben Sterns, die bei unterschiedlichen Positionen des Fokussierers aufgenommen wurden. Die Anzeigen der Messuhr ermöglichen es, die beste Position sofort wiederzufinden – in diesem Fall war es die dritte Position der Serie.

Auch die Dehnung von Linsen oder Spiegeln kann eine Rolle bei der Fokusverlagerung spielen. Meistens führt ein Fokus, der zu Beginn der Nacht gemacht und nicht angepasst wird, einige Stunden später zu verschwommenen Bildern. Da die Fokussierungsposition oft linear mit der Umgebungstemperatur variiert, bieten einige Hersteller nun motorisierte Fokussiersysteme (Robofocus Optec TCF) an, die die Fokussierung selbstständig als Funktion der Instrumententemperatur anpassen. Natürlich sind sie relativ teuer und müssen zunächst bei verschiedenen Temperaturen kalibriert werden, wobei eine präzise optische und mechanische Montage die Voraussetzung ist.

Ein über Zahnstangen motorgetriebenes System, das den Fokuspunkt selbsttätig ermittelt und dabei Temperaturschwankungen kompensiert: das TCF-S von Optec, hier auf einem Teleskop von Schmidt-Cassegrain. Über die Fernbedienung lassen sich die Zahnstangen auf 2 Mikrometer genau positionieren und das System nimmt über eine Sonde Temperaturschwankungen wahr, um diese in der Fokusstellung zu berücksichtigen. Die Fernbedienung lässt sich via USB am Computer anschließen, von wo man die Einheit über ein Bedienfeld steuern kann (TCF-S Commander, siehe rechts).

VERÄNDERT EIN FILTER DIE FOKUSPOSITION?

Ein Filter, der vor einem Teleskop oder einem Objektiv verwendet wird (beispielsweise ein Sonnenfilter), hat keinen Einfluss auf die Fokussierung, da die von einem Punkt am Himmel kommenden Lichtstrahlen parallel verlaufen, während sie durch den Filter gehen. Wenn der Filter dagegen zwischen Teleskop und Kamera platziert wird, also in die zusammenlaufenden Lichtstrahlen, verlagert er die Fokusebene nach hinten und dadurch auch die Fokussierung. Ist Epsilon die Dicke des Filters und n der Brechungsindex des verwendeten Glases, sieht die Verschiebung folgendermaßen aus:

$$\delta = \varepsilon \frac{n-1}{n}$$

Da die meisten Filter mit einem Brechungsindex von etwa 1,5 hergestellt werden, zeigt die Formel, dass ein Filter zwischen Teleskop und Kamera die Fokusebene um ein Drittel seiner Dicke nach hinten verlagert; bei einem Filter von 3 mm Dicke beispielsweise verlagert sich die Fokusebene also etwa 1 mm nach hinten.

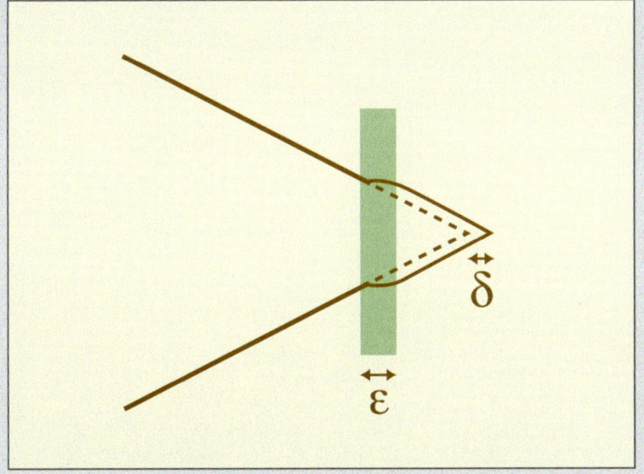

Ein Filter zwischen Teleskop und Kamera verschiebt die Fokusebene nach hinten.

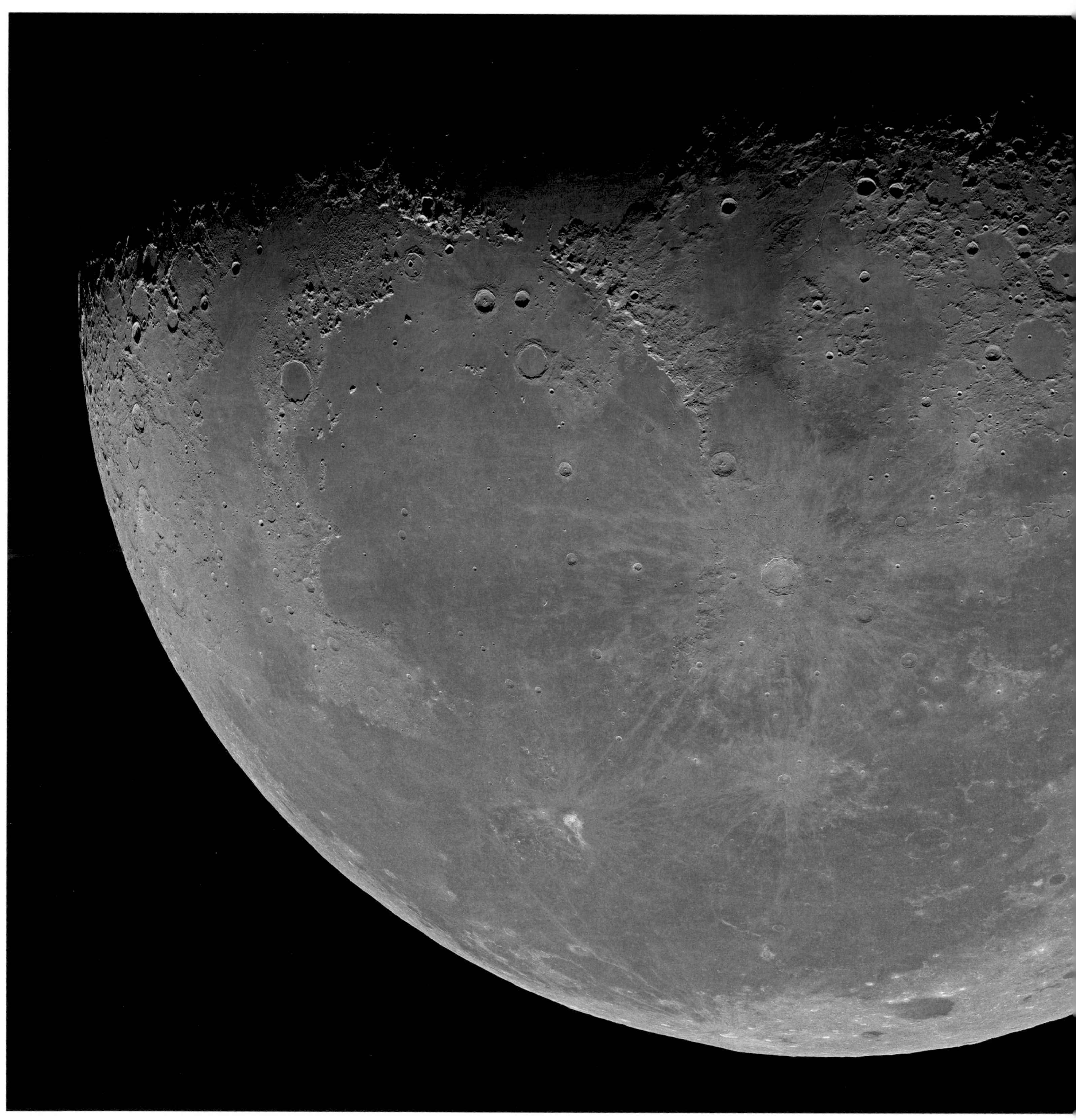

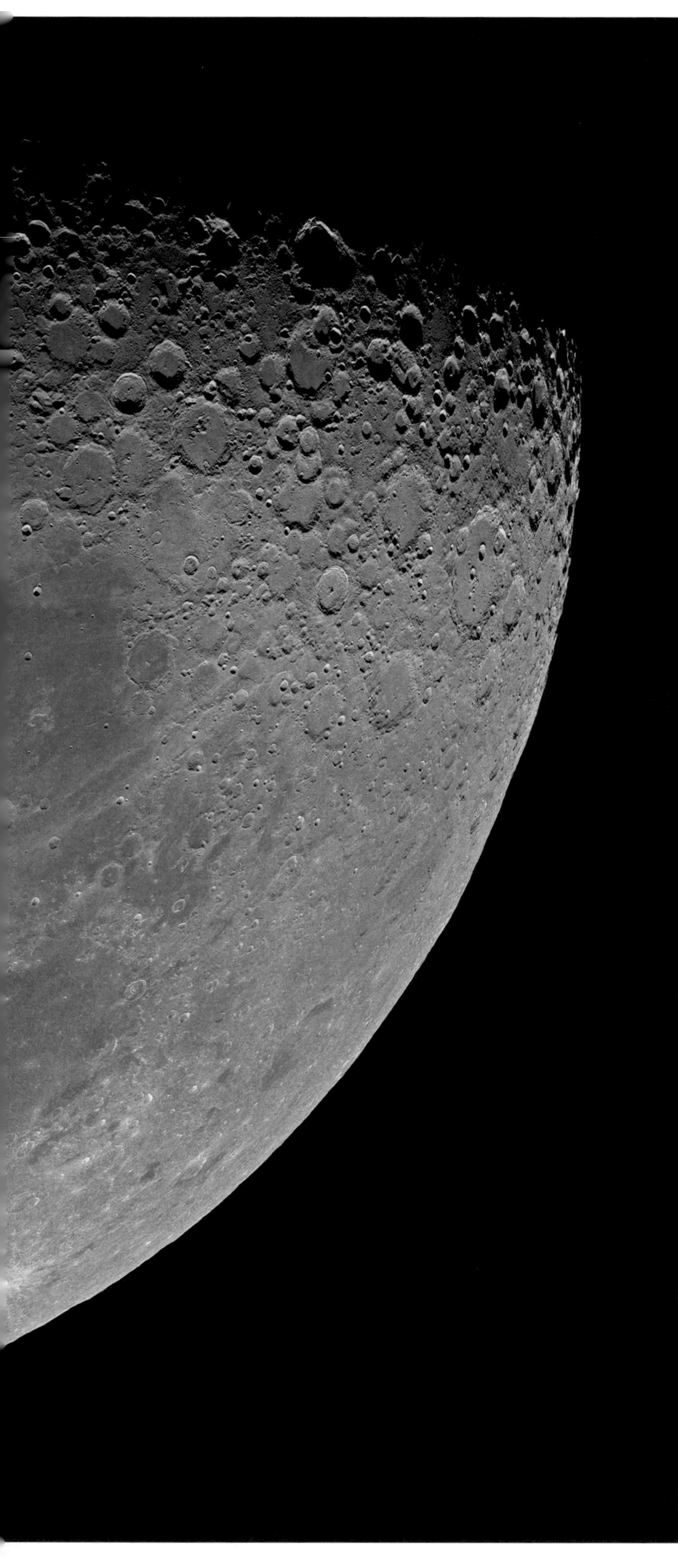

Kapitel 5
Die Planeten und der Mond

Sieben Planeten bevölkern zusammen mit der Erde das Sonnensystem. Sie lassen sich alle von Amateuren fotografieren, doch nur bei dreien von ihnen sind Oberflächendetails gut zu erkennen: Mars, Jupiter und Saturn. Dabei ist unser natürlicher Satellit, der Mond, noch nicht mitgezählt, der im fotografischen Sinne viele Gemeinsamkeiten mit den Planeten hat.

Die Originaldatei des hier abgedruckten Bildes vom Mond hat 150 Millionen Pixel: Das ist der größte Mondbereich mit der größten jemals (2022) von der Erde aus erzielten Auflösung. Das Bild besteht aus einem Mosaik von 10 Einzelbildern, die aus einer monochromen Videokamera mit einem 16-Millionen-Pixel-Sensor von Sony (ZWO ASI 1600MM) stammten, die an einem Teleskop (C14 Edge HD) montiert war. Die Videobilder wurden mit der Stapelsoftware AS!3 zu den Einzelbildern verarbeitet, die anschließend mit dem Panoramaprogramm PTGui zusammengesetzt wurden.

Die berühmten Airy-Scheibchen. Um sie klar beobachten zu können, muss die Vergrößerung mindestens das Doppelte des Durchmessers des Teleskops in Millimetern betragen (beispielsweise 200-fach bei einem 100 mm-Teleskop). Die Anzahl der erkennbaren Beugungsringe hängt vom Durchmesser des Teleskops und der Helligkeit des Sterns ab.

Die Planeten gehören zu den hell leuchtenden astronomischen Objekten und können deshalb auch mitten in der Stadt oder bei starkem Mondschein ohne Beeinträchtigung betrachtet werden. Trotzdem ist ihr Sehwinkel klein: Keiner von ihnen liegt über einer Bogenminute. Um also Einzelheiten von Mars, Jupiter oder Saturn zu erkennen, muss die Brennweite des Teleskops mit den im vorigen Kapitel beschriebenen Methoden auf mehrere Meter gesteigert werden. Ein Teleobjektiv, das man für Fotos von größeren Nebeln am Himmel problemlos verwenden kann, kommt hier nicht infrage: Weder Brennweite noch Durchmesser reichen aus. Detailreiche Ansichten von Planeten sind astronomischen Teleskopen vorbehalten.

Der Begriff der *hohen Auflösung* erscheint zuweilen auch in der Planetenfotografie, da er einen Aspekt der Astrofotografie bezeichnet, für den wir das Beste aus unseren Teleskopen herauszukitzeln versuchen. Ein gutes Bild von einem Planeten ist niemals ein Zufallstreffer: Optische Qualität, Kollimation des Teleskops, guter Abbildungsmaßstab, präzise Scharfstellung, die richtige Bildverarbeitung und ruhige atmosphärische Verhältnisse sind nur einige der Grundvoraussetzungen, die bei einer guten Aufnahme von Mars, Jupiter, Saturn oder den Mondkratern- und -bergen erforderlich sind.

Ein Bild des Saturn, das in einem Vorort von Paris 2003 mit einem 305 mm-Schmidt-Cassegrain-Teleskop und einer Webcam aufgenommen wurde. Dank der hervorragenden atmosphärischen Verhältnisse und maximaler Winkelstellung der Ringe ist an deren äußerem Ende die Encke-Teilung zu sehen. Diese Teilung ist eine kleinere Version der Cassinischen Teilung und ihr Sehwinkel beträgt nur 0,05 Bogensekunden. Ihre Länge und ihr starker Kontrast helfen allerdings beim Aufspüren. Einen Fleck von gleicher Größe und niedrigem Kontrast auf der Oberfläche des Planeten würde man nicht erkennen können.

Teleskope und Auflösungsvermögen

Alle Astronomen wissen, dass eine der fundamentalen Eigenschaften eines Teleskops der Durchmesser von dessen Optik ist. Um ihr Teleskop kurz zu beschreiben, nennen sie nicht dessen Brennweite, sondern sagen etwas wie: »Ich habe einen 60 mm-Refraktor.« Oder »Ich verwende ein 200er-Teleskop.« Der Durchmesser bestimmt die eingefangene Lichtmenge, die bei der Deep-Sky-Beobachtung so wichtig ist. Gleichfalls bestimmt sie auch die maximal mögliche Qualität der Darstellungen von Einzelheiten durch ein Teleskop. Im Prinzip ließe sich das Bild einer punktförmigen Lichtquelle wie das eines Sterns, der in der Fokusebene unendlich klein ist, durch ein Teleskop schier endlos vergrößern, sodass man auf dem Bild immer mehr Details erkennen könnte. Leider macht einem die Natur dabei einen Strich durch die Rechnung. In der Fokusebene eines Teleskops sieht das Bild eines Sterns wie eine kleine Scheibe (engl. auch *false disk*) aus, die den größten Teil des Lichts dieses Sterns enthält und die von mehreren Ringen abnehmender Helligkeit umgeben ist. Diese Scheibchen nennt man Beugungsscheibchen (nach dem Entdecker auch Airy-Scheibchen bezeichnet), die durch Beugung (Diffraktion) des Lichts durch die Blende des Teleskops entstehen. Wir wissen, dass sich Licht auf zwei unterschiedliche Weisen präsentieren kann: als Teilchen oder als Welle. Bei der Erläuterung des Bildrauschens (Kapitel 3) habe ich das Licht als Teilchen betrachtet. Wenn es allerdings um die Größe von Sternenscheibchen geht, haben wir es mit dem Wellencharakter des Lichts zu tun. Durch die Beugung werden die Details auf der Oberfläche eines Planeten oder dessen Rand weich und verschwommen. Je kleiner diese Einzelheiten sind und je geringer deren Kontrast, desto schwieriger ist es für das jeweilige Teleskop, ein scharfes und klares Bild zu liefern. Fallen sie unterhalb einer gewissen Größe, lassen sie sich gar nicht mehr erkennen.

Der als Winkel angegebene Durchmesser (d) eines Beugungsscheibchens (in Bogensekunden) ist proportional zur Wellenlänge (λ in Mikrometern) und umgekehrt proportional zum Durchmesser der Optik (D in Millimetern):

$$d = 500 \frac{\lambda}{D}$$

Ein 100 mm-Teleskop etwa erzeugt bei grünem Licht (Wellenlänge 0,56 µm) ein Beugungsscheibchen von 2,8 Bogensekunden.

Die wichtigste Folgerung aus dieser Gleichung ist, dass ein großes Teleskop theoretisch feinere und damit auch mehr Einzelheiten abbilden kann als ein kleines.

Wo liegen die Grenzen der Auflösung?

In den Bedienungsanleitungen und Spezifikationen der Teleskope ist vom *Auflösungsvermögen* die Rede, das in Bogensekunden angegeben wird. Das Auflösungsvermögen wird einfach durch die Formel 130/D berechnet, wobei D der Durchmesser des Teleskops in Millimetern ist. Bei einem 130 mm-Teleskop beträgt das Auflösungsvermögen beispielsweise eine Bogensekunde, bei einem 260 mm-Teleskop 0,5 Bogensekunden usw.

Das Auflösungsvermögen steht nicht, wie viele Leute glauben, für die Größe der kleinsten noch erkennbaren Details durch ein Teleskop. Wie sollte man, wenn dem so wäre, die Cassinische Teilung erkennen können, deren scheinbare Größe 0,7 Bogensekunden beträgt, wenn man ein 60 mm-Teleskop verwendet, dessen Auflösungsvermögen über einer Bogensekunde liegt? In der Praxis bezieht sich die Berechnung des Auflösungsvermögens nicht auf ein isoliertes Detail, sondern auf die Auflösung der Komponenten eines Doppelsterns, was etwas ganz anderes ist. Ein Detail erkennen und zwei Details voneinander trennen zu können (aufzulösen), sind zwei unterschiedliche Anforderungen, deren Erfüllung nicht nur vom Durchmesser des Teleskops, sondern auch vom Umriss und Kontrast des Details abhängt. Schließlich können wir Sterne sehen und fotografieren, deren Sehwinkel mit einem Teleskop unendlich klein sind, und doch sagt dies nichts über den Durchmesser des Teleskops oder dessen Qualität aus!

Wir dürfen aber daraus nicht schließen, dass ein Teleskop in der Lage ist, so feine Details wie gewünscht tatsächlich zu zeigen, oder auch nur, dass jedes Detail in einem Bild real ist. Wir dürfen nie vergessen, dass das Bild, welches von einem Teleskop geliefert wird, nicht die Wirklichkeit darstellt, sondern nur eine verschwommene Wiedergabe davon ist. Streuung und andere Artefakte, die durch das Bildgebungsverfahren erzeugt werden, führen dazu, dass die erkennbaren Details umso weniger glaubwürdig sind, je kleiner und kontrastärmer sie sind. Anders gesagt: Ein Teleskop ist ein Filter, der die Informationen verstärkt, aber auch verzerrt, und zwar umso mehr, je subtiler sie sind. Das Tropfenphänomen, das bei Venustransits vor der Sonne beobachtet und fotografiert werden kann, ist eines der besten Beispiele dafür, dass wir sehr vorsichtig sein müssen, wenn es darum geht, Bilder aufzunehmen. Immer wenn es einen Zweifel gibt, ist es nützlich, Bilder von größeren Teleskopen oder Raumsonden zurate zu ziehen.

OPTISCHE INTERFEROMETRIE UND AMATEURE

Bei der optischen Interferometrie werden Lichtstrahlen vereinigt, die von mehreren Teleskopen gesammelt werden (mindestens zwei), um die Menge an Bildinformationen im finalen Bild zu steigern. So einfach die Theorie, so schwierig ist diese Technik praktisch umzusetzen, weil es außerordentlich kompliziert ist, die optischen Wege aller Lichtstrahlen mit einer Genauigkeit von unter 1/10 µm abzugleichen, während sich die Länge dieser Wege durch die Erdrotation ständig ändert. Solche komplexen Systeme werden mit großen Teleskopen an den Grenzen der aktuell verfügbaren Technologie realisiert und übersteigen die Fähigkeiten des Amateurs.

Im Gegensatz zu der vereinfachten Erklärung, die häufig zu lesen ist, ergibt die Verbindung zweier Teleskope nicht die Auflösungsqualität wie ein einziges Bild, das von einem Riesenteleskop produziert wird, dessen Durchmesser der Distanz zwischen den beiden gekoppelten Teleskopen entspricht. Das Bild entspricht eher dem von einem Instrument und ist dabei von sehr dünnen Interferenzsäumen durchzogen, die leistungsfähige Computer zunächst herausrechnen müssen, bevor die Informationen von den wissenschaftlichen Arbeitsgruppen interpretiert werden können.

Im Gegensatz zur Radiointerferometrie kann man bei der optischen Interferometrie die Bilder aus unterschiedlichen Teleskopen nicht hinterher vereinigen. Aus physikalischen Gründen, die den Rahmen dieses Buches sprengen würden, müssen die Lichtstrahlen bei der optischen Interferometrie unbedingt zusammengeführt werden, bevor sie den Sensor erreichen.

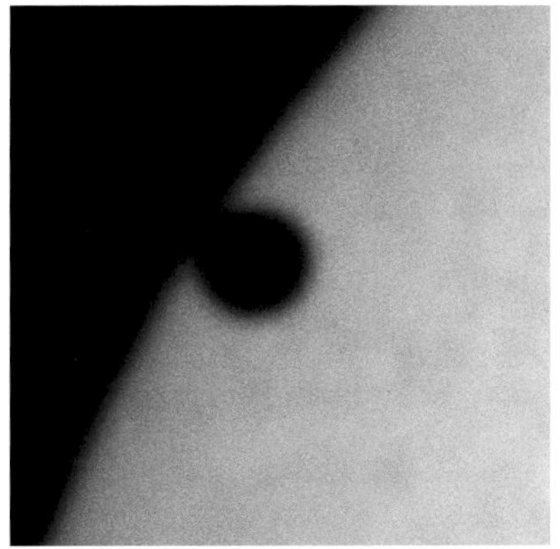

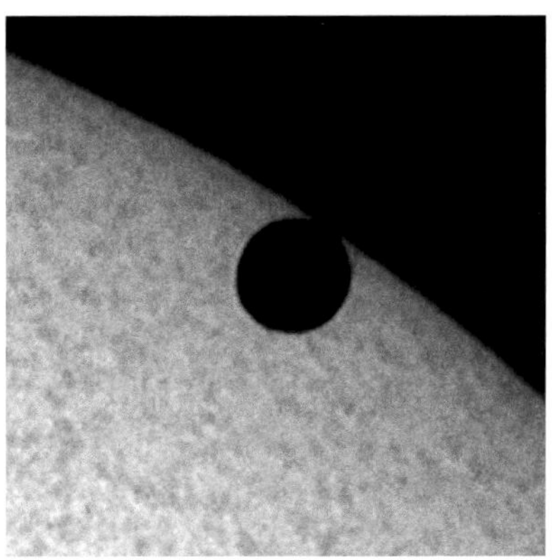

Das Tropfenphänomen, das im letzten Jahrhundert während eines Sonnentransits der Venus zu sehen war und für Kontroversen gesorgt hatte (oben). Für einige war es echt und hatte mit der Atmosphäre der Venus zu tun. Für andere war es einfach eine Folge der begrenzten Leistungsfähigkeit des Teleskops und wurde durch Beugung und chromatische Aberrationen verursacht. Heute wissen wir, dass die zweite Theorie stimmt: Auf besser aufgelösten Bildern (unten) bleibt dieses Phänomen aus.

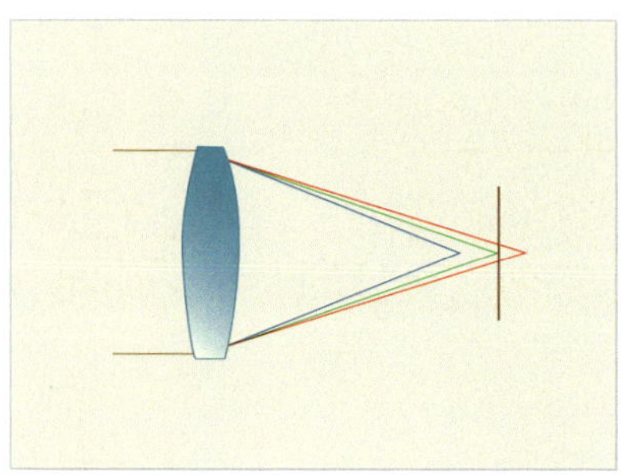

Bei einer einfachen Einzellinse hängt der Brennpunkt von der Wellenlänge des Lichts ab.

Teleskope für Planetenaufnahmen

Das perfekte Universalteleskop existiert nicht, weder in der Theorie noch in der Praxis. Um alle Eigenschaften und Bildfehler eines optischen Systems zu beschreiben, könnte man Hunderte von Seiten füllen. Newton- und Cassegrain-Teleskope sind so konstruiert, dass sie eine hervorragende Bildschärfe entlang der optischen Achse in der Bildmitte liefern. Dies reicht für die Fotografie von Planeten mit einem kleinen Sehwinkel aus. Teleskope mit einem großen Gesichtsfeld, wie man sie bei den Deep-Sky-Bildern gerne hat, sind hier nicht erforderlich. Im Folgenden einige Richtlinien zu Teleskopen (Abbildungen davon finden sich im Kapitel 7):

- Das Teleskop mit dem besten Verhältnis von Leistung zu Durchmesser ist ein apochromatischer Refraktor (siehe Abschnitt »chromatische Aberrationen«) oder ein Cassegrain-Spiegelteleskop, das für Planeten optimiert wurde.
- Das beste Preis-Leistungs-Verhältnis bietet das Newton-Teleskop.
- Die Teleskopkonstruktionen mit dem besten Verhältnis von Leistung und Größe sind Schmidt-Cassegrain und Maksutov-Cassegrain.

Bei einem gegebenen Durchmesser ist die optische Qualität der wichtigste Faktor, da von ihr Kontrast und Schärfe des Bildes abhängen. Gleichzeitig ist die Brennweite absolut zweitrangig, da sie – ganz gleich, wie lang sie auch sei – mithilfe von Barlowlinsen oder Okularen für die fokale Projektion verlängert werden muss. Anders gesagt: Das Öffnungsverhältnis ist bis auf achromatische Refraktoren bei Teleskopen für Planeten kein Auswahlkriterium: Teleskope mit kleinem Öffnungsverhältnis können genauso gute Bilder produzieren wie solche mit einem großen.

Bei der Fotografie von Planeten ist ein großer Durchmesser nicht immer die beste Wahl. Ein Teleskop mittlerer Größe, aber von guter optischer Qualität und hochwertiger Bauweise ist besser als ein schwer zu bändigendes Monster, das infolge atmosphärischer Turbulenzen nur selten gute Bilder liefert. Die Erfahrung hat gezeigt, dass das beste Teleskop dasjenige ist, das zu einem passt, das man am häufigsten benutzt und mit dem man sich gut auskennt!

Zwei Eigenschaften werden oft im Zusammenhang mit der Bildqualität genannt: die chromatische Aberration von Refraktoren und die zentrale Obstruktion von Spiegelteleskopen.

Chromatische Aberration

Eine exakt geschliffene Einzellinse kann alle Lichtstrahlen am selben Punkt auf der Fokusebene konzentrieren, doch jeweils für nur eine Wellenlänge des Lichts (eine Farbe). Die anderen Wellenlängen werden entweder davor oder dahinter fokussiert, da der Brechungsindex des Glases für jede Wellenlänge anders ist. Ist die Fokussierung für eine Farbe gut, z. B. Grün, ist der Stern von einem deutlichen Hof umgeben, der aus Violett, Blau und Rot besteht und dadurch Kontrast und Schärfe des Bildes zunichtemacht. Der Refraktor des Galileo Galilei bestand nur aus einer Linse, sodass ihm jeder billige Kaufhaus-Refraktor von heute haushoch überlegen wäre! Durch die Erfindung achromatischer Linsensysteme aus zwei Linsen von unterschiedlichem Brechungsindex wurde schließlich eine bessere Korrektur erreicht. Das Wort *achromatisch* ist allerdings irreführend, da es impliziert, dass die chromatische Aberration vollständig eliminiert wäre. In Wirklichkeit werden durch die Konstruktion des Linsensystems lediglich zwei Wellenlängen (Farben, meist Rot und Blau) dazu gebracht, denselben Brennpunkt zu haben. Die restlichen Wellenlängen weichen dann so wenig ab, dass dies in einem akzeptablen Rahmen bleibt. Die Verschiebung der Fokusebene ist bei den tiefroten und violetten Wellenlängen

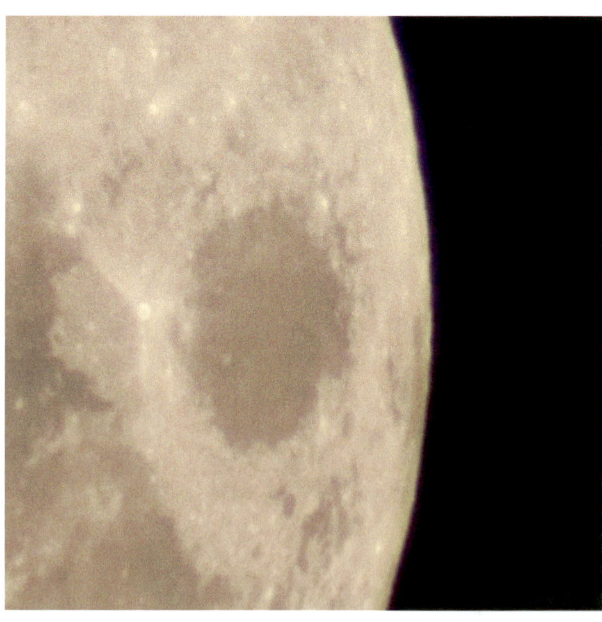

Ein Ausschnitt des Mondes, der mit einer Digitalkamera und einem achromatischen Refraktor aufgenommen wurde. Der violette Saum, der die Silhouette umgibt, wird durch chromatische Aberration verursacht.

am stärksten ausgeprägt, sodass sich ein violetter Hof um helle Sterne oder neben der Mondsichel zeigt. Die chromatische Aberrationen nimmt mit dem Durchmesser des Refraktors zu (bei gleich bleibendem Öffnungsverhältnis) und mit dem Öffnungsverhältnis ab (bei gleich bleibendem Durchmesser). Zur Reduzierung der restlichen Bildfehler haben die meisten achromatischen Refraktoren ein Öffnungsverhältnis zwischen 9 und 15.

Am anderen Ende der Preisskala der Refraktoren stehen die apochromatischen Linsensysteme aus zwei oder drei Linsen, von denen einige aus Spezialgläsern gefertigt sind. Die besten Refraktoren haben eine so gute chromatische Korrektur, dass die verbleibende chromatische Aberration bei der visuellen Beobachtung gar nicht und auf Fotos so wenig zu sehen ist, dass sie vernachlässigbar ist. Aufgrund solcher Korrekturen sind Öffnungsverhältnisse herunter bis 5 oder gar 8 möglich, ohne dass die Bildfehler stören. Die am häufigsten eingesetzten Spezialgläser sind sogenannte ED- (für *extra-low dispersion*) oder Fluorit-Gläser, die teurer als normales Glas sind und deshalb nur bei mittleren und Spitzenrefraktoren verwendet werden. Um die Sache noch weiter zu komplizieren, haben die Hersteller ein ganzes Sammelsurium an Begriffen erschaffen, die nicht das Gleiche bedeuten: *Semi-Apochromat, Apochromat, Ortho-Apochromat, Neo-Apochromat, Super-Apochromat* etc. Je nach verwendetem ED-Glas, der Anzahl der Linsen und der optischen Berechnung kann sich die Leistung von einem zum anderen Modell deutlich unterscheiden.

Da das Auge vor allem für grünes Licht empfindlich ist, kann ein achromatisches Linsensystem, das bei der visuellen Betrachtung ausreichend gut funktioniert, bei der Fotografie zu unliebsamen Überraschungen führen, da die Empfindlichkeit des Sensors sich über alle sichtbaren Wellenlängen hinweg erstreckt und bei monochromen Sensoren noch in den Infrarotbereich reicht. Um die violetten oder lila Farbsäume zu reduzieren, kamen Filter unter Namen wie »Contrast Booster«, »Fringe Killer« und »Minus Violet« auf den Markt. Sie wurden für achromatische Refraktoren entwickelt und sperren problematische Wellenlängen, vor allen Dingen Violett und sogar etwas Blau aus, wodurch die Objekte eine gelbliche Farbe bekommen. Sie sind bei achromatischen Refraktoren ganz nützlich, vor allem bei solchen mit geringem Öffnungsverhältnis, bringen aber keine Bildverbesserung bei echten apochromatischen Refraktoren und selbstverständlich auch nicht bei Spiegelteleskopen.

Die Auswirkung der zentralen Obstruktion

Bei einem Teleskop mit Sekundärspiegel schattet dieser einen Teil des einfallenden Lichts ab, was zu einem gewissen Lichtverlust und Kontrastreduzierung führt. Diese Obstruktion wird meistens als Verhältnis zwischen dem Durchmesser des Sekundärspiegelhalters und dem Durchmesser des Hauptspiegels ausgedrückt (manche Hersteller geben auch den prozentualen Anteil der verdeckten Fläche an, was eigentlich der bessere Wert ist). Bei einem 200 mm-Teleskop, dessen Sekundärspiegel einen Durchmesser von 60 mm hat, beträgt die Obstruktion 30 %, doch entsprechend dem Flächenverhältnis liegt der Lichtverlust bei nur 9 %. Der Verlust an Kontrast ist allerdings größer, sodass dieser bei kleinen Details von Planeten 30 bis 35 % betragen kann. Bei solchen Details liefert ein 200 mm-Teleskop nur etwa so viel Kontrast wie ein 130 mm-Teleskop ohne zentrale Obstruktion unter Beibehaltung des höchsten erzielbaren Auflösungsvermögens. In der folgenden Tabelle sind die üblichen Obstruktionswerte, der Lichtverlust und der maximale Kontrastverlust aufgeführt. Bei Newton-Teleskopen führt noch die Fangspiegelspinne zu einer gewissen Kontrastreduktion, die allerdings vernachlässigbar ist, wenn die Streben einigermaßen dünn sind.

Obstruktion	Lichtverlust	maximaler Kontrastverlust
15 %	2 %	10 %
25 %	6 %	25 %
35 %	12 %	40 %
45 %	20 %	60 %

Licht- und maximaler Kontrastverlust bei üblichen Obstruktionswerten, die sich auf den Durchmesser beziehen.

In einer idealen Welt wären alle Instrumente für die Planetenbeobachtung apochromatische Refraktoren. Doch deren Größe und vor allem deren Preis steigen oberhalb von 100 bis 130 mm übermäßig an. Ein Spiegelteleskop von guter optischer Qualität und viel größerem Durchmesser hat ein besseres Preis-Leistungs-Verhältnis und die durch die größere Blende erzielte Kontrastverbesserung gleicht den Verlust durch den Sekundärspiegel wieder aus. Ein klassisches Cassegrain- oder Newton-Teleskop mit mittlerer Obstruktion (etwa 20 %) kann für den Amateur, der sich auf Planetenaufnahmen spezialisiert hat, ein hervorragendes Werkzeug sein. Doch selbst Schmidt-Cassegrain- und Maksutov-Cassegrain-Konstruktionen haben trotz ihrer größeren Obstruktion ihre Fähigkeiten auf diesem

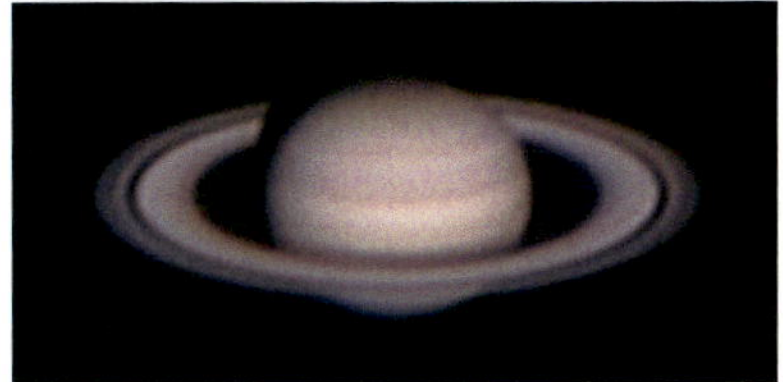

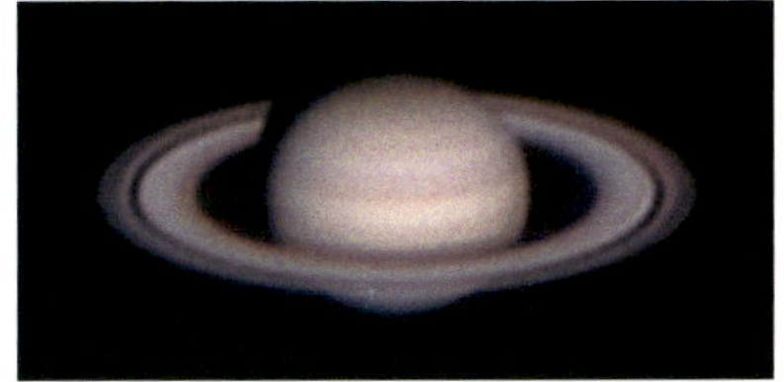

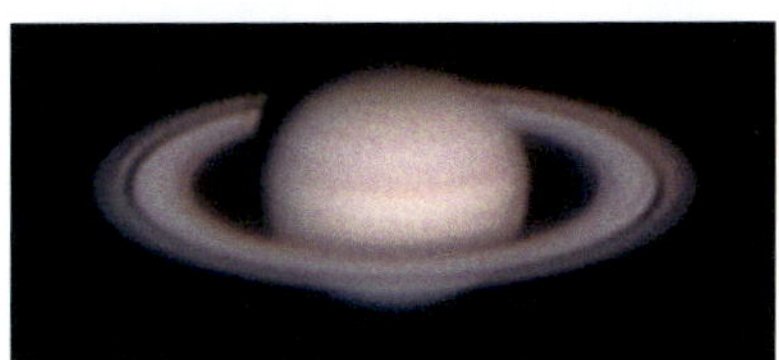

Klassisch verarbeitete Bilder des Saturn (kombiniert und mit Unscharf maskieren *geschärft), die mit einem Refraktor und einer Webcam aufgenommen wurden. Um die Auswirkung der zentralen Obstruktion zu demonstrieren, wurden Papierscheiben vor das Teleskop gehalten und Obstruktionswerte von 0 %, 20 %, 35 % und 50 % simuliert (von oben nach unten).*

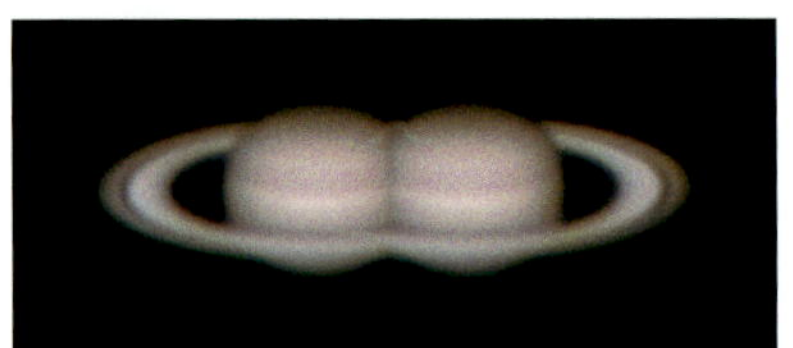

Die scheinbare Bewegung eines Planeten aufgrund der Erdrotation innerhalb von nur einer Sekunde

Mit einer azimutalen Montierung, die nicht motorgesteuert ist, kann man zwar die Mondscheibe fotografieren, doch für Planeten ist sie nicht ideal.

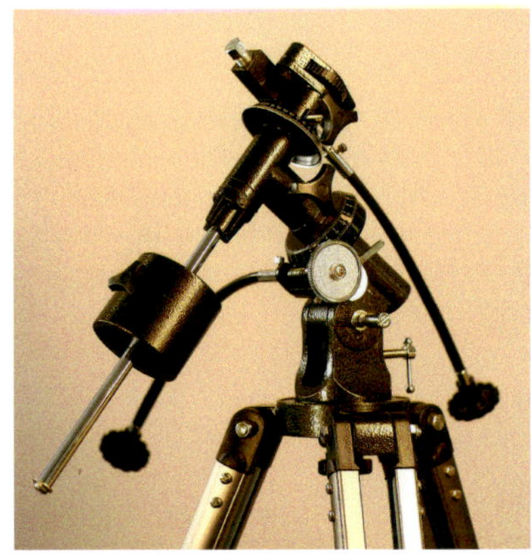

Diese äquatoriale Montierung hat keine Motorsteuerung, kann jedoch damit ausgestattet werden. Aufgrund der Erschütterungen und der ungleichmäßigen Geschwindigkeit kann man damit zwar einen Planeten oder den Mond im Gesichtsfeld zentrieren, sie eignet sich jedoch nicht für stetiges, gleichmäßiges Nachführen.

Gebiet schon unter Beweis gestellt. Eine geringe zentrale Obstruktion ist noch keine Garantie für gute Ergebnisse bei Planetenaufnahmen, da sie dabei nur selten der limitierende Faktor ist.

Kollimation

Die Kollimation wurde in Kapitel 4 beschrieben. Eine Fehlstellung der Optik kann zu einem Bildfehler führen, der dem eines Fabrikationsfehlers einer optischen Komponente eines Instruments entspricht. Bei Planetenaufnahmen kann dies die optische Qualität des Teleskops ruinieren, sodass bloßes Ignorieren keine Lösung ist.

Bei starken atmosphärischen Turbulenzen ist die Kollimation schwierig. Man sollte daher unter solchen Bedingungen (in diesen Nächten ist das Beobachten und Fotografieren von Planeten sowieso nicht angebracht) nicht versuchen, die Kollimation zu verbessern.

Montierung und Nachführung

Auf die Einzelheiten der unterschiedlichen Typen von Montierungen werden wir in Kapitel 7 noch ausführlich eingehen, denn Langzeitaufnahmen sind die anspruchsvollste Anwendung einer Montierung. In den folgenden Abschnitten werden wir die Eignung jedes Montierungstyps (feststehend, äquatorial und azimutal) für die Fotografie von Planeten behandeln.

Feststehende Montierung

Von einer feststehenden Montierung spricht man, wenn sie nicht motorgesteuert ist, wie z. B. bei einem Fotostativ einer Dobson-Montierung, aber auch bei einer manuell betriebenen äquatorialen Montierung. Die Erdrotation macht sich bei Planeten mit etwa 15 Bogensekunden pro Sekunde bemerkbar, was in etwa dem scheinbaren Durchmesser des Saturn entspricht! Diese rasche Bewegung erschwert Planetenaufnahmen mit einer feststehenden Montierung:

- Die Belichtungszeit muss kurz genug sein, um sichtbare Schärfeverluste zu verhindern. Bei einer Belichtungszeit von beispielsweise 1/10 Sekunde beträgt die Bewegungsunschärfe bereits 1,5 Bogensekunden, also schon doppelt so viel wie die Breite der Cassinischen Teilung.
- Der Planet gerät rasch aus dem Gesichtsfeld und das Teleskop muss ständig neu ausgerichtet werden. Bei einer Brennweite von beispielsweise 3000 mm durchkreuzt ein Planet den Sensor einer 1/4-Zoll-Videokamera in weniger als 20 Sekunden; bei einer DSL beträgt diese Zeit etwa 2 Minuten.

Praktisch gesehen kann man mit einer DSL nur in Verbindung mit kurzen Brennweiten fotografieren und muss dabei berücksichtigen, dass es auf diese Weise unmöglich ist, zu Ergebnissen zu kommen, die dem entsprechen, was man bei der visuellen Beobachtung sieht.

Motorgesteuerte äquatoriale Montierung

Die motorgesteuerte Äquatorialmontierung ist eine einfache und effiziente Lösung zur Nachführung jeden Himmelskörpers. Die Fotografie von Planeten erfordert keine polare Ausrichtung, die so präzise sein muss wie bei Deep-Sky-Bildern (siehe Kapitel 7). Bei relativ kurzen Belichtungszeiten wirken sich kleine Abweichungen nicht aus.

Motorgesteuerte azimutale Montierung

Die Azimutalmontierung (manchmal auch Altazimut- oder Alt/Az-Montierung genannt) hat eine vertikale (Höhe) und eine horizontale (Azimut-)Achse. Ist diese computergesteuert, orientiert sie sich automatisch im Raum, indem sie, von zwei Motoren in der richtigen Geschwindigkeit angetrieben, jedes Objekt am Himmel verfolgen kann.

Für die visuelle Beobachtung reicht die Nachführung im Altazimut-Modus völlig aus, da das Objekt nur im Gesichtsfeld des Okulars gehalten werden muss. Der Hauptnachteil dieses Systems bei der Fotografie ist die Feldrotation: Das Objekt scheint sich im Verlauf des Abends langsam aus seiner Mitte zu drehen. Wenn man, wie z. B. von einem Viertelmond, nur ein Bild macht, ist dies kein Problem. Doch sobald, wie es mit einer Webcam die Regel ist, viele Bilder miteinander kombiniert werden sollen, muss die Feldrotation zwischen dem ersten und letzten Bild der Serie klein genug sein, um nicht ins Gewicht zu fallen. Während das Übereinanderlegen von Planetenbildern, die lediglich in zwei Achsen verschoben sind, recht einfach funktioniert, ist es äußerst schwierig, Bilder in Deckung zu bringen, die zudem noch verdreht sind. Bei Aufnahmen mit einer Webcam sollte man daher die Aufnahmedauer einer Bilderserien auf einen Zeitrahmen beschränken, der von der Feldrotation zum Aufnahmezeitpunkt und der Position am Himmel bestimmt wird (siehe Textbox »Feldrotation beim Altazimut-Modus«). Die Feldrotation hat folgende Eigenschaften:

- Sie nimmt mit der Höhe des Planeten über dem Horizont zu.
- Sie nimmt mit dem Breitengrad des Beobachtungspunkts ab.
- Sie ist am höchsten, wenn der Planet am Himmelsmeridian (der höchsten Position am Himmel) steht.
- Sie ist am geringsten, wenn der Planet exakt in östlicher oder westlicher Richtung steht.

DIE FELDROTATION IM ALTAZIMUT-MODUS

Die Amplitude der Feldrotation (R, in Grad) zwischen zwei Zeitpunkten, die T Minuten auseinanderliegen, hängt von der Position des Planeten am Himmel, vor allem dessen Höhe über dem Horizont (H, Elevation) und dessen Azimut (A, von Norden aus und positiv in Richtung Osten) ab:

$$R = \frac{1}{4} T \frac{\cos L \cos A}{\cos H}$$

L bezeichnet den Breitengrad des Beobachtungspunkts. Befindet sich der Jupiter beispielsweise auf dem Himmelsmeridian (A = 180°) bei einer Elevation von 50° und wird vom 45. Breitengrad aus beobachtet, beträgt die Rotation seiner Scheibe um ihr Zentrum −0,28°/min (der negative Wert steht für die Rotation im Uhrzeigersinn).

Im scheinbaren Abstand d (in Bogensekunden oder Pixel) vom Zentrum der Kugel aus beträgt die Verdrehung B (gleiche Einheit wie d):

$$B = \pi \frac{dR}{180}$$

Beim Jupiterglobus, dessen Radius etwa 23 Bogensekunden beträgt, führt eine Rotation von plus oder minus 0,28° zu einer Bewegungsunschärfe von 0,11 Bogensekunden. Diese Bewegungsunschärfe muss kleiner sein als der Abbildungsmaßstab.

Aus der Kombination dieser beiden Formeln ergibt sich die maximale Zeit (T, in Minuten), die von der maximal zugelassenen Bewegungsunschärfe (B) und dem maximalen Radius (r) des Planeten abhängt (jeweils die gleiche Einheit, Bogensekunden oder Pixel):

$$T = 230 \frac{B \cos H}{r \cos L \cos A}$$

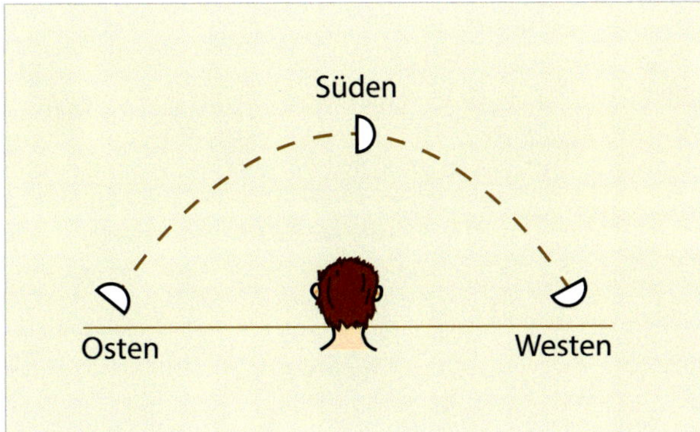

Man kann den Menschen als Altazimut-System betrachten. Dieses Bild zeigt das Phänomen der Feldrotation, wenn man den Mond von seinem Aufgang über den Himmelsmeridian bis zu seinem Untergang betrachtet.

Teleskope wie das NexStar von Celestron, das hier abgebildete AutoStar oder das LX von Maede sind mit einer computergesteuerten Altazimut-Montierung ausgestattet.

Die Atmosphäre

Ein berühmter Astronom sagte einmal: »Der schlechteste Teil am Instrument ist die Atmosphäre.« Die Atmosphäre ist ständig in Bewegung und die Durchmischung der Luftmassen unterschiedlicher Temperatur erzeugt eine kleine Turbulenz, die zu raschen Verwirbelungen der Lichtstrahlen führt. Bei einem Stern, den man mit bloßem Auge betrachtet, äußert sich diese Störung durch ein Funkeln (Szintillation). Bei starker Vergrößerung durch ein Teleskop betrachtet, wird das Bild eines Sterns noch zusätzlich verändert:

- Es ist unsteter Bewegung ausgesetzt.
- Das Beugungsscheibchen wird unscharf, verzerrt und ausgedehnt. Es ist bis auf kurze Momente kaum mehr zu erkennen.

In der Praxis äußert sich das so, dass je nach vorherrschenden atmosphärischen Bedingungen der eine oder andere Effekt dominiert und die daraus resultierenden Verzerrungen schnell oder eher langsam sind. Unter solchen Bedingungen hängt die Wahrnehmung des Effekts vom Durchmesser des Teleskops ab. Gehen wir einmal von einer typischen Beobachtungssituation eines Amateurs aus. Mit einem Teleskop unter 100 mm ist das Beugungsscheibchen trotz Bewegung immer wieder zu sehen. Mit einem Teleskop von 300 mm oder mehr ist ein schönes Beugungsscheibchen eine ziemliche Seltenheit. Meistens ist es stark verzerrt oder nicht einmal zu erkennen. Von manchen ungünstigen Orten aus ist es sogar niemals zu sehen. Aufgrund dieser atmosphärischen Turbulenzen

Zwei aufeinanderfolgende Bilder der Mondrille Rima Hadley, die aus derselben Videosequenz stammen. Sie demonstrieren die unsteten Schärfeveränderungen innerhalb von Sekundenbruchteilen.

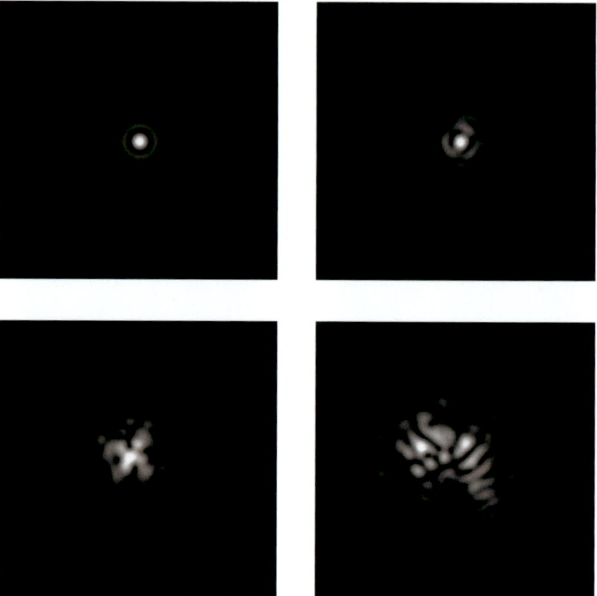

Beugungsscheibchen bei zunehmender atmosphärischer Turbulenz. Über das zweite Bild hinaus (oben rechts) wird die Kollimation schwierig und die Leistungsfähigkeit des Teleskops ist deutlich eingeschränkt.

(auch *Seeing* genannt) verschlechtert sich das Verhältnis zwischen der tatsächlichen und der theoretisch möglichen Leistungsfähigkeit des Teleskops, vor allen Dingen bei großen Durchmessern. Aus diesem Grund gilt ein Durchmesser von 200 bis 250 mm von einem typischen Beobachtungsplatz aus als guter Kompromiss für Planetenaufnahmen.

Das Seeing ist ein sehr unstetes und unvorhersehbares Phänomen. Von einem Augenblick zum nächsten können sich deutliche Veränderungen abspielen. Eine Nacht kann ziemlich mittelmäßig beginnen und sich später stabilisieren oder umgekehrt. In trockenen und kalten Winternächten ist die Transparenz der Atmosphäre häufig hervorragend, da der Himmel klar ist und deshalb Tausende von Sternen zu sehen sind – und trotzdem kann das Seeing schlecht sein, da diese beiden Bedingungen nicht voneinander abhängen. Dort, wo ich wohne, ist das Seeing in windstillen, milden und feuchten Nächten am besten für Planetenaufnahmen. Ich erinnere mich vor allem an eine magische Nacht im April 1995, als der Mars durch das Okular meines 250 mm-Teleskops regungslos erschien. Währenddessen war ich von einer dünnen Lage Nebel umhüllt und das kondensierte Wasser tropfte vom Teleskop herunter.

Ein weiterer Irrglaube ist, dass Standorte in großer Höhe immer besser sind. Man darf nicht den Fehler begehen, die Durchsichtigkeit mit den Verhältnissen der atmosphärischen Turbulenzen, also dem Seeing zu verwechseln. Pic de Midi in Frankreich bietet häufig gute atmosphärische Verhältnisse, doch das liegt daran, dass dieser Ort auf einem frei stehenden Gipfel liegt, der über die umgebenden Berge hinausragt, und die vorherrschenden Winde mit laminarer Strömung wehen. Vermutlich sind die Bedingungen auf den Hochebenen Chiles oder auf Vulkaninseln wie Hawaii oder den Kanaren ähnlich. Hügelige Gegenden und vor allem Berghänge und tiefe Täler können sich als ungünstiger gegenüber Flachland erweisen, da die Luftbewegungen dort sehr komplex sind. Gute Ergebnisse wurden besonders an Küsten, zum Beispiel in Florida, Texas oder Tahiti erzielt, da die Meeresnähe für konstante Temperaturen sorgt.

Die Auswirkungen von schlechtem Seeing werden von der Höhe des Planeten über dem Horizont bestimmt, da von ihr die Dicke der unruhigen Atmosphäre abhängt, durch die die Lichtstrahlen hindurch müssen. Verglichen mit dem Zenit, müssen die Lichtstrahlen bei einer Höhe von 30° doppelt so viel Atmosphäre durchdringen und bei 15° viermal so viel. Deshalb sind die Stunden, in denen sich das Objekt über dem Himmelsmeridian bewegt (auf der Nordhalbkugel Richtung Süden und auf der Südhalbkugel Richtung Norden), für Aufnahmen am besten. Bei

DIE ATMOSPHÄRISCHE DISPERSION UND DEREN KORREKTUR

Himmelsobjekte mit geringer Elevation über dem Horizont zu betrachten, ist nicht nur aufgrund größerer atmosphärischer Turbulenzen ungünstig, sondern auch wegen der atmosphärischen Dispersion. Die Atmosphäre verhält sich wie ein Prisma und bricht die Lichtstrahlen in vertikaler Richtung. Dieser Effekt hängt von der Wellenlänge ab: Blaue Strahlen werden stärker gebrochen als rote. Deshalb wird der blaue Teil des Bildes relativ zum grünen vertikal verschoben und ist selbst gegen den roten verschoben. Wenn beispielsweise die Venus nahe am Horizont steht, zeigt das Teleskop oben herum einen blauen und unten einen roten Farbsaum. Die Winkelverschiebung zwischen dem roten und blauen Bild beträgt bei einer Höhe von 50° eine Bogensekunde, zwei Bogensekunden bei 35° und vier Bogensekunden bei 20°.

Bei Planetenaufnahmen, die mit einem Farbsensor tief am Himmel aufgenommen wurden, können die drei Farbkanäle bei der Nachbearbeitung wieder zusammengeführt werden. Bei einem monochromen Sensor hilft ein gelber oder roter Filter, die Dispersion zu verringern. Wird ein solcher Sensor ohne einen derartigen Filter oder lediglich mit einem Breitbandfilter (reiner Schutzfilter oder UV- und Infrarotsperrfilter) verwendet, kann ein Dispersionskorrektor (ADC) helfen. Astrofotografen, die sehr detailreiche Bilder von Planeten machen, sehen einen zusätzlichen Effekt eines Farbfilters in Verbindung mit dem Dispersionskorrektor vor allem durch einen Blaufilter, da die Änderung der Dispersion in diesem Wellenlängenbereich am größten ist.

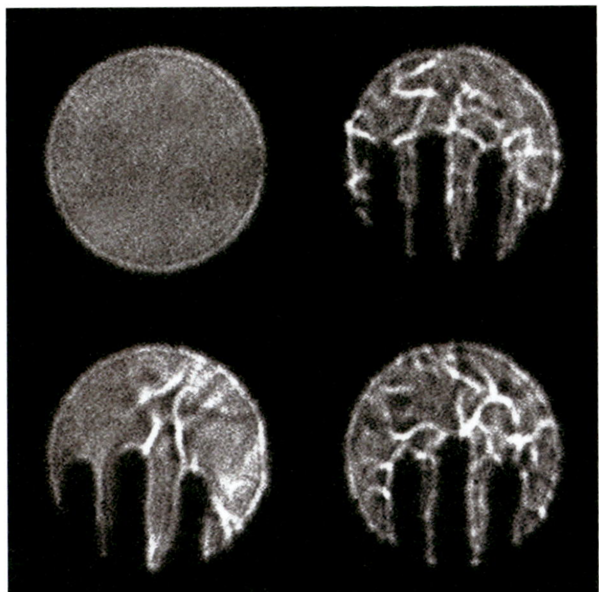

Der menschliche Körper ist ein hervorragender Wärmestrahler, wie man an diesen Schlieren warmer Luft sieht, die von einer Hand ausgehen, welche vor die Blende eines Refraktors gehalten wurde.

Als dieses Bild mit einer Farbkamera an einem Refraktor aufgenommen wurde, befand sich die Venus nicht hoch über dem Horizont. Durch die atmosphärische Dispersion streuen die Farben vertikal. Je nach Ausrichtung von Teleskop und Sensor im Verhältnis zum Horizont kann diese Farbverschiebung in unterschiedliche Richtungen weisen.

einem Planeten oder dem Mond, von einem Ort mit dem Breitengrad L betrachtet, beträgt bei einer Deklination δ die Höhe bei der Passage des Himmelsmeridians $90° - L + \delta$. Die höchstmögliche Deklination (positiver Wert für Beobachter auf der Nordhalbkugel) ist günstig, da sich der Planet dann höher am Himmel befindet.

Die atmosphärischen Turbulenzen werden durch Bewegung von Luftmassen in unterschiedlichen Höhen verursacht. Doch auch lokale Phänomene können Turbulenzen erzeugen, vor allen wenn die Sichtlinie über einen Kamin oder ein Auto führt, dessen Motor noch warm ist. Menschen, die vor dem Teleskop stehen, müssen sich daher entfernen. Im Winter durch ein geöffnetes Fenster zu beobachten, ist keine gute Idee, da die Durchmischung kalter und warmer Luftmassen die Bildschärfe ruiniert (durch das geschlossene Fenster ist allerdings ebenfalls nicht empfehlenswert, da die optische Qualität des Fensterglases weit unter den Anforderungen für optisches Glas bei Teleskopen liegt). Trotz ihrer ästhetischen Qualitäten sind Kuppeln auf Observatorien thermisch gesehen nicht ideal, da die im Tagesverlauf angesammelte oder die von Menschen abgegebene Wärme durch die gleiche Öffnung entweicht, durch die auch das Teleskop zeigt. Eine Rolldachhütte ist in dieser Hinsicht viel besser.

Die dritte Quelle für Turbulenzen ist das Teleskop selbst. Befindet es sich mit seiner Umgebungsluft nicht im thermischen Gleichgewicht, kommt es zu Luftbewegungen und Bildveränderungen: Schon ein Temperaturunterschied von 2 °C kann zu sichtbaren Auswirkungen führen! Gibt es Temperaturunterschiede innerhalb der Spiegel, können sie sich verzerren und zu optischen Bildfehlern führen. In dieser Hinsicht sind Refraktoren günstiger, da die thermisch bedingte Verformung von Oberflächen bei einer Linse weniger ins Gewicht fällt als bei einem Spiegel und auch deshalb, weil die Lichtstrahlen

Ein Dispersionskorrektor besteht aus zwei drehbaren Prismen, die so konstruiert sind, dass sie atmosphärische Dispersionen durch ihre eigene, aber entgegengesetzte Dispersion ausgleichen. Der Korrektor wird vor dem Sensor platziert. Die Einstellung der Prismen nimmt man manuell vor, während man einen Stern (durch ein Okular oder das Kamerabild) betrachtet, der die gleiche Elevation über dem Horizont hat wie der Planet. Nach jeder signifikanten Veränderung der Elevation muss diese Einstellung angepasst werden.

nur einmal durch eine Linse, aber zwei- oder dreimal über einen Spiegel gehen. Die Erfahrung hat gezeigt, dass es günstig ist, das Teleskop eine Stunde vor der Beobachtung draußen aufzustellen. Wenn es im Winter aus einem beheizten Haus kommt, sind auch zwei Stunden nicht übertrieben; und eines, das den ganzen Tag im Auto in der Sonne gelegen hat, kann mehrere Stunden benötigen, um die Umgebungstemperatur anzunehmen. Instrumente mit geschlossenem Tubus wie Schmidt-Cassegrain-, Maksutov-Cassegrain- und andere Teleskope können aufgrund ihres Isolierungsverhaltens mitunter sehr lange brauchen, bis sie die Umgebungstemperatur angenommen haben, sodass hier Luftlöcher hinten oder – noch besser – Ventilatoren anzuraten sind.

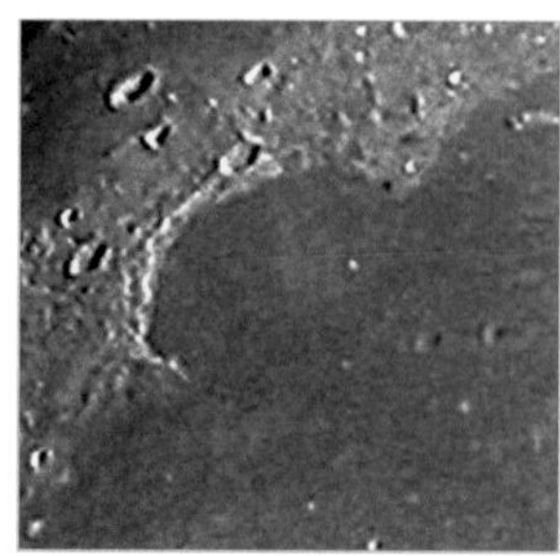

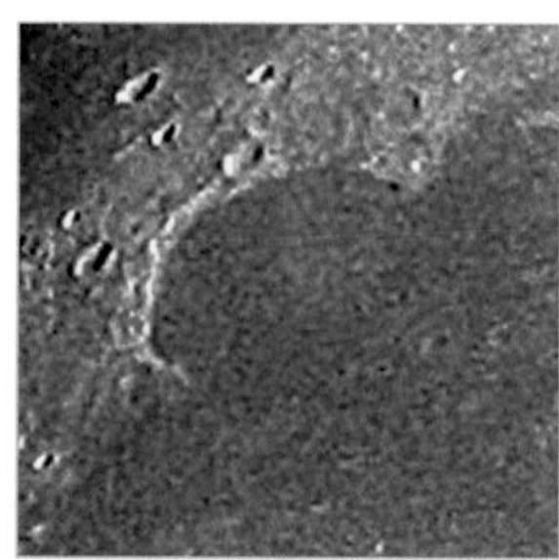

Wie schon in Kapitel 3 gesehen, ist das dominante Rauschen bei hellen Objekten das Photonenrauschen. Diese Ausschnitte von identischen Mondbildern, die mit einer DSL bei ISO 100 (links 1/250 Sekunde) und ISO 800 (rechts 1/2000 Sekunde) aufgenommen und mit einer Unschärfemaske geschärft wurden, zeigen, dass die niedrigere ISO besser ist, da sie achtmal mehr Licht eingefangen hat als die andere. Eine achtfach verlängerte Belichtungszeit kann allerdings im Hinblick auf atmosphärische Turbulenzen verheerend sein.

Kameras und deren Einstellungen

Selbst mit einer einfachen Kamera kann man Planetenaufnahmen machen. Die Anzahl der Fotodioden oder Pixel ist nur beim Mond maßgebend, dagegen nicht bei den Planeten. Mehr als eine halbe Million Pixel sind selbst beim größten Planeten, dem Jupiter, nicht nötig. Eine hohe Anzahl von Fotodioden ist nutzlos und führt nur dazu, dass ein kleines Objekt vor ganz viel Schwarz verschwindet. Der Weißlichtabgleich muss auf *Sonnenlicht* stehen, da der automatische Weißlichtabgleich zu unvorhersehbaren Farben führen würde, weil die Kamera im Bild keine brauchbare Referenz finden kann. Im RAW-Modus ist die Weißlichtabgleich-Einstellung glücklicherweise egal, da sie keinen Einfluss auf die gespeicherten Daten hat und im Verlauf der Verarbeitung noch geändert werden kann.

Die Belichtungseinstellung muss im manuellen Modus erfolgen und die Belichtungszeit durch Ausprobieren ermittelt werden, um ein Bild zu bekommen, das so hell wie möglich, jedoch nicht überbelichtet wird. Das Histogramm eines Bildes ist eine gute Hilfe, Überbelichtungen ausfindig zu machen. Bei hellen Objekten wie Planeten, der Sonne und dem Mond ist es, wenn die Bedingungen es zulassen, besser, die Kamera auf eine nicht zu hohe ISO-Empfindlichkeit einzustellen. Dies ermöglicht eine längere Belichtungszeit und damit eine Verbesserung des Signal-Rausch-Verhältnisses (siehe Kapitel 3).

Eine Kompakt- oder Bridgekamera kann man mithilfe eines afokalen Adapters (siehe Kapitel 4) direkt hinter dem Okular anbringen. Die Vergrößerung des Bildes hängt dann von der Brennweite des Okulars und der Zoomeinstellung der Kamera ab.

Kameras mit Wechselobjektiven (DSLs) lassen sich am einfachsten auf ein astronomisches Instrument montieren, sei es im Fokus oder hinter einem Linsensystem mit Vergrößerung (Barlowlinse oder Brennweitenverstärker). Bei Spiegelreflexkameras mit einklappbarem Spiegel sollten Sie sich vor den Vibrationen hüten, die durch die Bewegung des Spiegels zu Beginn der Belichtung entstehen. Dies führt unweigerlich zu Erschütterungen, die selbst bei einem schweren Teleskop bei den verwendeten langen Brennweiten zu Schärfeverlusten führen. Eine halbwegs brauchbare Lösung besteht in der Spiegelvorauslösung, bei der per Knopfdruck der Spiegel nach oben bewegt und zeitlich etwas verzögert der Verschluss betätigt wird. Doch da auch hier der Verschluss unmittelbar vor der Aufnahme bewegt wird, ist es besser, den Live-View-Modus zu verwenden, bei dem ständig der Spiegel hochgeklappt und der Verschluss geöffnet ist (oder sich bei manchen Kameras erst nach der Aufnahme bewegt).

Aber es sind die Videokameras, die bei weitem die besten Ergebnisse liefern, wenn es darum geht, möglichst detaillierte Bilder von Planeten oder dem Mond zu erhalten. Wenn es keine Atmosphäre gäbe, wären Digitalkameras wahrscheinlich am effektivsten. Doch der Hauptfeind des Planetenfotografen, die Turbulenz, verändert die Situation völlig. Wissenschaftliche Untersuchungen dieses komplexen Phänomens haben gezeigt, dass sich die Bildqualität durch ein Teleskop im zeitlichen Verlauf rasch ändern kann und für einen Augenblick manchmal äußerst gut ist. Die

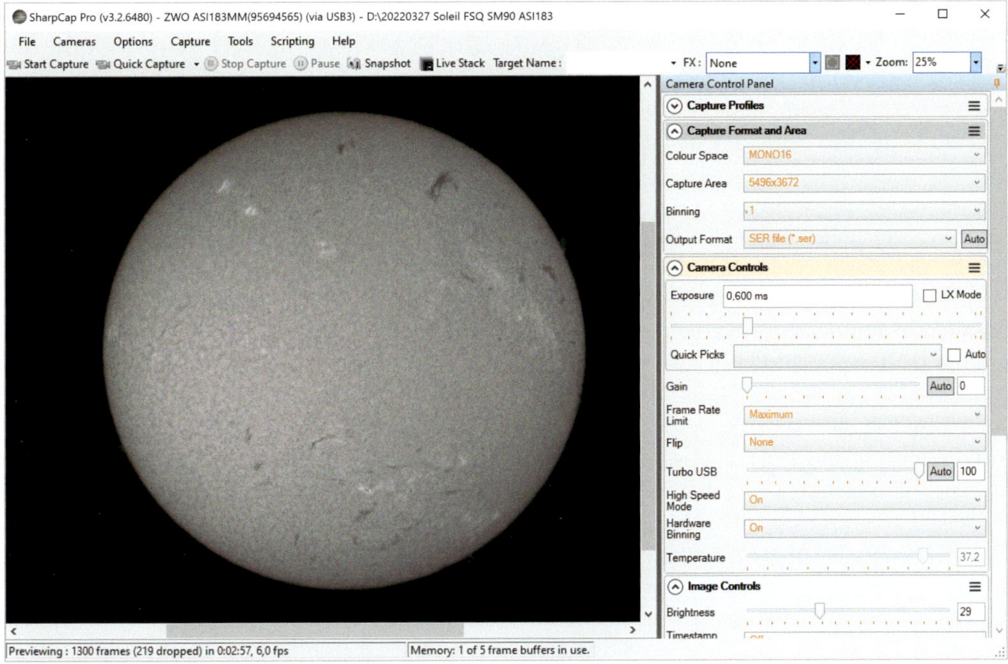

Sharpcap kann viele astronomische Kameras steuern (hier ZWO).

beste Möglichkeit, diese flüchtigen und nicht vorhersagbaren Momente einzufangen, besteht darin, fortlaufend Bilder aufzunehmen. Bei der relativ niedrigen Bildrate von Digitalkameras ist die Chance, einen klaren Moment zu erwischen, entsprechend gering. Je stärker die Turbulenzen sind, desto weniger gute Bilder hat man natürlich auch in seiner Videosequenz. Mit anderen Worten: Video kann die Turbulenzen nicht ungeschehen machen, doch hilft es, unter den gegebenen Bedingungen die besten Bilder zu erwischen. Ist die Sicht permanent verschwommen, kann aber selbst ein Video nicht helfen!

Die Kehrseite der Videos ist deren mittelmäßiges Signal-Rausch-Verhältnis. Deswegen kann ein aus einem Video ausgewähltes Bild nicht von hoher Qualität sein. Um dennoch ein gutes Signal-Rausch-Verhältnis zu bekommen und feine Einzelheiten hervorheben zu können (siehe Abschnitt »Verstärkung von Details« ab Seite 98), sollten zig oder Hunderte von Bildern kombiniert werden. Glücklicherweise können bei Bildraten von 15, 30, oder gar 100 Bildern pro Sekunde Tausende von Bildern innerhalb von kurzer Zeit aufgenommen werden.

Bei der Aufnahme von Planeten ist die Anzahl der Fotodioden selbst des kleinsten Videosensors (640 × 480, VGA-Format) überhaupt kein Hindernis. Sogar mit einer

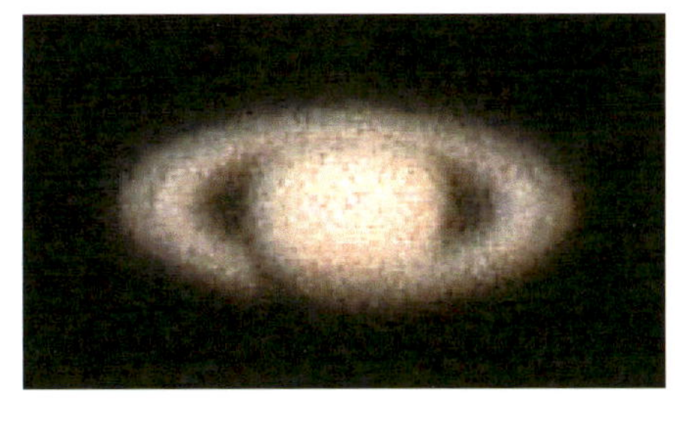
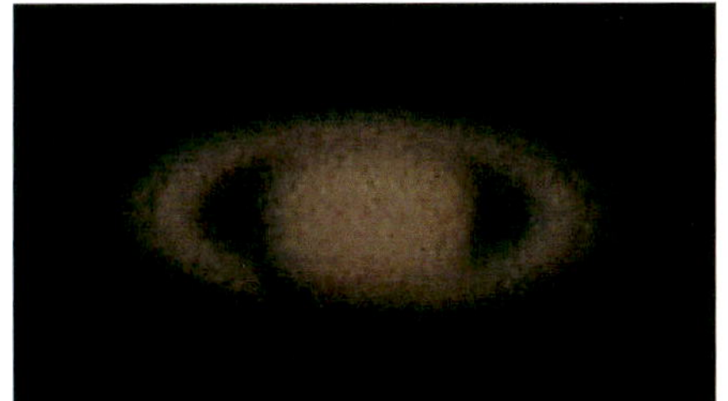
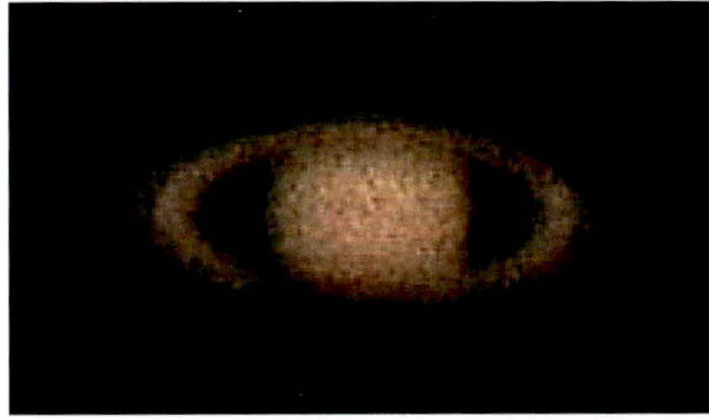
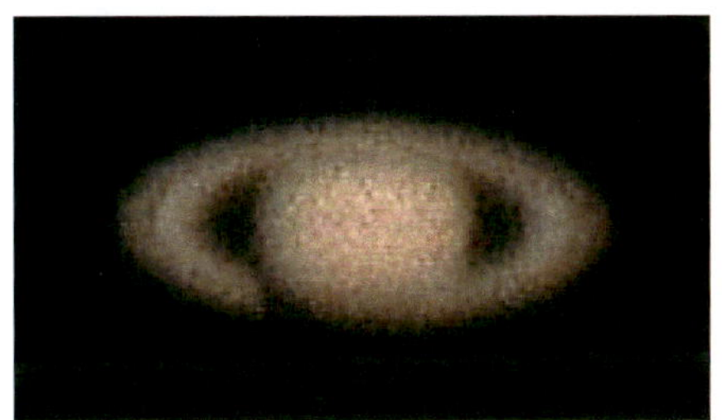

Die Einstellungen der Videokamera müssen sorgsam gewählt werden, um das Beste aus einer 8-Bit-Digitalisierung herauszuholen. Oben links ist der Planet überbelichtet, oben rechts unterbelichtet. Unten links sind die Lichter zwar korrekt belichtet, nicht aber die dunkleren Partien, wodurch Details im Staubring verloren gegangen sind; unten rechts sind die Einstellungen optimal. Man beachte das Rauschen, das Videobilder ausmacht.

ziemlich langen Brennweite von 10 m passt der Jupiter bei seinem größten scheinbaren Durchmesser so gerade in das Bild eines 1/4-Zoll-Sensors. Bei Mond und Sonne jedoch bestimmt bei einem festgelegten Abbildungsmaßstab die Anzahl der Fotodioden das Gesichtsfeld. Ein weiterer wichtiger Parameter ist die Quanteneffizienz des Sensors (siehe Kapitel 2). Bleibt das Ausleserauschen innerhalb akzeptabler Grenzen (weniger als 20 Elektronen), ist es bei Planeten kein Problem, da bei ihnen normalerweise das Photonenrauschen überwiegt (siehe Kapitel 3). Die Größe der Fotodioden ist ebenfalls unkritisch, da die Brennweite des Instruments für den gewünschten Abbildungsmaßstab eingestellt werden kann (siehe Kapitel 4). Die Größe bestimmt zwar zum Teil die Kapazität der Fotodiode an Elektronen, allerdings ist dies auch nicht sehr wichtig, wenn die Videoverstärkung hochgeregelt wird und wir die Kapazität dann sowieso nur zum Teil nutzen.

Astronomische Videokameras werden über einen Computer und spezielle Erfassungssoftware (z. B. Lucam Recorder, Sharpcap, Firecapture) gesteuert. Dabei empfehlen sich folgende Einstellungen:

- Bildgröße: ganzer Sensor oder Ausschnitt (Crop)
- Anzahl der Bits: 8 Bit reicht für den typischen Helligkeitsumfang von Planeten aus, wobei sich 10 Bit oder 12 Bit in besonderen Fällen anbieten (Sonnenscheibe mit Protuberanzen).
- Belichtungszeit: T
- Bilder pro Sekunde: Die Bildrate kann nicht größer als 1/T sein.
- Gain-Einstellung (Videosignalverstärkung analog zur ISO-Einstellung einer DSL): Sie muss passend zur Belichtungszeit so eingestellt werden, dass es eine gute Helligkeitsverteilung im Histogramm gibt. Je höher das Gain, desto kürzer die Belichtungszeit, wodurch die einzelnen Bilder stärker rauschen und mehr von ihnen zu einem einzigen Bild vereinigt werden müssen.
- Aufnahmedauer (als Anzahl von Aufnahmen oder in Sekunden): Es empfehlen sich Sequenzen von 100 bis 1000 Bildern, wobei deren Anzahl durch die Rotation des Planeten begrenzt wird.
- Sequenzer (falls vorhanden): Dieser ermöglicht die automatische Aufnahme von Bildern bei Verwendung unterschiedlicher Filter (falls ein Filterrad mit dem Computer verbunden ist und durch die Videosoftware angesteuert werden kann).

DSLs können sogar Videos mit einer Auflösung von bis zu 1920 × 1800 Pixeln (Full HD) bei einer Bildrate von 24 oder 25 Bildern pro Sekunde aufnehmen. Dies wäre bei Planetenaufnahmen allerdings nur interessant, wenn diese Auflösung durch einen Ausschnitt des Sensors in der Mitte erzielt würde und nicht durch die gesamte Sensoroberfläche. Schließlich würde eine Auflösung von 1920 × 1800 (etwa 2 Millionen Pixel) auf einem Sensor, der 18 Millionen Fotodioden besetzt, dazu führen, dass nur jede neunte davon (jeweils jede dritte horizontal und vertikal) genutzt würde. Um einen ausreichenden Abbildungsmaßstab zu erzielen und zu vermeiden, dass der Planet dreimal so klein wird, sollte man die Brennweite um den Faktor 3 verlängern. Doch da die Empfindlichkeit der Fotodioden konstant bleibt, käme es zu einem neunfachen Helligkeitsverlust, was extrem schlecht wäre.

Brennweite und Abbildungsmaßstab

Auf dem Sensor einer Videokamera, die direkt an ein Teleskop mit einer Brennweite von einem Meter angeschlossen wird, nimmt der Jupiter etwa 50 Pixel ein. Dies ist zu klein, um viele Details erkennen zu können, der Abbildungsmaßstab ist zu hoch (Undersampling). Bei den meisten Instrumenten muss die Brennweite mithilfe einer Barlowlinse oder eines Okulars mit fokaler Projektion, wie in Kapitel 4 beschrieben, verlängert werden. Die Erfahrung zeigt, dass wenn die Brennweite schrittweise erhöht wird, die Größe des Bildes zusammen mit der Anzahl an Details bis zu einem gewissen Punkt zunimmt, ab dem die Qualität der Details nicht durch den Abbildungsmaßstab, sondern durch die Beugung und andere Faktoren wie Kollimation oder atmosphärische Turbulenzen limitiert wird. Über diesen Punkt hinaus ist eine weitere Verlängerung der Brennweite nicht nur nutzlos, weil nur noch das Verschwommene vergrößert wird, sondern sogar abträglich, da für diese Brennweitenverlängerung auch längere Belichtungszeiten nötig werden, um eine ausreichende Helligkeit zu erzielen; der Abbildungsmaßstab ist dann zu klein (Oversampling). Auch wenn es nur für Doppelsterne gilt, so kann uns das eingangs dieses Kapitels beschriebene Konzept des Auflösungsvermögens dabei helfen, den richtigen Abbildungsmaßstab für Planeten zu finden, oder mit anderen Worten: die optimale Brennweite. Sowohl Theorie als auch Praxis zeigen uns, dass ein Abbildungsmaßstab von ungefähr der Hälfte des Auflösungsvermögens eine gute Wahl ist und ein ziemlichen Detailreichtum ermöglicht. Diese Faustregel bedeutet bei einem 200 mm-Teleskop mit einer Auflösung von 0,6 Bogensekunden, dass ein

Im Dezember 2020 zog die außergewöhnliche Annäherung von Jupiter und Saturn alle Amateurastronomen auf der ganzen Welt in ihren Bann. Zwei aufeinanderfolgende Videos wurden bei Einbruch der Dunkelheit mit einer astronomischen Kamera im Brennpunkt eines 200-mm-Refraktors aufgenommen, mit identischem Bildausschnitt, jedoch eines für Jupiter und das andere für Saturn belichtet. Nachdem jedes Video mit AS!3 bearbeitet worden war, wurden die beiden Bilder mithilfe von Ebenen in Photoshop kombiniert. Zu sehen sind unter anderem die vier galileischen Monde des Jupiters und sein berühmter roter Fleck. Die Ringe des Saturn enthüllen ihre Cassini-Teilung sowie ihren Schatten auf der Planetenkugel. Eine so dichte Annäherung wird sich erst wieder im Jahr 2080 ereignen.

Abbildungsmaßstab von 0,3 Bogensekunden pro Pixel optimal ist. Bei einer Videokamera mit Fotodioden von 5 µm Größe müsste die Brennweite etwa 3600 mm betragen, was einem Blendenwert um die 20 entspräche.

Auf eine höhere Brennweite oder ein höheres Öffnungsverhältnis (25 bis 30 in diesem Beispiel) zu gehen, liegt zwar auf der Hand, lohnt sich jedoch nur unter für die optische Qualität günstigen Bedingungen wie optimale Kollimation, thermisches Gleichgewicht, perfekte Fokussierung, Ausbleiben von Turbulenzen usw.

Aufnahmen mit dem Teleskop

Der Nachthimmel ist klar und ein Planet das Ziel. Ihr Instrument hat sich draußen für mindestens eine Stunde abgekühlt. Eine typische Aufnahmesession spielt sich folgendermaßen ab:

1. Bauen Sie das Instrument auf und richten die Montierung (siehe Kapitel 7) ungefähr auf den Polarstern aus.
2. Überprüfen und justieren Sie die Kollimation (siehe Kapitel 4), vor allem bei einem transportablen Teleskop und dort vor allem bei Newton- und Schmidt-Cassegrain-Konstruktionen.
3. Bringen Sie die (DSL- oder Video-)Kamera hinter einem Brennweitenverlängerungssystem (siehe Kapitel 4) an, um einen angemessenen Vergrößerungsmaßstab zu erzielen.
4. Zentrieren Sie den Planeten auf dem Sensor, indem Sie ihn auf dem Computermonitor (Videokamera) oder im Sucher (Digitalkamera) bzw. mithilfe eines Klappspiegels (siehe nächste Textbox) betrachten.
5. Stellen Sie auf den Planeten scharf (siehe Kapitel 4).
6. Stellen Sie die Kamera ein und lösen aus.
7. Überprüfen Sie immer wieder die Fokussierung.
8. Machen Sie nach der Sitzung die Kalibrierungsbilder (siehe Kapitel 3). Ein Biasbild ist eine gute Vorsichtsmaßnahme, um einem eventuellen »Banding« zuvorzukommen, wie es bei einigen CMOS-Videosensoren vorkommen kann. Angesichts der kurzen Belichtungszeiten ist ein Dunkelbild verzichtbar. Da Vignettierungen bei Planetenbildern praktisch keine Rolle spielen, dient das Weißbild nur der Reduktion von Schatten, die durch Staub auf dem Sensor entstehen. Wie man ein solches Weißbild erstellt, ist in Kapitel 3 ausführlich erklärt und wird, falls nötig, noch durch ein Biasbild ergänzt. Ist Ihr Sensor sauber genug oder befindet sich der Staub in einem bildunwichtigen Teil, können Sie auf die Erstellung und Anwendung des Weißbildes verzichten.

Wenn sich die Bildkalibrierung doch als nötig herausstellt, wie viele Aufnahmen brauche ich dann dafür? Bei einer Planetenaufnahme sind 5–10 Bias- und Weißbilder genug. Wie man diese vereint, ist in Kapitel 3 beschrieben, sodass Sie diese in Ihrer Bildbearbeitung anwenden können. Für Videoaufnahmen reichen dafür jeweils wenige Sekunden Aufnahmezeit, um daraus die Masterbilder zur Kalibrierung zu erstellen (siehe unten).

DER KLAPPSPIEGEL – EINE HILFE BEIM ZENTRIEREN UND FOKUSSIEREN

Zahlreiche Planetenfotografen verwenden in Verbindung mit ihrer Videokamera einen Klappspiegel, dessen Funktionsweise sich direkt von Spiegelreflexkameras ableitet. Ein Spiegel reflektiert das Bild in ein Okular für die visuelle Beobachtung in einem Winkel von 90° (wie bei einem Zenitspiegel) und wird während der Aufnahme aus dem Strahlengang geklappt, damit das Licht direkt zum Sensor gelangt. Der Klappspiegel muss sich vor der Kamera befinden und man muss bei der Berechnung des Vergrößerungsfaktors, wie in Kapitel 4 beschrieben, dessen Länge mit berücksichtigen. Seine Verwendung bietet mehrere Vorteile:

- Der Planet kann zentriert bzw. erneut auf dem Sensor zentriert werden, ohne dass die Kamera dafür abgebaut werden müsste (und man Gefahr läuft, sie dabei zu verdrehen).
- Befindet sich das Okular in parfokaler Position, kann man zumindest grob nach Sicht fokussieren.
- Die Kollimation kann durch das Okular vorgenommen werden, wodurch man mehr Gewissheit hat, dass sich Sensor und Okular in derselben optischen Achse befinden.

Verarbeitung der Bilder

Die Verarbeitung von Planetenbildern läuft immer in folgender Reihenfolge ab:

1. Auswahl der besten Bilder
2. Die besten Bilder zur Deckung bringen
3. Stapeln der Bilder
4. Hervorhebung der Details
5. Letzte Verbesserungen:
   Farben, Helligkeit, Sättigung, Kontrast usw.

Auswählen und Stapeln der besten Bilder

Bei Videoaufnahmen ist es nicht zwingend, dass der Planet genau an derselben Stelle auf dem Sensor verharrt. Dies wäre aufgrund von Turbulenzen und den unvermeidlichen Verschiebungen durch das Nachführen auch gar nicht möglich! Es ist sogar besser, wenn sich der Planet zwischen den Rohbildsequenzen ein wenig bewegt, weil dadurch Abweichungen im Grundrauschen oder verbliebene Staubflecken geglättet werden, da diese Störungen nach dem Übereinanderlegen des Planeten anschließend nicht mehr deckungsgleich sind.

Die erste Generation solcher Verarbeitungsprogramme kam in den frühen 1990er-Jahren auf. Sie konnte schon Bilder auf Bruchteile eines Pixels genau übereinanderlegen und stapeln. Jedoch mussten die besten Bilder von Hand ausgewählt werden, was jede Menge Arbeit bedeutete. Mit den heutigen Bildraten der Videokameras wäre dies schlicht unmöglich. Glücklicherweise haben sich diese Programme derart weiterentwickelt, dass sie diese Auswahl von selbst treffen, indem sie die Bilder nach mathematischen Schärfekriterien sortieren, was erwiesenermaßen effektiver ist als die rein visuelle Auswahl.

Danach kamen speziell für die Verarbeitung von Planetenbildern geschaffene Programme wie AviStack und RegiStax, die in der Lage sind, die Bildwölbung der ausgewählten Aufnahmen vor dem Übereinanderlegen und Stapeln anzupassen. Schließlich ist eine der Auswirkungen atmosphärischer Turbulenzen die Verzerrung des Planetenbildes, wodurch sich dann einige Details nicht immer an exakt derselben Stelle auf dem Ball des Planeten befinden. Werden solche Bilder dann einfach als Ganzes übereinandergelegt und gestapelt, führt dies aufgrund der fehlerhaften Ausrichtung einiger Details von Bild zu Bild zu Unschärfen im Endergebnis.

DIE AUSRICHTUNG VON PLANETENBILDERN

Im Weltraum gibt es kein oben und unten. Von daher kann man seine Bilder ausrichten wie man möchte, sodass der Norden oben oder auch unten liegt. Man sollte allerdings spiegelverkehrte Bilder (vertikal oder horizontal) vermeiden, die dadurch entstehen können, dass eine Kamera hinter einem Zenitspiegel angebaut wird oder, was noch häufiger vorkommt, dass es durch die Anzahl der Spiegel zu einer ungeraden Zahl von Reflexionen (1 oder 3) kommt. Das Bild hätte dann keine physikalische Entsprechung zum Objekt mehr und würde nicht mehr so aussehen, wie es von einer Raumsonde zu sehen wäre. Wird das Bild durch eine geradzahlige Anzahl von Spiegeln gebildet (0 oder 2), sollte es zu keinem spiegelverkehrten Bild kommen, es sei denn, die Aufnahmesoftware spiegelt es noch einmal.

Trotzdem gibt es in diesem Bereich Konventionen. In der Wissenschaft hat man sich darauf geeinigt, die Planeten und den Mond mit der Südseite nach oben zu zeigen (falls Ihnen diese Konvention merkwürdig erscheint, denken Sie nur an die Betrachter auf der Südhalbkugel, für die das völlig normal aussähe). Falls Sie keinen anderweitigen Grund haben, richten Sie die Bilder mit dem Süden nach oben aus; die Planetenwissenschaftler werden es Ihnen danken.

Mittlerweile arbeiten wir mit der vierten Generation dieser Programme (weiterhin AviStack und RegiStax, dazu noch AutoStakkert!). Sie sind in der Lage, nicht nur die gesamte Planetenscheibe zu zentrieren und die Bilder automatisch auszuwählen und übereinanderzulegen, sondern können individuelle Einzelheiten auf der Scheibe erkennen und die Bilder so wölben, dass diese genau zueinander passen. Dies führt dazu, dass wenn man die Programme auffordert, die besten 300 Bilder einer Videosequenz auszuwählen und zu stapeln, jeder Bereich der Mondoberfläche oder der Planetenscheibe aus einer Kombination von 300 ausgewählten Bildern besteht, nicht aber unbedingt aus denselben Aufnahmen von einem Gebiet zum nächsten.

Das Programm, das ich Ihnen hier vorstellen möchte, benutze ich inzwischen für das Stapeln sämtlicher Planeten-, Mond- und Sonnenvideobilder: Auto Stakkert!, auch kurz AS!3. Das Programm kann nicht nur Videoclips, sondern auch Aufnahmeserien von Fotos verarbeiten.

Beim Programmstart von AS! öffnen sich zwei Fenster: das Befehlsfenster (links) und das mit den Bildern (rechts):

1. Sie laden die Videodatei durch Klick auf »1) Open« und wählen die Datei aus dem jeweiligen Ordner. Im Bilderfenster wird daraufhin die Anzahl der darin enthaltenen Einzelbilder angezeigt.
2. Wenn AS!3 die Videodatei nicht öffnen kann, können Sie versuchen, sie vorher mit der kostenlosen Software VirtualDub (*http:virtualdub.sourgeforge.net*) in das unkomprimierte AVI-Format oder mit dem Alleskönner PIPP in das SER-Format umzuwandeln.
3. Bei einem Planetenvideo wählen Sie die Optionen RGB Align (um die Unruhe der Atmosphäre auszugleichen) und Planet (der Button Surface ist für Mond- und Sonnenvideos gedacht). Prüfen Sie, ob im Menü Color die Option Auto Detect ausgewählt ist. Klicken Sie auch hier auf die passende Option »Planet« für einen Planeten oder »Surface« für Sonne oder Mond. Alle anderen Optionen können Sie in ihren Grundeinstellungen belassen.
4. Klicken Sie anschließend auf den Button »2) Analyse« und lassen das Programm arbeiten. Je nach Anzahl und Größe der Bilder kann dies zwischen mehreren Sekunden und Minuten dauern.
5. Oben rechts im Befehlsfenster wählen Sie in einem der vier Kästen die Anzahl der zu stapelnden Bilder (Numer of frames to stack) aus. Hier können Sie aus vier verschiedene Werte eintragen, z. B. 100, 200, 400, 800. Geben Sie mehrere Wert an, gibt AS!3 nicht nur eins, sondern mehrere Bilder aus, aus denen Sie ersehen

DAS PROGRAMM AUTOSTAKKERT!

Sehr einfach in der Anwendung und doch äußerst leistungsfähig ist AutoStakkert! von Emil Kraaikamp, einem Hobbyastronomen aus den Niederlanden. Das Programm wird von einer großen Schar von Astrofotografen verwendet, die teilweise Teleskope mit großen Durchmessern benutzen und damit Resultate erzielen, die bis dato Forschern in diesem Bereich vorbehalten waren. Das Programm ist kostenlos, aber man sollte den Entwickler, der Hunderte von Stunden dafür aufgewendet hat, mit einer Spende bedenken. Herunterladen kann man es hier: *www.autostakkert.com/wp/download/*.

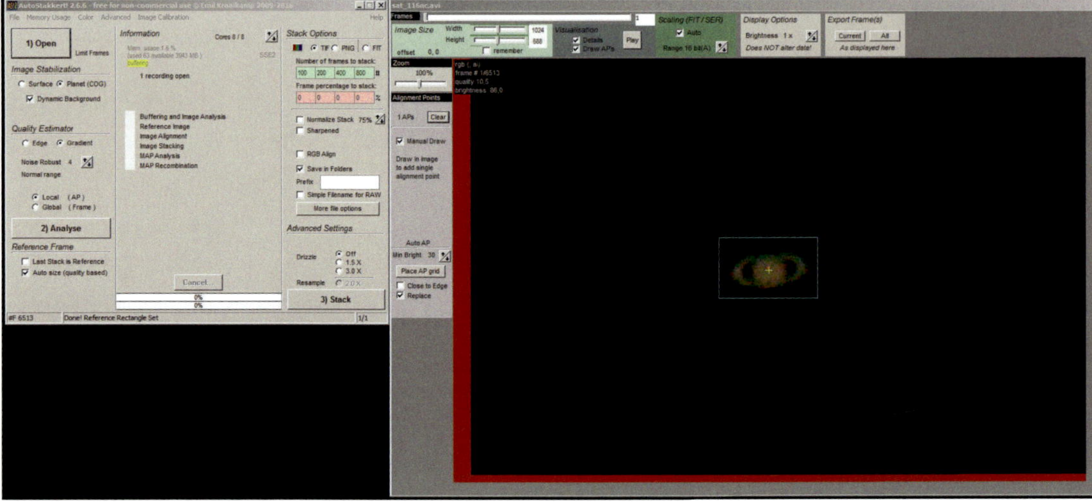

Eine Videodatei im AVI-Format, geöffnet in AS!3.

Das obere Bild ist das Resultat einer Mehrpunktausrichtung durch AutoStakkert! bei einem Video vom Mond, das bei mäßigen atmosphärischen Turbulenzen aufgenommen wurde, die zu einer deutlichen Verzerrung der Rohbilder geführt haben. Das zweite Bild, entstanden nach einer auf einer einzigen Zone beruhenden Deckung (globale Ausrichtung des gesamten Bildes), zeigt viel weniger Details.

können, welche Anzahl von Bildern dieses Videos Ihnen das beste Ergebnis liefert.

6. Ist der Planet auf dem Video sehr klein (Merkur, Uranus, ...) wählen Sie Manual Draw und zeichnen ein kleines Rechteck um den ganzen Planeten. Handelt es sich um einen größeren Himmelskörper wie Mond oder Sonne, wählen Sie eine der Größenbereichee (AP Size) und klicken auf Place AP grid, um so die Analysebereiche und die Deckungsgleichheit zu bestimmen.
7. Zum Schluss klicken Sie auf den Button 3) Stack und warten das Ergebnis in vermutlich mehreren Minuten ab.

Nur selten ist es ratsam, die Bereiche zur Analyse und Fokussierung so klein wie möglich zu wählen. Die Software benötigt innerhalb eines jeden Bereichs eine ausreichende Anzahl von Details, um Schärfe und Position richtig zu ermessen. Eine Größe von 20 bis 100 Pixel führt meist zu guten Ergebnissen. Durch Probieren unterschiedlicher Werte dieses Parameters kann man seine Auswirkung auf die schlussendliche Bildqualität erfahren.

Wenn Sie kleine Videosequenzen mit Offset- und Weißbild aufgenommen haben (siehe Kapitel 3), müssen Sie zuvor die Master-Offsets und Weißbilder von AS!3 herstellen lassen und AS!3 anweisen, diese bei der Verarbeitung jedes einzelnen Planeten-, Mond- oder Sonnenvideos zu berücksichtigen.

Am Ende erhalten Sie in einem oder mehreren Unterverzeichnissen des Verzeichnisses, in dem sich das Video befindet, die von AS!3 erzeugten Bilder im 16-Bit-TIFF- oder FITS-Format.

An dieser Stelle mag als Erstes die Frage aufkommen, wie viele Bilder man auswählen sollte. Wie in Kapitel 3 zu erfahren war, besteht der Zweck des Kombinierens von Bildern darin, ein besseres Signal-Rausch-Verhältnis zu bekommen. Deshalb hängt die Anzahl der benötigten Bilder von den RAW-Bildern (die wiederum selbst von zahlreichen Parametern wie dem Öffnungsverhältnis, den Kameraeinstellungen, der Helligkeit des Objekts etc. abhängen) und von der Intensität der Nachbearbeitung im Anschluss an die Kombination der Bilder ab. In bestimmten Situationen reichen bereits 50 Bilder aus, wohingegen in anderen Fällen 500 Bilder nicht übertrieben sind. Nur durch Ausprobieren und Erfahrung kann man die Anzahl der benötigten Bilder abschätzen – und wie gut die jeweilige Entscheidung war, zeigt immer das Endergebnis. Ein rauschendes Bild bedeutet, dass man zu wenige Bilder kombiniert hat oder dass die Nachbearbeitung zu intensiv ausgefallen ist!

Die zweithäufigste Frage lautet, welches das maximale Zeitintervall bei Venus, Mars, Jupiter und Saturn ist, bevor die Rotation der jeweiligen Planeten zu einer sichtbaren Bewegungsunschärfe führt. Je kleiner die Details sind, die unter den Voraussetzungen des Instruments und der Atmosphäre aufgenommen werden können, desto kürzer

WINJUPOS … ODER WIE MAN DIE ZEIT ANHÄLT!

Die Aufgabe der Software WinJUPOS ist einfach: Sie soll es ermöglichen, monochrome oder Farbaufnahmen von Mars, Jupiter und Saturn zu stapeln, die über einen Zeitraum entstanden sind, der oberhalb des Limits liegt, das normalerweise durch die Erdrotation vorgegeben wird. Die Software kann sogar die Feldrotation ausgleichen, die durch eine Dobson-Montierung entsteht. Dazu projiziert sie jede Aufnahme auf eine Kugel, dreht diese in einen einheitlichen Winkel, projiziert die Aufnahme wieder zurück in eine Ebene und kombiniert anschließend jede Aufnahme mit den anderen. Dabei berücksichtigt sie Position und Rotation der Kugel, sodass die Kombination präziser ausfällt. Diese Art des Übereinanderlegens erfordert Zeitstempel für jede Aufnahme, die auf wenige Sekunden genau sein müssen.

Die übliche Methode zur Aufnahme und Verarbeitung mit WinJUPOS und einer monochromen Kamera mit Filterrad ist wie folgt:

1. Man nimmt die Sequenz mit den wechselnden Filtern in RGB-RGB auf (oder LRGB-LRGB, wenn man mit einem Luminanzfilter arbeitet). Jede Videosequenz sollte etwa 1 Minute lang und dabei sichergestellt sein, dass die Uhr des Computers genau stimmt (falls möglich, mit einem Zeitdienst im Internet synchronisiert).
2. Jede Videosequenz wird wie üblich mit AutoStakkert!, AviStack oder RegiStax verarbeitet.
3. Die Details der gestapelten Bilder werden wie immer mit einem astronomischen Verarbeitungsprogramm verstärkt.
4. Jedes Bild wird nach der von WinJUPOS geforderten Regel umbenannt (Datum und Uhrzeit in der Mitte jeder Videosequenz).
5. Jedes Bild wird anschließend in WinJUPOS geöffnet, das dann Position, Größe und Ausrichtung des Planeten sowie jegliche im Gesichtsfeld wahrnehmbaren Satelliten ausmisst und diese Daten in eine Datei schreibt (IMS).
6. In WinJUPOS wird die rote Bildgruppe rotationskorrigiert, um ein rotes Referenzbild zu erhalten, und anschließend die grüne und blaue Gruppe entsprechend verarbeitet.
7. WinJUPOS rotationskorrigiert und kombiniert anschließend die roten, grünen und blauen Referenzbilder, um daraus das Farbbild des Planeten zusammenzufügen.
8. Am Ende wird das Bild als 16-Bit-TIFF-Datei für die abschließende Bearbeitung (Kontrast, Farbbalance etc.) in Photoshop oder einem vergleichbaren Programm exportiert.

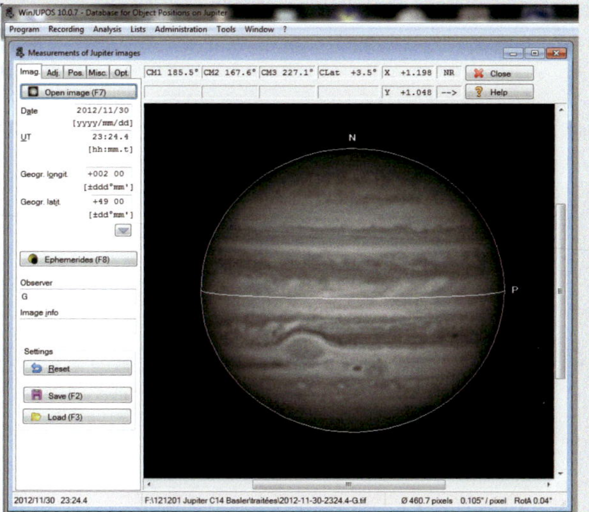

WinJUPOS nimmt Messungen in einer gestapelten Sequenz von Jupiter-Bildern vor, die mit einem Grünfilter aufgenommen wurde.

Das linke Bild entstand durch Kombination von 18 WinJUPOS-Videos (sechs pro Farbe) bei einer Gesamtaufnahmedauer von 16 Minuten unter Verwendung eines 14-Zoll-Schmidt-Cassegrain-Teleskops und einer monochromen Videokamera (1/4-Zoll-Sensor, 656 × 488 Pixel). Rechts wurden die Aufnahmen ohne WinJUPOS kombiniert, wodurch die deutliche Rotation des Jupiter-Globus in diesem Zeitintervall erkennbar wird.

Werte für die Bewegungsunschärfe in der Mitte des Globus der Hauptplaneten in Abhängigkeit ihrer scheinbaren Größe und der Aufnahmedauer

Aufnahmedauer	Mars 10"	Mars 15"	Mars 20"	Mars 25"	Jupiter 45"	Saturn 20"
1 min	0,02"	0,03"	0,04"	0,05"	0,2"	0,1"
2 min	0,04"	0,06"	0,08"	0,1"	0,5"	0,2"
4 min	0,08"	0,1"	0,2"	0,2"	0,9"	0,4"
8 min	0,2"	0,2"	0,3"	0,4"	1,9"	0,8"
16 min	0,3"	0,5"	0,7"	0,8"	3,8"	1,6"
32 min	0,7"	1,0"	1,3"	1,7"	7,5"	3,3"

ist dieses Intervall. Bei einem Planeten mit einem scheinbaren Durchmesser D (in Bogensekunden) und einer Rotationsperiode T (in Minuten) ergibt sich mithilfe der Konstante π die Bewegungsunschärfe B (in Bogensekunden), deren Maximum im Zentrum der Planetenscheibe liegt, für das Zeitintervall (in Minuten) mit folgender Formel:

$$B = \pi \frac{D\Delta}{T}$$

Eine gute Methode, um abzuschätzen, ob durch die Länge der Aufnahmedauer eine Bewegungsunschärfe entsteht, ist der Vergleich dieses Wertes mit dem Abbildungsmaßstab.

Jupiter (der durchschnittliche Durchmesser beträgt in Opposition 45 Bogensekunden, die durchschnittliche Rotationsperiode 10 Stunden bzw. 600 Minuten) ist der anspruchsvollste Planet. Die längste Belichtungszeit kann bei detailreichen Ansichten mit einem guten 250 mm- oder größeren Teleskop bei nur einer Minute liegen. Beim Mars, dessen durchschnittlicher Durchmesser in Opposition zwischen 14 und 25 Bogensekunden liegt und dessen Rotationsperiode 24 Stunden und 40 Minuten beträgt, zeigt die Formel, dass die Grenze etwa 4- bis 8-mal höher liegt als beim Jupiter. Der Saturn ist ein Sonderfall: Ohne jahreszeitlich bedingte Stürme auf seiner Oberfläche sind sein Globus und die Ringe rotationssymmetrisch, sodass die über eine ganze Nacht hinweg aufgenommenen Bilder miteinander kombiniert werden können. Wenn man ansonsten seinen scheinbaren Durchmesser (20 Bogensekunden) und seine Rotationsperiode (etwa 10 Stunden) berücksichtigt, ist das maximale Zeitintervall 2,5-mal länger als beim Jupiter. Was die Venus angeht, so beträgt die Rotation ihrer undurchsichtigen Atmosphäre etwa 100 Stunden, sodass das Zeitintervall viele Minuten betragen darf.

Programme mit Mehrpunktausrichtung ermöglichen, die Gesamtdauer einer Bildfrequenz zu verlängern, da sie zum Teil die Rotation des Globus ausgleichen.

Oben links sieht man ein einzelnes Rohbild, oben rechts eine Kombination aus 300 Rohbildern. Vor allem bei einem hellen Objekt und niedriger Gain-Einstellung der Kamera (Mond, Sonne) ist der Unterschied an dieser Stelle noch nicht besonders offensichtlich, wird aber nach der Anwendung einer Unscharfmaske sehr deutlich (untere Bilder). Bei nur einem Rohbild wird das Rauschen übermäßig verstärkt, sodass bei diesem Jupiterbild der Große Rote Fleck nicht zu sehen ist (unten links), nach der Kombination von 300 Rohbildern dagegen schon (unten rechts).

Verstärkung von Details

Sobald die Planetenbilder kalibriert, ausgerichtet und kombiniert sind, können sie mit Algorithmen bearbeitet werden, die die Sichtbarkeit von feinen Details verstärken. Dabei werden unterschiedliche Techniken verwendet: Schärfen, Unscharf maskieren und der Hochpassfilter. Die Algorithmen unterscheiden sich, doch haben sie auch einige Gemeinsamkeiten:

- Sie steigern den Kontrast kleiner Details, indem sie die hohen Ortsfrequenzen des Bildes anheben (deswegen ihre allgemeine Bezeichnung als Hochpassfilter).
- Sie verstärken das Rauschen, das meistens in den höchsten Ortsfrequenzen des Bildes am stärksten ist. Die Folge davon ist, dass sie das Signal-Rausch-Verhältnis verschlechtern und es aus diesem Grund (vor allem bei Videokameras) notwendig ist, eine große Anzahl von Bildern zu kombinieren.

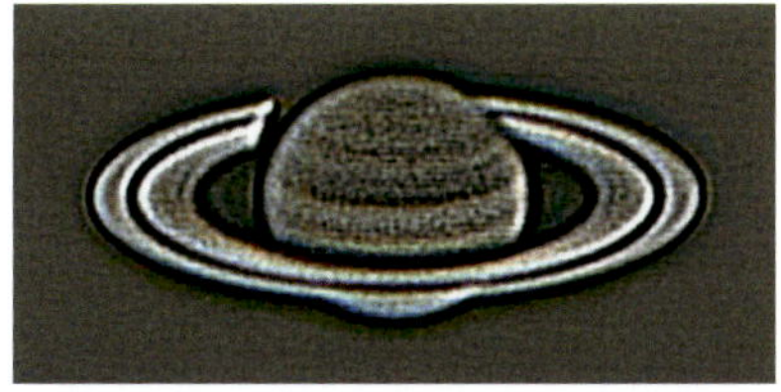

Die ersten vier Wavlet-Komponenten. Die erste enthält die feinsten Details, aber auch viel Rauschen. Die zunehmend höheren Komponenten enthalten immer gröbere Einzelheiten.

Der erste Parameter bei Unscharf maskieren *bestimmt die Breite der Gauß-Kurve. Hier sind die Auswirkungen der Werte 1 (oben) und 3 (unten) zu sehen. Durch ihn wird die Größe der zu verstärkenden Details bestimmt.*

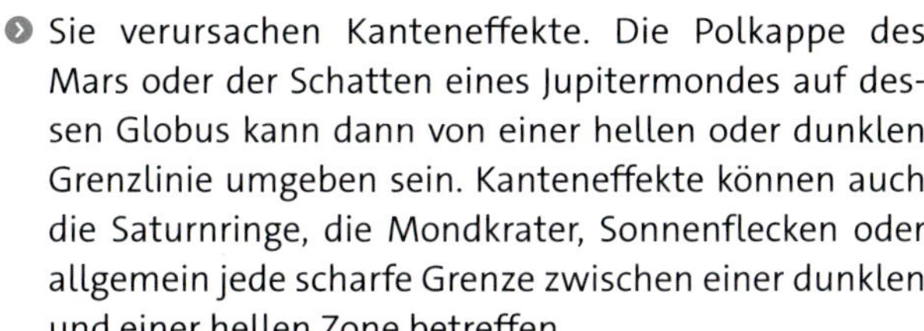

- Sie verursachen Kanteneffekte. Die Polkappe des Mars oder der Schatten eines Jupitermondes auf dessen Globus kann dann von einer hellen oder dunklen Grenzlinie umgeben sein. Kanteneffekte können auch die Saturnringe, die Mondkrater, Sonnenflecken oder allgemein jede scharfe Grenze zwischen einer dunklen und einer hellen Zone betreffen.

Der durch eine übertriebene unscharfe Maske entstandene Kanteneffekt wird als helle Grenzlinie entlang der linken Seite des Planeten sichtbar.

Der gebräuchlichste Filter ist *Unscharf maskieren*. Er benötigt mindestens zwei Parameter: den Maßstab und die Intensität der Schärfung. Um diese richtig einzustellen, ist es hilfreich, das Prinzip der unscharfen Maskierung und seiner diversen Schritte zu verstehen, selbst wenn man deren Wirkung in der Software direkt sieht:

1. Das Ausgangsbild wird durch einen Tiefpassfilter mit einer Gauß-Kurve (Glockenform) unscharf gemacht. In der Software wird die Breite dieser Gauß-Kurve durch den Wert *Sigma* oder *Radius* bestimmt. Dieser erste Parameter legt den Maßstab der Details fest, die hervorgehoben werden sollen: Ein kleiner Wert entspricht den feinsten Details, wohingegen ein größerer Wert weniger feine Details verstärkt usw. Die gebräuchlichsten Werte liegen im Bereich von 0,5 bis 3.
2. Das unscharfe Bild wird vom Ausgangsbild subtrahiert, um nur die Details zu isolieren, die hervorgehoben werden sollen.
3. Das Ergebnis dieser Subtraktion wird mit einem Faktor (dem *Gain* oder der *Intensität*, je nach Software) multipliziert. Dies ist der zweite Parameter und bestimmt die Intensität dieser Verarbeitung.
4. Das Ergebnis wird zum Ausgangsbild addiert.

Einige Programme wie Photoshop oder Paint Shop Pro verwenden einen dritten Parameter für *Unscharf maskieren*. Dieser setzt einen Schwellenwert, unterhalb dessen die Software den Algorithmus auf diejenigen Stellen nicht anwendet, bei denen die Helligkeitsunterschiede sehr gering sind. Die Software nimmt dann an, dass diese Bereiche gleichförmig sind und die kleinen Helligkeitsunterschiede vom Rauschen herrühren, das besser nicht verstärkt wird.

Auch wenn jedes einzelne Videobild rauschfrei erscheint, müssen sie doch kombiniert werden, um das Signal-Rausch-Verhältnis zu verbessern, bevor *Unscharf maskieren* zur Anwendung kommt. Eine Unscharfmaske mit einem Faktor von 5 (500 %) verstärkt das Rauschen fünffach: Um diese Beeinträchtigung zu kompensieren, muss man mindestens 25 Bilder (Quadrat von 5) kombinieren.

Für die Planeten bietet Astronomiesoftware ein weiteres wirkungsvolles Werkzeug: Wavelets. Es funktioniert so ähnlich wie die Unscharfmaske, bietet jedoch die Möglichkeit, gezielt auf Details in unterschiedlichen Größenordnungen der Ortsfrequenzen zu wirken. Das Bild wird dazu in mehrere Unterbilder, die sogenannten Komponenten, aufgeteilt. Jedes dieser Bilder enthält einen bestimmten Bereich von Ortsfrequenzen und kann nun um einen bestimmten Faktor angehoben oder vermindert werden.

Der zweite Parameter der Unscharfmaske bestimmt den Faktor der Verstärkung (hier sind die Werte 3, 8 und 20 von oben nach unten demonstriert). Ein höherer Wert verstärkt die Details deutlicher, mit ihm allerdings auch das Rauschen und es kommt mitunter zu Artefakten, zum Beispiel an den Stellen, wo der Schatten des Globus auf die Ringe geworfen wird.

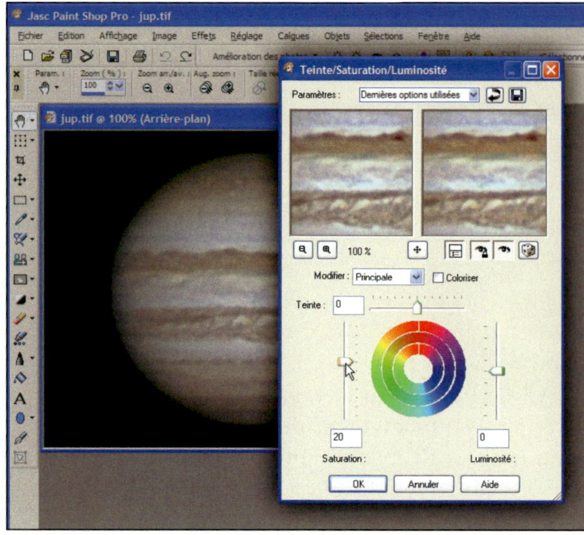

Die Anpassung der Farbsättigung (hier in Paint Shop Pro) kann dramatischere Farben im Bild ergeben, sollte allerdings mit Bedacht angewendet werden.

Die erste Komponente beispielsweise, die den höchsten Frequenzen entspricht, enthält manchmal ausschließlich Rauschen und wird mit dem Faktor 0 (Null) verstärkt. Im Ausgangsbild hat jede Komponente den Faktor 1. Meistens werden nur die ersten drei Komponenten modifiziert und die anderen bleiben beim Faktor 1.

Eine leichte Unscharfmaske lässt sich auf 8-Bit-Bilder anwenden, doch sollte man sobald wie möglich in 16 Bit arbeiten. Für die Wavelet-Bearbeitung sind 16 Bit Voraussetzung.

Es gibt noch weitere Möglichkeiten zur Hervorhebung von Details, vor allen Dingen durch Bildrestaurierungsalgorithmen wie Van Cittert, Lucy-Richardson und maximale Entropie. Allerdings sind diese Methoden den auf Unscharfmasken und Wavelets basierenden nicht sichtbar überlegen, weshalb hier darauf nicht näher eingegangen werden muss. Wenn man möchte, kann man damit gerne experimentieren. Keine von ihnen vollbringt Wunder, und wenn man sie zu intensiv einsetzt, zeigen sie alle die gleichen Schwächen: Verstärkung des Rauschens und Bildung von Artefakten.

Farbanpassung

Wenn der Weißlichtabgleich der Kamera auf Sonnenlicht eingestellt war, sollten die erhaltenen Farben stimmen. Falls nicht, kann man die Farben anhand der Polkappe des Mars oder der Saturnringe, die man als Weiß wahrnimmt, anpassen. Wurden die Bilder mit einer monochromen Kamera und einem Satz RGB-Filter aufgenommen, müssen die drei Farbkanäle mit einem Faktor für jeden Kanal kombiniert werden. In Kapitel 7 wird genau erklärt, wie man mit einem monochromen Sensor Farbbilder von Galaxien und Nebeln erzeugt.

Ein weiterer Bearbeitungsschritt ist die Einstellung der Farbsättigung. Wenn Sie einmal Jupiter oder Saturn aufmerksam in einem Teleskop beobachtet haben, ist Ihnen vielleicht aufgefallen, dass die Farbtöne der Wolkenbänder pastellartig sind, ganz anders als die häufig übertrieben dargestellten Farben in abgedruckten Abbildungen. Der Große Rote Fleck des Jupiter ist eher blass und seine rosa-orange Farbe verändert sich mit der Zeit. Falls Sie ein Ergebnis anstreben, das Ihrem visuellen Eindruck entspricht, erwarten Sie keine absolute Wiedergabetreue. Die Empfindlichkeitskurven von Auge und Sensor unterscheiden sich und das Auge ist kein guter Maßstab für den Weißlichtabgleich: Ein weißes Blatt Papier unter eine Glühlampe gehalten, erscheint uns weiß, auf dem Foto ist es dann eindeutig orangefarben.

Animationen

Aus mit mehreren Minuten Abstand aufgenommenen Bildern lässt sich relativ einfach ein kleiner Film erstellen, der die Rotation eines Planeten um seine Achse darstellt. Jedes Bild (das natürlich selbst Ergebnis einer Kombination vieler RAW-Bilder ist) wird mit dem ersten Bild der Serie übereinandergelegt, wobei die gleiche Technik angewendet wird wie beim Übereinanderlegen vor dem Kombinieren. Durch Abweichungen der Transparenz der Atmosphäre (durch hohe Wolken oder Tau auf den Linsen) kann es zu plötzlichen, aber auch graduellen Veränderungen in der Helligkeit des Planeten kommen, die bei der Betrachtung der Einzelbilder nicht zu sehen sind, beim Abspielen des Films hingegen sehr, da das Auge für Helligkeitsunterschiede sehr empfindlich ist. In solchen Fällen muss die Helligkeit der Einzelbilder manuell so eingestellt werden, dass sie zum jeweils vorherigen Bild im Film passt, sodass dies verständlicherweise der aufwändigste Schritt beim Ganzen ist. Aus dem gleichen Grund sollte man das Rauschen absolut vermeiden, da auch dies bei einem Einzelbild gut toleriert wird, in der Filmsequenz allerdings wie ein lästiges Mückentanzen erscheint.

Manche Amateure haben es geschafft, eine Animation einer kompletten Jupiterumdrehung (etwa 10 Stunden) zu erstellen, wobei günstige Bedingungen geherrscht haben müssen, wie etwa eine klare Winternacht in großer Höhe

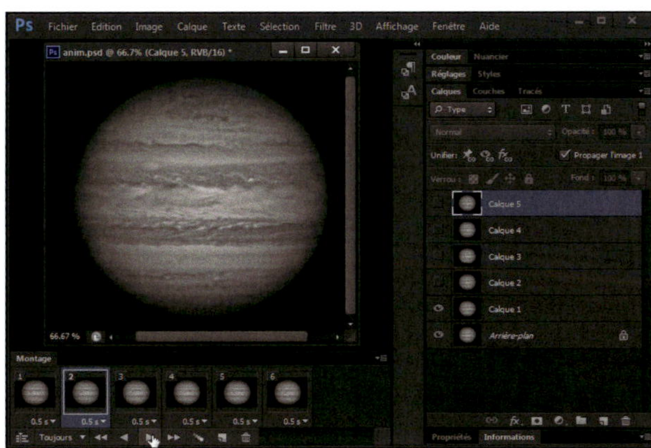

Es gibt viele Shareware- und Freeware-Programme zur Erzeugung animierter GIFs. In Photoshop geschieht dies über ein Dokument mit mehreren Ebenen, die jeweils die Einzelbilder der Animation enthalten. Die Ebenen werden dann entsprechend der Reihenfolge der Einzelbilder aktiviert und inaktiviert und die animierte GIF-Datei mit dem Befehl »Für Web speichern ...« erzeugt, wobei man die Anzeigedauer der Einzelbilder bzw. die Länge der Pausen zwischen ihnen festlegt.

bei einem Jupiter mit hoher Deklination. Die Bewegungen der Galileischen Monde können ebenso spektakuläre Filme ergeben, vor allem wenn sich gegenseitig bedingende Ereignisse stattfinden, wie etwa die Verdeckung eines Mondes durch einen anderen, durch den Jupiter oder den Transit eines Mondes oder dessen Schatten über den Jupiterglobus.

Bei kleinen Filmen ist das übliche Format das animierte GIF, das wie ein JPEG- oder GIF-Einzelbild direkt in einer Website eingebunden werden kann. Für längere Animationen empfiehlt sich eines der Dateiformate, die in Kapitel 1 bei Zeitrafferaufnahmen beschrieben wurden.

Stereobilder

Alltagsgegenstände, die in einem Abstand von 3 bis 6 Metern von uns betrachtet werden, erscheinen uns räumlich: Unser Gehirn, das die Bilder von jedem Auge empfängt, kann zumindest zum Teil die dritte Dimension rekonstruieren. Die Kugelform eines Globus in ein paar Schritten Entfernung ist für uns daher deutlich erkennbar. Doch der Mond (und jeder andere Himmelskörper) ist für uns zu weit weg, um ihn als Kugel wahrzunehmen. Durch ein Teleskop betrachtet, können wir ahnen, dass er kugelförmig ist, da uns die perspektivische Verzeichnung der Krater im Randbereich verrät, dass er nicht flach ist. Um seine Form tatsächlich wahrnehmen zu können, müssten unsere Augen viele Tausend oder – im Falle des Jupiter – sogar Millionen Kilometer auseinanderstehen.

Um bei der Fotografie auf der Erde aus zwei Bildern ein Stereobild zu erzeugen, wird die Kamera um mehrere Zentimeter oder sogar Meter zwischen den beiden Aufnahmen verschoben. Da es nicht möglich ist, unser Teleskop von einem Moment zum nächsten mehrere Millionen Kilometer um Jupiter oder Mars kreisen zu lassen, müssen

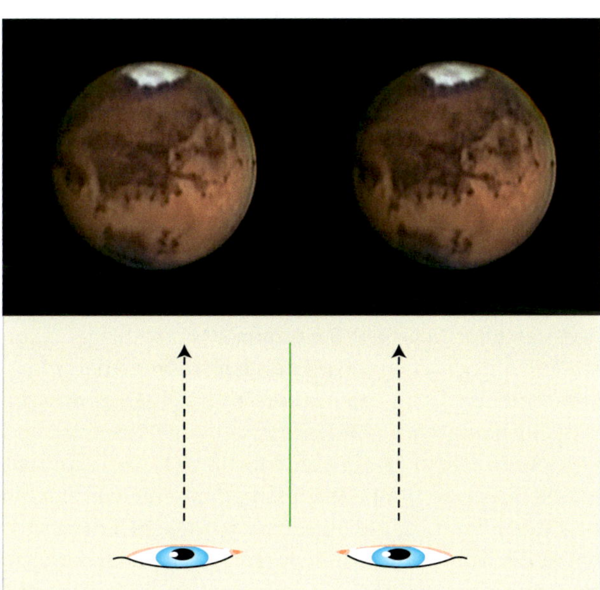

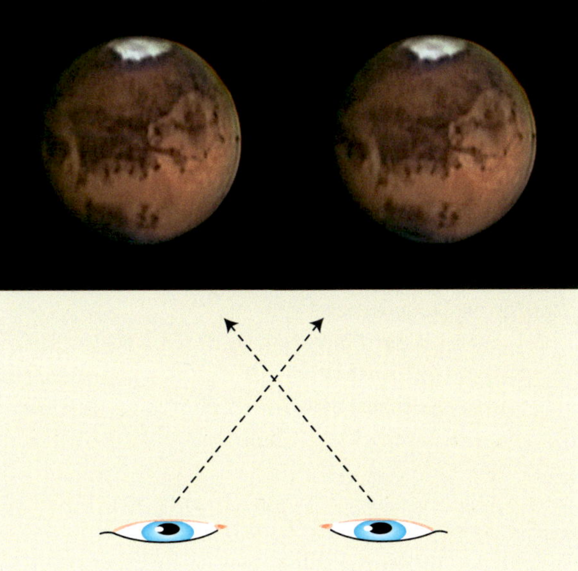

Links ist die Methode des Parallelblicks demonstriert, bei der jedes Auge dazu gebracht werden muss, dasjenige Bild zu betrachten, auf dessen Seite es sich befindet. Dabei kann eine Trennscheibe helfen (z. B. ein Blatt Papier, hier grün eingezeichnet). Die Methode des Kreuzblicks ist rechts gezeigt: Schielen Sie so, dass jedes Auge das Bild auf der gegenüberliegenden Seite betrachtet.

Mit der Kreuzblick-Methode sehen Sie hier sechs Jupiterscheiben in 3-D mit den Einschlägen des Kometen Shoemaker-Levy 9 im Juli 1994. Diese Bilder wurden am Pic du Midi-Observatorium (Frankreich) von Christian Buil und Thierry Legault mit einer monochromen CCD-Kamera und einem achromatischen Refraktor mit 130 mm Durchmesser fotografiert.

wir warten, bis sich der Planet um seine eigene Achse so weit gedreht hat, dass wir zwei ausreichend verschobene Perspektiven erhalten. Der zeitliche Abstand zwischen den Aufnahmen muss so gewählt werden, dass die Rotation des Planeten mehrere Grad beträgt. Ist die Zeit zu kurz, ist die Rotation (und damit der Stereoeffekt) nicht wahrnehmbar. Ist er dagegen zu groß, ist der Effekt zu stark und wirkt unrealistisch. Beim Jupiter beträgt dieser zeitliche Abstand 10 bis 15 Minuten, beim Mars sind es 20 bis 40 Minuten.

Die einfachste Methode, ein 3-D-Farbbild zu erhalten, besteht darin, zwei Bilder auf dem Bildschirm nebeneinanderzustellen und seinen Blick so auszurichten, dass sie verschmelzen. Dabei gibt es zwei Methoden, von denen die Astrofotografen die eine oder die andere bevorzugen. Wenn man die Bilder so nebeneinanderstellt, dass das linke Bild dem Blick des linken Auges und das rechte Bild dem Blick des rechten Auges entspricht, muss man den Blick so ausrichten, dass das linke Auge das linke Bild und das rechte Auge das rechte Bild betrachtet. Die Schwierigkeit besteht darin, die Augen so parallel auszurichten, als wären sie auf ein Ziel in der Ferne gerichtet, was ja dem natürlichen Verhalten unseres Sehapparats widerspricht. Die andere Methode, die auch ich bevorzuge, erfordert, dass man mit den Augen überkreuzguckt (schielt). Dabei müssen auch die Bilder ausgetauscht werden, sodass sich das Bild für das linke Auge rechts und das für das rechte Auge links befindet. Für beide Methoden gilt, dass wenn die Bilder nicht in der richtigen Reihenfolge liegen, der Globus eines Planeten nach innen hohl (konkav) und nicht kugelförmig (konvex) erscheint.

Wie auch bei der Animation sollten die Bilder rauschfrei sein, da mit Ausnahme der Rotation jeder weitere Unterschied zwischen den beiden Bildern zu unschönen Ergebnissen führt.

Der Sinn der Bildbearbeitung

Manche behaupten, dass die optische Qualität eines Instruments bei der Fotografie nicht so wichtig ist wie bei der visuellen Beobachtung. Auch wenn es stimmt, dass es bei der Bildbearbeitung jede Menge Techniken gibt, um den Kontrast zu steigern und Details hervorzuheben, so lehrt doch Erfahrung, dass das beste Endergebnis immer durch das beste Rohbild erreicht wird. So notwendig die Bildbearbeitung auch sein kann und der Unterschied zwischen einem unbearbeiteten und einem bearbeiteten Bild auch spektakulär ausfallen mag, so ist sie doch nur ein Glied in der Kette der gesamten Bildgebung. Die Bildbearbeitung ist dafür gedacht, das Beste aus dem Rohbild herauszuholen, aber nicht dazu, optische Mängel und Fokussierfehler auszugleichen – und noch viel weniger, um Einzelheiten hinzuzudichten, die in den Rohbildern gar nicht vorkamen. Die Qualität eines Bildes wird durch dessen Aufnahme bestimmt und durch die Bearbeitung herausgearbeitet. Sie stellt bestimmte Bildinformationen heraus, was zulasten anderer Details geht. Man kann ein Bild nicht bis ins Unendliche bearbeiten. Man misstraue daher auch allen sogenannten »Experten«, die behaupten, sie könnten aus einem unscharfen Schwarz-Weiß-Videobild die Augenfarbe erkennen: alles Einbildung!

Der beste Beleg für diesen Sachverhalt mögen die Bilder des Weltraumteleskops Hubble sein. Die ersten Bilder, die nach seinem Start übermittelt wurden, entsprachen überhaupt nicht der erwarteten Leistungsfähigkeit des Teleskops. Der Kontrast der Planetenbilder war niedrig und die Sterne waren von einem starken Hof umgeben. Die Analysen ergaben, dass der 2,4 m große Hauptspiegel einen starken optischen Fehler aufwies (sphärische Aberration). Simulationen dieses Fabrikationsfehlers ergaben, dass die Leistungsfähigkeit des Teleskops in puncto Kontrast und Schärfe um einen Faktor von 5 bis 10 reduziert war. Dies wurde durch die frühen Planetenaufnahmen von Hubble bestätigt, die – trotz des im Vorfeld betriebenen Aufwands der NASA – auch mit einem guten 250 mm-Amateurteleskop und einer Webcam hätten gemacht werden können.

Die Algorithmen der NASA konnten nur einen kleinen Teil der erwarteten Leistung wiederherstellen. 1993 zeigte die Installation von Korrekturoptiken in Hubble, dass dies trotz des erheblich größeren finanziellen Aufwandes der reinen Bildbearbeitung weit überlegen war. Die aktuellen Planetenaufnahmen von Hubble sind viel besser als dessen erste Bilder und auch als von professionellsten terrestrischen Teleskopen. Die Techniken der adaptiven Optik, die bei den größten Teleskopen zur Anwendung kommen, verfolgen dasselbe Ziel: das Bild zu verbessern, bevor es den Sensor erreicht. Danach ist es nämlich zu spät.

Die Falle der übermäßigen Bearbeitung

Meiner Meinung nach ist die wichtigste Fähigkeit bei der Bildbearbeitung nicht, alle Techniken und Algorithmen auswendig zu können, sondern zu wissen, welche Vor- und Nachteile jede von ihnen hat, sodass man sie vernünftig einsetzen kann, ohne übermäßig zu bearbeiten. Die Astrofotografie im Allgemeinen und die Planetenfotografie im Besonderen kann man als extreme Fotografie bezeichnen: Die Brennweiten sind riesig und die Planeten klein, nicht sehr hell und am Himmel ständig in Bewegung. Das Bild ist deshalb ein fragiles Objekt, das man vorsichtig behandeln muss!

Die Versuchung, ein Bild mehr und noch mehr zu bearbeiten, ist stark, da hierzu oft nur wenige Mausklicks nötig sind. Doch wenn ein Bild nach ein paar grundlegenden Bearbeitungsschritten (Kombinieren und Unscharf maskieren) nicht schon gut aussieht, ist es aller Wahrscheinlichkeit nach sinnlos, es weiterzubearbeiten und mehr herausholen zu wollen, als es tatsächlich enthält. Das Problem ist vermutlich schon bei der Aufnahme entstanden: Turbulenzen, Kollimations- und andere optische Fehler, zu hoher Abbildungsmaßstab und unpräzises Fokussieren, um nur einige zu nennen.

Wenn man allerdings ein bestimmtes Detail hervorheben will, kann übermäßige Bearbeitung und damit verbundenes Rauschen oder Artefakte angebracht sein; sogar professionelle Astronomen tun dies gelegentlich. Dabei sollten folgende Vorsichtsmaßnahmen getroffen werden:

1. Man muss sicherstellen, dass die dadurch hervorgehobenen Details real sind und es sich nicht um Artefakte handelt.
2. Die Betrachter des Bildes sollten gewarnt werden, dass einige Merkmale des Bildes eventuell nicht real und durch übermäßige Bearbeitung zur Hervorhebung bestimmter Bildinformationen entstanden sein könnten.

Der Umstand, dass ein Detail real aussieht, ist noch kein Beweis, dass es wirklich existiert. Auf übermäßig bearbeiteten Bildern sieht man oft falsche Unterteilungen in den Saturnringen (vor allen Dingen unechte Encke-Teilungen). Auf meinen ersten Sonnenaufnahmen hatte ich geglaubt, Granulationen zu erkennen. Ich musste dann später feststellen, dass es sich um Rauschen handelte!

Die Planeten und ihre Monde

Merkur

Der Merkur steht der Sonne von allen Planeten am nächsten. Er hat keine Atmosphäre und seine Oberfläche ähnelt der des Mondes, da auch sie von Kratern jeglicher Größe übersät ist. Der Merkur zählt zu den inneren Planeten und hat daher wie der Mond Phasen.

Seine maximale Elongation von der Sonne beträgt niemals mehr als 28°, sodass er fast immer im Licht der Dämmerung auf- oder untergeht. Doch wie die Venus auch (vgl. nächsten Abschnitt) kann man Merkur bei Tageslicht fotografieren. Er ist in den Perioden maximaler Elongation leichter zu finden. Zu diesen Zeiten erscheint er im Teleskop wie ein kleiner Viertelmond (nur 7 Bogensekunden). Ist der

Das außergewöhnliche scheinbare Zusammentreffen von Venus und Merkur am 27. Juli 2005, mit einer monochromen Videokamera und Rotfilter auf einem 180 mm-Teleskop fotografiert. Die Phasen der Planeten, die nur 3 Bogenminuten auseinanderliegen, sind leicht zu erkennen (ein Viertel beim Merkur und zunehmend bei der Venus).

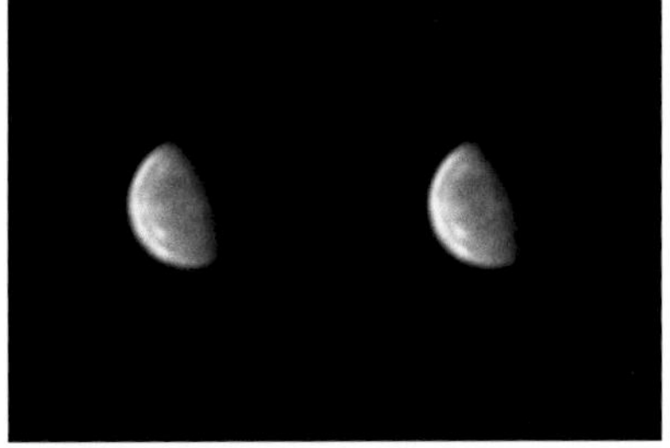

700 gestapelte Aufnahmen von je 2 ms Belichtungszeit durch ein 14"-(356 mm)-Teleskop mit einer Videokamera waren nötig, um die Scheibe des Merkurs mit seinen Albedo-Abweichungen, die nur 6 Bogensekunden auseinanderlagen, darzustellen. Zum Beweis, dass diese beiden Flecken nicht einfach durch Rauschen entstanden sind, wurden zwei Videos mit einigen Minuten Abstand aufgenommen.

Die Mond-Venus-Konjunktion am 22. August 2006, mit einem Refraktor bei einer Brennweite von 500 mm und einer DSL aufgenommen.

Abbildungsmaßstab nicht so hoch, ist es nicht schwierig, diese Phase zu fotografieren, doch ein paar Details seiner Oberfläche darzustellen, gilt als eine der größten Herausforderungen für Amateure, selbst mit hochwertigen Teleskopen bei optimalen atmosphärischen Bedingungen.

Venus

Wie der Merkur ist die Venus ein innerer Planet mit Phasen. Sie zu fotografieren ist allerdings einfacher, da ihre Elongation von der Sonne 47° erreichen kann, wodurch sie in der Dämmerung (je nach Periode morgens oder abends) sichtbar wird. Außerdem ist sie zu diesen Zeiten das hellste Objekt am Himmel nach Sonne und Mond. Darüber hinaus schwankt ihr scheinbarer Durchmesser zwischen 10 und 60 Bogensekunden (entsprechend der äußeren und inneren Konjunktion, wenn Venus, Sonne und Erde in einer Reihe stehen) und liegt bei etwa 24 Bogensekunden bei maximaler Elongation.

Die Venus 25 Stunden nach ihrem Sonnentransit am 6. Juni 2012, als sie sich nur 1,9° von der Sonne entfernt befand. Die Streuung und Brechung des Sonnenlichts durch die Atmosphäre der Venus ließen den kompletten Umriss erkennen.

Die Venus lässt sich fast jeden Tag beobachten und fotografieren, da sie im Teleskop tagsüber zu erkennen ist. Verwenden Sie das GoTo-System Ihrer Montierung, falls Sie ein solches besitzen, oder richten Sie sich nach der Differenz von den Himmelskoordinaten der Sonne, falls Ihre Montierung Teilkreise besitzt. Wie beim Merkur lässt sich durch einen Gelb- oder Orangefilter der Kontrast durch Abdunkelung des Himmelsblaus steigern. Beobachtet man Venus oder Merkur tagsüber, muss man dringend darauf Acht geben, dass das Sonnenlicht niemals direkt in das Teleskop strahlt, und dass man, wenn man auch nur in Richtung der Sonne schaut, einen entsprechenden Filter verwendet (siehe Kapitel 6).

Mit Brennweiten über 500 mm lassen sich die Phasen der Venus leicht fotografieren. Aufgrund der sehr hohen sogenannten Albedo, dem prozentualen Anteil des reflektierten Sonnenlichts durch einen Planeten, sind die Belichtungszeiten kurz. Da die Venus von einer sehr dichten, undurchsichtigen Atmosphäre umgeben ist, lassen sich keine Oberflächendetails erkennen. Die »Hörner« der Venus belegen die Existenz dieser Atmosphäre. Sie lassen sich kurz vor und nach der unteren Konjunktion beobachten. Durch das Okular betrachtet, erscheint die Venus in einem intensiven Weiß ohne weitere Einzelheiten. Allerdings lassen sich die gröbsten Strukturen der

Fotos der Venus im UV-Licht (mit einem 150 mm-Teleskop und einer monochromen Videokamera mit UV-Filter) zeigen die großen Wolkenstrukturen der oberen Atmosphäre.

Venusatmosphäre mithilfe eines violetten oder – noch besser – eines UV-Sperrfilters (gibt es von Baader, Astrodon und Schuler), der nur Wellenlängen unter 400 nm hindurchlässt, fotografieren. Auf diese Weise hat der Amateur Charles Boyer in den 1950er-Jahren die Rotationsperiode der Venusatmosphäre mit vier Tagen bestimmt. Da Farbsensoren für UV-Licht undurchlässig sind, erweisen sie sich für diese Aufgabe als ungeeignet. Die meisten monochromen Sensoren hingegen haben eine schwache Empfindlichkeit für UV-Licht, die ausreicht, um die Venus zu erfassen. Die optische Leistung vieler Teleskope führt allerdings dazu, dass das UV-Licht nicht gut gebündelt wird, vor allem durch achromatische Refraktoren sowie Schmidt-Cassegrain-Teleskope, die bei diesen Wellenlängen chromatische Aberrationen aufweisen. An dieser Stelle sei noch einmal erwähnt, dass es sich bei den UV-Filtern für fotografische Zwecke um Filter handelt, die UV-Licht nicht durchlassen und vor allem zum Schutz des Objektivs verwendet werden.

Mars

Der Rote Planet ist einer der Lieblinge der Amateure. Als äußerer Planet sind seine Phasen kaum ausgeprägt, sodass er in der Quadratur (wenn der Winkel zwischen ihm, der Sonne und der Erde 90° beträgt) eine Form hat, die einem Dreiviertelmond ähnelt. Da seine Umlaufbahn ausgesprochen exzentrisch verläuft, schwankt sein scheinbarer Durchmesser fast um den Faktor 2: von 13 Bogensekunden in der ungünstigsten bis zu 25 Bogensekunden in den besten Oppositionen.

Dank seiner dünnen Atmosphäre lassen sich, vor allen Dingen im roten Licht, Details auf der Oberfläche klar erkennen. Eine der Polarkappen setzt sich als kleiner weißer Fleck von der Ockerfarbe des restlichen Globus ab und ist ebenso wie die größten Strukturen, z. B. die Große Syrte, leicht zu erfassen. Ein geduldiger Amateur kann mit einem Teleskop mit mehr als 200 mm und einer Videokamera von einem günstigen Standort aus zahlreiche kleine Details auf der Marsoberfläche oder sogar die großen Marsvulkane ausmachen, darunter den größten bekannten Vulkan des Sonnensystems, den Olympus Mons. Un-

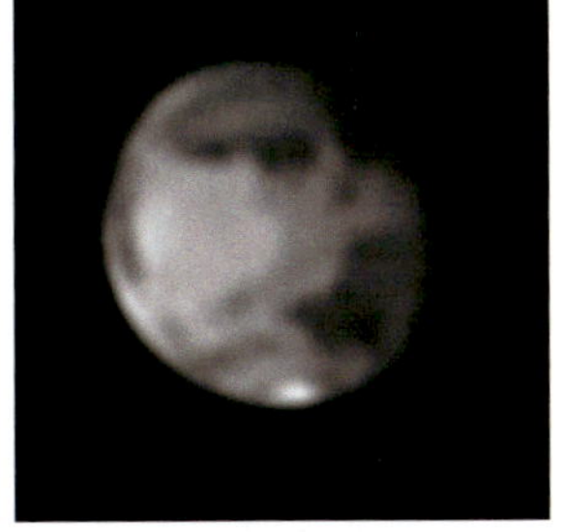

Der scheinbare Durchmesser des Mars in Opposition schwankt zwischen 13 und 25 Bogensekunden, wie man auf diesen beiden Bildern sieht, die bei den Oppositionen von 2003 (links; Videokamera mit 305 mm-Teleskop) und 1995 (rechts; CCD-Kamera mit 250 mm-Teleskop) aufgenommen wurden.

Einen der Galileischen Monde des Jupiter (auf diesem Bild ist es Io) auszumachen, ist aufgrund des niedrigen Kontrasts sehr schwierig, doch wenn er vor dem Globus einen Schatten wirft, ist dieser recht einfach zu fotografieren.

vorhersehbare jahreszeitliche Sandstürme können allerdings große Teile des Mars überziehen und dadurch alle Oberflächendetails verdecken. Mit einer monochromen Kamera lassen sich mithilfe von RGB- oder L-RGB-Filtern in Kombination mit einem Luminanz (L)-, einem transparenten oder UV/IR-Filter Farbbilder erzeugen.

Jupiter

Der größte Planet unseres Sonnensystems präsentiert sich uns in Opposition mit schönem, großem scheinbarem Durchmesser von etwa 45 Bogensekunden. Seine äquatorparallelen Wolkenbänder sind selbst mit einem kleinen Teleskop gut zu erfassen. Der »Große Rote Fleck« ist ebenfalls leicht aufzunehmen, falls er zu sehen ist, denn aufgrund der hohen Rotationsgeschwindigkeit des Jupiterglobus (9 Stunden und 56 Minuten) ist er nur für eine kurze Zeit von etwa zwei Stunden pro Umdrehung sichtbar. In den Ephemeriden, den einschlägigen Webseiten und Astronomie-Zeitschriften sind die Daten für die Transite entlang des Meridians des Planeten angegeben. Wie auch beim Mars sind eifrige Amateure hier in der Lage, eine Riesenmenge von Details wie etwa sehr dünne Wolkenbänder und kleine Wirbelstürme darzustellen. Da diese Details im Vergleich zur Helligkeit des Planeten wenig Kontrast aufweisen, schlägt sich, wie auch beim Mars, jedes Problem in der Bildgebung deutlich nieder. Bei Rotlicht sind sehr viele Details zu sehen, die allerdings nur einen geringen Kontrast aufweisen, wohingegen bei blauem Licht größere Strukturen von höherem Kontrast zu erkennen sind. Mit einer monochromen Kamera kann ein Infrarotfilter viele Details der Jupiteratmosphäre herausholen und gleichzeitig die atmosphärischen Turbulenzen (der Erde) unterdrücken. Mit RGB- oder LRGB-Filtern kann eine monochrome Kamera auch Farbbilder liefern. Wie schon beim Mars sollten R-RGB- und IR-RGB-Filter (Rot oder Infrarot als Luminanzfilter) in Kombination gemieden werden, da die Ergebnisse dann nicht der Realität entsprechen.

Saturn

Die Ringe des Saturn sind eine der Perlen unseres Sonnensystems und aufgrund ihres hohen Kontrasts und großen scheinbaren Durchmessers (über 40 Bogensekunden in Opposition) leicht zu fotografieren, zumindest wenn deren Inklination nicht zu niedrig ist. Steht die Erde mit der Ebene der Ringe in einer Linie, was alle 14,5 Jahre der Fall ist (1995, 2009 etc.), sind diese, weil sie so dünn sind, mehrere Wochen lang nicht zu sehen. Ansonsten ist die Cassinische Teilung, die die Ringe A und B trennt, auf beiden Seiten der Ringe gut zu erfassen und bei maximaler Inklination sogar rundherum zu sehen. Die Encke-Teilung, die 14-mal dünner als die Cassinische Teilung ist, ist deutlich schwieriger auszumachen und nur mit Teleskopen über 200 bis 250 mm und unter optimalen Bedingungen zu erfassen. Auf dem Globus des Planeten sind wie beim Jupiter Wolkenbänder zu sehen, die allerdings weniger stark strukturiert erscheinen. Zudem kommt es gelegentlich zu jahreszeitlichen Stürmen, die aufgrund ihrer geringen Größe und niedrigen Kontrasts nicht leicht zu fotografieren sind. Die Farben des Saturn ins Gleichgewicht zu bringen, ist wiederum einfach, da die Ringe als guter Referenzpunkt für das Weiß dienen.

Uranus und Neptun

Bei diesen beiden Planeten greifen wir nach den Grenzen unseres Sonnensystems. Aufgrund ihrer geringen Magnitude (der Uranus ist selbst bei dunklem Himmel mit dem bloßen Auge kaum zu erkennen) und ihres kleinen scheinbaren Durchmessers (3,7 bzw. 2,3 Bogensekunden) geben sie weit weniger Details preis als die anderen Planeten. Während es einerseits nicht schwer ist, ihr nichtstellares Erscheinungsbild oder die leichte Farbigkeit festzuhalten, sind andererseits Aufnahmen der Wolkenbänder des Uranus selbst für erfahrene Amateure mit hochwertigen Teleskopen von über 250 mm Durchmesser

Der kleine weiße Fleck auf dem Saturnglobus ist einer der seltenen und schwer zu erfassenden Stürme, die mit einem Amateurteleskop sichtbar sind.

Alle 14,5 Jahre (eine halbe Umrundung des Saturn um die Sonne) sehen die Ringe so dünn aus, dass sie, von uns aus betrachtet, verschwinden. Nur zu diesen Zeiten können wir den Schatten des Titan, des größten Saturnmondes, vor seinem Globus erkennen.

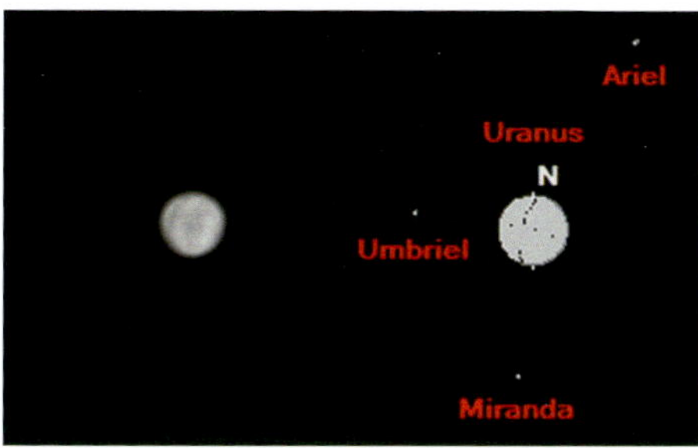

Eine Kombination aus 5000 Bildern aus einem Video des Uranus, das durch ein 356 mm-Teleskop mit einer Öffnungsverhältnis von f/21, einem 685 nm-Rotfilter und einer monochromen Kamera aufgenommen wurde. Die Simulation in WinJUPOS (rechts) half bei der Bestätigung, dass die sichtbaren Wolkenbänder auf dem Bild die richtige Ausrichtung hinsichtlich der Pole des Planeten hatten. Durch kurzes Abschalten des Motors der Montierung und der Beobachtung des weiteren Verlaufs des Planeten auf dem Bildschirm kann man die Ausrichtung der Kameraachsen in Bezug zum Himmelsgewölbe bestimmen.

extrem schwierig. Diese Details sind in rotem Licht sehr viel kontrastreicher und noch mehr im Infrarotbereich, sodass ein Filter, der blaues und grünes Licht sperrt, absolut notwendig ist. Die optimale Wahl ist wahrscheinlich ein 685 nm-IR-Filter.

Die Monde der Planeten

Es gibt zahlreiche planetarische Softwareprodukte, die die tatsächliche Position der Monde der Planeten, wenn sie denn welche besitzen, angeben. Dadurch lässt sich im Voraus bestimmen, wann der Moment ihres größten Winkelabstands gekommen ist und damit auch die höhere Wahrscheinlichkeit, sie auf das Bild zu bekommen.

Um Merkur und Venus kreisen keine Monde. Mars hat zwei, nämlich Phobos und Deimos, die je nach Abstand zur Erde eine Magnitude von ca. 10 bis 15 aufweisen. Da deren Helligkeit mit der von Pluto vergleichbar ist, wären sie eigentlich einfach zu fotografieren, wenn nicht die alles überstrahlende Scheibe des Mars direkt neben ihnen wäre, welche 200.000-mal heller als die Monde ist! Bei den erforderlichen Belichtungszeiten für die Monde wäre der Mars vollkommen überbelichtet und von einer riesigen Überstrahlung umgeben. Deshalb besteht die Schwierigkeit darin, Parameter wie den Abbildungsmaßstab, die Belichtungszeit und die Wahl des Moments, in dem die Satelliten die höchste Elongation haben, so zu wählen, dass sie nicht im grellen Licht des Planeten untergehen. Dies gilt vor allem für Phobos, dessen Umlaufbahn tiefer liegt. Ein Blaufilter kann helfen, die relative Helligkeit des Mars zu verringern, führt allerdings zu einer längeren Belichtungszeit.

Die vier Galileischen Monde (Io, Europa, Ganymed und Kallisto) sind viel einfacher zu fotografieren, weil deren Albedos (und damit die Belichtungszeit) mit der des Jupiter vergleichbar sind. Mit einem leistungsfähigen Instrument und unter sehr guten Bedingungen lassen sich auf dem größten (Ganymed) mit einem scheinbaren Durchmesser von 1,7 Bogensekunden einige Flecken erkennen. Bei solch einem kleinen Durchmesser ist die Anzahl der Fotodioden, die ihn erfassen, sehr gering, sodass der Amateur damit langsam auf den »Wahrheitsgehalt« der auf den Bildern erscheinenden Details Acht geben muss, falls sie mit einem Farbsensor aufgenommen werden. Zur Überprüfung der realen Existenz bieten sich zwei Verfahren an: (1) Bilder zu mehreren Zeitpunkten aufzunehmen und die Bewegung des Details zur Rotation des Planeten oder

Ganymed, aufgenommen mit einem 305 mm-Teleskop und einer monochromen Kamera. Der dunkle Fleck oben links ist die Galileo-Region, der größte dunkle Bereich auf der Mondoberfläche.

Auf diesem Foto ist eine Begegnung von Jupiter und Uranus in der Nacht zum 19. September 2010 durch einen Refraktor mit 1100 mm Brennweite und einer DSL mit sieben Satelliten zu sehen: die vier Galileischen Satelliten (von oben nach unten: Io, Europa, Ganymed, Kallisto) und die drei Satelliten des Uranus (von links nach rechts: Umbriel, Miranda, Ariel).

des Mondes in Beziehung setzen oder (2) auf den NASA Solar System Simulator auf *http://space.jpl.nasa.gov* zuzugreifen und das Erscheinungsbild eines Planeten oder Mondes zu einem bestimmten Zeitpunkt abzufragen.

Von Zeit zu Zeit wirft einer der Monde seinen kreisförmigen Schatten auf den Jupiter. Diese Schatten sind aufgrund ihres hohen Kontrasts, verglichen mit dem Mond selbst, einfach zu fotografieren, sobald der Mond vor dem Planet vorbeikommt. Der Jupiter hat noch viele weitere Monde, die jedoch viel kleiner sind und deshalb eine höhere Belichtungszeit erfordern.

Beim Saturn gibt es mehrere Monde, die einfach zu fotografieren sind, vor allem der größte (Titan), wobei sich allerdings keine weiteren Details erfassen lassen, da sein scheinbarer Durchmesser sehr klein ist (unter einer Bogensekunde) und seine Oberfläche von einer undurchsichtigen und gleichmäßigen Atmosphäre überzogen ist.

Uranus und Neptun besitzen ebenfalls mehrere Monde, wobei die Magnitude der hellsten unter ihnen in der Größenordnung des Plutos liegt (14 bis 15). Das Fotografieren dieser Monde wird durch das Leuchten des Planeten erschwert, allerdings weit weniger, als dies beim Mars der Fall ist, dessen Monde so extrem schwach sind. Charon, der einzige Mond des Pluto liegt durch seine sehr geringe Helligkeit (Magnitude 19) und seinen kleinen Abstand zum Pluto (weniger als eine Bogensekunde) für Amateure wahrscheinlich außerhalb ihrer Möglichkeiten.

Den Mond fotografieren

Die Mondfotografie hat viele Gemeinsamkeiten mit der von Planeten, jedoch gilt es einige Unterschiede zu beachten.

»Nahaufnahmen« des Mondes

Für detailreiche Bilder besonderer Merkmale des Mondes wie Krater, Berge, Schluchten und Dome verwendet man ähnliche Techniken wie bei denen von Planeten. Mit Videokameras kann man die kleinsten Details einfangen, indem man sich kurze Momente geringer atmosphärischer Turbulenz zunutze macht. Die verwendeten Brennweiten und Vergrößerungssysteme sind ebenfalls gleich. Natürlich bestimmt auch hier bei einem vorgegebenen Abbildungsmaßstab die Anzahl der Fotodioden das Gesichtsfeld, das bei den kleineren Sensoren der Videokameras nur einen kleinen Teil der Mondoberfläche einnimmt. Wie auch bei der visuellen Beobachtung ist die bevorzugte Mondregion die Tag-Nacht-Grenze, der Terminator, wo der tiefe Winkel des Sonnenlichts lange Schatten produziert und dadurch das Oberflächenrelief hervorhebt.

Ebenso wie bei den Planeten müssen die mit Videokameras aufgenommenen Rohbilder miteinander kombiniert werden, um das Signal-Rausch-Verhältnis zu verbessern, bevor man weitere Verarbeitungsschritte wie *Unscharf maskieren* oder Wavelets durchführt. Da sich die Lichtverhältnisse am Terminator relativ langsam ändern, steht einem ein Zeitfenster von mehreren Minuten für solche Bildsequenzen zur Verfügung. Sehr nahe an der dunklen Seite des Mondes angrenzende Schatten können sich allerdings äußerst schnell entwickeln und in Animationen mit Bildern, die über mehrere Stunden hinweg entstanden sind, auf spektakuläre Weise den langsamen Sonnenuntergang oder -aufgang über dem Mondgebiet zeigen (ein Mondtag dauert etwa 30 Erdtage!).

In der Nähe des Terminators sind die Helligkeitsunterschiede und somit die Kontraste viel höher als bei den Planeten. Eine sonnenzugewandte Kraterseite ist häufig sehr hell und erfordert daher, das Videogain oder die Belichtungszeit zu reduzieren, damit sie nicht überbelichtet wird. Der Gesamteindruck des Bildes mag dann zunächst etwas dunkel erscheinen, doch lassen sich die dunklen Bereiche durch Anpassung der Gradationskurven problemlos aufhellen, wobei die hellen Bereiche intakt bleiben (siehe Kapitel 7).

Die Eigenbewegung des Mondes

Im Gegensatz zu den Planeten, deren Bewegung relativ zu den Sternen sehr langsam vonstattengeht, ist der Mond viel näher und umkreist die Erde etwa innerhalb eines Monats, wobei er jeden Tag 50 Minuten später aufgeht. Deshalb ist seine auf die Sterne bezogene Bewegung nach Osten, obwohl diese nur 3,5 % der siderischen Geschwindigkeit beträgt, schnell genug, um mit einem Teleskop, das mit einer siderischen Nachführgeschwindigkeit arbeitet, in wenigen Zehntelsekunden sichtbar zu werden, da sich die kleinen Geschwindigkeitsunterschiede schnell auf eine halbe Bogensekunde pro Zeitsekunde (30 Bogensekunden pro Minute) belaufen können. In einem Video, das mit 5 m Brennweite und einem 1/4-Zoll-Sensor aufgenommen wurde, ist diese relative Bewegung eindeutig zu sehen, da Details bei einer Nachführung mit siderischer Geschwindigkeit in etwa 5 Minuten komplett durch das Gesichtsfeld der Kamera wandern. Soll das Gesichtsfeld der Einzelbilder später nicht deutlich beschnitten werden müssen, muss man immer wieder von Hand kleine

Mein 135-mm-Teleobjektiv reicht zwar nicht aus, um damit die Mondkrater abzubilden, tat aber seinen Dienst, um am 3. November 2017 den Vollmond über dem Empire State Building vom Ostufer des Hudson River von New Jersey aus in Szene zu setzen. Zur Vorausplanung hatte ich eine der Smartphone-Apps benutzt, die in Kapitel 1 erwähnt sind. Das Bild wurde so beschnitten, dass es dem Einsatz eines 300-mm-Objektivs auf einer Vollformatkamera entspricht.

KANN MAN DIE ZURÜCKGELASSENEN MODULE DER APOLLO-MISSIONEN FOTOGRAFIEREN?

Diese Frage lässt sich grundsätzlich verneinen. Die Module sind viel zu klein und viel zu weit weg. Sie sind etwa 4,5 m breit, sodass eine einfache, auf der Entfernung des Mondes basierende Rechnung zeigt, dass sie von der Erde aus betrachtet weniger als 1/400 Bogensekunden einnehmen. Selbst die größten terrestrischen Teleskope wie auch das Weltraumteleskop Hubble sind heutzutage nicht in der Lage, ein Modul oder auch nur einen Schatten davon zu fotografieren. Raumsonden hingegen können das, wenn sie der Mondoberfläche nahe genug kommen, wie es bei dem *Lunar Reconnaissance Orbiter (LRO)* 2009 der Fall war, auf deren dramatischen Bildern Mondmodule und Spuren der Mondfahrzeuge eindeutig zu erkennen waren.

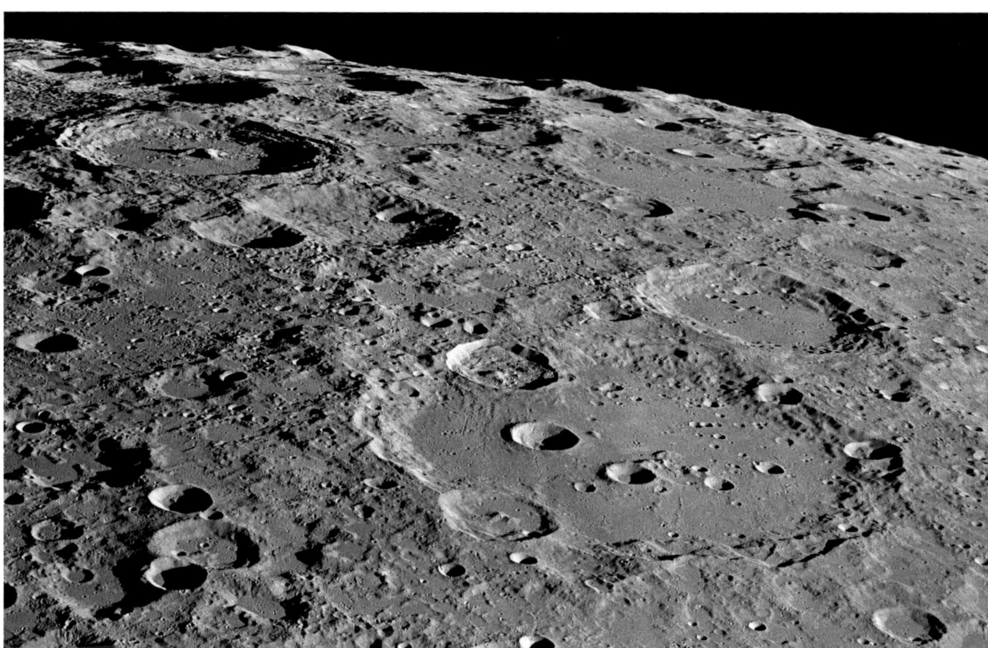

Diese Mond-Nahaufnahmen wurden aus dem riesigen Mosaik auf den Seiten 80/81 extrahiert.

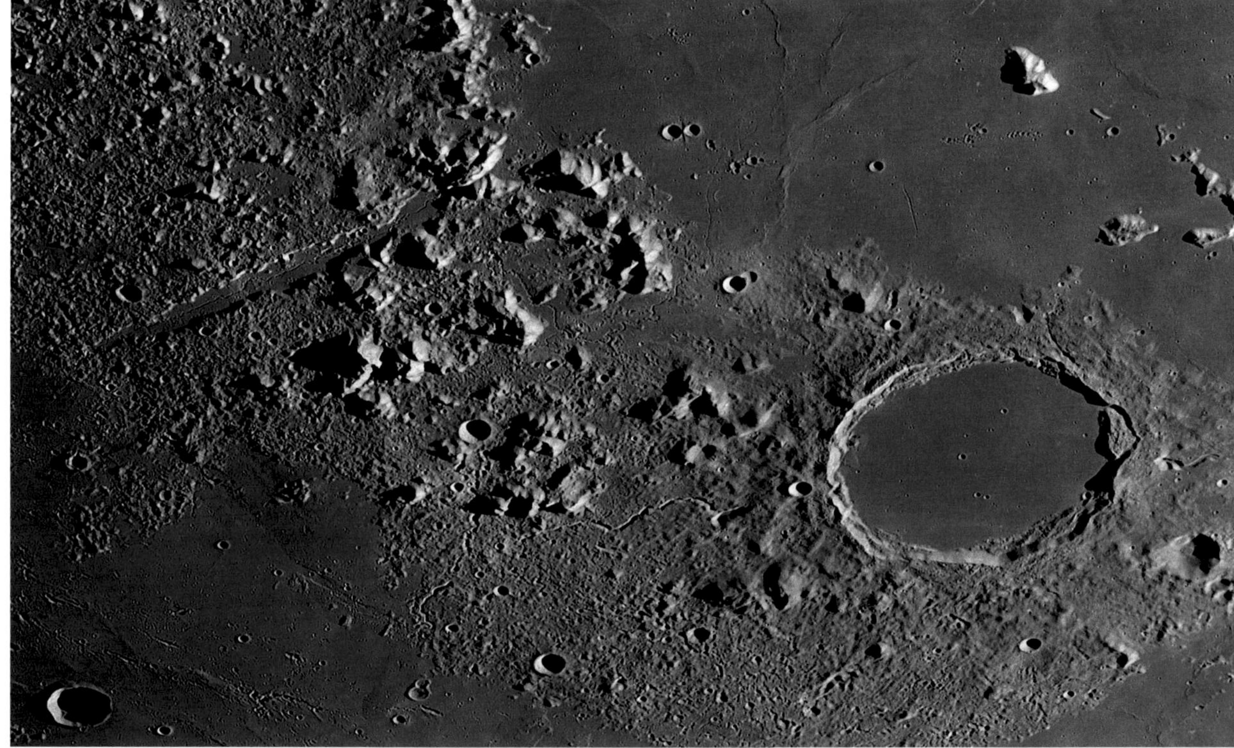

Bei der Mondsichel oder einem Viertelmond kann das Bild entlang der langen Seite des Sensors ausgerichtet werden, beim Vollmond jedoch muss man sich nach der kurzen Seite richten.

Anpassungen der Nachführgeschwindigkeit vornehmen oder, noch besser, mit einer lunaren Nachführgeschwindigkeit arbeiten. Und obwohl diese durchschnittliche Geschwindigkeit für den Mond besser ist als die siderische, ist die allerbeste Lösung die von Montierungen, bei denen die Geschwindigkeit beider Achsen berechnet wird und die sich an die Bewegung des Mondes während der Beobachtung anpassen. Schließlich unterteilt sich die Bewegung des Mondes in zwei variable Komponenten: eine entlang der Rektaszension und eine entlang der Deklination, wobei letztere höchstens ein Drittel der Gesamtbewegung ausmacht.

lange Seite des Sensors	Mondsichel oder Viertelmond	Dreiviertel- oder Vollmond, Erdschein, Mondfinsternis
3,7 mm	330 mm	220 mm
7 mm	600 mm	400 mm
10 mm	900 mm	600 mm
15 mm	1300 mm	900 mm
23 mm	2000 mm	1350 mm
36 mm	3200 mm	2100 mm

Erforderliche Brennweiten zur Erfassung des gesamten Mondes in Abhängigkeit von der Sensorgröße, wobei 20 % Randbereich für die Ausschnittswahl berücksichtigt wurden. Man beachte, dass für den kleinsten Sensor (erste Zeile) eher ein Teleobjektiv als ein Teleskop erforderlich ist.

Die gesamte Mondscheibe fotografieren

Den beleuchteten Teil der Mondscheibe zu fotografieren, erfordert kürzere Brennweiten als bei den »Nahaufnahmen«. Dank der relativ kurzen Belichtungszeiten kann man diese Aufnahmen ohne motorgesteuerte Montierung machen, obwohl es damit natürlich bequemer geht.

Die Mondsichel oder ein Viertelmond passen bei entsprechender Ausrichtung der Kamera auf die lange Seite des Sensors, wohingegen ein Dreiviertel- oder Vollmond auf die kurze Seite passen muss. In der folgenden Liste sind für die gebräuchlichsten Sensorabmessungen die maximalen Brennweiten angegeben, mit denen man den ganzen Mond auf das Bild bekommt. Die kleinsten Videosensoren sind durch ihre geringe Anzahl an Fotodioden beschränkt. Für diese Aufgabe sind DSLs wesentlich empfehlenswerter. Und dank ihres großen Gesichtsfelds sind die Celestron EdgeHD- und Maede ACF-Teleskope sehr gut für diese Aufgabe gerüstet, ebenso wie astronomische Fernrohre.

Möchte man mehr Details auf dem gesamten Mond zeigen, kann man eine längere Brennweite verwenden und ein Mosaik aus mehreren Bildern anfertigen (siehe Kapitel 1 und 7, um mehr über das Anfertigen von Panoramen und Mosaiken zu erfahren). Die Erfassung der benötigten Einzelbilder sollte sehr sorgfältig vonstattengehen, wobei die angrenzenden Bilder sich überlappen müssen und kein Teil des Mondes ausgelassen werden darf. Die Anzahl der

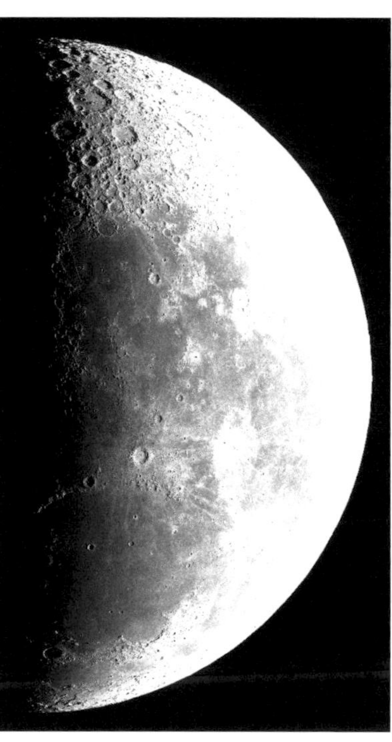
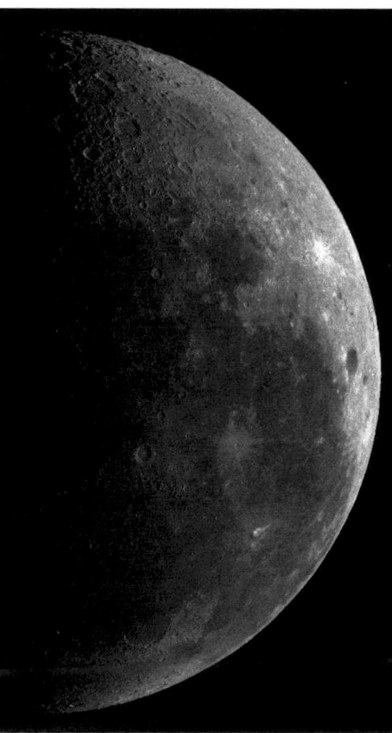

Wenn die Belichtungszeit für den Terminator passend gewählt wird, kann die gegenüberliegende Seite überbelichtet sein (links). Wenn dagegen die Belichtungszeit anhand der gegenüberliegenden Seite gewählt wird, bekommt man einen dunkleren Terminator (Mitte). Durch Anpassung der Gradationskurve dieses 16-Bit-TIFF-Bildes aus einem astronomischen Programm konnten in Photoshop die hellen und dunklen Helligkeitsbereiche in Einklang gebracht werden (rechts).

Einzelbilder zur Anfertigung des Mosaiks wird nur durch den Fleiß und die Geduld des Amateurs begrenzt!

Die dünne Mondsichel und der Dreiviertelmond weisen weniger Helligkeitsunterschiede zwischen Terminator und der gegenüberliegenden Seite auf als der Viertelmond. Wie bei Galaxien sind daher bei Letzterem mitunter Anpassungen der Gradationskurve (siehe Kapitel 7) nötig. Während der Aufnahmen muss die Belichtungszeit jeweils so gewählt werden, dass die hellsten Bereiche des Mondes nicht überbelichtet werden.

Der Erdschein

Der Erdschein ist innerhalb der zwei bis vier Tage um Neumond einfacher zu fotografieren. Da die dunkle Seite des Mondes nur durch den Erdschein beleuchtet wird, ist diese über 100-mal dunkler als die Mondsichel, sodass Belichtungseinstellungen für die Mondsichel in diesem Fall zu allzu dunklen und rauschenden (vor allem im 8-Bit-Modus) Bildern führen würden. Die einfachste Lösung besteht darin, die Mondsichel mit einer 10- bis 100-fachen Belichtungszeit überzubelichten und dabei auf die nichtsiderische Bewegung des Mondes zu achten, falls die Montierung ihn nicht exakt verfolgt. Praktisch bedeutet dies, mehrere Belichtungszeiten auszuprobieren, bis man eine gefunden hat, bei der die Sichel nicht allzu überbelichtet wird und die gewünschte Form hat. Bei der Bildverarbeitung hellt man anschließend die dunkle Seite auf. Um das Signal-Rausch-Verhältnis zu verbessern, kann man mehrere Bilder kombinieren. Vielversprechende Ergebnisse wurden auch durch HDR (High Dynamic Range)-Software wie Photomatix erzielt. Bei der Aufnahme des Erdscheins ist natürlich die rechte Spalte der Tabelle auf Seite 111 relevant.

Junge Mondsicheln fotografieren

Bei fast jedem Neumond versuchen Enthusiasten, die möglichst junge Sichel des zunehmenden Mondes visuell oder fotografisch zu erfassen. Sie wird nach ihrem Alter, also dem Zeitunterschied zum nächstgelegenen Neumond (ein paar Stunden nach dem abendlichen oder ein paar Stunden vor dem morgendlichen Aufgang) und dessen Elongation (Winkelabstand zur Sonne) bestimmt. Die günstigsten Bedingungen herrschen, wenn die Atmosphäre möglichst transparent ist, und vor allem wenn die Bahnebene (Ekliptik) im größtmöglichen Winkel zum Horizont steht, was im Frühling abends und im Herbst morgens der Fall ist. Zu diesen Zeiten steht der Mond bei gleicher Elongation direkt nach Sonnenunter- oder vor Sonnenaufgang am höchsten. Bei einer Elongation von weniger als 12° wird es für das bloße Auge unmöglich, ihn zu finden, sodass man ihn mit einem Sucher, einer GoTo-Montierung oder gar mithilfe eines Bildes aufsuchen muss.

Fünf Aufnahmen mit Belichtungszeiten von 1/4, 1, 4 und 15 Sekunden bei ISO 200 wurden mit der HDR-Software Photomatix kombiniert, um ein Bild zu erhalten, auf dem der Erdschein gut zu sehen ist, ohne dass die Mondsichel überbelichtet wird.

Unter günstigen atmosphärischen Bedingungen ist eine 24 Stunden alte Mondsichel (in diesem Fall in der Morgendämmerung des 24. Juli 2006 war sie 13° von der Sonne entfernt) mit einer DSL und einem Teleskop oder einem Teleobjektiv einfach zu fotografieren.

Dies ist die jüngste nur irgend mögliche Mondsichel, die exakt zum Neumond am 14. April 2010 eingefangen wurde. Ich verwendete dazu eine Videokamera mit einem Infrarotfilter, um die Helligkeit des Himmels abzusenken (der Hunderte Male heller ist als die Mondsichel) und hatte die Kamera zusätzlich auf einer GoTo-Montierung, die ich in der Nacht zuvor »trocken« präzise auf den Mond ausgerichtet hatte. Die nur 4,5° von der Sonne entfernte Mondsichel wurde erst sichtbar, nachdem ich Hunderte sorgfältig kalibrierter Aufnahmen gestapelt hatte. Wie bei den Bildern von der Venus auf Seite 104 musste ich starke Sicherheitsmaßnahmen vornehmen, um zu verhindern, dass Sonnenlicht direkt in das Teleskop gelangt (der kleine schwarze Pfeil zeigte die Richtung der Sonne an). Das Bild wurde blau eingefärbt, um die Mondsichel besser darzustellen, deren Unregelmäßigkeiten durch das Relief der Mondoberfläche hervorgerufen wurden.

Die Bedeckung ist weit fortgeschritten. Diese Aufnahmen mit einer um den Faktor vier zunehmenden Dauer (1/500 s, 1/125 s, 1/30 s, 1/8 s und ½ s) veranschaulichen den sehr großen Unterschied in der Leuchtkraft zwischen dem noch von der Sonne beleuchteten Teil des Mondes und dem bereits im Schatten der Erde befindlichen Teil.

Die Mondfinsternis vom 28. September 2015, fotografiert mit einer Sony Alpha 7S (mit ISO 2000 im Fokus eines 150 mm Teleskops bei einem Öffnungsverhältnis von 7). Der Mond ist noch nicht in den Schatten der Erde eingedrungen, aber die Verdunkelung durch den Halbschatten ist auf den Fotos (hier 1/6000 s) viel deutlicher zu erkennen als mit bloßem Auge.

Das Maximum der totalen Bedeckung erforderte eine Belichtungszeit von 2 s bei ISO 2000. Ein paar Sterne haben sich zum Foto eingeladen. Da der Mond während dieser Finsternis nicht durch das Zentrum des Erdschattens verläuft, bleibt ein leichter Lichtgradient, der auf die Außenseite des Schattens gerichtet ist.

Mondfinsternisse

Eine Mondfinsternis ereignet sich, wenn der Erdschatten auf den Mond geworfen wird. Der so abgedunkelte Bereich wird nur durch Sonnenstrahlen beleuchtet, die von der Erdatmosphäre gebrochen werden und ihm dadurch einen charakteristischen Rotton verleihen. Dessen Helligkeit unterscheidet sich von Finsternis zu Finsternis deutlich und hängt von der jeweiligen Formation der Finsternis und den atmosphärischen Bedingungen ab. Bei einer partiellen Mondfinsternis sind die Herausforderungen bei der Fotografie noch viel größer als beim Erdschein: Der Helligkeitsunterschied zwischen dem verfinsterten und dem beschienenen Bereich beträgt das über 10.000-Fache! Dies führt dazu, dass es praktisch unmöglich ist, beide Bereiche im selben Foto korrekt zu belichten. Im Hinblick auf das schwache Licht des verfinsterten Teils ist eine motorgesteuerte Montierung erforderlich, es sei denn, man verwendet ein Objektiv von relativ kurzer Brennweite. Auch hier ergibt HDR-Software interessante Resultate, wenn man die Parameter zur Kombination unterschiedlich belichteter Bilder gut beherrscht.

Stern- und Planetenbedeckungen durch den Mond

Manchmal verdeckt der Mond für mehrere Minuten einen Planeten oder einen hellen Stern. Der verdeckte Himmelskörper verschwindet dann auf der Ostseite und taucht auf der Westseite wieder auf. Kommt bzw. geht der Planet auf der dunklen Seite, muss die Belichtungszeit natürlich anhand des Planeten gewählt werden. Auf der von der Sonne beleuchteten Seite ist der Helligkeitsunterschied zwischen Mond und Planet oder Stern eventuell relativ groß, vor allem wenn es sich um einen schwach leuchtenden Planeten, der von einem Dreiviertel- oder Vollmond verdeckt wird, handelt. In diesem Fall kann der Mond ruhig etwas überbelichtet sein. Vorhersagen solcher Bedeckungen findet man in astronomischen Zeitschriften und Ephemeriden. Bedeckungen sind übrigens hervorragende Motive für animierte Bildsequenzen.

6. September 2020: Der Mond bedeckt den Planeten Mars. Das Ereignis ist im Süden der Iberischen Halbinsel zu sehen. Von einem sorgfältig ausgewählten Beobachtungspunkt in der Nähe von Lissabon aus ist die Bedeckung streifend, d. h. der Mars verschwindet nie ganz und enthüllt so nach und nach den Rand der dunklen Seite des Mondes. Eine Abfolge von Videos wurde mit einem 200-mm-Teleskop und einer astronomischen Farbvideokamera aufgenommen. Jedes Video wurde mit AS!3 bearbeitet und die resultierenden Bilder, die bei der Aufnahme eine Minute auseinander lagen, wurden anschließend in Bezug auf die Mondoberfläche neu zentriert und durch Überlagerung von Ebenen in Photoshop kombiniert.

Ein astronomisches Instrument ist nicht unbedingt erforderlich, um ein Transitbild der ISS zu erhalten, auf dem man ihre Strukturen erkennen kann. Dieses Bild wurde mit einem 280-mm-Teleobjektiv an einer Olympus E-M1 Kamera im Micro-Four-Thirds-Format im Burst-Modus aufgenommen. Im Gegensatz zum Bild rechts wurde die Aufnahme mitten in der Nacht gemacht, als sich die ISS im Schatten der Erde befand.

Die ISS

Die Internationale Raumstation (ISS) ist das größte je von Menschenhand gebaute Objekt in der Erdumlaufbahn. Es gibt viele Webseiten (ISS Detector, Heavens-Above) und Smartphone-Apps, die einem deren Überflug über dem eigenen Kopf vorhersagen, der stets entweder zur Morgen- und Abenddämmerung über ein paar Minuten geht. Die Größe der ISS beträgt inklusive der Solarmodule 100 m, was in einer Höhe von 400 km eine scheinbare Größe ergibt, die über der des Jupiter liegt – im Zenit fast eine Bogenminute. Die Solarmodule sind orangefarben, der Rest weiß und stark reflektierend, was dazu führt, dass die ISS die Magnitude der Venus übertreffen kann. Die korrekte Belichtungszeit, die man durch Probieren mit dem eigenen Setup herausfinden muss, liegt im Millisekundenbereich.

Für einen Amateur, der die Grundlagen der Planetenfotografie beherrscht, wäre es ein Leichtes, die ISS zu fotografieren, wäre da nicht deren scheinbare Bewegung, die über einer Bogensekunde pro Sekunde liegen kann, sobald sie sich mehr als 60° über dem Horizont befindet. Die Herausforderung besteht deshalb darin, sie exakt genug zu verfolgen, um sie beim Transit zumindest vorübergehend im Gesichtsfeld des Sensors zu halten. Die übliche Technik wäre, eine Dobson-Montierung (siehe Kapitel 7) mit behutsamen und präzisen Handbewegungen zu verwenden und dabei durch ein stark vergrößerndes Suchfernrohr mit Fadenkreuz zu blicken, das die ISS visuell verfolgt. Die Mechanik des Systems muss zuverlässig genug sein, sodass sich Kollimation und Fokussierung (vorher anhand eines Sterns oder des Mondes vorgenommen) beim Überflug nicht ändern. Motorgesteuerte Montierungen einfacher Bauart (ob nun äquatorial oder azimutal) eignen sich leider nicht gut zur Verfolgung der ISS. Sie sind etwas zu träge und die meisten haben nur wenige schnelle Geschwindigkeiten zur Auswahl, obwohl die ISS es darüber hinaus auch noch erforderlich macht, die Geschwindigkeit fast ständig zwischen 0°/Sekunde und 2°/Sekunde zu variieren, und dies auch noch unabhängig für jede Achse. Was das programmierte Nachführen des Bahnverlaufs der ISS anhand der Bahnelemente (two-line element, TLE) angeht, reicht die Präzision der Polarsternausrichtung oder Synchronisation über eine Funkuhr nicht aus, um die ISS mit einer langen Brennweite zu fotografieren.

Die Erfassung als Video (mit einer Videokamera oder einer DSL) hilft, die Wahrscheinlichkeit des Erfolgs zu erhöhen, wobei einige Amateure auch mit einer DSL gute Ergebnisse erzielten, die mit der Serienbildfunktion entstanden. Natürlich wird das Ganze mit zunehmender Brennweite bzw. abnehmender Sensorgröße schwieriger. Ich rate dazu, mit kürzeren Brennweiten zu beginnen und mit Flugzeugen in großer Höhe (tagsüber oder nachts) zu üben, da diese mit derselben scheinbaren Geschwindigkeit wie die ISS fliegen. Wie bei den Planeten auch hilft das Kombinieren mehrerer aufeinanderfolgender Aufnahmen, das Signal-Rausch-Verhältnis zu verbessern. Allerdings kann man aufgrund der stetigen Lageveränderung der Raumstation beim Überflug nur wenige Bilder jeweils miteinander kombinieren. Dies führt dazu, dass man nicht die gleichen Bildverbesserungsverfahren anwenden kann, wie man es von der Planetenfotografie gewohnt ist. Im Hinblick auf die Existenz von Bildrauschen und möglicher Artefakte sollte man bei der Interpretation anscheinender kleiner Details auf den fertigen Bildern Vorsicht walten lassen.

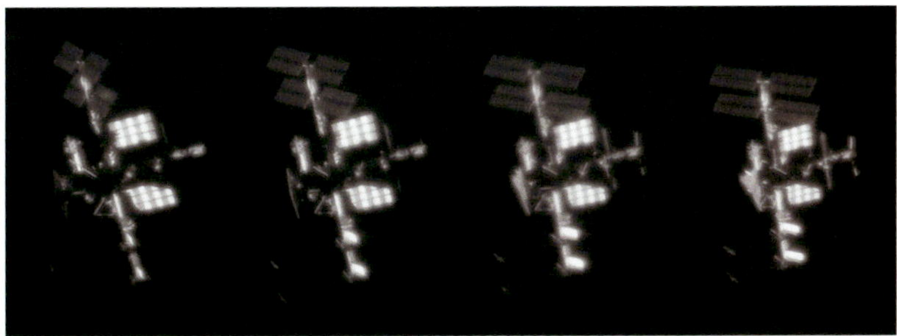

Diese Bilder der ISS stammten aus einem Video, das am 28. Februar 2011 mit einem 250 mm-Schmidt-Cassegrain-Teleskop und einer monochromen Videokamera auf einer Takahashi-Montierung aufgenommen wurde. Die Elektronik der Montierung wurde von Emmanuel Rietsch für die Nachführung bei Satelliten stark modifiziert und zusammen mit seiner Software Video Sky (in einer Modifizierung, die auch auf EQ-G-Montierungen funktioniert) eingesetzt. Links der Mitte der ISS sieht man von hinten das Space Shuttle »Atlantis« angedockt. Direkt rechts neben ihm kann man den Astronauten Steve Bowen beim Weltraumspaziergang am Greifarm der ISS (die dreieckige Struktur) erkennen.

Wenn man die beiden Bildpaare jeweils mittels Kreuzblick zur Deckung bringt, erscheint die ISS dreidimensional. Die Solarmodule der ISS befinden sich oben und unten. Bei den großen rechteckigen, weißen, schachbrettartigen Strukturen handelt es sich um Radiatoren.

Dieser Mondtransit von der Internationalen Raumstation ISS wurde am 4. Februar 2017 von Rouen aus während der ersten Mission des französischen Astronauten Thomas Pesquet aufgenommen. Die 14 aufeinanderfolgenden Bilder, die aus einem 4K-Video stammen, das von einer Sony Alpha 7S mit 30 fps gefilmt wurde, wurden zu dieser Perlenkette kombiniert. Dazu wurden die Bilder in Paint Shop Pro auf 14 Ebenen übereinandergelegt. Anschließend wurden kleine Scheiben, die auf die einzelnen ISS zentriert waren, ausgewählt und aus jeder Ebene ausgeschnitten, um die ISS auf den darunter liegenden Ebenen sichtbar zu machen. Celestron Edge HD C14-Teleskop mit einem speziellen Brennweitenreduzierer. Die Aufnahme wurde kurz nach Sonnenuntergang gemacht, als die Sonne noch die ISS beleuchtete.

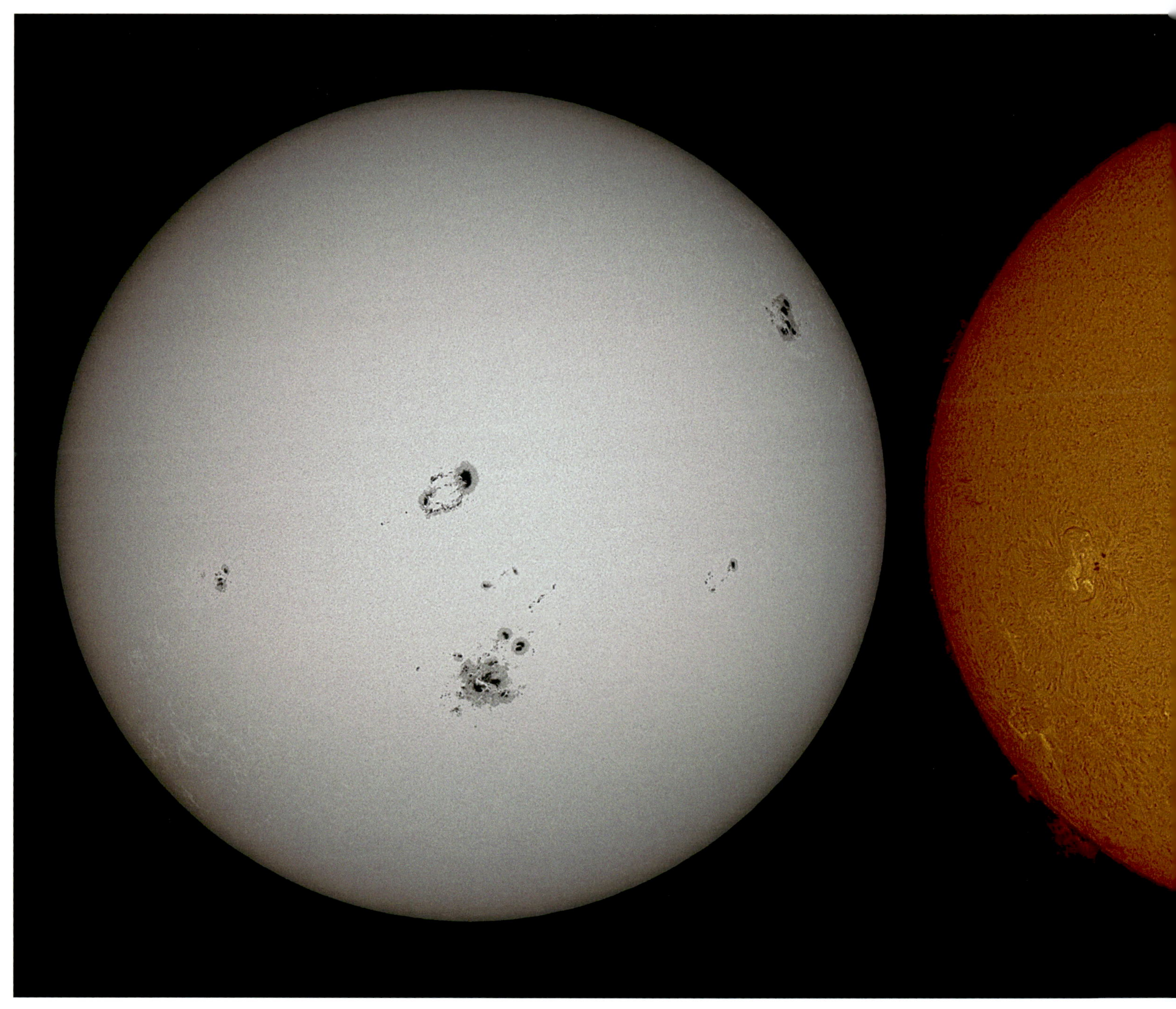

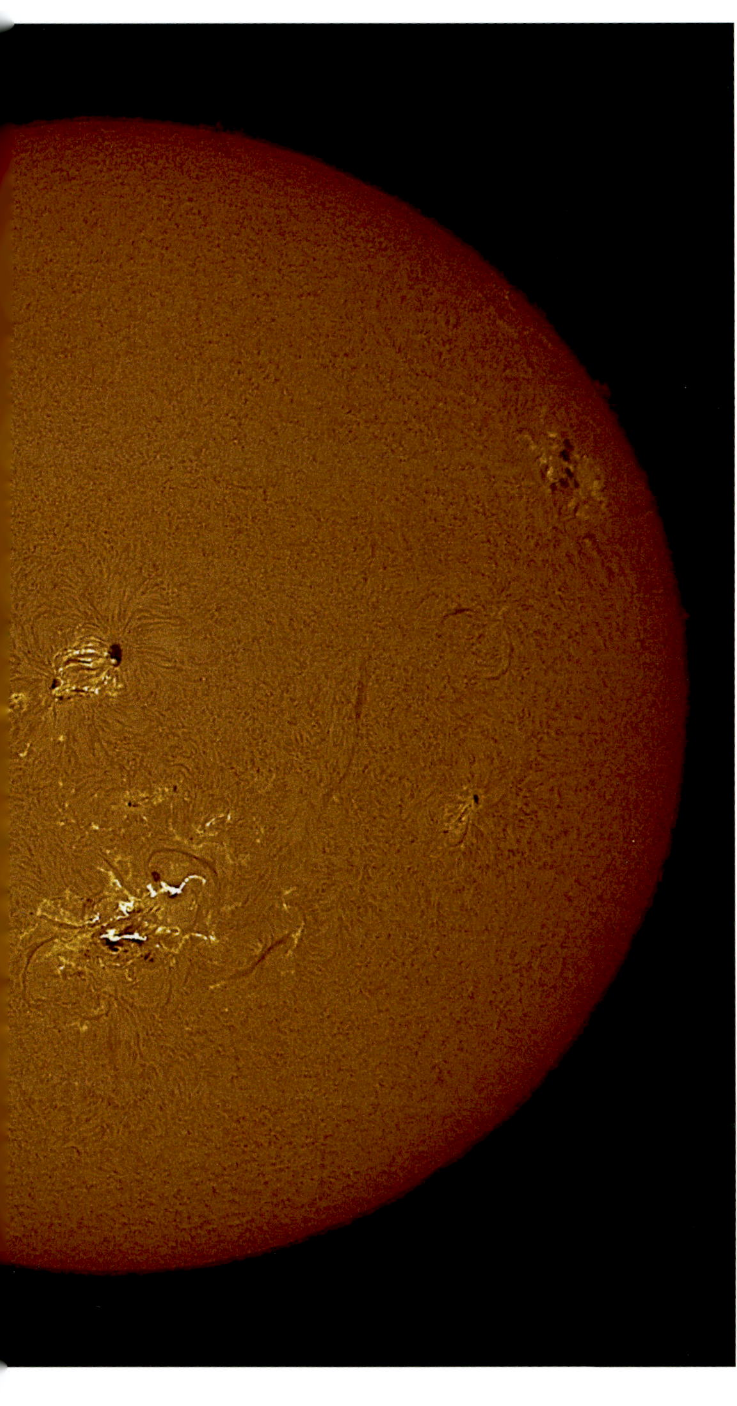

Kapitel 6
Die Sonne

In unserer Galaxie ist die Sonne nur ein gewöhnlicher Stern. Sie ist der Erde allerdings etwa 270.000-mal näher als der zweitnächste Stern (Proxima Centauri). Für uns Astrofotografen bedeutet dies sehr viel: Denn damit ist die Sonne der einzige Stern, dessen zahlreiche und sich stetig wandelnde Details wir fotografieren können.

Links sehen wir die Sonne in weißem Licht mit leicht erkennbaren Sonnenflecken in der Mitte der photosphärischen Granulation, wobei der größte von ihnen gerade eine zentrale Umbra (Kernschatten) aufweist, die von einer Penumbra (Halbschatten) umgeben ist. Um die Gruppe der Sonnenflecken rechts sind einige Sonnenfackeln (die hellen Flecken, auch Faculae genannt) zu sehen. Das rechte Bild zeigt die Sonne zeitgleich im H-alpha-Licht, während sich gerade eine Sonneneruption in der aktiven Region ereignet.

Astronomen haben ständig etwas zu nörgeln. Sie beschweren sich immer über das schwache Licht, das von den Himmelskörpern ausgesendet wird, mit Ausnahme der Sonne, von der sie wiederum sagen, dass sie viel zu hell sei. Die Sonne ist tatsächlich das einzige Objekt, das zu fotografieren gefährlich sein kann und dessen Lichtstrom aus Sicherheitsgründen um den Faktor 100.000 abgeschwächt werden muss. Glücklicherweise sind auch für Amateure Sonnenfilter erhältlich, die dieser Aufgabe sehr gut gerecht werden.

Diese Filter lassen sich in zwei Typen aufteilen: Breitbandfilter (auch Weißlichtfilter genannt) und Schmalbandfilter, von denen die gebräuchlichsten die Wasserstoff-alpha (H-alpha)-Filter sind. Der Weißlichtfilter zeigt die sichtbare Oberfläche der Sonne mit ihren berühmten Sonnenflecken, wohingegen H-alpha-Filter die hervorstechende rote Wasserstoff-Spektrallinie isoliert und spektakuläre Ansichten der aktiven Regionen, Protuberanzen und – falls sie sich ereignen – auch der gewaltigen und schnellen Sonneneruptionen bescheren. Sie sind teurer als die Breitbandfilter, doch jeder, der einmal die Sonne durch einen dieser Schmalbandfilter betrachtet hat, wird diesen Anblick nie vergessen! Das Fotografieren der kompletten Sonnenscheibe wie auch engerer Blickwinkel ähnelt der Mondfotografie ziemlich stark. In diesem Kapitel werden wir uns allerdings auf die wesentlichen Unterschiede zur Fotografie des Mondes konzentrieren.

Die Sonne im Weißlicht

Diejenige Schicht der Sonne, die uns das Tageslicht bringt, nennt man die Photosphäre. Ihre Temperatur beträgt etwa 6000 °C und zeigt keinerlei farbliche Variation. Sie erscheint als granuläre (gekörnte) Oberfläche, die sich aus Konvektionszellen zusammensetzt, deren Größe jeweils etwa 1000 km beträgt und die immer nur ein paar Minuten überdauern. Von der Erde aus betrachtet erstreckt sich eine Konvektionszelle über etwa eine Bogensekunde.

Die Photosphäre enthält auch die Sonnenflecken, die je nach Sonnenaktivität, deren Zyklus durchschnittlich elf Jahren dauert, auftauchen und wieder verschwinden. Im Vergleich zur Umgebung erscheinen sie dunkel, wobei ihre Temperatur tatsächlich etwa 2000 °C geringer ist als in der übrigen Photosphäre. Sonnenflecken gehören zu den aktiven Regionen, in denen die Materiebewegungen durch starke und komplexe Magnetfelder beherrscht werden. Bei den Sonnenfackeln handelt es sich um etwas heißere und hellere Zonen als der Photosphäre, die manchmal entlang des Randes zu sehen sind.

Verwendung von Breitbandfiltern

Es gilt der Spruch, dass ein Astronom, der die Sonne ohne Filter betrachtet, dies nur zweimal in seinem Leben macht: einmal mit dem linken und einmal mit dem rechten Auge! Ein Instrument mit einem Durchmesser von 100 mm sammelt 1000-mal mehr Licht ein als das bloße Auge. Dies reicht aus, um ein Stück Holz in dessen Brennpunkt zu entzünden.

GEHEN SIE KEIN RISIKO MIT DER SONNE EIN!

Improvisierte Notlösungen wie eine mit einer Kerzenflamme geschwärzte Glasscheibe oder ein Streifen überbelichteter und entwickelter Negativfilm sollten um jeden Preis vermieden werden, ganz gleich, ob sie vor oder hinter ein Teleskop, ein Fernglas oder das Auge gehalten werden. Selbst wenn es scheint, als würde das Sonnenlicht auf ein erträgliches Maß vermindert, können die starken Ultraviolett- und Infrarotstrahlen immer noch irreparable Augenschäden anrichten. Diese können ganz schnell entstehen oder sich mit der Zeit akkumulieren. Dazu muss man wissen, dass die Netzhaut nicht schmerzempfindlich ist und es deshalb für einen selbst zunächst nicht spürbar ist, ob sie bereits geschädigt wurde. Vor allem auf die Filterwirkung von unbelichtetem, entwickeltem Diafilm sollte man nicht setzen, da dessen Farbstoffe die unsichtbaren Infrarotstrahlen vollständig passieren lassen.

Selbst die sogenannten »Sonnenfilter«, die direkt in das Okular geschraubt werden sollen und manchmal immer noch bei billigen Teleskopen mitgeliefert werden, sollte man vorbehaltlos wegwerfen: Sie können bereits nach wenigen Sekunden der Hitzeeinwirkung platzen. Als Kind habe ich einmal diese Erfahrung gemacht, wobei ich das Glück hatte, dass sich in jenem Moment mein Auge nicht hinter dem Okular befand. Die Fotografie der Sonne ist natürlich nicht ganz so gefährlich, doch auch dort muss man den Ausschnitt nach Sicht zentrieren und die Kamera fokussieren.

Ein Glas-Sonnenschutzfilter in seiner Halterung. Bei kleinen Teleskopen reicht der Filter über die gesamte Öffnung, für größere Systeme gibt es Filter mit kleinerem Durchmesser, die nur in einem kleineren runden dezentralen Bereich (Off-Axis-Filter) Licht hindurchlassen.

Glücklicherweise bieten die Hersteller astronomischer Ausrüstungsgegenstände viele Möglichkeiten der Filterung an, die für jedes Teleskop und jeden Geldbeutel passend ein Sortiment bereithalten. Mithilfe solcher Filter lässt sich die Sonne gefahrlos stundenlang beobachten. Selbstverständlich muss man die Filter dazu nach den Vorschriften des Herstellers verwenden und von einer Person am Teleskop sichern lassen, die sich mit dessen Bedienung auskennt. Ein auf die Sonne ausgerichtetes Instrument sollte nie unbeaufsichtigt bleiben, vor allem dann nicht, wenn Kinder in der Nähe sind. Darüber hinaus muss man auch das Sucherfernrohr blockieren, falls es nicht bereits einen Filter für diesen Zweck eingebaut hat. Die Sonne lässt sich auch mittels des vom Instrument auf den Boden geworfenen Schattens zentrieren.

Der Objektivfilter

Es gibt zwei Arten von Filtern, die man vor einem Teleskop anbringen kann: Glasfilter und Filterfolien.

Die Glasfilter bestehen aus einer planparallel geschliffenen, metallbedampften Glasfläche, die über die gesamte Fläche nur einen sehr kleinen Teil des Sonnenlichts hindurchlässt. Sie ist in eine kreisrunde Halterung eingebaut, deren Größe zum Außendurchmesser des vorderen Teleskopendes passen muss. Auch wenn es merkwürdig erscheint, so ist es doch so, dass es aufgrund der Präzisionsanforderungen der Astronomie für den Hersteller teurer ist, eine glatte Glasfläche zu produzieren, als einen Hauptspiegel für ein Newton-Teleskop gleichen Durchmessers zu fertigen. Dies hat mehrere Gründe:

Eine AstroSolar-Folie, die man sich zuschneidet und in eine selbst gebaute Halterung einfasst.

- Statt nur einer sind bei Glas zwei Oberflächen zu polieren.
- Die Herstellung der Beschichtung ist komplizierter, da es schwieriger ist, eine kleine Menge Licht gleichmäßig durch die gesamte Filteroberfläche durchzulassen, als sämtliches Licht zu reflektieren, das auf einen Spiegel trifft.

Dies sind die Gründe, weshalb hochwertige Objektivfilter aus Glas relativ teuer sind.

Die ersten flexiblen Filter bestanden aus einer extrem dünnen Metallfolie namens Mylar, dem gleichen Material, das man für Rettungsfolien verwendet, und es war von sehr unterschiedlicher Qualität. Später kamen weitere Folien hinzu, darunter solche aus schwarzem Polymer. Die von Baader vertriebene Folie AstroSolar sieht aus wie Mylar, ist aber von erheblich besserer optischer Qualität als die meisten anderen Folien und sogar besser als die meisten Glasfilter. Sie erlaubt scharfe und kontrastreiche Bilder, auf denen die Granulation sehr gut zu erkennen ist. Ihr Preis-Leistungs-Verhältnis ist unschlagbar. Sie wird in rechteckigen Maßen verkauft und muss vom Käufer selber auf den gewünschten Durchmesser zugeschnitten und nach Anleitung spannungs- und faltenfrei in eine Halterung aus Pappe gebaut werden.

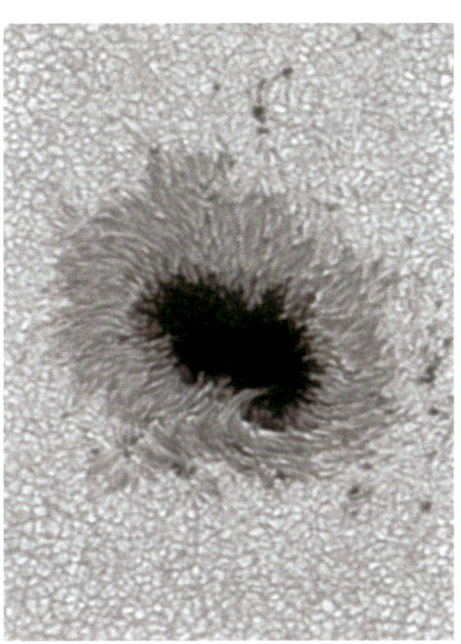

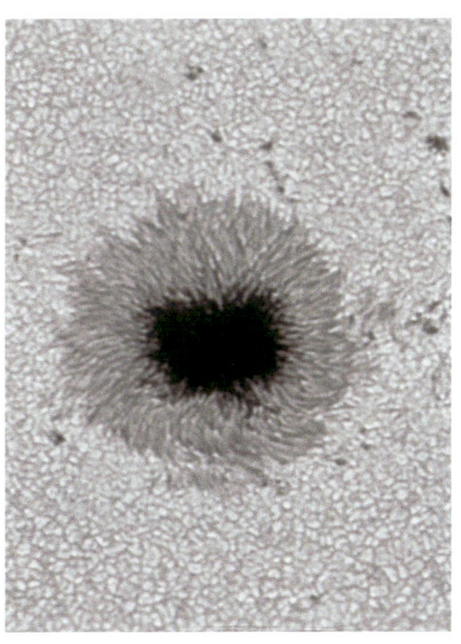

Ein Instrument mit einem Durchmesser von mehr als 150 mm (hier ein 180 mm Teleskop mit Astrosolarplatte) zeigt deutlich die Details der Halbschatten der Flecken und die individuelle Form der Körnung. Die Struktur dieser Granulation ändert sich in nur wenigen zehn Sekunden sichtbar. Hier wurde der gleiche Sonnenfleck zwei Tage hintereinander fotografiert.

Wenn man sie einigermaßen vorsichtig behandelt, ist sie recht langlebig: Ich selbst habe einige davon für diverse Instrumente seit mehreren Jahren in Gebrauch. Die Folie ist in zwei Versionen erhältlich: mit der Dichte 5 für die visuelle Beobachtung (mit einem Filterfaktor von 10^5 bzw. 100.000) und mit der Dichte 3,8 für fotografische Zwecke (Filterfaktor $10^{3,8}$ bzw. 6300). Letztere ist für die Fotografie besonders geeignet, da sie kürzere Belichtungszeiten ermöglicht. Sie darf allerdings bei der visuellen Beobachtung nicht ohne einen Zusatzfilter (Neutraldichte- oder Schmalbandfilter) verwendet werden, der das Licht noch stärker abschwächt und die infraroten und ultravioletten Wellenlängen blockiert.

Der Herschelkeil

Den Herschelkeil, auch Herschelprisma genannt, gibt es schon länger. Ich habe bereits in den 1970er-Jahren einen auf meinem ersten kleinen Refraktor verwendet. Derjenige, den ich heute verwende, hat nur wenig mit meinem ersten Herschelkeil gemein. Er ist besser verarbeitet, schwerer, größer (50,8 mm bzw. 2″ statt vorher 0,96″) und mehrere Hundert Euro teurer. Er ähnelt in Aussehen und Funktion einem 2″-Winkelprisma und kann sowohl 31,75 mm- als auch 50,8 mm-Okulare sowie eine Barlowlinse oder eine Kamera aufnehmen (siehe Kapitel 4).

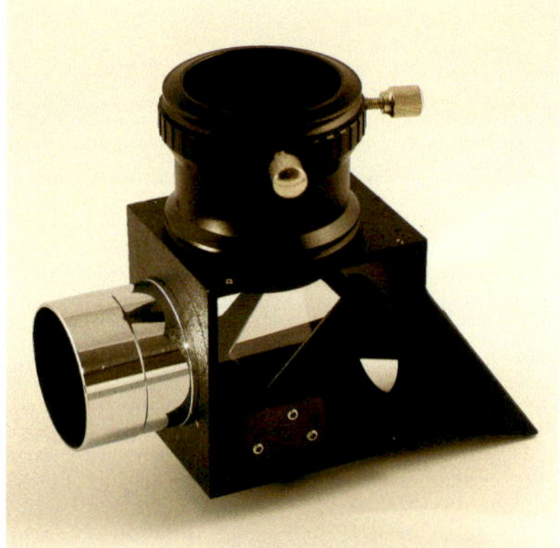

Ein Herschelkeil besteht aus einem teilreflektierenden Prisma und einem Filtersatz, der die Aufgabe hat, das zum Okular oder der Kamera weitergeleitete Licht abzuschwächen.

Der Herschelkeil besteht aus einem beschichteten Glasprisma, das so beschaffen ist, dass die Reflexion von seinen Oberflächen nur etwa 3 % des Lichts zum Okular weiterleitet. Das restliche Sonnenlicht tritt durch eine Öffnung am hinteren Teil des Gehäuses aus. Doch selbst 3 % des Lichts sind immer noch enorm viel, sodass es mithilfe eines oder mehrerer mitgelieferter Neutraldichtefilter unterschiedlicher Dichte um einen Faktor von 1000 bis 10.000 verringert werden muss. Man kann auch einen Solar-Continuum-Filter von Baader mit einer Bandbreite von 8 nm im grünen Bereich (540 nm) oder einen hauptsächlich für die Fotografie von Nebeln entwickelten Schmalbandfilter verwenden (siehe Kapitel 7). Der Vorteil des Schmalbandfilters besteht darin, dass er gleichzeitig die atmosphärische Dispersion und atmosphärische Turbulenzen verringert (siehe vorherigen Abschnitt). Er verbessert auch die mit einem nicht-apochromatisch korrigierten Refraktor erzielbare Bildqualität, indem er die chromatischen Aberrationen verhindert.

Die Bildqualität durch einen guten Herschelkeil ist sogar noch besser als mit der AstroSolar-Folie. Aufgrund der geringeren Lichtstreuung sind die Bilder kontrastreicher. Allerdings darf man den Herschelkeil nur an Refraktoren verwenden; an Spiegelteleskopen ist er zu meiden. Objektivfilter blockieren das überschüssige Licht, das in das Instrument eintritt, wohingegen der Herschelkeil dies nahe dem Fokuspunkt tut. Bei einem Spiegelteleskop wäre der Sekundärspiegel bei der Annäherung an den Fokuspunkt derart viel Licht ausgesetzt, dass dieser dadurch Schaden nehmen könnte. Bei einem Refraktor besteht keine Gefahr für das Okular, da das Licht zuvor bereits durch das Prisma abgeschwächt wurde.

Der Herschelkeil führt zu einem spiegelverkehrten Bild, das man bei der Nachbearbeitung einfach ein weiteres Mal spiegelt.

Kameras, Fotografie und Nachbearbeitung

Jetzt, da die Filterfrage geklärt ist, kann man sagen, dass sich Sonnen- und Mondfotografie sehr ähneln. Es kommen die gleichen Methoden zum Einsatz: Videos für die besten Details, gefolgt von der Nachbearbeitung, die aus Übereinanderlegen, Kombinieren und Schärfen besteht.

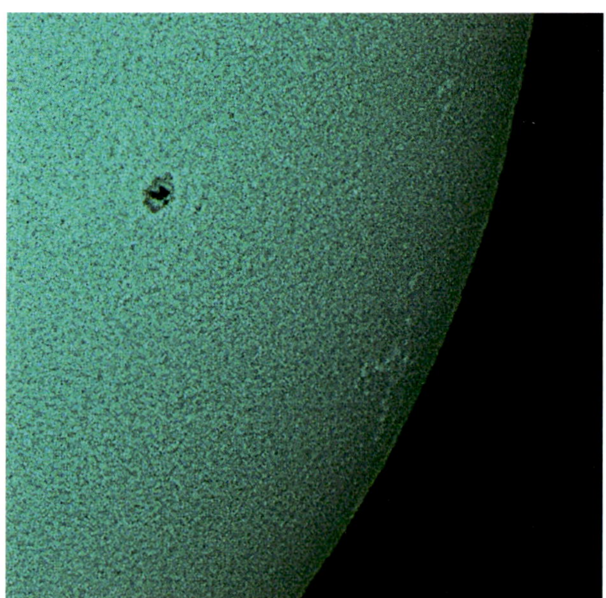

Es gibt zwei Hinweise darauf, dass dieses Bild zu stark bearbeitet wurde:

- *Wie man auf dem Bild auf Seite 118 sieht, sollte die Granulation auf der Sonnenoberfläche in Richtung Rand der Sonnenscheibe schwächer werden – ganz anders, als es beim Rauschen der Fall ist.*
- *Die hellen Ränder um die Sonnenflecken sind Anzeichen für Kanteneffekte, die durch zu intensive Nachbearbeitung entstanden sind (siehe Kapitel 5).*

Bei der Anwendung der Schärfungsfilter muss man besonders vorsichtig sein, denn nichts sieht einer Granulation ähnlicher als zu intensiv nachbearbeitetes Bildrauschen! Fotos von der vollständigen Sonnenscheibe nimmt man mit Digitalkamera auf und orientiert sich bei den Brennweiten an der Tabelle auf Seite 111 (rechte Spalte für den Vollmond). Eine monochrome Kamera reicht völlig aus, da die Sonne im Prinzip farblos ist. Falls bei der Verwendung eines Farbsensors durch einen der Filter eine dominante Farbe entsteht, belässt man die Kamera im Farbmodus und extrahiert später bei der Nachbearbeitung den entsprechenden Farbkanal.

Wie bei der Mond- und Planetenfotografie sollte der Dynamikumfang des Sensors auch bei der Sonne so gut wie möglich ausgeschöpft werden. Praktisch bedeutet dies, dass sich die hellen Bildbereiche im Histogramm nahe des rechten Randes befinden sollten. Befänden wir uns außerhalb der Atmosphäre, würde man dies normalerweise mit der niedrigst möglichen Gain-Einstellung (bzw. ISO) bewerkstelligen. Vom Erdboden aus ist es allerdings häufig besser, mit kürzeren Belichtungszeiten zu arbeiten und die atmosphärischen Turbulenzen dadurch gewissermaßen einzufrieren. In solchen Fällen muss das Gain oder die ISO erhöht werden, sodass die Helligkeitsbereiche auch bei kurzer Belichtungszeit das ganze Histogramm ausfüllen. Wie man die Empfindlichkeit im Einzelfall genau wählt, hängt von der Intensität der Turbulenzen ab, sodass man hier keine Richtlinien vorgeben kann.

Bei einer Videoaufnahme wählt man die Einstellungen so, dass die Umbra der Sonnenflecken nicht ganz schwarz wird, um dadurch sicherzugehen, dass man keine Bildinformationen bzw. Details verliert. Die genaue Einstellung des Schwarzpunkts lässt sich noch bei der Nachbearbeitung festlegen.

Das Problem der Turbulenzen bei Tage

Bei Sonnenaufnahmen stellt sich ein Problem, das wir von der Planetenfotografie nicht kennen: Aufgrund der Erwärmung des Bodens durch die Sonne sind die atmosphärischen Turbulenzen bei Tage im Schnitt viel höher als nachts. Deshalb ist es von einem typischen Beobachtungspunkt aus viel schwieriger, das Potenzial eines Teleskops mit einer Öffnung von etwa 100 bis 150 mm vollständig auszuschöpfen. Ein großes Teleskop, vor allem wenn es regelmäßig kollimiert werden muss, ist für die Sonne keine ideale Lösung, es sei denn, man hat die Geduld, auf die kurzen und seltenen Momente stabiler atmosphärischer Bedingungen zu warten.

Die kleine französische Firma Airylab bietet ein kleines Messgerät zur Ermittlung der atmosphärischen Turbulenzen im Tagesgang, den Solar Scintillation Monitor (SSM), an. Ein auf die Sonne ausgerichteter Lichtsensor misst den Grad der aktuellen Turbulenz und gibt diesen Wert in Bogensekunden aus – zum einen auf dem Gerätedisplay selbst, zum anderen via USB am angeschlossenen Computer. Letzterer zeigt in der Software dann auch den zeitlichen Verlauf der Turbulenzen an. Man kann damit sogar Schwellenwerte setzen, die bei Unterschreitung eine Videoaufzeichnung mit dem Programm Genika Astro starten können. Unter zwei Bogensekunden wäre in Ordnung, unter einer sehr gut, unter ein halben außergewöhnlich. Gerade bei der Prüfung neuer Sonnenbeobachtungsstandorte ist SSM sehr nützlich.

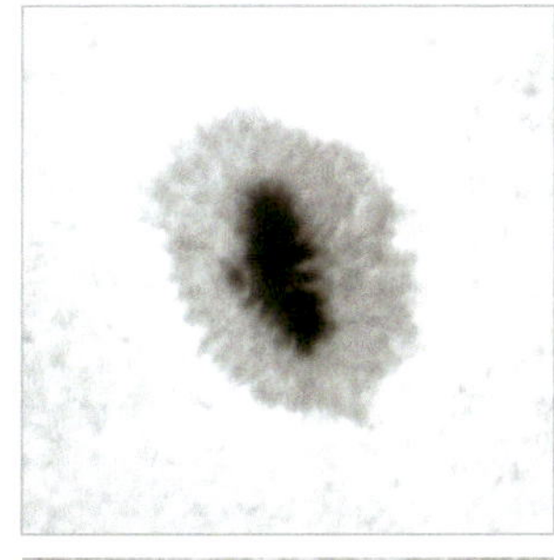

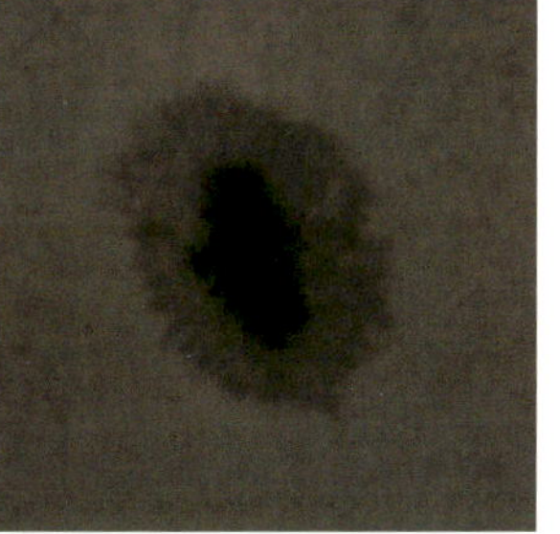

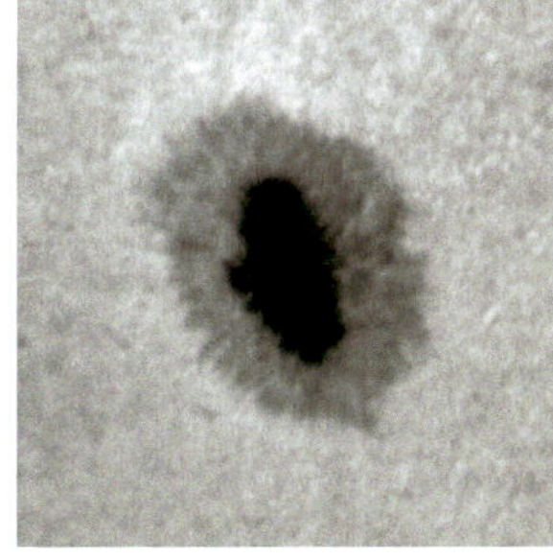

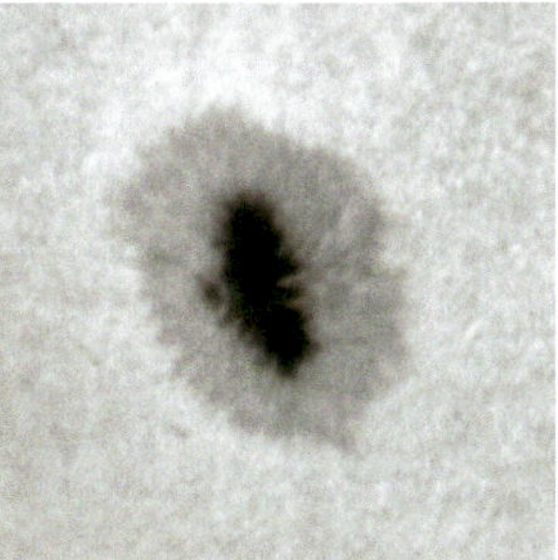

Bei einer Videokamera sorgen korrekt gewählte Einstellungen von Belichtungszeit, Helligkeit und Gain für die beste Ausnutzung der 8 Bit. Oben links nach oben rechts: Bild zu hell (überbelichtet), Bild zu dunkel (unterbelichtet). Unten links nach unten rechts: Die Umbra des Sonnenflecks ist zu dunkel, schließlich gute Einstellungen ohne Detailverluste in den hellen und dunklen Bereichen.

Und obgleich wir es bei Planeten am liebsten haben, wenn diese hoch am Himmel stehen (um den Meridian herum) und ihr Licht deshalb nur eine relativ dünne Erdatmosphäre passieren muss, ist dies bei der Sonne nicht die beste Strategie. Die hoch stehende Sonne führt vor allen Dingen im Sommer zu einer stärkeren Aufheizung des Bodens. Das sogenannte Seeing ist daher frühmorgens bei tief stehender Sonne besser, doch auch dann bleiben die Turbulenzen unberechenbar.

Bei Videoaufnahmen ist es besser, die Einstellungen so anzupassen, dass der Schatten der Flecken nicht ganz im Schwarzen liegt, um nicht Gefahr zu laufen, Informationen zu verlieren und unschöne Übergänge zwischen diesem Schatten und der umgebenden Dunkelheit zu sehen. Der Schwarzwert der Flecken wird dann während der Nachbearbeitung sehr fein eingestellt.

Die Sonne in H-alpha

Wie Sie in Kapitel 7 noch erfahren, wird das Licht mit der Bezeichnung Wasserstoff-alpha (H-alpha) durch ionisiertes Wasserstoffgas emittiert und ist mit einer Wellenlänge von 656,3 nm tiefrot. Dieses Licht spielt eine große Rolle in der Fotografie von Nebeln. Auch bei der Sonne ist diese Wellenlänge sehr wichtig: Sie zeigt die sogenannte Chromosphäre, die direkt über der Photosphäre liegende Schicht. Mit nur 2500 km ist sie sehr dünn. Ihre aktiven Regionen sind sichtbar, wobei die Formen der von Magnetfeldern induzierten Bewegungen der Materie besonders spektakulär aussehen. Manchmal ereignet sich innerhalb dieser Regionen ein gigantischer Energieausbruch (eine Sonneneruption), der als heller Fleck oder in Form von Filamenten in Erscheinung tritt. Diese Eruptionen dauern selten länger als 30 bis 60 Minuten.

Die Wellenlänge H-alpha macht auch die berühmten Protuberanzen sichtbar, von denen die meisten in zwei unterschiedliche Kategorien fallen:

- Ruhende Protuberanzen (die große Mehrheit) sind Verdichtungszonen solarer Materie und kühler als die Atmosphäre, in der sie sich bilden (der Korona). Sie sind relativ stabil und können Stunden, Tage oder gar Wochen überdauern, während der sie sich langsam fortentwickeln und schließlich verschwinden.
- Eruptive Protuberanzen beinhalten ein gewaltiges Herausschleudern von Materie infolge von Sonneneruptionen. Sie sind heller als die ruhenden Protuberanzen, bauen sich schneller auf und überdauern nicht so lange (meistens nur einige Minuten). Sichtbare Formveränderungen spielen sich innerhalb weniger Sekunden ab.

Die ruhenden Protuberanzen absorbieren und streuen das Licht. Vor dem dunklen Hintergrund des Himmels am Rand der Sonnenscheibe erscheinen sie hell, doch im Allgemeinen sind sie dunkler als die Chromosphäre. Gegen die Sonnenscheibe betrachtet, sehen sie dunkel aus und werden *Filamente* genannt.

Die Anzahl aktiver Zentren, Sonneneruptionen und Protuberanzen ist während der Perioden maximaler Sonnenaktivität höher. Diese dauern mehrere Jahre an und wiederholen sich etwa alle elf Jahre. Allerdings habe ich in 20 Jahren der Sonnenbeobachtung mit H-alpha noch nie eine Sonnenscheibe gesehen, die völlig frei von Protuberanzen gewesen ist.

Der H-alpha-Interferenzfilter

Sowohl ein Breitband- als auch ein H-alpha-Filter blockieren fast sämtliches Sonnenlicht, jedoch nicht auf die gleiche Weise. Der Breitbandfilter dämpft alle Wellenlängen gleichermaßen, wohingegen der H-alpha-Filter nur einen engen Bereich von Wellenlängen um die Spektrallinie H-alpha hindurchlässt. Die Wirkungsweisen der Filter sind also völlig verschieden, beim H-alpha-Filter viel komplizierter und infolgedessen auch kostspieliger.

In Kapitel 7 werden die H-alpha-Filter für die Fotografie von Nebeln näher erläutert, deren Wellenlängenbereich zwischen 3 und 20 nm breit ist. Um allerdings die Chromosphäre und die Protuberanzen sichtbar zu machen, benötigt man einen Filter mit einer viel engerer Bandbreite von etwa 0,1 nm. Bei solchen Filtern geben die Hersteller die Bandbreite oft in Ångström (Å) an, wobei 1 Å gemäß Definition 0,1 nm beträgt. Kurz gesagt, sind H-alpha-Filter für die Deep-Sky-Fotografie und solche für Sonnenaufnahmen nicht untereinander austauschbar.

Die für die Sonnenfotografie bestimmten, von Amateuren verwendeten H-alpha-Filter haben meist eine Bandbreite zwischen 0,3 Å und 1 Å, wobei die Preise mit abnehmender Bandbreite steigen. Bei 1 Å und mehr sind die Protuberanzen am Rand vor dem schwarzen Hintergrund des Himmels gut zu sehen, doch die Struktur der Chromosphäre ist kaum oder gar nicht zu erkennen. Je schmaler die Bandbreite wird, desto mehr treten diese Struktur und die aktiven Zentren in Erscheinung. Auch die magnetischen Strukturen werden kontrastreicher, wobei

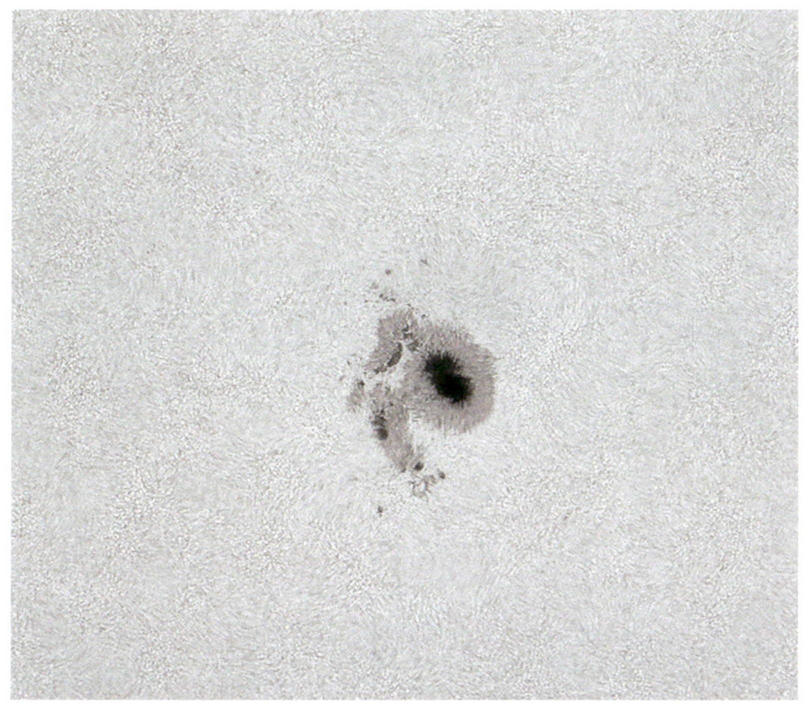

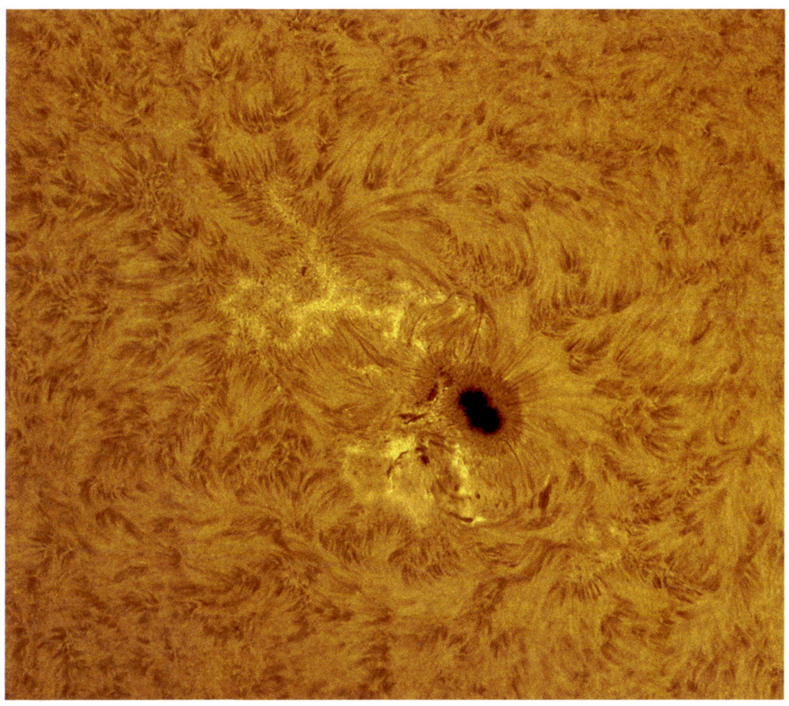

Großaufnahmen aktiver Sonnenregionen, links im Weißlicht, rechts in H-alpha. Solche Regionen erscheinen in H-alpha meist viel größer. Die Aufnahmen wurden mit einer Videokamera und einem 0,5 Å Daystar-Filter auf einem Refraktor mit einem Durchmesser von 150 mm gemacht.

Auf dem linken Bild erstreckt sich die Sonneneruption über mehr als 200.000 km. Unten sieht man die Eruption aus dem Foto von Seite 118, die sogar im Weißlicht zu sehen war, was äußerst selten vorkommt.

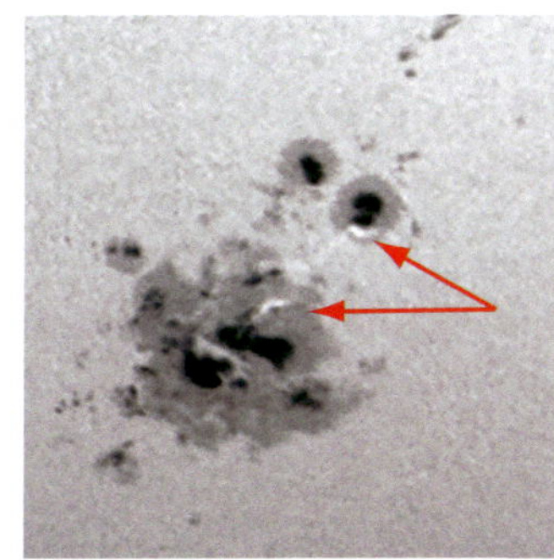

Eine riesige stehende Protuberanz erhebt sich 250.000 km über die Chromosphäre. Die Aufnahme entstand durch Überlagerung der 50 besten Videobilder aus einer 30-Sekunden-Sequenz in AS!3, dann Hervorhebung (Unscharf maskieren), Einfärbung und Angleichung der Lichter in Photoshop (Funktion Tiefen/Lichter). Coronado 90 mm Doppelstockfilter auf Takahashi FSQ-106ED Lünette, monochrome IDS Videokamera.

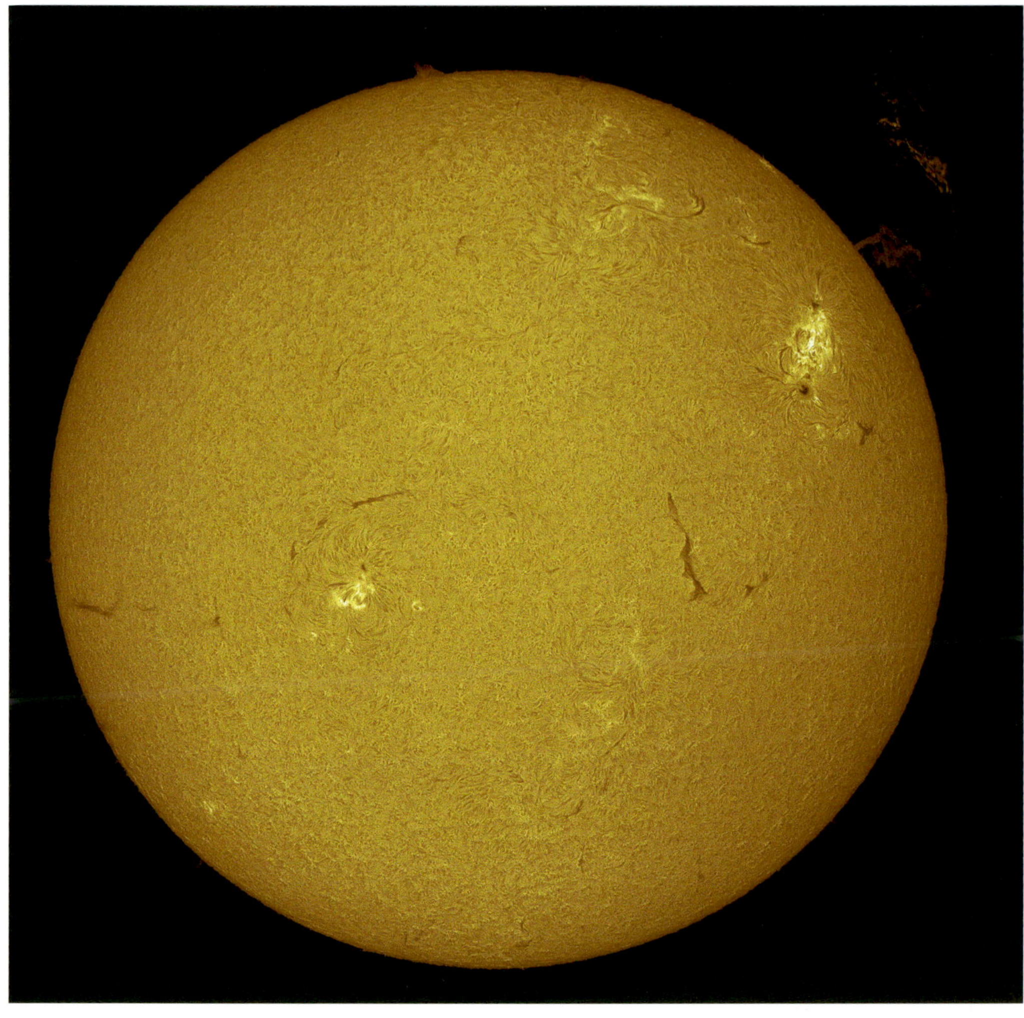

die Protuberanzen sichtbar bleiben, obgleich sie etwas an Helligkeit verlieren.

Sämtliche H-alpha-Filter bestehen aus zwei Teilen, die zusammengehören und immer auch gemeinsam verkauft werden: eines für die Öffnung (Apertur) des Teleskops und eines für das Ende mit dem Okular. Sie lassen sich mit Ausnahme der Newton-Teleskope an die meisten Instrumententypen anpassen. Bei den Newton-Teleskopen würde sich infolge des Filters der Fokus nicht mehr richtig einstellen lassen.

Es gibt zurzeit zwei technische Lösungen, die beide zu ähnlichen Ergebnissen führen. Lunt und Coronado bieten optische Systeme an, die man an sein Teleskop adaptiert, aber auch Komplettlösungen zur Beobachtung der Sonne. Das Teil vorne am Instrument (das Etalon) ist das aufwändigere und daher das teurere. Es ist gepaart mit einem in der Nähe des Fokuspunkts platzierten Blocking-Filter, der die Aufgabe hat, nur die interessanten Wellenlängen hindurch zu lassen, die das Etalon passiert haben.

Andere Hersteller (DayStar, Solar Spectrum) platzieren das Etalon am Ende des Teleskops, d. h. direkt vor dem Auge oder der Kamera, wobei das Öffnungsverhältnis dabei zwischen 25 und 30 liegen muss. Solch ein Öffnungsverhältnis erzielt man mit einer Barlowlinse oder vorzugsweise einem telezentrischen System wie dem Baader TZ-2 oder TZ-4 (mit einer Vergrößerung von Faktor 2 bzw. 4), um ein gleichmäßigeres Bild zu bekommen. Zusätzlich sollte ein sogenannter Energieschutzfilter (Energy Rejection Filter, ERF), der aus rotem oder gelbem Glas besteht, ganz vorne am Instrument installiert werden, um das Etalon vor der

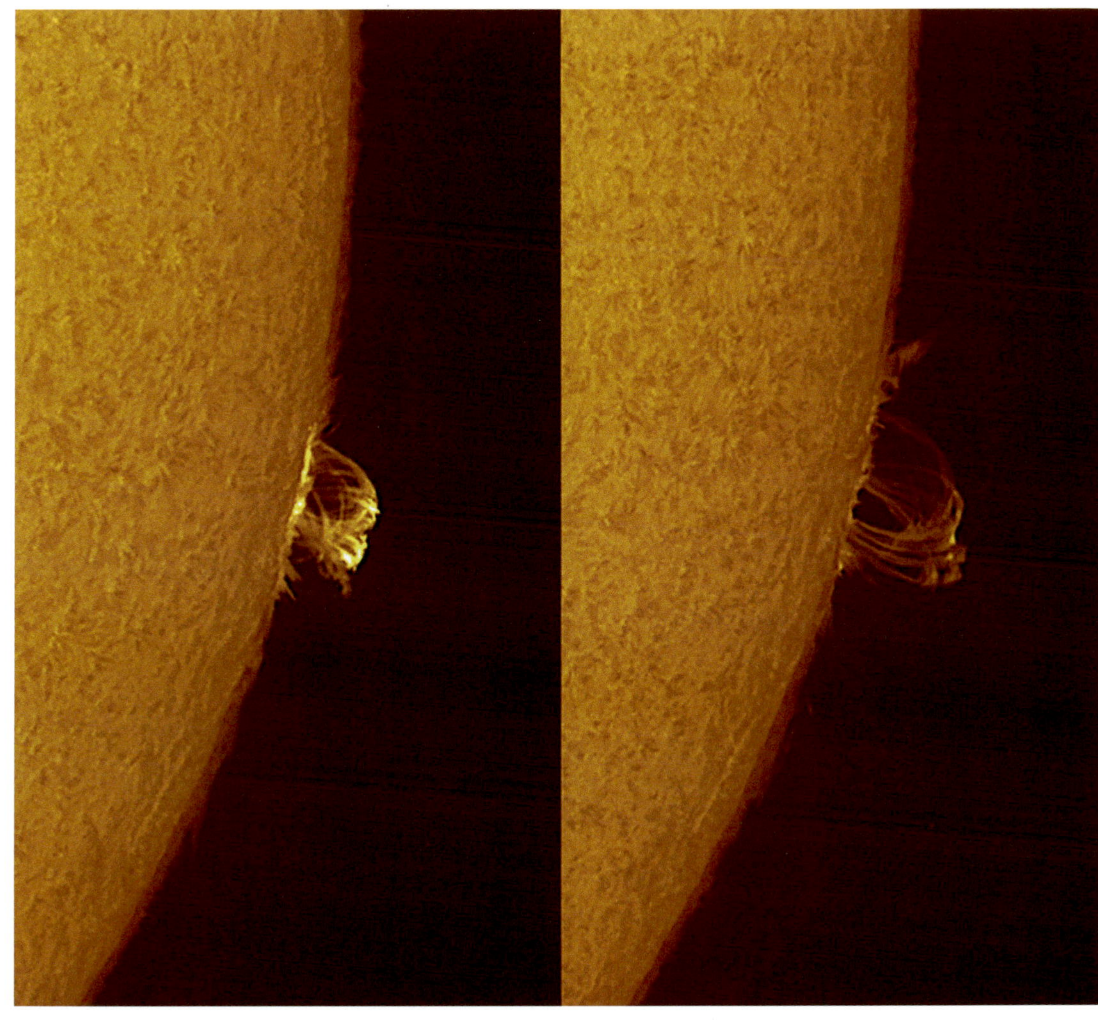

Die Magnetfeldbögen sind bei dieser eruptiven Protuberanz gut zu sehen, die sich schnell aufgebaut hatte. Bei dem dünnen Saum um den Rand der Sonnenscheibe handelt es sich um die Chromosphäre. Ausstattung: monochrome Kamera, 0,5 Å Daystar-Filter und 150 mm Lünette.

Hitze der Sonne zu schützen. Man bedenke, dass der ERF dabei nicht durch einen Weißlichtfilter wie der AstroSolar-Folie ersetzt werden kann, da die H-alpha-Wellenlänge ohne Behinderung durchgelassen werden muss.

Die Bandbreite eines H-alpha-Filters für die Sonnenbeobachtung ist derart schmal, dass sie eine Temperaturabhängigkeit aufweist, die dazu führen kann, dass H-alpha gar nicht mehr hindurchgelassen wird, sobald der Filter zu heiß oder zu kalt wird. Die häufigste Lösung dafür besteht aus einer kleinen Justierschraube am Etalon, durch die man in der korrekten Position den maximalen Kontrast der Chromosphäre erhält. Manche Hersteller bauen den Filter auch in eine temperaturgeregelte Kammer oder passen den Brechungsindex der Luft an, indem sie das Etalon in eine Kammer mit regelbarem Gasdruck einschließen.

Zwei für die Teleskopmontage bereite H-alpha-Filter von DayStar (oben) und Coronado (Mitte). Unten sieht man ein speziell für die Sonnenbeobachtung konstruiertes Teleskop, das PST von Coronado.

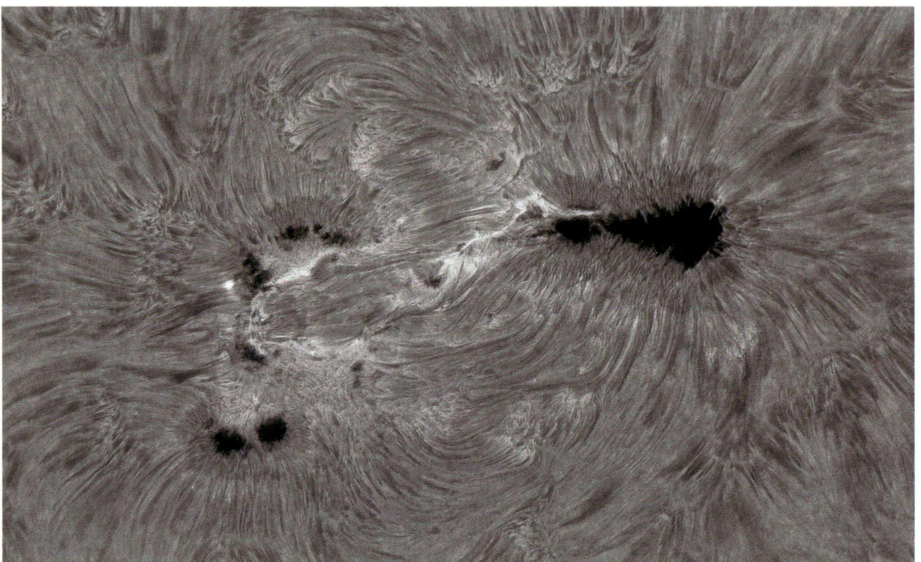

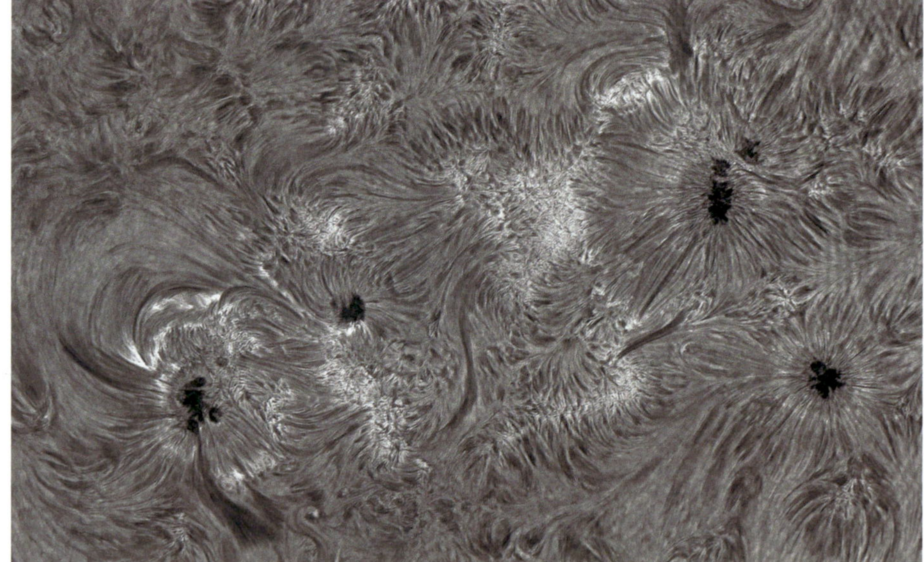

Wenn die Turbulenzen es zulassen, gelingen mit Instrumenten mit einem Durchmesser von mehr als 200 mm sehr hohe Auflösungen bei H-alpha-Aufnahmen von Protuberanzen und der Oberflächenstruktur der Sonne allgemein, wie in diesem in den Alpen aufgenommenen Bild vom August 2015 mit dem C11 HaT. Diese Bilder entstanden kurz nach Sonnenaufgang, als die Sonne nur wenige Grad über dem Horizont stand.

Der Kalzium-K-Filter

H-alpha ist nicht die einzige interessante Wellenlänge der Sonne. Die Spektrallinie Kalzium-K (CaK) liegt im ultravioletten Bereich bei 393,3 nm und zeigt eine kontrastreiche Region zwischen der Photosphäre und der Chromosphäre. Auf solchen Bildern sind aktive Zentren und Eruptionen zu erkennen, wobei die Protuberanzen viel schwächer zu sehen sind als durch einen H-alpha-Filter. Der Filter besteht aus einem einzigen Element mit einer Bandbreite von mehreren Ångström und wird vor dem Fokuspunkt installiert. Da diese Wellenlänge für das Auge nahezu unsichtbar ist, wird dieser Filter üblicherweise zur Fotografie mit einem monochromen Sensor verwendet.

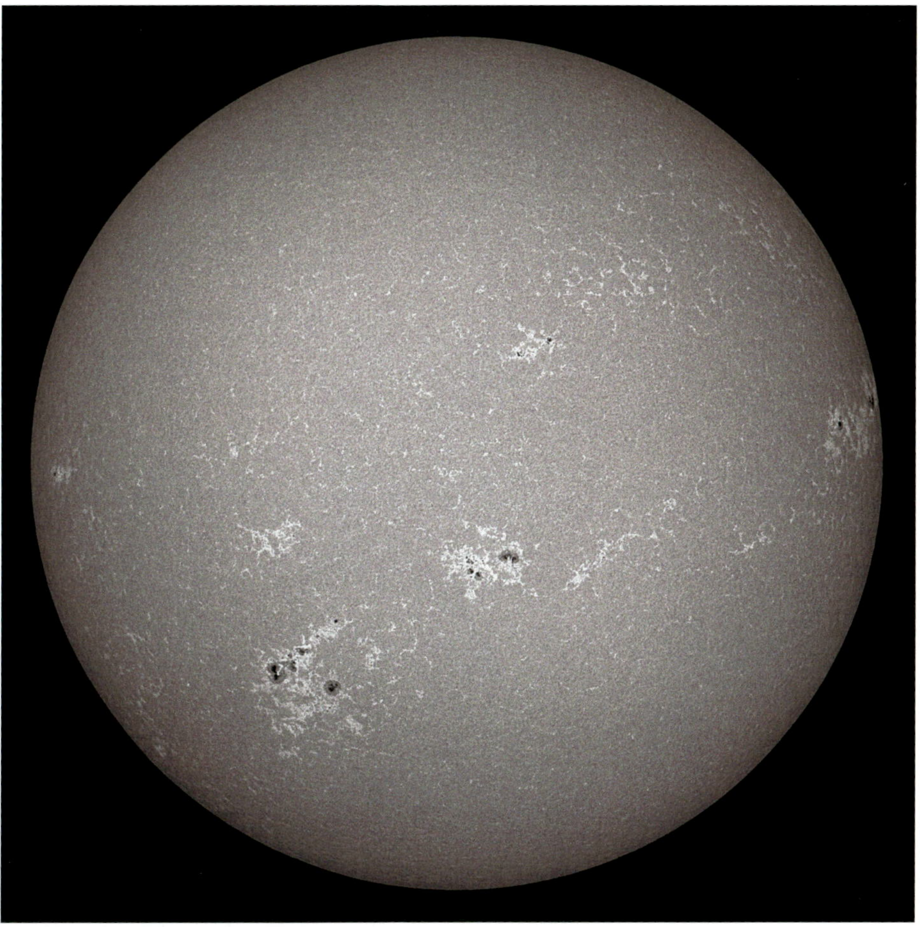

Ein mit einem 3 Å-Kalzium-K-Spektrallinienfilter von Lunt auf einem 106 mm-Refraktor aufgenommenes Bild. Durch solch einen Filter weisen die Sonnenstrukturen und aktiven Regionen einen guten Kontrast auf.

Kameras, Fotografie und Bearbeitung

Wie für Nebel auch (siehe Kapitel 7) sind Farbsensoren für H-alpha nicht sehr gut geeignet. Schließlich trifft dieses Licht nur auf jede vierte Fotodiode. Darüber hinaus haben selbst die für Rot zuständigen Fotodioden aufgrund des Infrarotsperrfilters in der Kamera nur eine relativ geringe Empfindlichkeit. Ohnehin fängt der Farbsensor durchschnittlich 20-mal weniger Photonen ein als ein monochromer Sensor. Dies führt dazu, dass der Unterschied in Sachen Schärfe und Signal-Rausch-Verhältnis sehr deutlich ausfallen kann. Und obwohl man H-alpha-Bilder auch gelegentlich mit einem Farbsensor aufnehmen kann, liegt es im Interesse des Amateurs, der die Sonnenaktivität verfolgen und regelmäßig Bilder von ihr aufnehmen möchte, einen monochromen Sensor zu verwenden.

Es kommt häufig zu Interferenzsäumen auf H-alpha-Bildern. Diese Helligkeitsunterschiede treten in Form von mehr oder weniger geradlinigen breiten Streifen auf und werden durch optische Interferenzen zwischen Sensor und dessen Schutzglasfilter verursacht. Aus unerklärlichen Gründen treten sie bei manchen Kombinationen von Schutzfiltern und Sensoren auf und bei anderen auch wieder nicht. Es kann helfen, die Kamera zu kippen. Funktioniert das nicht, besteht eine weitere Lösung darin, sich ein gutes Weißbild anzufertigen (siehe Textbox »Das Weißbild für die Sonne«).

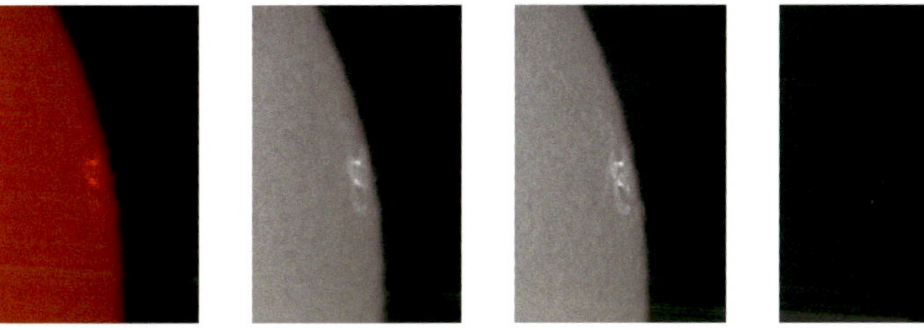

Von links nach rechts:
RAW-Bild aus einer Farbvideokamera und das anschließend aus dem Rotkanal extrahierte Bild.
RAW-Bild aus einer monochromen Videokamera (Schärfe und Kontrast sind höher und die Belichtungszeit viermal kürzer.)
Die Kamera wurde in den Schwarz-Weiß-Modus versetzt. Das Bild ist äußerst dunkel und von niedrigem Kontrast, da der Rotkanal aus dem blauen und grünen Kanal gemittelt wurde, in dem … einfach nichts war.

Diese beiden Bilder vom Rotkanal einer DSL zeigen, dass das RAW-Format (links) dem JPEG (rechts) auch bei der Sonne vorzuziehen ist. Die JPEG-Kompression betrifft vor allen Dingen die farbige Komponente des Bildes (die Chrominanz) und ist daher vor allem bei H-alpha abträglich.

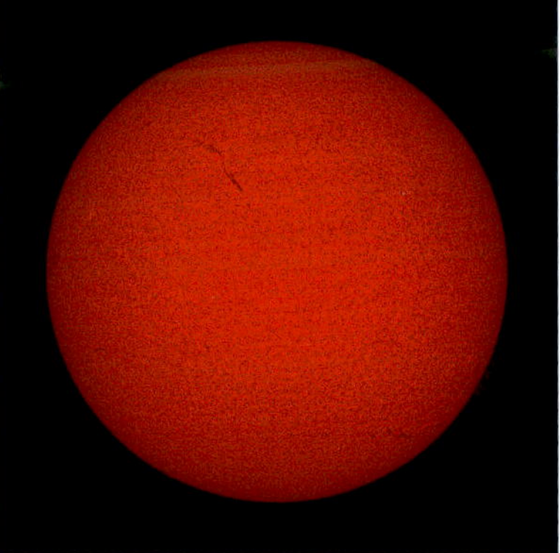

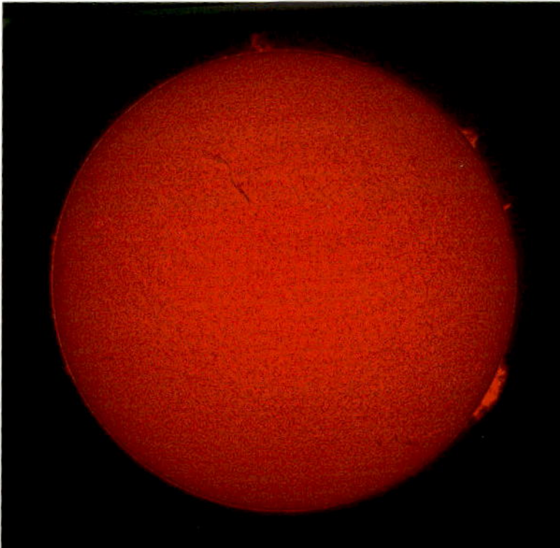

Auf dem linken Bild wurde die Belichtungszeit für die Sonnenscheibe passend gewählt, wodurch die Protuberanzen sehr dunkel dargestellt wurden. Beim mittleren Bild war die Belichtungszeit viermal so lang, wodurch die Protuberanzen korrekt, die Sonnenscheibe dagegen überbelichtet wurde. Das rechte Bild entstand durch Kopieren des linken Bildes über das mittlere, wobei die Sonnenscheibe mit einem kreisrunden Radiergummiwerkzeug (dessen Durchmesser genau der Sonnenscheibe entsprach) entfernt wurde. Mit einer DSL kann man eine solche Kombination aus einem einzigen Bild erstellen, dessen Belichtung man anhand der Protuberanzen eingestellt hat und bei dem man für die Sonnenscheibe einfach nur den Grünkanal verwendet, der zum Teil für H-alpha empfindlich ist.

DAS SONNEN-WEISSBILD

Eine der Herausforderungen der Sonnenfotografie ist die Erstellung von Weißbildern. Wenn man mit einem kleinen Sensor Videoaufnahmen macht, sind die Vignettierungen meist nicht zu erkennen, sodass sich bei einem staubfreien Sensor das Weißbild erübrigt. Wenn allerdings auf den Bildern mit Schmalbandfiltern Interferenzstreifen auftauchen, können Weißbilder die einzige Möglichkeit sein, dieses Problem zu beheben. Verwendet man einen Breitbandfilter an der Teleskopöffnung, kann man diesen einfach entfernen und das Teleskop auf eine Wolke, eine weiße Wand oder sonst eine weiße Fläche richten.

Mit einem Herschelkeil oder H-alpha-Filter ist die Sache schon komplizierter, weil man nach deren Entfernung kein realistisches Weißbild erwarten kann. Eine Möglichkeit besteht nun darin, das Instrument sehr unscharf zu stellen (obwohl das ansonsten für Weißbilder nicht empfohlen wird) und dann mehrere versetzte Bilder bzw. eine Videosequenz von der Sonnenscheibe zu machen. Eine weitere Lösung ist die, während der kurzen Videosequenz am Teleskop mit der Hand leicht zu wackeln, um daraus ein Master-Weißbild zu erstellen, auf dem die unerwünschten kleinen Details der Sonne verschwommen sind.

Sonnenscheibe oder Protuberanzen?

Durch einen H-alpha-Filter beobachtet, sind Protuberanzen und Sonnenscheibe gleichzeitig gut zu erkennen, wobei die Protuberanzen allerdings sehr viel dunkler sind und dieser Helligkeitsunterschied auf den Fotos überdeutlich wird. Deshalb führt eine für die Protuberanzen korrekte Belichtungszeit zu einer überbelichteten Sonnenscheibe und eine anhand der Sonnenscheibe gewählte Belichtungszeit zu allzu dunklen Protuberanzen. Um also ein Bild zu produzieren, auf dem sowohl Sonnenscheibe als auch Protuberanzen gut zu sehen sind, muss man etwas nachbearbeiten. Eine Methode besteht darin, mit einem gängigen Bildbearbeitungsprogramm wie Photoshop mithilfe von Farbbereichsauswahl-Funktionen den Randbereich der Sonnenscheibe auszuwählen und den Außenbereich mittels Gradationskurven oder Tonwertkorrektur aufzuhellen.

Eine andere Methode ist die, über Auswahlen und Ebenen zwei Bilder unterschiedlicher Belichtungszeit zu kombinieren: eins für die Protuberanzen und eins für die Sonnenscheibe. Das Grundprinzip besteht dabei darin, das Bild mit den Protuberanzen als Ebene über das Bild von der Sonnenscheibe zu legen und mithilfe des Radiergummiwerkzeugs oder einer Farbauswahl den überbelichteten Mittelteil der oberen Ebene zu entfernen. Die größte Herausforderung besteht dabei darin, einen Übergang zwischen der Sonnenscheibe und den Protuberanzen zu erreichen, der nicht allzu künstlich aussieht.

Einfärbung und Animationen

Die mit einem monochromen Sensor aufgenommenen Bilder sind naturgemäß schwarz-weiß. Viele Amateure bevorzugen allerdings aus ästhetischen Gründen ein farbiges Bild der Sonne. Dies lässt sich einfach bewerkstelligen. Lassen Sie sich dazu in Ihrem Bildbearbeitungsprogramm das Bild im Farbmodus (bevorzugt mit 16 Bit Farbtiefe) anzeigen und passen dann die Gradationskurven bzw. Tonwerte jedes einzelnen RGB-Kanals an. Soll die Farbe absolut authentisch sein, wählt man als Farbe für das H-alpha-Licht ein reines Rot, das allerdings am Monitor und auch im Druck nicht besonders gut aussieht. Ein stärker zu Orange oder Gelb tendierendes Bild, das in den helleren Bereichen mehr in Richtung Weiß geht, sieht im Regelfall besser aus. Für ein solches Bild müssen Sie die blaue Farbkomponente komplett und die grüne zum Teil herunterregeln; die Bilder auf den Seiten 125 und 127 wurden auf diese Weise erstellt.

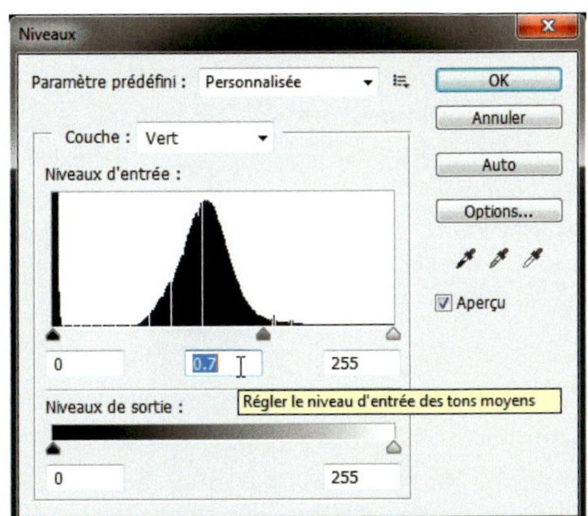

Es gibt viele Möglichkeiten, ein monochromes Bild der Sonne einzufärben, darunter die Einstellung der Tonwerte in Photoshop, genauer gesagt das Herumspielen mit dem Eingangswert der mittleren Tonwerte. Dieser Wert kann für Rot bei 1 bleiben und für Grün auf 0,7 und Blau auf 0,1 gestellt werden. Die Sonnenscheibe nimmt dadurch einen Orangeton mit einer mehr oder weniger gesättigten Farbe an, wobei die hellsten Bereiche weiß werden.

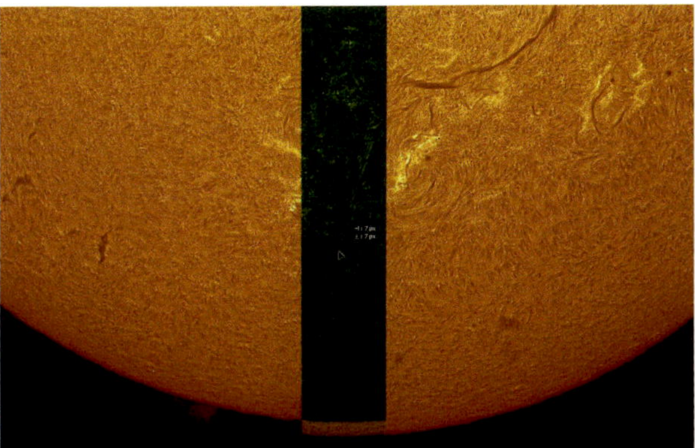

Um zwei Bilder für ein Mosaik zusammenzufügen, öffnet man sie in Photoshop und vergrößert sich den Arbeitsbereich der Einzelbilder, damit sie beim finalen Zusammenfügen viel Bildschirmfläche einnehmen. Anschließend kopiert man das eine Bild als neue Ebene über das andere und wählt in Photoshop die Füllmethode »Differenz«. Mit dem Verschieben-Werkzeug bewegt man ein Bild, bis die sich überlappende Fläche so dunkel wie möglich wird (etwas Rauschen sollte noch zu sehen sein). Danach stellt man die Füllmethode auf »Aufhellen«. Falls der Übergang dann immer noch sichtbar ist (ein häufiger Effekt durch kleine Veränderungen der Transparenz der Atmosphäre zwischen den Aufnahmen), spielt man mit den Gradationskurven und Tonwerten einer der Ebenen herum.

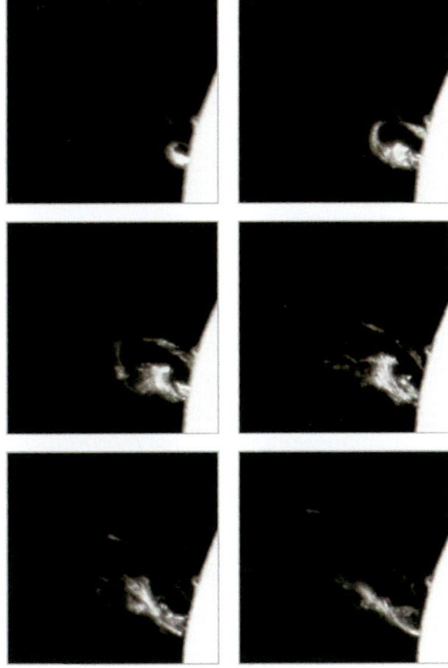

Sechs mit einem Abstand von 4 Minuten aufgenommene Bilder einer schnellen Eruption

Die Sonne ist auf jeden Fall das beste Objekt für Animationen und Filme, wie sie in den Kapiteln 1 und 5 beschrieben wurden. Für sich langsam ändernde Protuberanzen empfiehlt sich ein Aufnahmeintervall von mehreren Minuten, wohingegen bei den Eruptionen besser nur zweistellige Sekundenintervalle zwischen den Aufnahmen liegen sollten.

Mosaike

Ist der Sensor zu klein, um die gesamte Sonnenscheibe zu erfassen, kann man das Gesichtsfeld mithilfe eines Mosaiks von Bildern, die man nacheinander aufnimmt, vergrößern, während man auf unterschiedliche Bereiche der Sonne fokussiert. Die angrenzenden Bilder sollten sich bei der Aufnahme jeweils um ein paar Dutzend Pixel überlappen. Jedes der Bilder im Mosaik sollte, wie zuvor beschrieben, auf die gleiche Weise bearbeitet werden. Man kann versuchen, sie mit einem Panoramaprogramm (PTGui, AutoStitch, Autopano etc.) zusammenzusetzen, doch haben diese Programme mitunter Schwierigkeiten, die Struktur eines Sonnenbildes vor dunklem Hintergrund exakt zu interpretieren. Deshalb kann es erforderlich sein, mit Photoshop oder einem anderen Bildbearbeitungsprogramm die Bilder von Hand auszurichten und die Helligkeit anzugleichen, damit die Bilder einheitlich aussehen.

Diese ringförmige Sonnenfinsternis vom 3. Oktober 2005 wurde in Spanien mittels eines Refraktors und eines Herschelkeils aufgenommen. Solch eine Finsternis ist eine besondere Form der partiellen Sonnenfinsternis. Exakt zum Zeitpunkt des dritten Kontakts sah man eine sehr dünne Sichel der Sonnenscheibe.

Sonnenfinsternisse

Eine partielle oder ringförmige Sonnenfinsternis nimmt man mit den gleichen Techniken auf wie eine nichtverfinsterte Sonne, indem man einen Breitband- oder H-alpha-Filter verwendet.

Die Sonne bei einer totalen Sonnenfinsternis zu fotografieren, ist ganz etwas anderes. In diesem flüchtigen, atemberaubenden Moment wird die Sonnenscheibe vollständig vom Neumond verdeckt, sodass nur die Sonnenkorona mit ihren rosafarbenen Protuberanzen um den Rand der Sonne zu sehen ist. Hat man bis zu diesem Zeitpunkt mit den zuvor beschriebenen Filtern gearbeitet, müssen sie für diese Phase entfernt werden, was für die Augen zu diesem Zeitpunkt auch ungefährlich ist. Im praktischen Einsatz ist wegen der Kürze der totalen Finsternis ein Objektivfilter während der partiellen Phasen der Finsternis günstiger als ein Herschelkeil oder ein H-alpha-Filter, da dieser schnell entfernt werden kann, um ganz ohne Filter zu arbeiten (durch die Entfernung eines Objektivfilters wird die Fokussierung nicht verändert). Um die komplizierte Nachführung in einem solchen Moment zu vermeiden, verwendet man eine äquatoriale Montierung, die man, falls möglich, in der Nacht auf die Polachse ausgerichtet hat.

Der Moment der totalen Sonnenfinsternis ist die einzige Gelegenheit zur Beobachtung und Fotografie der Sonnenkorona. Die Korona zu fotografieren ist schwierig, da deren Strukturen relativ zart sind und sich über einen enormen Helligkeitsbereich erstrecken. Während sie einerseits direkt am Sonnenrand mit der Helligkeit des Vollmonds vergleichbar sind, nimmt die Helligkeit mit zunehmendem Abstand zur Sonnenscheibe rasch ab. Dies macht sie wahrscheinlich zum Himmelsobjekt mit dem größten Helligkeitsumfang, sodass es fast unmöglich ist, mit einer einzigen Aufnahme das festzuhalten, was dem Eindruck mit dem bloßen Auge oder durch ein Fernglas in diesem Moment entspricht. Deshalb macht man mehrere

▲ *Sonnenfinsternis vom 29. März 2006, im Westen Ägyptens aufgenommen: Diese Aufnahme mit der gleichen Belichtungszeit und Ausrüstung wie zuvor beim Vollmond zeigt die innere Korona und Protuberanzen beim letzten Verschwinden (bzw. Wiederauftauchen) der Sonnenstrahlen, das Perlschnurphänomen und einen Teil der Chromosphäre.*

Aufnahmen mit zunehmender Belichtungszeit, wodurch jede einzelne Aufnahme einen korrekt belichteten Teil der Korona zeigt. Diese Bilder werden später, wie zuvor bei den H-alpha-Bildern, als Ebenen kombiniert.

Eine weitere Herausforderung ist die, dass diese Bilder vor dem Kombinieren übereinandergelegt werden müssen und es dabei keine leicht zu erkennenden Anhaltspunkte gibt, da die schwarze Scheibe des Mondes sich während der Finsternis relativ zur Sonne und deren Korona bewegt! Ein HDR-Programm bietet sich für totale Sonnenfinsternisse an, falls es in der Lage ist, die Bilder korrekt zur Deckung zu bringen, und mit dem großen Helligkeitsumfang zurechtkommt.

Die auf Seite 111 aufgeführten Brennweiten sollten bei einer Sonnenfinsternis durch 2 bis 10 geteilt werden, damit das Gesichtsfeld groß genug ist, um die Korona – abhängig davon, wie viel man davon aufs Bild bekommen möchte – mit zu erfassen. Für die äußere Korona benötigt man eine motorgesteuerte Montierung.

Teil der Korona	Relative Helligkeit
Protuberanzen	4
Innere Korona	1
Korona bei 0,5 Sonnenradien	1/15
Korona bei 1 Sonnenradius	1/60
Korona bei 4 Sonnenradien	1/250
Korona bei 8 Sonnenradien	1/1000

Die relative Helligkeit der unterschiedlichen Bereiche der Korona, deren Abstand vom Rand der Sonne in Solarradien angegeben wird. Für Tests im Vorfeld kann man davon ausgehen, dass die Helligkeiten der inneren Korona und des Vollmonds vergleichbar sind.

Das Perlschnurphänomen (auch Bailysche Perlen oder Diamantring) tritt für kurze Momente auf, während denen kleine Bereiche der Sonnenscheibe durch die Kratereinbuchtungen der Mondoberfläche sichtbar werden und mit den gleichen (oder auch etwas kürzeren) Belichtungszeiten fotografiert werden können wie Protuberanzen.

Bei der totalen Sonnenfinsternis vom 29. März 2006 wurden fünf Bilder, deren Belichtungszeiten um den Faktor 4 auseinanderlagen (1/250, 1/60, 1/15, 1/4 und 1 Sekunde), mit einem HDR-Programm kombiniert, um den riesigen Helligkeitsumfang der Sonnenkorona zu erfassen. Sogar der Erdschein des Mondes ist zu sehen. Vor dem Kombinieren wurden die Bilder mithilfe des HDR-Programms Photomatix übereinandergelegt.

DIE AUFNAHMEN PLANEN UND EINÜBEN

Eine totale Sonnenfinsternis dauert nur wenige Minuten und ist von einer Atmosphäre extremer Anspannung und fieberhafter Aktivität begleitet. Um überhaupt eine Chance auf Erfolg zu haben, müssen die Aufnahmesequenzen sorgfältig vorbereitet und immer wieder unter Bedingungen geübt werden, die der einer Sonnenfinsternis entsprechen (einschließlich der Dunkelheit während der totalen Sonnenfinsternis!). Die Abläufe müssen einem derart in Fleisch und Blut übergehen, dass man während der Finsternis noch einige Momente zum Genießen findet.

Wie immer bei solchen seltenen oder kurzen Ereignissen wie einer Sonnenfinsternis, einer Bedeckung, einem intensiven Meteorschauer oder einem Transit, ist es wichtig, vorher Tests zu machen, eine Ausrüstung zu verwenden, mit der man sehr vertraut ist, und natürlich zu üben. Ich habe bereits mehrfach Sonnenfinsternisse fotografiert und kann sagen, dass diese Form der Astrofotografie Improvisationen in letzter Minute einfach nicht verzeiht!

Der Sonnentransit des Merkur am 9. Mai 2016 in H-alpha mit derselben Ausrüstung wie auf Seite 126 fotografiert. Der Planet ist der kleine, runde schwarze Fleck im unteren rechten Bereich der Sonnenscheibe. Die Gelegenheit ließ es zu, dass ich mich dazu in der Gegend um Philiadelphia in den USA in Linie mit dem Transit der ISS begeben konnte.

Sonnentransite

Von allen Planeten unseres Sonnensystems ziehen von der Erde aus betrachtet nur Merkur und Venus vor der Sonnenscheibe vorbei. Ihre Transite gehen meist über mehrere Stunden. Über die normale Ausrüstung bei der Sonnenfotografie hinaus ist weiter nichts erforderlich. Und auch hier lassen sich spektakuläre Animationen erstellen.

Die Venus zog im Juni 2004 und im Juni 2012 vor der Sonne vorbei. Die nächsten Transite finden erst wieder 2117 und 2125 statt. Die des Merkurs sind etwas häufiger, etwa 13 pro Jahrhundert. Der nächste wird sich am 13. November 2032, er wird teilweise aus Frankreich sichtbar sein. Anschließend wird man bis 2039 bzw. 2049 warten müssen.

Auch die ISS zieht vor der Sonne vorbei. Die Sichtbarkeit eines Transits der ISS vor dem Mond oder der Sonne ähnelt in gewisser Hinsicht der einer totalen Sonnenfinsternis: In beiden Fällen ist das Ereignis nur von einem engen Streifen aus zu sehen, der sich über Teile der Erde erstreckt. Dieser Streifen ist sogar noch enger als bei einer Sonnenfinsternis, da die ISS nur in einem Korridor von maximal 16 km Breite zu sehen ist (manchmal sind es sogar nur 5 km). Dafür sind die Transite zum Glück viel häufiger (siehe Textbox »Von wo sieht man einen Sonnentransit?«).

Darüber hinaus sind die Transite der ISS viel kürzer als Sonnen- oder Mondfinsternisse: Die kürzesten dauern weniger als eine halbe Sekunde. Dies liegt darin begründet, dass die ISS mit einer Geschwindigkeit von 8 km/s (etwa 28.000 km/h) über uns entlangflitzt und die Erde in nur 95 Minuten umrundet.

VON WO SIEHT MAN EINEN SONNENTRANSIT?

Die Umlaufbahn der ISS steht in einer Inklination (Bahnneigung) von 51,6° zum Äquator. Dies hat zur Folge, dass es in den Gegenden um diesen Breitengrad, wie etwa im Nordwesten Europas mit Frankreich, Großbritannien, Deutschland, Belgien und den Niederlanden, aber auch in Kanada und dem nördlichen Teil der USA regelmäßig zu Überflügen der ISS während der Dämmerung kommt und dort viele Transite vor der Sonne und dem Mond zu sehen sind. In den USA kann man im Bundesstaat Minnesota beispielsweise etwa 100 Sonnentransite pro Jahr sehen, in einem ähnlich großen Gebiet in der Nähe des Äquators allerdings (z. B. in Singapur) sieht man nur etwa 30.

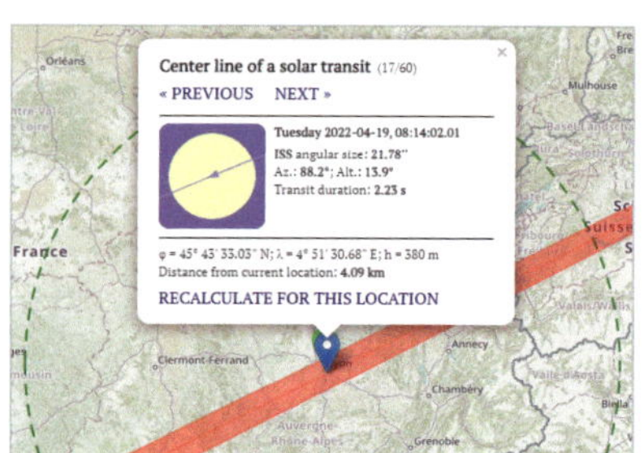

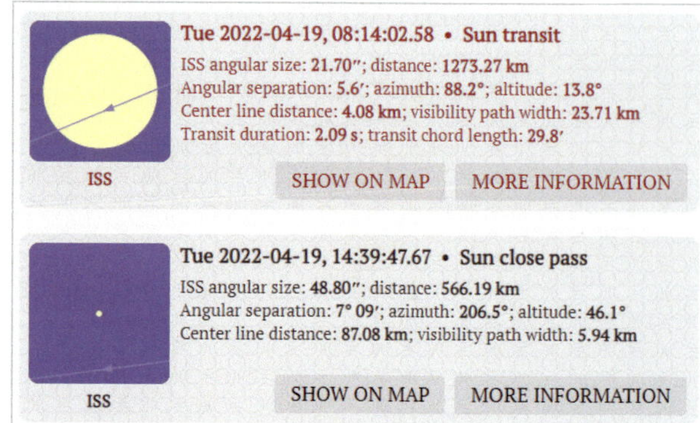

Transit Finder sagt für das von uns gewählte Datum (19. April 2022) und den von uns gewählten Ort (Place Bellecour in Lyon) zwei Sonnentransits voraus. Der erste ist direkt von diesem Ort aus zu sehen, mit einem 23,71 km breiten Sichtbarkeitsstreifen und einer scheinbaren Größe der ISS von 21,7". Die Dauer des Transits an diesem Punkt beträgt 2,09 s. Der zweite ist von einem 5,94 km breiten Streifen aus sichtbar, der 87 km vom gewählten Ort entfernt verläuft. Nebenstehend die Karte der Zentrallinie des ersten Sonnentransits.

Die Parameter eines Sonnentransits

Die Parameter eines Sonnen- oder Mondtransits hängen direkt von der Höhe der Sonne über dem Horizont ab: Je höher die Sonne am Himmel steht, desto kürzer ist die Dauer des Transits. Und je enger der Streifen der Sichtbarkeit auf der Erde, desto größer erscheint die ISS.

In der folgenden Tabelle sind für bestimmte Sonnenwinkel die Dauer der Transite, die Breite des Bereichs der Sichtbarkeit am Boden und die scheinbare Größe der ISS (einschließlich ihrer Solarzellen) angegeben. Es sind nur ungefähre Angaben, da sich die exakten Werte von einem Transit zum anderen unterscheiden. Wenn die Breite der Sichtbarkeit mit 6 km angegeben wird, darf man sich also höchstens 3 km von der Zentrallinie entfernt positionieren, um den Transit sehen zu können. Praktisch bedeutet dies, dass man, um einen Transit mit der maximal möglichen Dauer zu erfassen, sich höchstens 1 km von der Zentrallinie entfernt aufstellt.

TRANSITBERECHNUNGEN DURCH CALSKY

Um im Voraus Sonnen- und Mondtransite zu ermitteln, gehen Sie auf die Website Calsky.com und klicken auf *Satelliten* und anschließend auf *Inter. Raumstation ISS*, um sich die Vorbeiflüge der ISS von Ihrem Standort anzeigen zu lassen. Schauen Sie auf der Seite oben rechts nach, ob CalSky den Ort richtig identifiziert hat, von dem Sie aus die Seite aufrufen, und ändern ihn gegebenenfalls, indem Sie den Anweisungen auf der nächsten Seite folgen. (Sie können den Ort anhand des Namens, seiner GPS-Koordinaten oder durch Klicken auf eine Weltkarte aussuchen.) Anschließend gehen Sie zurück auf die Seite mit den ISS-Ereignissen, wählen oben links das Datum, die Startzeit und den Zeitraum, für den die Ereignisse berechnet werden sollen.

In dem Kasten etwas weiter unten *Auswahl der Satelliten-Ereignisse für Ihren Standort* wählen Sie die gewünschte *Maximale Entfernung zur Zentrallinie eines Transits* (zwischen 5 und 250 km). Um nur Transitdaten zu sehen, deaktivieren Sie »Satellitendurchgänge zeigen« und wählen Sie »nur Sonne-/Mondereignisse«. Anschließend klicken Sie auf den kleinen Button *Go* neben dem Kasten.

Nach ein paar Sekunden Berechnungszeit zeigt CalSky die Daten der sichtbaren Transite entweder in der Nähe des eigenen Standorts (Angabe im Ergebnisfeld beginnt mit *Durchläuft die Scheibe der Sonne/vom Mond*) oder von einem Ort im Bereich der vorgewählten maximalen Entfernung (Angabe im Ergebnisfeld beginnt mit *Nahe zu Sonne/Mond*). Neben Datum und Zeit des Transits werden weitere wichtige Informationen wie der Abstand zwischen Zentrallinie und vorgewähltem Ort, die Breite des Streifens der Sichtbarkeit (Pfadbreite), die maximale Transitdauer, der Winkeldurchmesser der ISS und die Sonnenhöhe ausgegeben.

Wenn man sich ein Ereignis mehrere Wochen im Voraus berechnen lässt, wird man die Angabe *Zeitunsicherheit beträgt etwa x Minuten/Sekunden* bekommen. Dies bedeutet, dass die Berechnungen noch nicht sehr exakt sind und später wiederholt werden müssen. Es ist daher unabdingbar, dass man kurz vor dem Transit immer noch einmal neu berechnen lässt, da sich die Bahndaten innerhalb von wenigen Stunden deutlich ändern können.

Beim ausgewählten Transit klicken Sie anschließend auf *Zentrallinie*. Daraufhin öffnet sich eine Seite mit der zentralen Achse des Transits auf einer Karte des jeweiligen Gebiets. Wenn Sie auf einen der Punkte entlang dieser Linie klicken (nachdem Sie den Bereich eventuell näher herangezoomt haben), werden für diesen Ort die exakte Zeitangabe und die Dauer des Transits angezeigt. Drucken Sie sich die Karte aus oder speichern Sie sich ein paar Punkte entlang dieser Zentrallinie in Ihr GPS-Gerät.

Sonnenhöhe über dem Horizont	Maximale Dauer des Transits	Breite des Streifens der Sichtbarkeit am Boden	Scheinbare Größe der ISS
60°	0,5 s	4,7 km	45"
45°	0,75 s	5 km	40"
30°	1,5 s	7 km	30"
15°	2,5 s	10 km	20"

Die Beobachtung eines Transits ist niemals ein Glücksfall. Sie setzt voraus, dass der Beobachter mobil ist und sich zur rechten Zeit am rechten Ort aufhalten kann. Natürlich kann man auch so lange warten, bis der enge Bereich der Sichtbarkeit einmal in den heimischen Garten fällt, doch dann wird man nur ein oder zwei Sonnentransite im Jahr sehen können, und das auch nur, wenn das Wetter mitspielt und man gerade Zeit hat. Zudem ist die Suche nach einem geeigneten Ort in einer Stadt oder einem Dorf, wo man noch nie gewesen ist und vermutlich auch nie wieder hinkommt, meiner Meinung nach ein wichtiger Teil dieses Abenteuers. Die Suche nach einem geeigneten Beobachtungspunkt erweist sich allerdings als nicht so einfach, wie man vielleicht glaubt, da eng bebaute Stadtgebiete und Wälder sowie Privatgelände ausscheiden. Hat man dann alles vor Ort aufgebaut, trifft man auf Spaziergänger, Nachbarn oder sogar die Polizei, die mit Erstaunen auf die Ausrüstung blicken. Nehmen Sie für solche Fälle einfach dieses Buch mit, um dann leichter erklären zu können, was Sie da gerade machen.

Dankenswerterweise muss man sich nicht mit komplizierten Bahnverlaufsberechnungen herumschlagen, da Calsky.com (siehe Textbox links) diese für einen vornimmt und präzise Zeit- und Ortsangaben für einen Transit angibt.

Ausrüstung und Einstellungen

Für die Fotografie der Sonnentransite sind dieselben Vorsichtsmaßnahmen zu ergreifen wie bei der normalen Sonnenfotografie auch. Aufgrund der Kürze eines Transits sind Folien-Sonnenfilter oder auch ein Herschelkeil interessante Optionen. Schließlich liegt eine der Hauptschwierigkeiten der ISS-Transite in deren hoher scheinbarer Geschwindigkeit: Sie zieht mit 1°/s über den Zenit. Deshalb ist es wichtig, diesen Moment mit einer sehr kurzen Belichtungszeit von unter 1/1000 s zu erwischen, sodass sie auf dem Foto nicht verwischt erscheint. Selbst innerhalb einer solch kurzen Belichtungszeit wird die ISS sich um einige Bogensekunden bewegt haben. Für die maximale Dauer des Transits (D auf der Zentrallinie) beträgt die Bewegungsunschärfe (B) bei einer Belichtungszeit (T) in Bogensekunden angegeben:

$$B = 1900 \frac{T}{D}$$

Bei einer Belichtungszeit von 1/2000 s und einer Transitzeit von 0,5 s beispielsweise beträgt die Bewegungsunschärfe

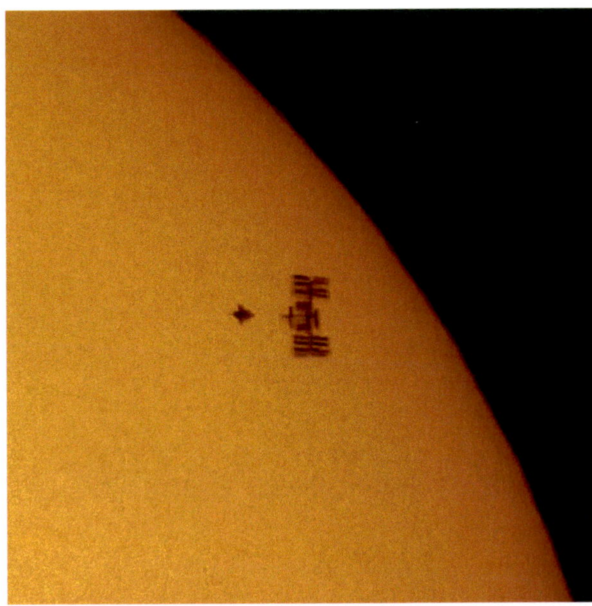

In der Gegend von Madrid wurde ich fündig, nachdem ich nach Wetter gesucht hatte, das es mir am 16. Mai 2010 ermöglichte, den gleichzeitigen Transit der ISS und des Spaceshuttle »Atlantis« ca. eine halbe Stunde vor dem Andocken während der STS-132-Mission zu fotografieren. Diese Aufnahme entstand mit einer Canon 5D Mark II mit einer Belichtungszeit von 1/8000 s, einem apochromatischen 150 mm-Refraktor, einem Herschelkeil und einem Weißlichtfilter. Die Transitzeit betrug 0,5 Sekunden.

Sechs Tage später fand ich in Bern atmosphärische Bedingungen vor, die für die Aufnahme der an die ISS angedockten »Atlantis« (links zwischen den Solarzellen) besonders günstig waren.

Sonnentransit der chinesischen Raumstation Tiangong-1 am 27. Juli 2021 durch ein 200-mm-Fernrohr mit Herschelkeil und Digitalkamera im Burst-Modus.

1,9 Bogensekunden. Diesen Wert muss man mit dem Abbildungsmaßstab (siehe Kapitel 4) in Beziehung setzen, um ihn in Pixeln auszudrücken.

Ganz gleich, welches Instrument bzw. welche Kamera man verwendet, der Fokus muss vorher auf die Sonne selbst (oder, falls vorhanden, auf die Sonnenflecken oder auf den Rand) gelegt werden. Durch die Höhe der Umlaufbahn der ISS ist eine Fokussierung auf die Sonne auch gut für die ISS.

Die Kürze des Transits lässt allerdings die spannende Frage aufkommen, wie man zum richtigen Zeitpunkt auslöst. Darauf zu warten, dass die ISS vor den Rand der Sonne tritt, ist sehr riskant und führt wahrscheinlich, selbst wenn man mit einer DSLR arbeitet (und ich rede hier nicht von Kompaktkameras, die eine Auslöseverzögerung von gut und gerne einer Sekunde haben), hinterher zu allerlei Kraftausdrücken. Die ISS-Transite haben eines mit den Sonnenfinsternissen gemeinsam: den Stress in der letzten Sekunde vor dem entscheidenden Moment! Weniger riskant ist es, die DSLR im schnellen Serienbildmodus (Continuous High) zu verwenden, wobei sich die Kameras in dieser Hinsicht sehr unterscheiden können: Das Spitzenmodell Nikon D4 kann für 10 Sekunden mit zehn Bildern pro Sekunde RAW-Modus fotografieren, wohingegen die einfache Canon 1100D 3 Sekunden lang mit zwei Bildern pro Sekunde aufnimmt (zumindest mit schnellen Speicherkarten; mit langsamen Karten kann man mitunter nicht so schnell hintereinander fotografieren). Im JPEG-Modus haben die Bilder eine niedrigere Qualität, doch kann man dann längere Bilderserien am Stück aufnehmen, zum Teil bis die Karte voll ist. Eine

WAS IST MIT ALL DEN ANDEREN SATELLITEN?

Die ISS ist der mit Abstand größte künstliche Satellit, der jemals gebaut wurde (und wird es auch bestimmt noch für eine lange Zeit bleiben). In Sachen Größe weit abgeschlagen ist die chinesische Raumstation (Tiangong), die von allen Breitengraden unterhalb 45° zu sehen ist, doch leider sind ihre Bahndaten zurzeit noch nicht so genau bekannt wie die der ISS. Danach käme das Hubble-Weltraumteleskop mit einer Länge von 13 m in einer durchschnittlichen Höhe von 600 km bei einer scheinbaren Größe von 6". Es ist nur von Breitengraden unter 30° zu sehen ist, da seine Bahnneigung zum Äquator niedriger liegt. Darüber hinaus gibt es noch diverse Spionagesatelliten ähnlicher Größe und Höhe wie Hubble, darunter die amerikanischen Satelliten Keyhole und Lacrosse. Deren Transite wären von fast allen bewohnten Gebieten der Erde zu sehen, wenn deren Bahndaten genau genug bekannt wären, um einen Transit vorherzusagen. Was die geostationären Satelliten betrifft, so sind diese aufgrund ihrer geringen Größe und hohen Umlaufbahn (36.000 km über der Erde) so klein (unter 0,1 Bogensekunden), dass sie bei einem Sonnen- oder Mondtransit überhaupt nicht zu sehen sind.

maximale Serienbilddauer von 4 Sekunden lässt einem nur wenig Spielraum für Fehler: Die Serie muss 2 Sekunden vor der berechneten Transitzeit gestartet werden, und dafür braucht man eine exakte Referenzzeit wie z. B. durch eine Funkuhr (DCF77-Signal). Zudem empfiehlt sich ein GPS-Gerät, um den zuvor ermittelten Beobachtungpunkt zu finden und sich zu vergewissern, dass man sich tatsächlich im Bereich der Sichtbarkeit der ISS befindet. Auch wenn es überraschend klingt, so zeigen die Amateur-GPS-Geräte die Zeit nicht einmal auf eine Sekunde genau an.

Man kann seine DSL natürlich auch im Videomodus verwenden oder eine astronomische Videokamera nehmen. Dann hat man zwar eine niedrigere Auflösung (1 bis 2 Millionen Pixel statt 10 bis über 20 Millionen), doch kann man dann das Problem des Auslösens durch sehr rechtzeitiges Starten der Videoaufnahme vor der berechneten Transitzeit umgehen. Als Erstes stellt man die Belichtungszeit ein und wählt anschließend eine ISO-Einstellung (bzw. Video-Gain), bei der das Bild auf dem Display eine ausreichende Helligkeit hat, ohne gesättigte Bildbereiche zu zeigen (überprüfen Sie dazu das Histogramm). Bedenken Sie, dass je höher man Gain bzw. ISO einstellt, desto mehr Bildrauschen tritt auf und die Nachbearbeitung wird dadurch eingeschränkt (vor allem was die Technik *Unscharf maskieren* oder die Verwendung von Wavelets betrifft). Die Möglichkeit, mehrere Bilder zu stapeln, bleibt einem bei Transiten naturgemäß verwehrt.

Die Fotografie von Mondtransiten gestaltet sich in vielerlei Hinsicht ähnlich wie die von Sonnentransiten. Die Berechnungen durch CalSky sind genauso verlässlich und auch die verwendeten Kameras (Videokameras oder DSLs im Serienbild- oder Videomodus) ebenfalls dieselben. Allerdings ist das Problem der extrem schnellen Bewegung der ISS beim Mond noch kritischer als bei der Sonne und zwingt uns dadurch zu sehr kurzen Belichtungszeiten und folglich zu hohen ISO- oder Gain-Einstellungen, vor allem wenn die Mondphase vom Vollmond weit entfernt liegt. Dies impliziert eine Zurückhaltung bei der Nachbearbeitung, damit das unvermeidliche Rauschen im RAW-Bild nicht völlig überhandnimmt.

Ein Mondtransit ereignet sich meist mitten in der Nacht oder zur Dämmerungszeit (gelegentlich aber auch bei Tageslicht). Nachts ist die ISS als dunkle Silhouette zu sehen, da sie im Erdschatten liegt. Zur Dämmerungszeit befindet sie sich nicht mehr (oder noch nicht) im Erdschatten und erscheint dadurch heller als der Mond selbst (wir erinnern uns, dass die ISS es in Sachen Magnitude mit der Venus aufnehmen kann).

TRANSITPROGNOSEN MIT TRANSIT FINDER

Für die Vorhersage von Sonnen- oder Mondtransiten der ISS, der chinesischen Raumstation oder von Hubble loggen Sie sich auf *www.transit-finder.com* ein und wählen Sie dann:

- Ihren Aufenthaltsort per automatische Erkennung, durch Eingabe der GPS-Koordinaten oder durch Markierung auf der Weltkarte
- den Datumsbereich der Berechnung (Transit Finder kann Transits zwei Monate im Voraus berechnen)
- die maximale Entfernung zu Ihrem Wohnort (der höchstmögliche Wert ist 240 km)

und klicken Sie auf »Calculate«, um die Seite mit der Vorhersage der Transits anzuzeigen, die entweder direkt vom Startort aus sichtbar sind (Ereignisse, die mit »Sun Transit« oder »Moon Transit« beginnen) oder von einem Ort aus, der sich innerhalb der zuvor gewählten Entfernung in der Nähe des Startortes befindet (Ereignisse, die mit »Sun Close Pass« oder »Moon Close Pass« beginnen). Neben dem Datum und der Uhrzeit des Transits sind folgende Inform ationen wichtig: die Entfernung zwischen dem Transitband und dem Startort (»Center Line Distance«), die Breite des Bandes (»Visibility Path Width«), der Winkeldurchmesser der ISS (»ISS Angular size«) und die Höhe des Sterns über dem Horizont (»Altitude«). Weitere Informationen sind verfügbar, wenn Sie auf »More Information« klicken, darunter für Mondtransits die Höhe der Sonne über (oder unter) dem Horizont, die Mondphase und die Beleuchtung der ISS.

Wenn Sie eine Berechnung anfordern, die mehrere Wochen in der Zukunft liegt, ist sie zu ungenau, um sich darauf verlassen zu können, und muss zu einem späteren Zeitpunkt erneut durchgeführt werden. Es ist übrigens ratsam, eine Neuberechnung erst kurz vor dem Transit zu starten, da sich die Orbitdaten innerhalb von nur wenigen Stunden erheblich ändern können.

Klicken Sie für den ausgewählten Transit auf »Show On Map«. Daraufhin erscheint eine Seite, die die Mittelachse des Transits auf einer Karte der Region zeigt. Klicken Sie auf einen Punkt auf dieser Linie (ggf. vergrößern), um die genauen Informationen zu Uhrzeit und Dauer des Transits an diesem Ort zu erhalten. Drucken Sie vor Ihrer Abreise die Karte aus oder geben Sie einige Punkte, die den Sichtstreifen markieren, in Ihr GPS-Gerät ein.

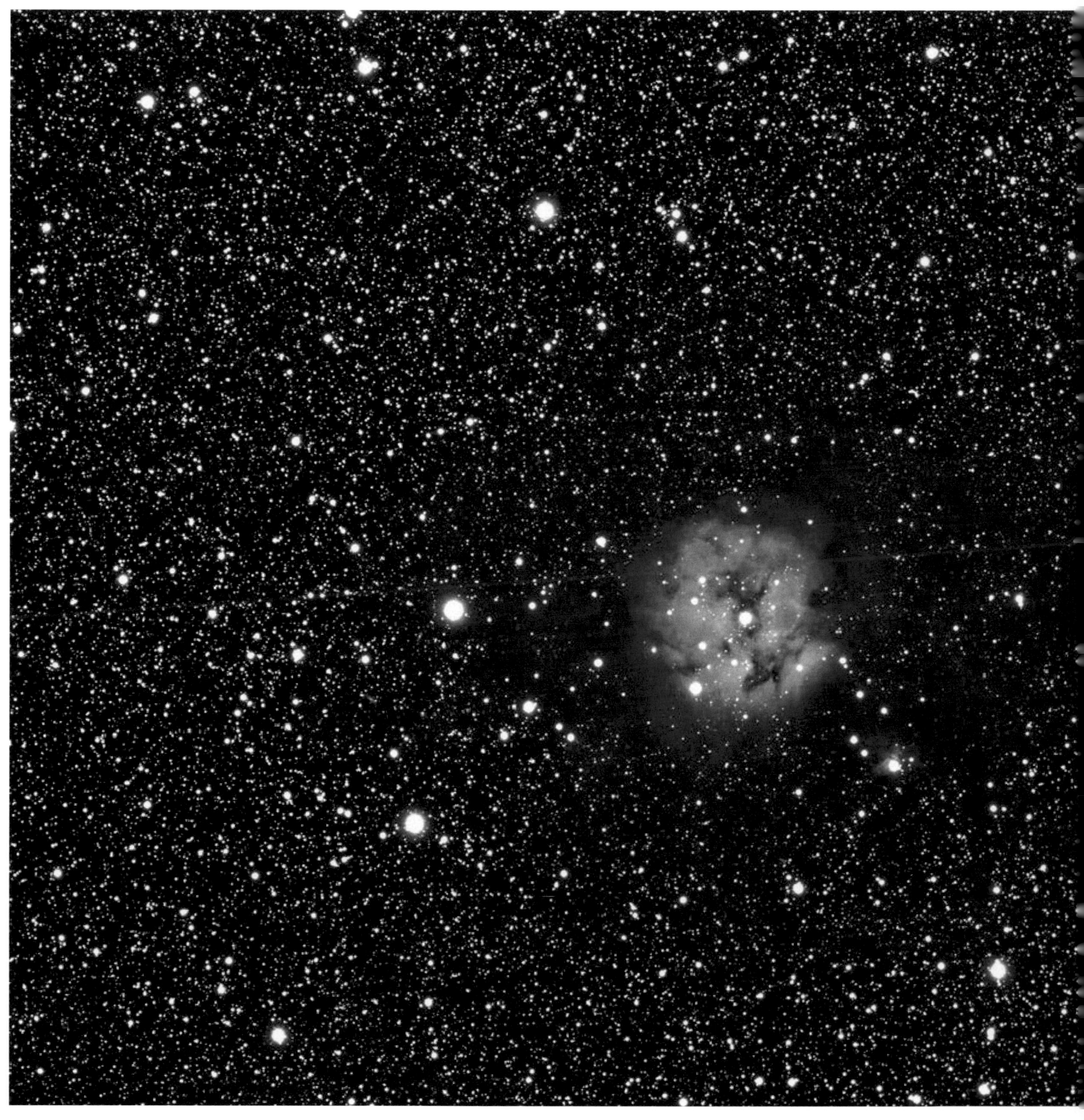

Kapitel 7

Bilder von Deep-Sky-Objekten

Unter dem Begriff Deep Sky werden alle Himmelsobjekte außer der Sonne, dem Mond und den Planeten gefasst. Dazu gehören Sternbilder, Sternhaufen, Nebel, Galaxien und sogar Kometen und Asteroiden. Und obwohl Letztere zu unserem Sonnensystem gehören, werden auch diese mit den gleichen Techniken wie Nebel und Galaxien fotografiert.

Der Kokon-Nebel (IC 5146) befindet sich im Sternbild Schwan mitten in der Milchstraße. In etwa 4000 Lichtjahren Entfernung erstreckt er sich über knapp 15 Lichtjahre und ist von dunklen Wolken aus Gas und Staub umgeben, aus denen rechts eine lang gestreckte Dunkelwolke hervorgeht, die die Sterne dahinter verbirgt.

Eine Grundeigenschaft aller Deep-Sky-Objekte ist ihre im Vergleich zu den Planeten und dem Mond schwache Leuchtkraft. Mit modernen Kameras und mehreren Sekunden Belichtungszeit erscheinen die Galaxien in einem kleinen Amateurinstrument normalerweise als schwache, verschwommene Flecken. Um feinere Strukturen wie Spiralarme zu erfassen, sind Belichtungszeiten im zweistelligen Sekundenbereich oder, noch besser, von mehreren Minuten erforderlich.

Dieser Umstand stellt gewisse Ansprüche an die Ausrüstung und deren Einsatz. Deep-Sky-Astrofotografen bevorzugen beispielsweise Teleskope und Objektive mit größtmöglichem Öffnungsverhältnis sowie optimaler Bildqualität über das gesamte Gesichtsfeld des Sensors. Dabei bevorzugen sie Kameras mit maximaler Quanteneffizienz und suchen dunkle Beobachtungspunkte auf. Auch sehr wichtig ist eine Äquatorialmontierung, die stabil ist, sich einfach am Himmelspol ausrichten lässt und vor allem eine gute Nachführung bietet.

In bestimmten Situationen muss der Astrofotograf das Teleskop selber führen und die Nachführung direkt während der Aufnahme anpassen, um das Teleskop stets exakt auf das Objekt ausgerichtet zu halten. Die heutigen Digitalkameras sind viel empfindlicher als ihre Vorgänger und erlauben daher kürzere Belichtungszeiten, wodurch sich im Gegenzug ein kleiner Nachführfehler schneller auf das Bild auswirkt.

Teleskope für die Deep-Sky-Fotografie

Die Auswahlkriterien für ein Deep-Sky-Teleskop sowie dessen Anforderungen sind nicht genau die gleichen wie bei der Planetenfotografie. Dies liegt hauptsächlich darin begründet, dass die Deep-Sky-Objekte nur schwach leuchten und Belichtungszeiten von mehreren Minuten bis zu mehreren Stunden benötigen, um erfasst werden zu können. Darüber hinaus unterscheiden sich die Objekte sehr in ihrer Winkelausdehnung und reichen von Sternbildern, die über zweistellige Gradzahlen gehen, bis zu Galaxien, die kleiner als eine Bogenminute sind.

Die in Büchern abgebildeten Himmelskörper vermitteln selten einen realistischen Eindruck von ihrer realen Winkelgröße. Trotz seiner augenscheinlichen Schärfe hat dieses Bild von M33, das mit einer Brennweite von 750 mm aufgenommen wurde, eine Winkelauflösung, die weit unter der des Jupiterbildes auf Seite 97 liegt, wie der kleine Ausschnitt oben rechts im Bild zeigt, der im selben Maßstab abgedruckt wurde.

Brennweite und Öffnungsverhältnis

Die Brennweite des Teleskops in der Planetenfotografie ist, außer wenn es um die vollständige Mondscheibe geht, nicht sonderlich wichtig, da sie ohnehin immer verlängert werden muss, um die Grenze des Auflösungsvermögen des Teleskops zu erreichen. Doch wie in der normalen Fotografie auch, bei der die Brennweite des Objektivs eine große Rolle spielt (man kann mit einem Weitwinkel- und einem Teleobjektiv nicht die gleichen Motive fotografieren), so hat auch in der Astrofotografie jede Gruppe von Deep-Sky-Objekten ihre optimalen Brennweitenbereiche:

- Weitwinkelobjektive eignen sich für die Milchstraße und Sternbilder.
- Teleobjektive und Teleskope mit kurzer Brennweite (unter 1000 mm) sind für Sternhaufen, Nebel, größere Galaxien und Galaxienhaufen optimal.
- Lange Brennweiten sind am besten für einzelne Galaxien, Kugelsternhaufen und planetarische Nebel geeignet.

Kurz gesagt, das perfekte Teleskop für alle Deep-Sky-Objekte gibt es nicht.Bei der Auswahl eines Instruments für diese Art von Fotografie muss, wie bei der Auswahl eines Objektivs für die normale Fotografie, die Sternenkategorie berücksichtigt werden, um daraus die geeignete Brennweite abzuleiten. Ein mit einer DSL ausgestattetes Teleskop mit einer Brennweite von 500 mm wird beispielsweise die meisten großen diffusen Nebel erfassen, aber planetarische Nebel und kleine Galaxien nur klein abbilden. Man könnte annehmen, dass man wie bei Planeten die Brennweite mit einer Barlowlinse verlängern könnte, doch durch deren Einsatz steigt das Öffnungsverhältnis entsprechend, und dies ist bei akzeptablen Belichtungszeiten ungünstig für ein gutes Signal-Rausch-Verhältnis. Es ist sogar so, dass wenn man das Öffnungsverhältnis um den Faktor 2 erhöht, die Belichtungszeit um den Faktor 4 verlängert werden muss, um das gleiche Signal-Rausch-Verhältnis jeder einzelnen Fotodiode beizubehalten. In der Praxis führt dies dazu, dass Deep-Sky-Objekte niemals mit Öffnungsverhältnissen von 15 oder gar 20 fotografiert werden.

So nützlich Barlowlinsen und Okulare bei Planeten sind, bei der Deep-Sky-Fotografie werden sie nie eingesetzt. Aus diesen Betrachtungen heraus wird die Relevanz des zweiten Parameters deutlich: dem Durchmesser der Teleskopöffnung. Um also bei einer langen Brennweite noch vernünftige Belichtungszeiten zu erzielen, muss der Durchmesser entsprechend groß sein. Allerdings bedeutet ein großer Durchmesser auch ein schwereres und teureres Teleskop, und das Gleiche gilt für die Montierung! Solch ein Instrument ist in der Lage, mehr Einzelheiten kleiner Galaxien zu zeigen, doch das engere Gesichtsfeld kann dann keine großen diffusen Nebel mehr erfassen.

Aufnahmen von Sternen sind noch einmal etwas ganz anderes. Aufgrund ihrer unendlich kleinen Winkelgröße können selbst die größten Teleskope keine Details auf deren Oberfläche erfassen. Dies führt dazu, dass eine längere Brennweite nichts bringt, außer Sterne in einem offenen oder einem Kugelsternhaufen getrennt voneinander sichtbar zu machen. Ein größerer Teleskopdurchmesser ermöglicht einem natürlich, schwächere Sterne aufzunehmen, wobei durch die Erhöhung des Durchmessers um 60 % eine ganze Magnitude schwächere Sterne erfasst werden können. Eine bestimmte Grenze für die Magnitude anzugeben ist allerdings schwierig, da sie von vielen Parametern neben Durchmesser und Brennweite des Teleskops abhängt, darunter von der spektralen Empfindlichkeit des Sensors, dessen Ausleserauschen und thermischem Signal sowie etwaigen Filtern, dem Himmelshintergrund und der Bildschärfe. Man kann davon ausgehen, dass eine monochrome Kamera mit einem Teleskop von 200 mm Öffnung bei dunklem Himmel und mit weniger als 10 Minuten Belichtungszeit einen Stern mit einer Magnitude von 19 darstellen kann. Bei einem Farbsensor verringert sich dieser Wert um ein oder zwei Magnituden, wobei ein Himmel mit starker Lichtverschmutzung noch einmal mehrere Magnituden verschluckt.

QUALITÄT DER MECHANIK

Sowohl bei einem Teleskop für die Planeten- als auch bei einem für die Deep-Sky-Fotografie ist die Qualität der Mechanik äußerst wichtig. Dies bezieht sich auf die allgemeine Materialqualität (Metall, Plastik ...), die Bauweise, die Fertigungspräzision und die Fähigkeit, fotografisches Equipment zu tragen. Ein Newton-Teleskop oder ein Refraktor, der dafür gebaut wurde, eine Kamera plus Brennweitenreduzierer bzw. Bildfeldebner (Field Flattener) aufzunehmen, muss einen Fokussierer haben, der stabil und genau genug ist, um eine Fokusposition auf Hundertstel Millimeter genau zu erreichen und zu halten, ohne dass er sich durchbiegt oder verrutscht, selbst wenn das Instrument auf den Zenit gerichtet ist.

Doch neben dem Gesichtsfeld zwingen den Astrofotografen noch weitere Aspekte zu einer kürzeren Brennweite, darunter vor allem die Nachführgenauigkeit der Montierung. Während die Nachführung mit einem Weitwinkelobjektiv nicht schwierig erscheint, ist das mit einem Teleskop von 2000 mm Brennweite, das stets so ausgerichtet werden muss, dass sich das Ziel am Himmel während einer mehrminütigen Belichtungszeit nicht auch nur um einen Pixel verschiebt, eine ganz andere Sache! Die Anforderungen an die Nachführgenauigkeit nehmen proportional mit der Brennweite des Teleskops zu. Ein weiteres Problem sind die atmosphärischen Bedingungen, das Seeing: Sobald die Belichtungszeit über 1/10 s liegt, gehen die Bewegungen und Verzerrungen der Atmosphäre mit in das Bild ein und führen zu Sternen, deren Winkelgröße dann meist zwei Bogensekunden überschreitet – einer Größe, die weit über der des Beugungsscheibchens liegt. Ab einer gewissen Grenze verbessert sich die Detailgenauigkeit durch Erhöhung der Brennweite nicht mehr, sondern führt nur zur Vergrößerung der Schwammigkeit infolge von atmosphärischen Turbulenzen und Nachführungenauigkeiten. Bei den Pixelgrößen der meisten Amateur-CCD-Kameras liegt die Obergrenze der Brennweite deshalb meist zwischen 1000 mm und 2000 mm.

Der Astigmatismus verzerrt die Sterne, sodass sie leicht gestreckt oder als kleine Kreuze abgebildet werden.

Aus diesen Gründen lohnt sich die Arbeit mit Abbildungsmaßstäben unter einer Bogensekunde pro Fotodiode nur, wenn sowohl die Ausrüstung, der Beobachtungspunkt als auch die Erfahrung des Astrofotografen überragend sind. Die Deep-Sky-Fotografie mit einer Brennweite über 2000 mm ist eine große Herausforderung und kann für den Amateur, der sie eigentlich ohne allzu viele Schwierigkeiten genießen will, eine Quelle der Frustration darstellen. Galaxien und Nebel mit einer DSL an einem Teleskop mit 4000 mm Brennweite fotografieren zu wollen, bringt überhaupt nichts, da der entsprechende Abbildungsmaßstab (Sampling) von 0,3 Bogensekunden pro Fotodiode zwar für Planetenaufnahmen, aber keinesfalls für Deep-Sky-Fotografie geeignet ist.

Auch wenn sich die Anforderungen an ein Instrument für die Planeten- und Deep-Sky-Fotografie unterscheiden, gibt es doch einige Teleskope, die sich für beides eignen. Dennoch gibt es kein Universalinstrument und jeder Typ bzw. Modell eignet sich mehr oder weniger für bestimmte Aufnahmen. Amateure, die alle Bereiche der Astrofotografie abdecken wollen und das Geld dazu haben, verwenden oftmals mehrere Teleskope, genauso wie Fotografen für ihre DSLs mehrere Objektive besitzen.

Gesichtsfeld

Ein Deep-Sky-Objekt kann einen großen Teil des von Instrument und Kamera erfassten Gesichtsfelds einnehmen und ist zudem von weiteren Sternen umgeben. Aus diesem Grund ist eine gleichmäßige Bildqualität über das ganze Bild erforderlich. Diese Anforderung ist für die Entwickler von astronomischen Instrumenten nicht einfach, vor allen Dingen nicht bei niedrigen Öffnungsverhältnissen in Verbindung mit großen Sensoren. Bei den meisten Teleskopen sind die Sterne, je weiter es nach außen geht, verzerrt, in die Länge gezogen und stark abgeschwächt. Hierzu tragen folgende Abbildungsfehler bei:

- Koma: Die Sterne werden asymmetrisch und sehen aus wie kleine Kometen (wovon sich der Begriff *Koma* ableitet), da sie einen von der Mitte des Bildfelds nach außen gerichteten kleinen Schweif aufweisen. Dieser Effekt ist so ähnlich wie bei einem nichtkollimierten Teleskop (siehe Kapitel 4). In Extremfällen führt die Koma zu einem Eindruck wie bei *Star Wars*, wobei die Sterne von der Bildmitte ausgehend verwischt sind.
- Astigmatismus: Die Sterne werden verzerrt und mitunter oval oder als kleine Kreuze abgebildet.
- Bildfeldkrümmung: Im fokussierten Bereich liegt die Bildschärfe nicht in einer Ebene, sondern hat eine Kugelform. Ist die Fokussierung dann in der Bildmitte gut, zeigt sich das Bild in den Randbereichen verschwommen und umgekehrt (siehe Textbox rechts). Die Bildfeldkrümmung ist nicht zu verwechseln mit einem anderen Abbildungsfehler, der von der Fotografie mit Weitwinkelobjektiven bekannt ist: der Verzerrung, bei der gerade Linien (wie etwa der Horizont) gekrümmt werden. Die Verzerrung stellt bei Teleskopen kein Problem dar.
- Vignettierung: Die Ecken eines Bildes sind dunkler als dessen Mitte, wie im Anhang 3 beschrieben.

Bei ausgedehnten Objekten wie Galaxien und in Nebeln summieren sich die Auswirkungen von Koma, Astigmatismus und Bildfeldkrümmung zu einem Schärfe- und Detailverlust im Randbereich.

In der Praxis sind alle diese Bildfehler häufig präsent, doch je nach Teleskoptyp und -eigenschaften überwiegt jeweils einer von ihnen. Eine scharfe Grenze festzulegen, ab der ein bestimmter Bildfehler nicht mehr hinnehmbar ist, erweist sich als schwierig. Schließlich hängt es davon ab, wie viel man davon selbst noch akzeptiert, wie stark

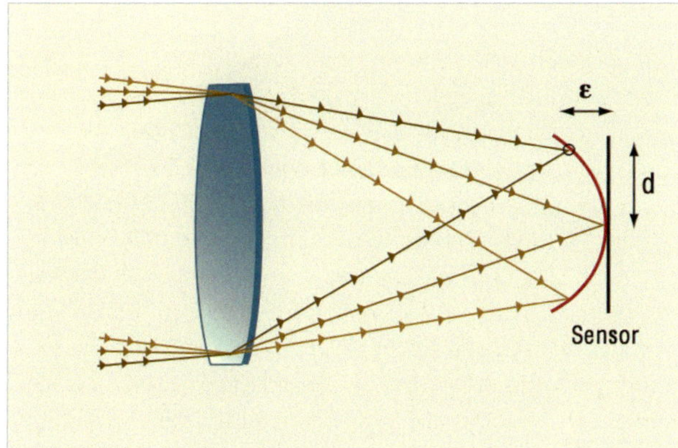

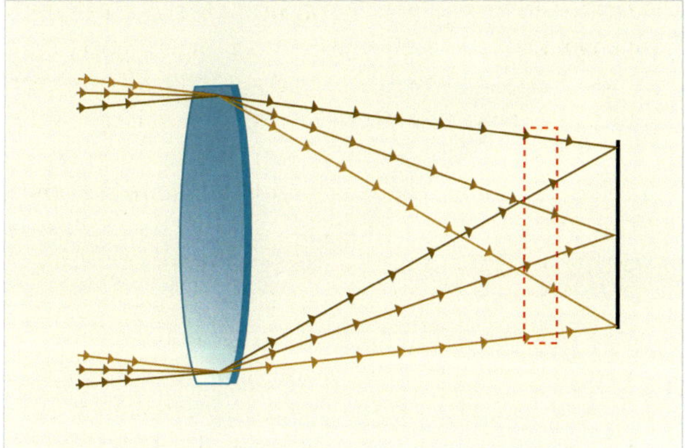

Der Radius (R) der Bildfeldkrümmung ist der Radius der Kugel, dessen Oberfläche das schärfste Bild zeigt. Je kleiner dieser Radius, desto stärker ist das Bildfeld gekrümmt. Optisches Zubehör (untere Abbildung), sogenannte Bildfeldebner (Field Flattener), sollen diese Krümmung korrigieren.

BILDFELDKRÜMMUNG

Die Kenngröße, die die Bildfeldkrümmung beziffert, ist der Radius (R) der durch die Bildfeldkrümmung erzeugten Kugel an den Stellen der höchsten Abbildungsleistung. Bei einem Abstand von der optischen Achse (d) beträgt die durch die Bildfeldkrümmung hervorgerufene Fokusverschiebung (ε):

$$\varepsilon = \frac{d^2}{2R}$$

Da ε zu d² proportional ist, sind die Auswirkungen der Bildfeldkrümmung in den Ecken eines 24 × 36 mm großen Sensors fast 100-mal stärker als bei einer Webcam!

Der Wert von R ist für jede Teleskopart und -bauweise spezifisch. Kennt man diesen Wert, kann man die Randunschärfe seines Sensors berechnen und ihn mit der Fokustoleranz (siehe Kapitel 4) in Beziehung setzen, um festzustellen, ob die Bildfeldkrümmung vernachlässigbar ist oder nicht und ob man einen Bildfeldebner (Field Flattener) benötigt.

Nehmen wir einmal an, wir verwenden einen APS-C-Sensor (15 × 22,5 mm) einer DSL in Verbindung mit einemNewton-Refraktor mit einer Brennweite von 800 mm. Bei solch einem Teleskop entspricht R der Brennweite. Die äußerste Ecke des Sensors ist 13,5 mm von dessen Mitte entfernt (halbe Länge der Diagonale), sodass $\varepsilon = 13{,}5^2/1.600 = 0{,}1$ mm beträgt. Läge das Öffnungsverhältnis dieses Teleskops bei 5, entspräche die Fokusverschiebung einem Zerstreuungskreis mit dem Durchmesser von etwa 1 Å (siehe den Abschnitt über das Fokussieren in Kapitel 4).

man das Bild später vergrößert und wie die allgemeine Bildschärfe ausfällt.

Im Prinzip sind alle Teleskope in der Lage, den kleinen Sensor einer Webcam gut auszuleuchten, doch nur wenige sind mit einem 24 × 36 mm oder größeren Sensor kompatibel; diese nennt man dann *Astrographen*. Die Hersteller geben manchmal den für die Fotografie nutzbaren Bereich ihrer Teleskope an, wobei manche optimistischere Angaben machen als andere. Da dafür kein Standard festgelegt ist, sind diese Werte nicht immer vergleichbar. Manche Spotdiagramme (Form und Größe eines Sterns an unterschiedlichen Stellen auf dem Sensor) sind für eine plane Fokusebene berechnet, manche für eine gekrümmte. Die für gekrümmte »Fokusebenen« sehen natürlich wesentlich vielversprechender aus, doch die für plane Ebenen sind natürlich praxisgerechter. Falls überhaupt keine Diagramme gezeigt werden, ist das ein Zeichen dafür, dass das Gesichtsfeld nicht zu den Hauptstärken dieses Instruments zählt.

Fotografische Objektive

Obwohl fotografische Objektive für große Sensoren (die meisten für 24 × 36 mm) entwickelt wurden, können auch sie am Rand Bildfehler wie Astigmatismus, Bildfeldkrümmung und Vignettierung aufweisen. Bei normaler Fotografie bei Tageslicht fallen leichte Randunschärfen häufig gar nicht auf und sind bei Porträts manchmal sogar erwünscht. Da die Sterne jedoch punktförmige Lichtquellen darstellen, sind sie ein gnadenloser Test für ein Objektiv. Bei den meisten Objektiven dürfen Sie nicht erwarten, dass die Sterne am Rand so scharf sind wie in der Mitte, es sei denn, es ist ein Objektiv allerhöchster Qualität – und selbst eines mit kleinen Abweichungen am Rand ist immer noch ein gutes.

Die chromatischen Aberrationen (in Kapitel 5 beschrieben) verursachen farbige Säume um Sterne und einen allgemeinen Kontrastverlust. Sie zeigen sich am deutlichsten bei voller Blendenöffnung an hellen Sternen, die dann einen starken blauvioletten Farbsaum aufweisen.

Die Objektive höchster Qualität haben im Regelfall eine Bildqualität, die sich über die ganze Bildfläche erstreckt. Obwohl Zoomobjektive sehr in Mode sind, bevorzuge ich gute Festbrennweitenobjektive und verwende zurzeit 1:2,8/14 mm, 1:1,4/24 mm, 1:1,4/50 mm und 1:2,0/135 mm, die allesamt recht lichtstark sind und eine gleichmäßige Bildqualität bei gutem Kontrast bieten.

In der Astrofotografie können Sie die bei einigen Objektiven eingebauten Bildstabilisierer gerne vergessen. Sie bringen keinen zusätzlichen Nutzen.

Der am häufigsten verwendete Koma-Korrektor ist der Tele Vue Paracorr, der für Newton-Teleskope mit Öffnungsverhältnissen zwischen 3 und 8 entwickelt wurde. Er deckt ein lineares Bildfeld mit einem Durchmesser von 20 bis 25 mm ab.

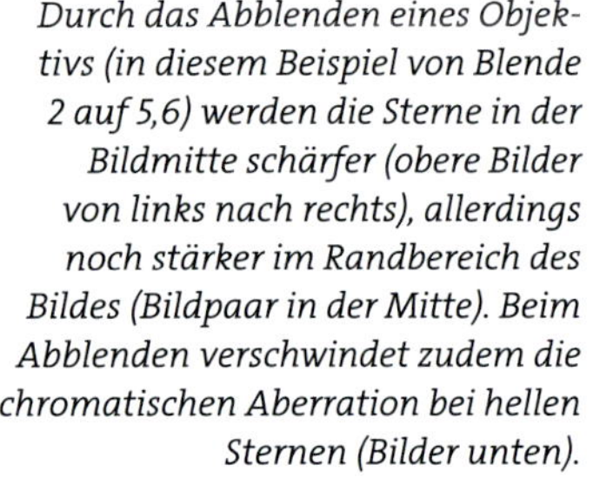

Durch das Abblenden eines Objektivs (in diesem Beispiel von Blende 2 auf 5,6) werden die Sterne in der Bildmitte schärfer (obere Bilder von links nach rechts), allerdings noch stärker im Randbereich des Bildes (Bildpaar in der Mitte). Beim Abblenden verschwindet zudem die chromatischen Aberration bei hellen Sternen (Bilder unten).

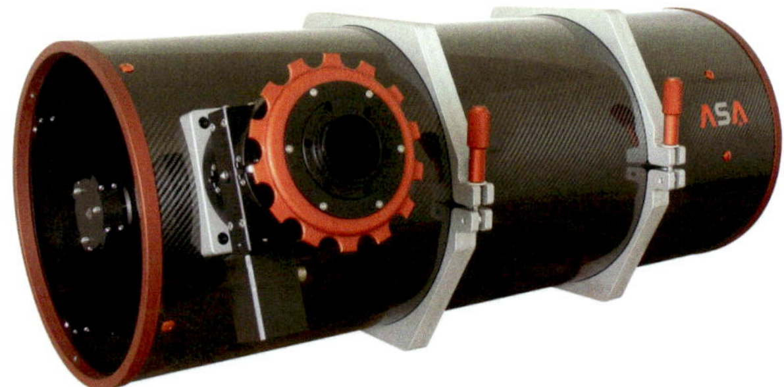

Von Astro Systeme Austria (ASA) gibt es lichtstarke Newton-Astragraphen (Öffnungsverhältnis 3,8), die mit Hochleistungsfeldkorrektoren ausgestattet sind.

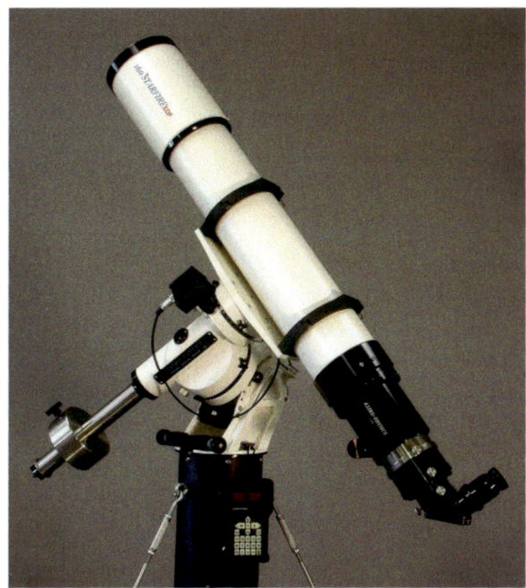
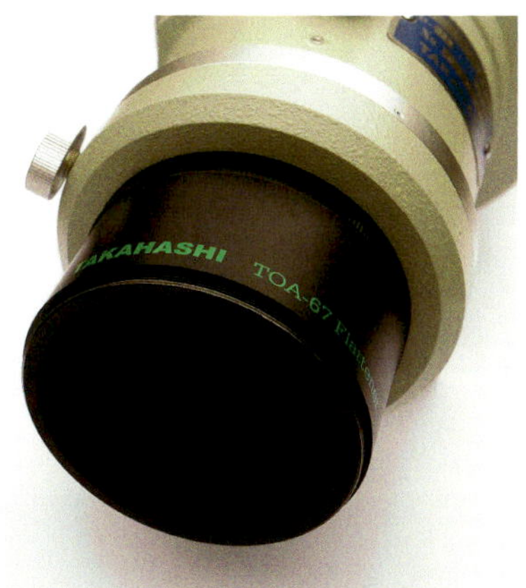

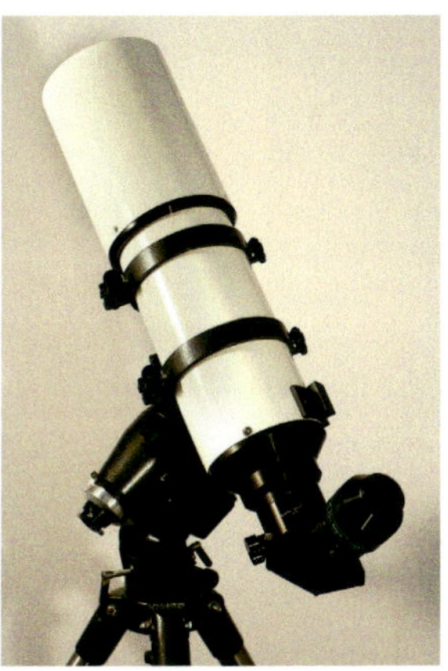
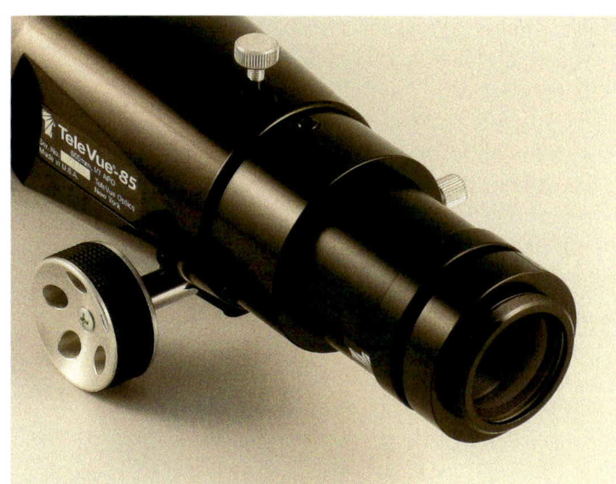

Hersteller hochwertiger Refraktoren wie Astro-Physics (erstes Bild), Takahashi (zweites Bild) und TMB (drittes Bild) bieten optionale Bildfeldebner an, die perfekt auf ihre Produkte zugeschnitten sind, wobei einige von ihnen gleichzeitig als Brennweitenreduzierer dienen. Tele Vue (viertes Bild) bietet auch Brennweitenreduzierer/Bildfeldebner für Refraktoren mit Brennweiten von 400 bis 600 mm und 800 bis 1000 mm an.

Das Newton-Teleskop

Der Hauptbildfehler eines Newton-Teleskops ist die Koma. Astigmatismus und Bildfeldkrümmung sind eher moderat und nicht limitierend (der Radius der Bildfeldkrümmung entspricht der Brennweite des Hauptspiegels). Für einen bestimmten Abstand von der optischen Achse ist die Intensität der Koma umgekehrt proportional zum Quadrat des Öffnungsverhältnisses des Teleskops. Dies führt dazu, dass ein Newton-Teleskop bei Öffnungsverhältnissen von 3 oder 4 einen Schärfebereich von nur wenigen Millimetern Durchmesser haben kann (siehe Textbox »Die Koma eines Newton-Teleskops«): bei einem 200 mm-Newton-Teleskop mit dem Öffnungsverhältnis 4 beträgt in einem Abstand von 10 mm von der optischen Achse die Länge des Schweifs der Koma etwa 30 Bogensekunden! Bei solch einem niedrigen Öffnungsverhältnis ist ein Koma-Korrektor besonders nützlich. Es gibt zwei Haupttypen von Koma-Korrektoren:

- den Ross-Korrektor, der aus zwei Linsen besteht und zu guten Ergebnissen führt, selbst wenn dadurch die Bildmitte etwas an Schärfe verliert.
- den Wynna-Korrektor aus drei oder vier Linsen, der zu noch besseren Ergebnissen führt, aber auch teurer ist.

Ein Koma-Korrektor ist für einen bestimmten exakten Abstand vom Sensor optimiert, sodass man die Anweisungen des Herstellers genau befolgen sollte.

DIE KOMA EINES NEWTON-TELESKOPS

Die Länge des Schweifs der Koma (L) hängt vom Öffnungsverhältnis des Teleskops (F/D) und dem Abstand von der optischen Achse (d) ab:

$$L = \frac{3d}{16\,(F/D)^2}$$

Bei einem Newton-Teleskop mit einem Öffnungsverhältnis von 5 beträgt 5 mm abseits der optischen Achse L etwa 0,04 mm. Bei einem Einsatz von 6 µm großen Fotodioden geht ein heller Stern über sechs Fotodioden.

Der Refraktor

Das Newton-Teleskop ist nicht das einzige, das von achsfernen Abbildungsfehlern betroffen ist. Die meisten Refraktoren sind gut gegen Koma korrigiert, doch sind Astigmatismus und vor allem die Bildfeldkrümmung deutlich ausgeprägt. Bei gleicher Brennweite ist der Radius der Bildfeldkrümmung bei einem Refraktor 2,7-mal kleiner als bei einem Newton-Teleskop (R = F/2,7, wobei F für die Brennweite des Refraktors steht). Die Bildfeldkrümmung eines Newton-Teleskops mit einer Brennweite von 500 mm entspricht der eines Refraktors mit 1400 mm. Je kürzer die Brennweite, desto stärker fällt die Bildfeldkrümmung aus. Der Radius der Bildfeldkrümmung hängt allein von der Brennweite ab und ist unabhängig von Durchmesser oder Bauweise des Refraktors (achromatischer Doublet, apochromatischer Doublet oder Triplet).

Bildausschnitte aus einem Foto mit einem 24 × 36 mm großen Sensor durch einen Refraktor mit 500 mm Brennweite. Auf den ersten beiden Bildern ist zu erkennen, was passiert, wenn man für die Bildmitte scharf stellt: Die Sterne in der Mitte (1) sind scharf, doch durch die Bildfeldkrümmung werden die Sterne in den Bildecken (2) verschwommen abgebildet. Wenn man dagegen auf die Bildecken scharf stellt, bekommt man achsfernen Astigmatismus (3), wobei dann die Bildmitte (4) am stärksten von der Bildfeldkrümmung betroffen ist.

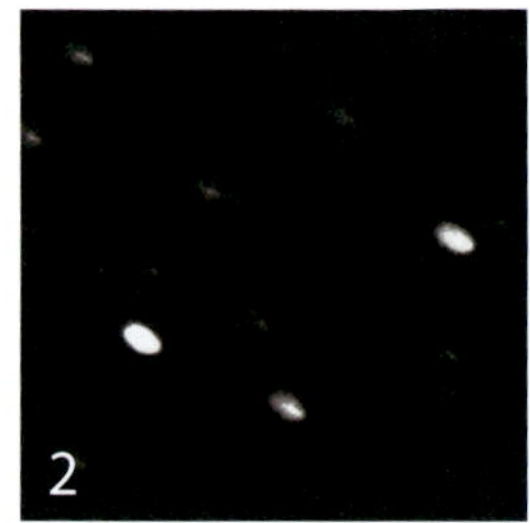

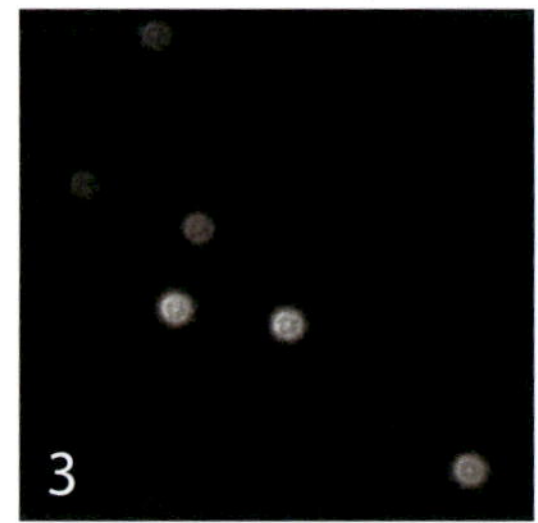

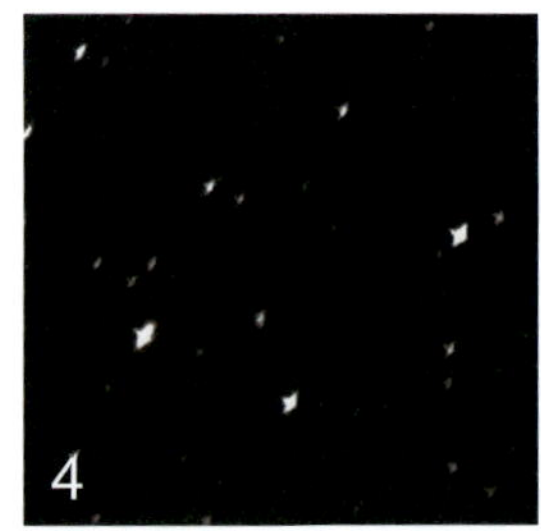

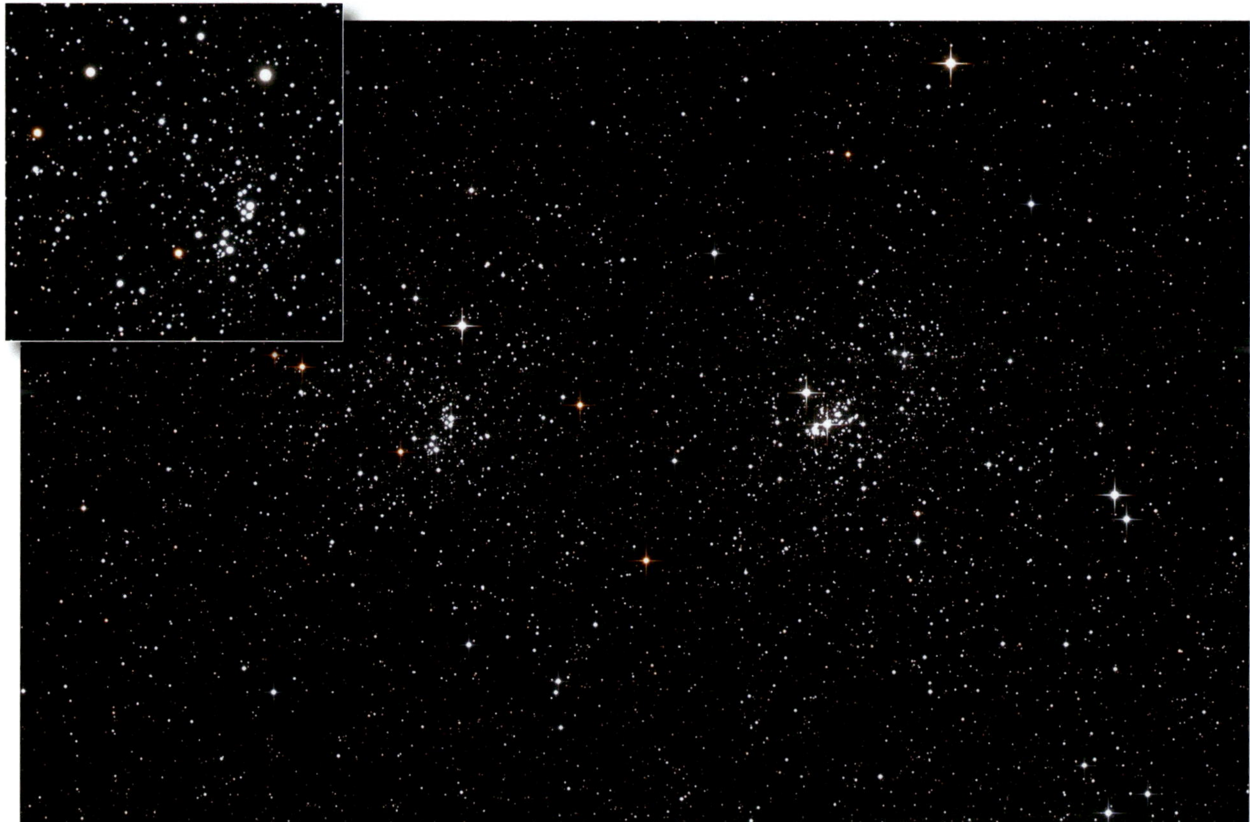

Die Spikes um die hellen Sterne vom Doppelsternhaufen im Sternbild Perseus wurden bei diesem Bild durch zwei dünne Fäden erzielt, die vor die Teleskopöffnung (Refraktor mit 130 mm Durchmesser und 1 m Brennweite, APS-C-Kamera) gespannt wurden. Manche Amateure bevorzugen Bilder mit diesen Spikes, andere verzichten lieber darauf.

DIFFRACTION SPIKES

Die auf Fotos von den hellsten Sternen ausgehenden Spikes werden durch Beugung des Lichts an den Streben des Sekundärspiegelhalters bei Newton- oder Cassegrain-Teleskopen verursacht. Ein Halter mit vier Streben führt zu vier Spikes, wohingegen einer mit drei Streben sechs Spikes erzeugt.

Auf mit fotografischen Objektiven aufgenommenen Bildern sind oft Mehrfachspikes zu sehen, die durch die Blendenlamellen verursacht werden.

Auf Fotos, die durch einen Refraktor aufgenommen wurden, sieht man keine Spikes, es sei denn, man spannt dünne Fäden oder Angelschnüre vor die Öffnung und verursacht sie damit künstlich. Länge und Dicke der Spikes hängen dann von der Dicke der Fäden ab.

Bei einem großen Sensor in Verbindung mit einem Refraktor kurzer Brennweite kann ein Bildfeldebner (Field Flattener) sinnvoll sein. Nur ganz bestimmte High-End-Refraktoren (Takahashi FSQ-106 und Tele Vue NP101) kommen aufgrund ihres komplexen optischen Aufbaus mit Hinterlinsenelement(en) ohne Bildfeldebner aus. Grundsätzlich kann man sagen, dass alle Instrumente eine mehr oder weniger starke Bildfeldkrümmung aufweisen, die nur durch optische Elemente nahe der Fokusebene korrigiert werden kann. Man beachte, dass ein Koma-Korrektor für Newton-Teleskope und ein Bildfeldebner für einen Refraktor völlig unterschiedliche Dinge und keinesfalls austauschbar sind.

Die Familie der Cassegrain-Teleskope

Es gibt mehrere Varianten des Cassegrain-Teleskops (Teleskop mit konkavem Primärspiegel und konvexem Sekundärspiegel), die jeweils unterschiedliche Öffnungsverhältnisse aufweisen.

Das klassische Cassegrain-Teleskop besteht aus einem parabolen Hauptspiegel und einem hyperbolischen Sekundärspiegel (Fangspiegel). Einige Hersteller bieten hybride Cassegrain-Newton-Teleskope an, bei denen der Sekundärspiegel austauschbar ist und die zwei Fokuspositionen haben. Außerhalb der optischen Achse weisen Cassegrain-Teleskope Koma und Astigmatismus in einer Größenordnung auf, wie man sie von Newton-Teleskopen gleichen Öffnungsverhältnisses kennt. Allerdings ist die Bildfeldkrümmung bei den Cassegrain-Teleskopen viel stärker ausgeprägt, wobei deren Intensität von den Konstruktionseigenschaften abhängt.

Bei einer weiteren Variante, dem Ritchey-Chrétien, sind beide Spiegel hyperbolisch, wodurch Herstellung und Kollimation schwieriger sind. Das Weltraumteleskop Hubble ist von diesem Typ. Der Vorteil dieser Bauweise liegt in dem sehr geringen restlichen Astigmatismus und vor allem der geringen Bildfeldkrümmung. Da sie aus diesem Grund die beste Korrektur der achsfernen Abbildungsfehler unter den Cassegrain-Teleskopen aufweisen, sind die Ritchey-Chrétiens besonders für die Deep-Sky-Bildgebung mit großen Sensoren und natürlich zusammen mit einem Bildfeldebner geeignet. Hersteller wie Optical Guidance Systems (OGS), PlaneWave, Officina Stellare und Alluna Optics haben Ritchey-Chrétien-Teleskope mit großen Durchmessern, Öffnungsverhältnissen von f/8 oder f/9 und eigens dafür konstruierten Bildfeldebnern im Programm.

Das Dall-Kirkham ist eine weitere Variante, deren Hauptspiegel elliptisch und der Sekundärspiegel sphärisch geformt sind. Es ist leichter herzustellen, hat aber neben der üblichen Bildfeldkrümmung eine starke Koma. Zurzeit bietet unter anderem Takahashi ein Dall-Kirkham-Teleskop, das Mewlon, mit optionalen Brennweitenreduzierern/Korrektoren an.

Dank des von Tom Johnson (Celestron) entwickelten automatisierten und relativ günstigen Herstellungsprozesses in den 1970er-Jahren ist das Schmidt-Cassegrain-Teleskop zur verbreitetsten Variante geworden, wobei der Markt von den zwei Herstellern Celestron und Meade dominiert wird. Es besteht aus einem sphärischen Hauptspiegel, einer für die Korrektur der sphärischen Aberration des Spiegels eingebauten Glasscheibe mit einer speziellen Form (Schmidt-Platte) und einem Sekundärspiegel. Es hat eine deutliche Koma sowie Bildfeldkrümmung, wobei der Radius dieser Krümmung in etwa 10 % der Brennweite des Teleskops beträgt (etwa 200 mm bei einem Schmidt-Cassegrain-Teleskop der Brennweite 2000 mm bei einem Öffnungsverhältnis von f/10).

Es sind eigens konstruierte Brennweitenreduzierer/Korrektoren erhältlich, die das Öffnungsverhältnis von 10 auf 6,3 bringen, doch damit verringert sich auch die nutzbare Größe der Fokusebene – eine Eigenschaft aller Brennweitenreduzierer. Das Bildfeld der Schmidt-Cassegrain-Teleskope ist meist nicht größer als ein Kreis von 25 mm Durchmesser; über diesen Bildkreis hinaus nehmen Bildfehler und Vignettierung über das erträgliche Maß zu. Deshalb sind diese Teleskope, ob nun mit oder ohne Brennweitenreduzierer, nicht mit 24 × 36 mm großen Sensoren zu verwenden, funktionieren aber mit APS-C-Sensoren. Meade hat einen Brennweitenreduzierer konstruiert, der das Öffnungsverhältnis auf 3,3 verringert, wodurch die Diagonale des Sensors 10 bis 12 mm nicht überschreiten darf.

Anfang 2010 erschienen weitere Varianten dieser Bauweise, das Meade ACF und das Celestron EdgeHD, die eine viel bessere Bildfeldkrümmungskorrektur und Stabilität der Kollimation aufwiesen. Das Meade ACF hat wie seine Vorgänger zwei Spiegel und eine Schmidt-Platte, kommt aber aufgrund der Korrektur der Koma leistungsmäßig an ein Ritchey-Chrétien heran. Celestron hat noch einen weiteren Schritt der Korrektur eingefügt, indem sie einen refraktiven Korrektor in das Blendrohr eingebaut haben, wodurch ein ebeneres Bildfeld erzielt wird. Auch ist ein eigens konstruierter Brennweitenreduzierer erhältlich, der

Das Celestron EdgeHD (oben) und das Maede ACF (unten) stehen für eine signifikante Weiterentwicklung des klassischen Schmidt-Cassegrain-Teleskops in Sachen Bildfeldkrümmung.

Das HyperStar-System kann eine DSL aufnehmen. Die durch den Kameraadapter verursachte Abschattung ist bei der Deep-Sky-Fotografie, vor allem mit einer kleinen DSL wie der Canon 100D, kein Problem. Darunter das Celestron Rowe-Ackermann, das mit 280 mm Durchmesser und einer Öffnung von 1:2,2 rein auf die Fotografie ausgerichtet ist und dank seiner vier Korrekturlinsen neben seines hervorragenden Blickfelds die Sterne sehr fein abbildet.

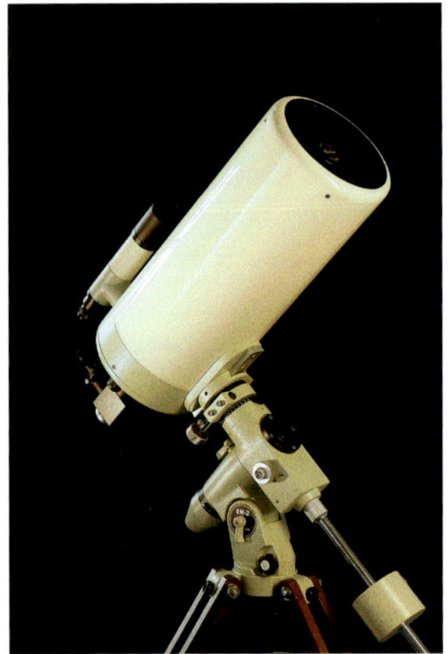

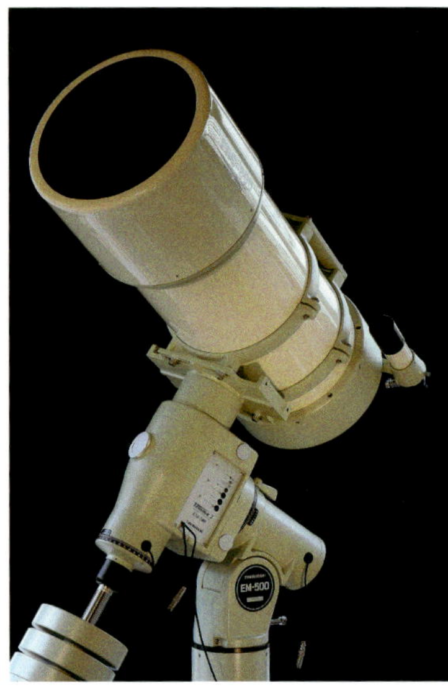

Von außen unterscheidet sich ein Cassegrain-Teleskop in nichts von einem Dall-Kirkham- (erstes Bild) oder einem Ritchey-Chrétien-Teleskop (zweites Bild). Ein Schmidt-Cassegrain-Teleskop (drittes Bild) erkennt man an seiner dünnen Korrektorplatte (Schmidt-Platte), wobei das Maksutov-Cassegrain-Teleskop (viertes Bild) eine dicke Meniskuslinse enthält.

Das Takahashi CCA-250 (ein modifiziertes Cassegrain-Teleskop mit einem zweilinsigen Korrektor und einem Öffnungsverhältnis von f/5; linkes Bild), das zu den atypischen Astrographen zählt, und das sehr begehrte Modell mit der optischen Rechnung Riccardi-Honders, das aus zwei Spiegeln besteht (von denen der eine auf der Rückseite mit Aluminium bedampft ist) und eine Feldkorrektur enthält. Die Modelle Officina Stellare RH (200 und 300 mm bei einem Öffnungsverhältnis von 3; rechtes Bild) und das Astrophysics RH305 sind Vertreter dieser Bauweise.

die Brennweite um den Faktor 0,7 verringert, und das bei gleich bleibender optischer Leistung.

Die Firma Starizona bietet für den Schmidt-Cassegrain (klassisch oder weiterentwickelt) eine Vorrichtung mit mehreren Linsen an, die den Sekundärspiegel ersetzen soll und es ermöglicht, eine Kamera oder ein APS-C-Fotogehäuse im Brennpunkt des Primärspiegels zu platzieren: den Hyperstar. Der Benutzer erhält so ein Instrument mit kurzer Brennweite und kleinem Öffnungsverhältnis (z. B. verwandelt der Hyperstar für Celestron 11 ihn in ein Teleskop mit einer Brennweite von 560 mm bei Öffnungsverhältnis von 2 gegenüber 2800 mm bei einem Öffnungsverhältnis von 10 im ursprünglichen Brennpunkt).

Das Maksutov-Cassegrain-Teleskop hat vorne eine dicke, gekrümmte Glasplatte (Meniskuslinse). Bei dieser Bauweise werden zwei Typen unterschieden: das Gregory, bei dem der Sekundärspiegel nur aus einer reflektierenden Beschichtung mittig auf der Rückseite der Meniskuslinse besteht, und das Rumak, das wie beim Schmidt-Cassegrain-Teleskop einen vollwertigen Sekundärspiegel hat. Letzteres bietet ein Bildfeld ordentlicher Größe mit wenig Koma und Astigmatismus bei gleichzeitig gemäßigter Bildfeldkrümmung (aber immer noch mehr als bei einem Newton-Teleskop gleicher Brennweite). Die Maksutov-Newton-Bauweise ist eine weitere Variante, bei der der ansonsten gekrümmte Sekundärspiegel durch

Ein weiteres Beispiel für die Nachbarschaft eines Nebels und eines offenen Sternhaufens: NGC 7635 (der Blasennebel; Mitte) und Messier 52 (links). Wie auch bei den anderen mit einer astronomischen Kamera aufgenommenen Deep-Sky-Bildern bestand die Verarbeitung aus Kalibrierung, Registrieren und Stapeln, Entfernung von Gradienten, Einstellen von Gradationskurven der Luminanzebene sowie der LRGB-Einfärbung.

einen geraden Spiegel im Winkel von 45° ersetzt wurde. Der Hauptvorteil besteht in einer viel geringeren Koma als bei einem Newton-Teleskop mit gleichem Öffnungsverhältnis.

Weitere optische Rechnungen

Die soeben beschriebenen Teleskoptypen repräsentieren fast alle von Amateuren verwendeten Instrumente. Doch die Vorstellungskraft der Entwickler ist grenzenlos, sodass zahlreiche weitere optische Rechnungen entwickelt wurden, oftmals in Verbindung mit Spiegeln und Linsen, so wie Schmidt-Newton, Wright-Newton, Lurie-Houghton, Houghton-Cassegrain, Mangin, Sigler, Dall, Dilworth usw. Jeder dieser Typen hat seine eigenen Vor- und Nachteile, die den Rahmen dieses Buches sprengen würden. Genauere Beschreibungen findet man in den Büchern *Telescope Optics: Evaluation and Design* von Harrie Rutten und Martin van Venrooij (Willmann-Bell, 1988) und *Telescopes, Eyepieces and Astrographs* von Gregory Hallock Smith, Roger Ceragioli und Richard Berry (Willmann-Bell, 2012).

Die Kollimation

Man liest des Öfteren, dass die Kollimation bei der Deep-Sky-Fotografie weniger wichtig sei als bei Planeten. Dies stimmt nur zum Teil, da eine fehlerhafte Ausrichtung zu Bildasymmetrien führen kann: Die optische Achse befindet sich nicht mehr in der Mitte des Blickfelds und ein Teil des Bildes wird durch Koma, Astigmatismus, Bildfeldkrümmung oder Vignettierung beeinträchtigt. Bei einem fotografischen Objektiv kann die Ursache für Bildasymmetrien, die sich in unzureichender Schärfe der Sterne äußern, ein Zeichen für eine fehlerhafte Ausrichtung der Linsen oder unsachgemäßen Gebrauch sein.

Bei einem Newton-Teleskop reicht die Justierung des Hauptspiegels während der Beobachtung eines Sterns oder mithilfe eines Kollimationslasers nicht aus, vor allem nicht, wenn man einen großen Sensor einsetzt. Der Okularträger muss den Sensor exakt im rechten Winkel zur optischen Achse halten, da ansonsten Teile des Bildes nicht im Fokus liegen. Aus dem gleichen Grund muss der Winkel des Sekundärspiegels exakt 45° betragen. Dies führt dazu,

Auch eine motorgesteuerte, azimutale Montierung ist für die benötigten Langzeitbelichtungen der Deep-Sky-Fotografie nicht optimal.

dass eine mit dem Sekundärspiegel beginnende Kollimation, falls möglich, auch eine Justierung des Okularträgers mit einschließt. Für Deep-Sky-Bilder kann man die Qualität der Zentrierung und die rechtwinklige Ausrichtung des Sensors mithilfe von CCDInspector überprüfen, das die Verteilung von FWHM-Werten (siehe Kapitel 4) über das gesamte Bildfeld ermittelt und in grafischer Form darstellt.

Montierungen für Deep-Sky-Bilder

Das Kapitel hätte auch mit diesem Thema beginnen können, da es für die Deep-Sky-Fotografie von allergrößter Wichtigkeit ist. Die erforderliche Stabilität und die Genauigkeit der Nachführung einer Montierung sind bei der Deep-Sky-Astrofotografie viel höher als bei der visuellen Beobachtung oder der Planetenfotografie. Wenn man sich ein Teleskop für die Deep-Sky-Fotografie aussucht, sollte man der Montierung genauso viel Beachtung schenken wie dem optischen Teil. Für beides etwa gleich viel Geld auszugeben, ist daher nicht unüblich. Dies gilt vor allem deshalb, weil manche Hersteller leichte Montierungen in Verbindung mit großen Teleskopdurchmessern anbieten, um das beste Verhältnis von Durchmesser und Preis bieten zu können; das ist etwa so, als würde man leistungsstarke Motorräder mit Fahrradrädern verkaufen!

MONTIERUNGEN UND DEREN MAXIMALE TRAGKRAFT

Die Hersteller und Händler geben häufig die maximale Tragkraft der angebotenen Montierungen an. Es ist allerdings unmöglich, dafür eine exakte Grenze anzugeben, und es gibt zu deren Berechnung auch keine allgemein anerkannte Formel. Eine Montierung, die für eine Last von 10 kg empfohlen wird, kann mitunter stabiler sein als eine, die mit 12 kg angegeben ist, einfach weil der Hersteller mit den 12 kg schlicht eine optimistischere Einschätzung abgegeben hat. Zu dieser Last kommen ja auch manchmal noch Gegengewichte hinzu. Die Angaben sind für die visuelle Beobachtung bei Windstille meist angemessen, doch für fotografische Zwecke ist es besser, die angegebene maximale Tragkraft etwa 30 bis 50 % geringer anzusetzen.

Ein weiterer wichtiger Gesichtspunkt ist neben dem Gewicht des optischen Tubus dessen Größe: Bei gleichem Gewicht ist ein kompakter Tubus stabiler als ein längerer. Die Stabilität des Stativs ist ebenfalls sehr wichtig.

Und schließlich muss man daran denken, dass zur Gesamtlast noch die Kamera und deren Zubehör sowie eine Taukappe und möglicherweise ein Sucherfernrohr hinzuzurechnen sind.

Für Fotos mit einem Weitwinkelobjektiv (wie zum Beispiel auf Seite 60) kann eine preisgünstige Äquatorialmontierung, ausreichen.

Feste Montierungen

Wie schon in Kapitel 1 erwähnt, ist für Langzeitaufnahmen in der Deep-Sky-Fotografie eine motorgesteuerte Montierung notwendig, da selbst mit einem Weitwinkelobjektiv schon nach ein paar Sekunden die Erdrotation sichtbar wird. Bei einem Teleskop mit einem Meter Brennweite liegt die maximale Belichtungszeit ohne Nachführung schon unter 1/10 s!

Motorgesteuerte Alt-Az-Montierungen

Bei einer azimutalen (Alt-Az-)Montierung ist die Feldrotation bei der Deep-Sky-Fotografie weit problematischer als bei der Planetenfotografie (siehe Kapitel 5). Um die Feldrotation zu eliminieren, kann man bei bestimmten Teleskopen einen Derotator einsetzen. Dabei handelt es sich um ein motorgetriebenes Rotationssystem, das vor der Kamera installiert wird und an ein computergesteuertes Nachführsystem des Teleskops angeschlossen ist. Um die Feldrotation auszugleichen, wird dabei die Rotationsgeschwindigkeit des Teleskops fortwährend angepasst.

Diese Lösung wurde bei vielen professionellen Teleskopen implementiert, doch wird der Derotator von Computern und Servo-Kontrollsystemen gesteuert. Für einen Amateur ist diese Variante daher ziemlich kompliziert und kostspielig, weil bei ihr ständig drei verschiedene Motoren in Betrieb sind, wohingegen es bei der Äquatorialmontierung nur einer ist. Deshalb setzen zurzeit nur wenige Amateure einen Derotator ein.

Motorgesteuerte Äquatorialmontierungen

Das Prinzip der Äquatorialmontierung ist einfach: Eine der Achsen wird parallel zur Rotationsachse der Erde ausgerichtet, sodass die Drehung um diese Achse die scheinbare Bewegung des Himmels ausgleichen kann. Es gibt unterschiedliche Typen äquatorialer Montierungen und jede von ihnen hat einige Vor- und Nachteile.

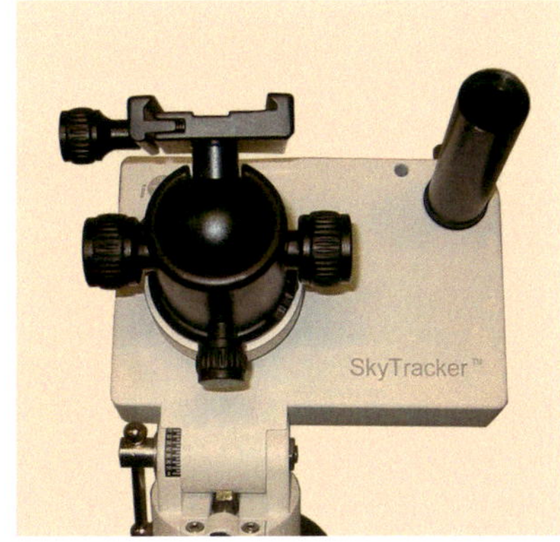

Die Reisemontierungen iOptron Skytracker und Vixen Polarie (erstes und zweites Bild) bringt man an einem Fotostativ an und sie tragen eine Kamera mit Objektiv an einem Kugelkopf. Mit einem Gewicht von etwa einem Kilo (ohne Zubehör) können sie eine Last von 2 bzw. 3 kg aufnehmen. Die Systeme AstroTrac und Losmandy StarLapse (drittes und viertes Bild) sind viel unhandlicher, können aber eine schwerere Ausrüstung (um die 10 kg) tragen und sind noch immer tragbar. Alle Reisemontierungen werden mit Akkus betrieben und können einen Polsucher aufnehmen. Die ersten beiden haben zusätzlich zur siderischen Nachführgeschwindigkeit eine um die Hälfte reduzierte Geschwindigkeit, die für Zeitrafferaufnahmen gedacht ist (siehe Kapitel 1), wobei die StarLapse einen noch größeren Auswahlbereich an Nachführgeschwindigkeiten hat.

Die Deutsche Montierung

Die Deutsche Montierung geht auf den deutschen Astronomen Joseph von Fraunhofer zurück, der sie vor fast 200 Jahren erfand. Sie wird von fast allen Deep-Sky-Fotografen verwendet und bietet eine gute Stabilität, sofern sie hinsichtlich der Tragkraft ausreichend dimensioniert ist, wobei sie zwei wichtige Vorteile aufweist:

- Ihre Polachse ist im Regelfall hohl und mit einem Polsucher ausgestattet, der eine schnelle und präzise Ausrichtung am Polarstern ermöglicht (siehe Seite 156 für weitere Informationen über Polsucher).
- Besitzt der Fotograf mehrere optische Tuben (z. B. einen kleinen Refraktor für die Fotografie mit weitem Gesichtsfeld und ein Teleskop für die Planeten-Fotografie), kann er diese alternativ oder sogar gleichzeitig für das automatische Nachführen installieren, falls die Montierung dies erlaubt.

Einige Hersteller bieten heutzutage Äquatorialmontierungen für die Reise an, die eine DSL und ein Objektiv halten können, wobei die stabilsten unter ihnen sogar einen kleinen Refraktor tragen können.

DER MERIDIAN-FLIP

Einer der Hauptnachteile der Deutschen Montierung ist das Umschlagen im Meridian: In der Nähe des Meridians muss die Montierung umgedreht werden, während das Teleskop von der West- zur Ostseite der Montierung durchschwenkt, um nicht gegen das Stativ zu stoßen. Bei der visuellen Beobachtung ist dies kein Problem, doch bei der Fotografie wird das Bild um 180° gedreht – und denselben Bildausschnitt und den Leitstern exakt zu reproduzieren, ist dann nicht einfach.

Je nach Himmelsgebiet und Länge des Teleskops kann man über die Position des Meridians ein oder zwei Stunden hinwegarbeiten, manchmal auch mehr.

Besteht das Risiko, das Stativ vor dem Ende einer Bildsequenz zu berühren, muss die Seite des Tubus (östlich oder westlich) sorgsam berücksichtigt werden: Der Tubus muss östlich ausgerichtet werden, da das Instrument in dieser Position dem Objekt noch weit bis hinter den Meridian folgen kann.

Ist die Montierung mit Teilkreisen ausgestattet, so bestimmt man die Dauer der maximal möglichen Aufnahmezeit vor dem Flip, indem man die Montierung manuell bis zu der Position rotiert, bei der der Tubus das Stativ berührt, und notiert sich die Anzahl der Stunden in Rektaszension, die an dieser Position über den Meridian hinaus liegen.

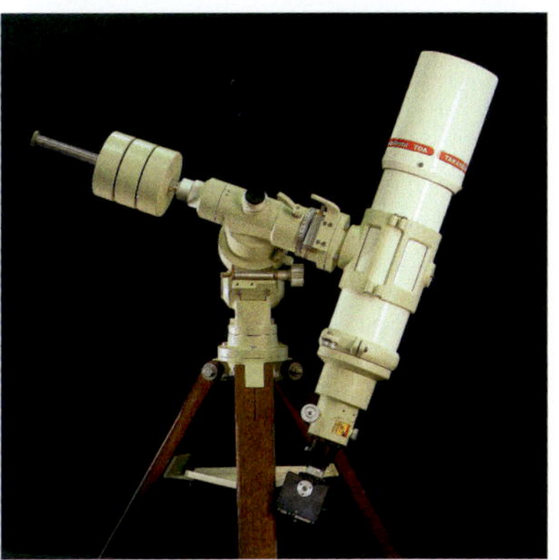

Auf dem oberen Bild ist das Instrument auf ein Objekt gerichtet, das den Meridian bei geringer Elevation durchkreuzt. Auf beiden Seiten des Meridians ist genug Freiraum. Beim unteren Bild steht das Teleskop in Richtung eines Objekts mit hoher Elevation, wodurch der Tubus an seinem Ende das Stativ berühren kann.

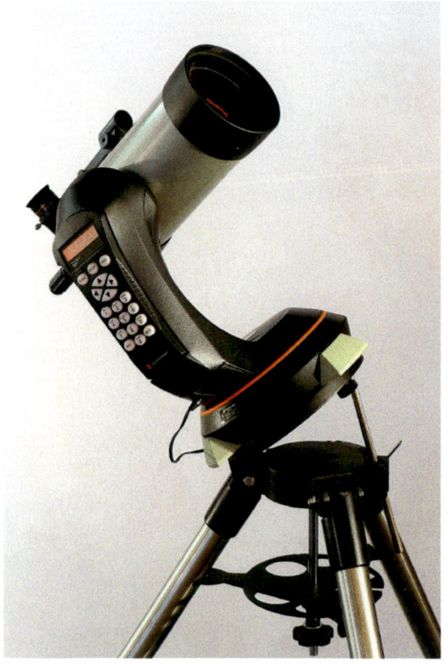

Mithilfe einer Polhöhenwiege kann eine azimutale Montierung in eine äquatoriale umgewandelt werden. Allerdings sind Stabilität und Nachführgenauigkeit nicht immer ausreichend. Das Fehlen eines Polsuchers und eines Systems, um den Tubus mit der Kamera oder einem Nachführteleskop auszubalancieren, kann dessen Gebrauch recht schwierig machen.

Die Gabelmontierung an einer Polhöhenwiege

Schmidt-Cassegrain-Teleskope werden häufig entweder mit einer Deutschen Äquatorialmontierung oder mit einer Gabelmontierung angeboten. Liegt die Gabelmontierung ganz flach auf ihrer Grundplatte auf, befindet sie sich im Alt-Az-Modus. Um nun eine Äquatorialmontierung aus ihr zu machen, verwendet man eine Wiege mit einer Neigung, die so eingestellt werden kann, dass die Arme der Gabel parallel zur Rotationsachse der Erde ausgerichtet werden können. Leider wird das Instrument dadurch oft instabiler.

Die Vor- und Nachteile der Gabelmontierung auf einer Polhöhenwiege sind ganz andere als bei der Deutschen Montierung: Einerseits gibt es keinen integrierten Polsucher zur einfachen Ausrichtung am Polarstern und die optischen Tuben sind nicht austauschbar; andererseits benötigt man keine schweren Gegengewichte und man hat nicht das Problem des Meridian-Umschlagens.

Das Dobson-Teleskop auf einer Polhöhenwiege

Ursprünglich war das Dobson-Teleskop ein Newton-Teleskop mit einer manuellen azimutalen Montierung. Heutzutage ist es bei Dobson-Teleskopen möglich, ein computergesteuertes System motorgetriebener Nachführung zu verwenden, doch bei der Deep-Sky-Fotografie bleibt das Problem der Feldrotation erhalten. Um dies zu umgehen, kann man eine Äquatorialplattform verwenden. Diese besteht aus einer flachen Doppelplatte, auf der das Teleskop steht. Einmal an der Polachse ausgerichtet, kann das Teleskop für 30 bis 90 Minuten die Sterne im äquatorialen Modus verfolgen. Nach Ablauf dieser Zeit muss die Teleskopmontierung auf den Anfang des nächsten Nachführintervalls zurückgesetzt werden, wodurch man sowohl sein Objekt verliert als auch mit einer plötzlichen Feldrotation konfrontiert wird. Auch wenn diese Systeme im Prinzip für die Deep-Sky-Fotografie geeignet sind, so hat diese Montierung bisher nur wenige hochwertige Aufnahmen hervorgebracht, was vermutlich sowohl an der Schwierigkeit der exakten Polausrichtung (ein präzises Justiersystem für die Polausrichtung ist zwingend) als auch der begrenzten äquatorialen Nachführung vor der Neuausrichtung der Plattform für das neue Nachführintervall liegt.

Eine Äquatorialgrundplatte für ein Dobson-Teleskop (SkyVision)

Die Polachsenausrichtung

Die Ausrichtung einer Äquatorialmontierung erfolgt, indem die Polachse (der Montierung) mit der Rotationsachse der Erde zur Deckung gebracht wird. Da nichts im Leben perfekt ist, bleibt immer ein gewisser Ausrichtungsfehler, dessen Größe von der Ausrichtungsmethode abhängt. Bei der visuellen Beobachtung reicht eine grobe Ausrichtung der Montierung mit dem bloßen Auge in Richtung Polaris (dem Polarstern) manchmal aus. Doch bei der Deep-Sky-Fotografie ist diese Methode nicht genau genug, vor allem weil Polaris nicht genau am Himmelspol, sondern 3/4° davon entfernt steht (dem anderthalbfachen scheinbaren Durchmesser des Vollmonds!).

Bei Langzeitbelichtungen hat ein großer Ausrichtungsfehler zwei Konsequenzen: ein ständiges Herauswandern aus dem Gesichtsfeld und eine langsame Feldrotation. Glücklicherweise ist die Feldrotation bei einer nicht perfekt ausgerichteten äquatorialen Montierung nicht so stark ausgeprägt wie bei einer azimutalen, doch bei Belichtungszeiten von über 5 Minuten ist sie mitunter nicht mehr vernachlässigbar. Ist die Feldrotation auf den Einzelaufnahmen nicht mehr zu erkennen, so ist sie für die astronomischen Softwarepakete auch kein Problem mehr, da diese die Bilderserien auch bei verdrehten und verschobenen Aufnahmen zur Deckung bringen können. Ist die Feldrotation allerdings auf einer Einzelaufnahme zu sehen, muss die Belichtungszeit verringert oder, noch besser, die Polachse besser ausgerichtet werden.

Dafür gibt es unterschiedliche Methoden, die sich in Genauigkeit und Einfachheit unterscheiden. Für ein transportables Teleskop ist ein Restfehler von 5 Bogenminuten ein guter Wert.

DIE FERNGESTEUERTE STERNWARTE UND DIE ASCOM-INITIATIVE

Um von besseren klimatischen und Lichtverschmutzungsverhältnissen zu profitieren oder auf der anderen Erdhalbkugel Bilder machen zu können, haben einige findige Astrofotografen fernsteuerbare Sternwarten eingerichtet. Bei diesen muss für den laufenden Betrieb niemand vor Ort sein und sie können aus großen Entfernungen gesteuert werden. Solch eine Einrichtung erfordert allerdings die Kontrolle mehrerer Subsysteme:

- eine schnelle Verbindung zwischen dem Wohnort des Nutzers und der Sternwarte, um diese zu steuern und die Bilder herunterzuladen,
- motorgesteuerte Systeme zum Öffnen der Kuppel oder des Daches und zur Bewegung des Teleskops,
- ein Ausrichtungssystem mit ausreichender Genauigkeit, um das Objekt in das Blickfeld der Kamera zu bekommen,
- motorgesteuerte Systeme zum Fokussieren und Drehen der Kamera (inklusive einer 180°-Drehung zum Ausgleich des Meridian-Umschlagens) und ein automatisches Nachführsystem nach einem Leitstern,
- eine sorgfältige Kabelführung und Steuerung der Montierung, um jegliches Umwickeln der Kabel um die Montierung und jeden Kontakt zwischen Teleskop, Montierung und dessen Stützpfeiler(n) zu vermeiden,
- alle benötigten Sicherheitsmaßnahmen wie Wolken- und Regensensoren zum automatischen Schließen der Kuppel bzw. des Dachs, eine unabhängige Stromquelle zum Schließen der Sternwarte für den Fall eines Stromausfalls sowie eine Möglichkeit, den Computer aus der Ferne neu zu starten, und einen Einbruchschutz.

Elektronik, digitale Daten und Schnittstellen sind in allen Teilen astronomischer Ausrüstung mehr und mehr vertreten. Die Initiative *Astronomy Common Object Model* (ASCOM) wurde von einer Gruppe von Astronomie-Softwareentwicklern und -Geräteherstellern ins Leben gerufen, um herstellerunabhängige Softwarekomponenten (Plattformen und Treiber) auf Grundlage eines standardisierten Kommunikationsprotokolls zu entwickeln, damit man Astronomieprogramme mit Vorrichtungen wie Kuppeln und Dächern, Montierung, Kameras, Filterrädern, Fokussierern und Rotatoren verbinden kann. Dies ist vor allem bei ferngesteuerten Sternwarten sehr nützlich.

Weitere Informationen unter:
http://ascom-standards.org/

Die Andromedagalaxie (M31), durch einen Refraktor der Brennweite 530 mm mit einer monochromen astronomischen Kamera (LRGB) aufgenommen.

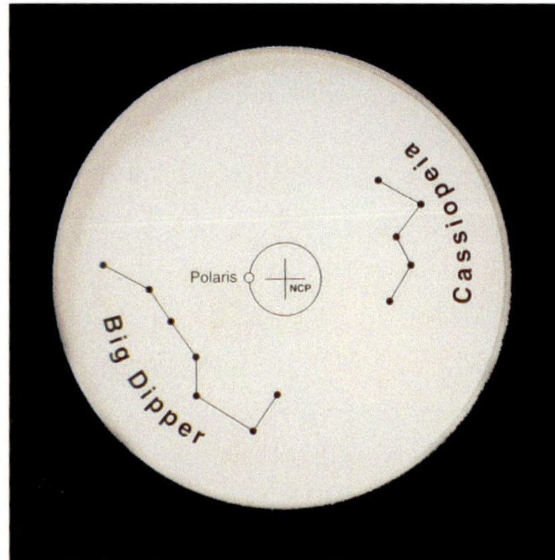

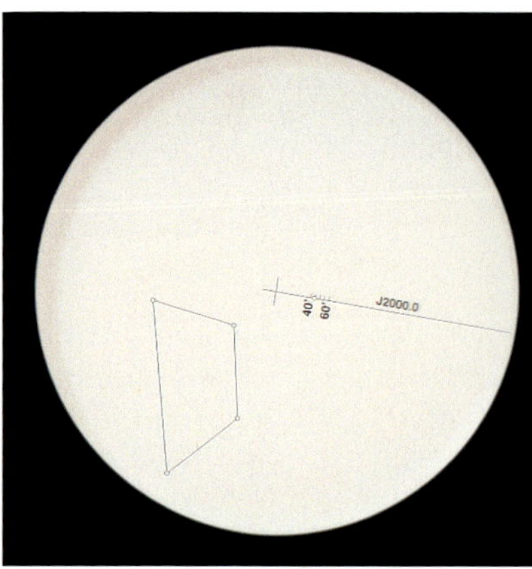

Polsucher, bei denen man auf die Sterne fest einstellt. Dazu gibt es mehrere Fadenkreuze zur Zentrierung, die so angeordnet sind, dass sie mehrere bestimmte Sterne in der Nähe des Himmelspols, darunter Polaris, auffinden sollen. Der Sucher und/oder die Montierung müssen dann so um ihre Achse gedreht werden, dass die Richtungen der Fadenkreuze den umliegenden Sternen oder Sternbildern entsprechend angeordnet sind. Anschließend wird die Montierung mit dessen Einstellungssystem für Azimut und Elevation auf den Himmelspol ausgerichtet. Diese Form von Polsuchern ist im Allgemeinen weniger genau als die anderen auf dieser Seite gezeigten.

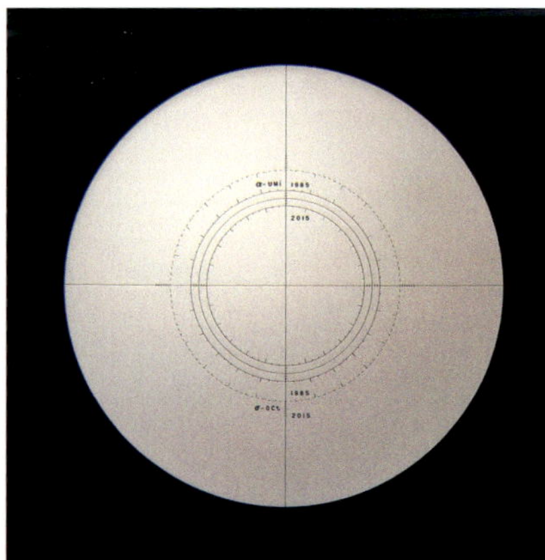

Ein Polsucher, der mit der siderischen Zeit arbeitet. Polaris muss bei diesem Sucher auf einem der Außenringe an einer Position platziert werden, die zuvor zu errechnen ist und von Datum, Uhrzeit und Längengrad des Beobachtungspunkts abhängt. Für die Berechnung nimmt man z. B. ein Programm wie Polar FinderScope.

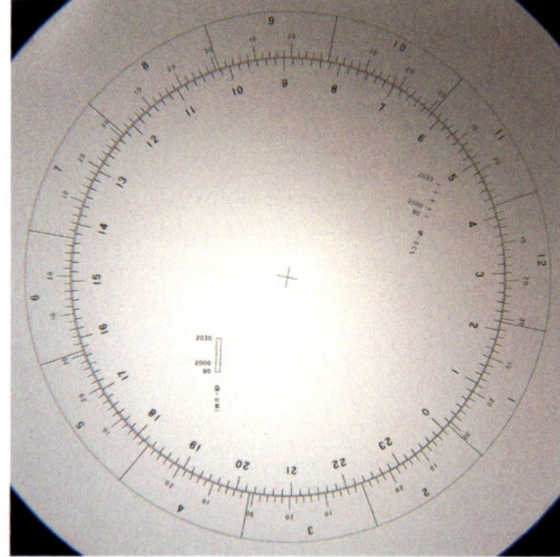

Ein Polsucher, der mit Datum und Uhrzeit arbeitet. Sobald die Skalen für Datum und Uhrzeit korrekt eingestellt sind, wird Polaris in einem kleinen Rechteck platziert, das eine Jahresskala enthält.

Verwendung eines Polsuchers

Ein Polsucher ist ein kleiner Refraktor, der ein Gesichtsfeld von mehreren Grad abdeckt und parallel zur Rektaszensionsachse der Montierung installiert wird. Die einfachste und schnellste Methode, eine Montierung auf den Himmelspol auszurichten, ist die Verwendung eines Polsuchers. Die Genauigkeit eines guten Polsuchers liegt unter einigen Bogenminuten, doch nicht alle arbeiten so präzise. Die meisten Deutschen Montierungen haben einen Polsucher, der in der Gewindestange der mechanischen Achse der Montierung steckt. Wenn man durch den Sucher blickt, erkennt man ein in Glas eingraviertes Fadenkreuz in Form eines Musters (und möglicherweise auch Zahlen), was dabei hilft, die Montierung am Himmelspol auszurichten. Oftmals gibt es zusätzlich ein manuelles Rotationssystem für den Polsucher, eine Wasserwaage und eine Breitengradskala, um die richtige Drehung des Fadenkreuzes in Übereinstimmung mit dem momentanen Winkel des Himmelsgewölbes um den Pol einzustellen.

Bei den besten Polsuchern wird die Position von Polaris sogar in Jahreszahlen angegeben, da sich dessen relative Position zum Himmelssüdpol aufgrund des Fortschreitens des Äquinoktiums langsam verschiebt. Für die Beobachter auf der Südhalbkugel sind andere Fadenkreuzmuster erhältlich, die mit den vergleichsweise dunklen Sternen um den südlichen Himmelspol arbeiten.

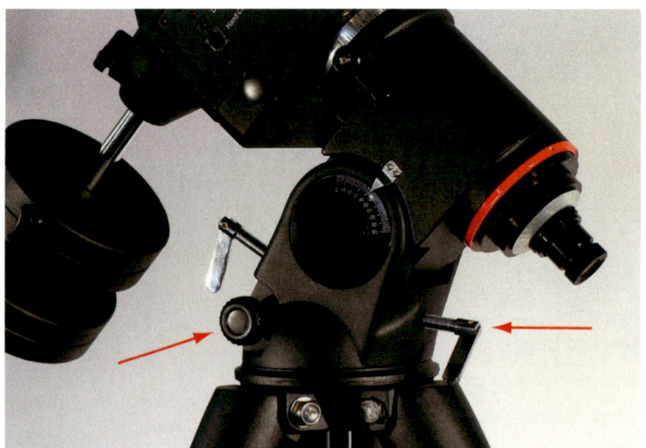

Die Polausrichtung der Montierung wird mechanisch über zwei feine Stellschrauben für Elevation (rechts) und Azimut (links) vorgenommen. Hinterher werden diese Schrauben während der ganzen Aufnahmesession nicht mehr angefasst. Bei den meisten Montierungen kann man die Elevation anhand einer Skala (hier von 15° bis 55°) grob vorwählen.

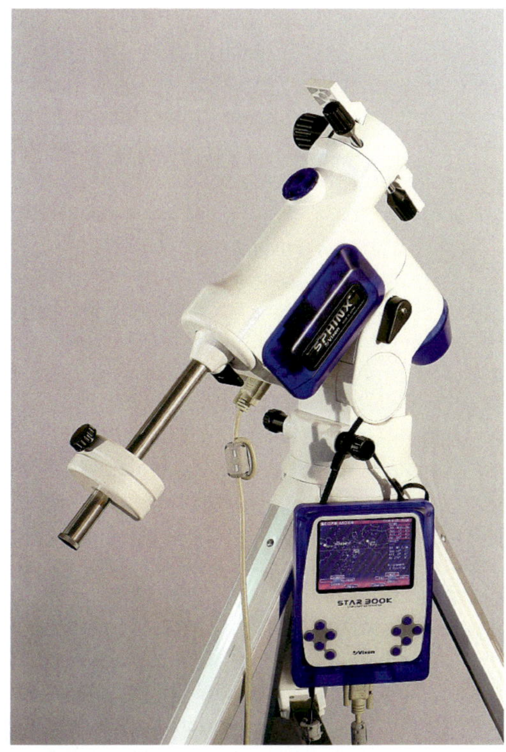

Die computergestützten Systeme Vixen Sphinx (oben) und Losmandy Gemini (unten) können die Montierung auf den Himmelspol ausrichten, ohne dass man diesen sieht. Dabei werden mehrere Sterne anvisiert, der Ausrichtungsfehler anschließend berechnet und vom Benutzer am Ende des Ausrichtungsvorgangs manuell korrigiert. An der Steuereinheit des Gemini-Systems sieht man die Verbindung zu einem Autoguider.

Computergestützte Polausrichtung

An dieser Stelle sei noch einmal gesagt, dass ein computergestütztes GoTo-System, bei dem der Benutzer am Anfang der Beobachtungssitzung auf einen oder mehrere Sterne zeigen soll, für die visuelle Beobachtung und für Fotos mit kurzer Belichtungszeit ausreicht, nicht jedoch für die Deep-Sky-Fotografie. Dies gilt auch, wenn das System mit einem GPS und einem Kompass ausgestattet ist. Bei langen Belichtungszeiten muss man die mechanische Polachse der Montierung *physisch* auf den Himmelspol einstellen, da ansonsten Verschiebungen und Feldrotation die Bilder ruinieren können.

Manche computergestützten Systeme für Äquatorialmontierungen (wie z. B. das Gemini-System für die Deutschen Montierungen von Losmandy) haben ein Assistenzsystem zur Polausrichtung. Dabei muss der Benutzer nacheinander mehrere Sterne durch das Teleskop mithilfe eines Fadenkreuzokulars anvisieren und dem System mitteilen, um welchen Stern es sich handelt. Nachdem er dies mit 3 bis 6 Sternen getan hat, kann das System den Ausrichtungsfehler berechnen und die Montierung auf den letzten Stern richten, wobei der Benutzer diesen ein letztes Mal im Okular zentrieren muss, nun jedoch nur über die Einstellungen der Polausrichtung. Mithilfe eines solchen Systems wird die Polachse der Montierung physisch auf den Himmelspol ausgerichtet, was für Langzeitbelichtungen eine absolute Grundvoraussetzung darstellt.

Ausrichtung mithilfe des Teleskopsuchers

Hat man keinen Polsucher, kann man das Sucherfernrohr des Teleskops nutzen, um mithilfe einer Sternkarte, die die exakte Position des Himmelspols hinsichtlich der umgebenden Sterne anzeigt, eine grobe Polausrichtung vorzunehmen. Wenn dann anschließend das Teleskop um die Polachse der Montierung (in Rektaszension) gedreht wird, sollte das Fadenkreuz auf den Himmelspol ausgerichtet bleiben. Ist es das nicht, ist der Sucher nicht auf die Montierung ausgerichtet. Da das Sucherfernrohr keine Referenzmarkierungen für Sterne aufweist, kann man mit dieser Methode seinen Ausrichtungsfehler nicht quantifizieren und sollte mithilfe der später in diesem Kapitel beschriebenen Methoden von Bigourdan oder King seine Polausrichtung verbessern.

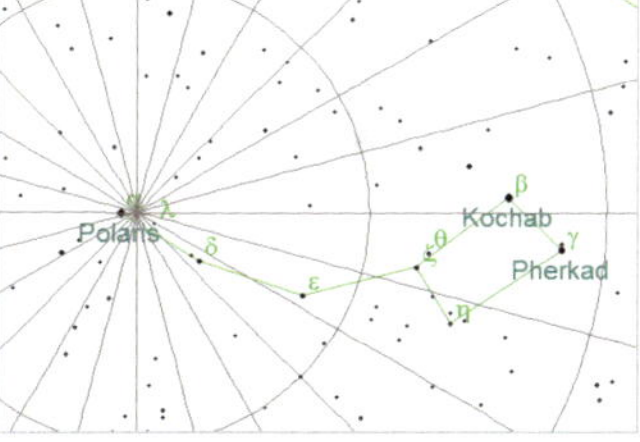

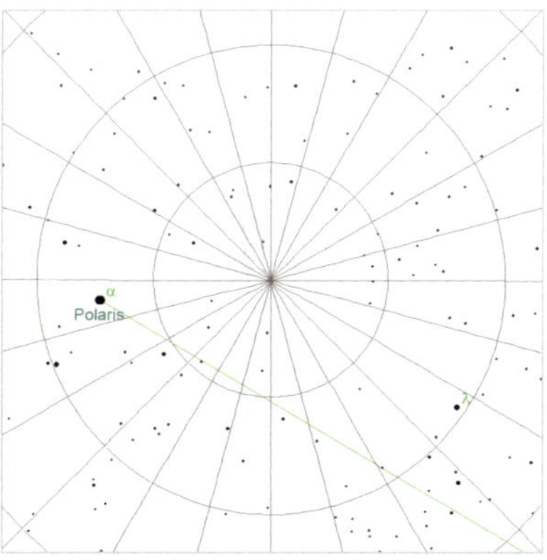

Die obere Karte zeigt die Position des nördlichen Himmelspols im Verhältnis zu den umgebenden Sternen. Die untere Karte zeigt einen engeren Ausschnitt um den Polarstern (die Deklinationskreise liegen 30′ auseinander). Je nach Beobachtungszeitpunkt muss diese Karte entsprechend der aktuellen Lage der Sternbilder gedreht werden.

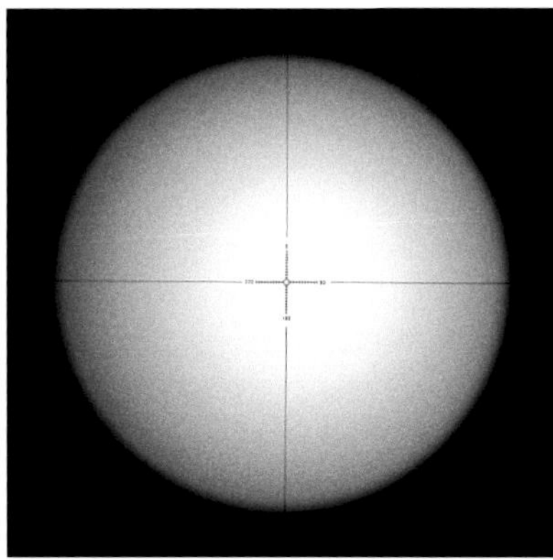

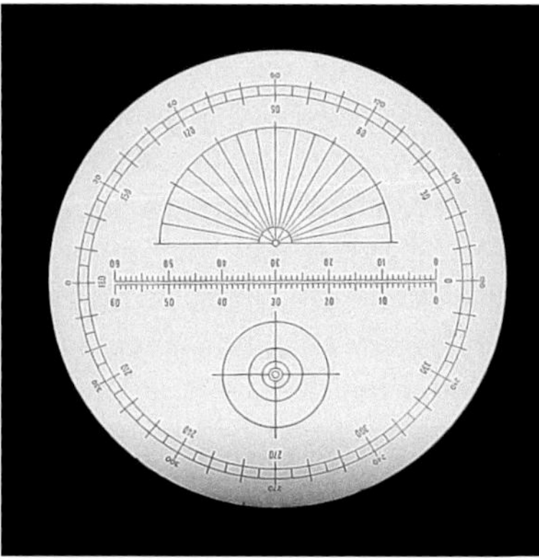

Ein Fadenkreuzokular hat eine geringe Brennweite (um die 10 mm) und trägt eine mit Linien und Markierungen gravierte Glasscheibe in sich. Dieses Glas wird in der Regel beleuchtet. Die Markierungen ermöglichen es dem Benutzer, die Verschiebung eines Sterns zwecks Polausrichtung oder Bestimmung des periodischen Fehlers der Montierung exakt zu messen. In manchen ist nur ein Kreuz zu sehen (links), wohingegen andere aufwändigere Skalen zur exakten Messung enthalten (rechts).

Verbesserung der Polausrichtung

Sieht man an seinen Bildern, dass die Ausrichtung unzureichend genau war, gibt es zwei Ergänzungsmethoden, um diese zu verbessern. Beide Methoden basieren auf der Beobachtung der Verschiebung eines Sterns durch das Teleskop, wobei diese Verschiebung sowohl Richtung als auch Amplitude des Ausrichtungsfehlers anzeigt. Diese Methoden nehmen mehrere Minuten bis zu einer Stunde in Anspruch und bieten sich vor allem bei der dauerhaften Ausrichtung einer Montierung in einer Sternwarte an. Um die Verschiebung eines Sterns genau zu beobachten, benötigt man zweierlei:

- ein Fadenkreuzokular (falls nötig, in Verbindung mit einer Barlowlinse),
- eine Videokamera, wobei der Abbildungsmaßstab (Sampling) dazu ausreichen muss, kleine Verschiebungen auf dem Computermonitor anzeigen zu können. Programme wie PEMPro, K3CCDTools, WCS und AstroSnap können dann durch Messung der Verschiebung (Richtung und Amplitude) eine Korrektur der Polausrichtung berechnen, wodurch diese schneller durchgeführt werden kann und präziser wird.

Beide Methoden arbeiten iterativ. Nach jeder Korrektur der Polausrichtung der Montierung wird die Verschiebung erneut gemessen und der Vorgang so lange wiederholt, bis die Verschiebung einen vernachlässigbaren Wert annimmt. Eine Richtungsänderung dieser Verschiebung ist ein Zeichen dafür, dass die Korrektur der Polausrichtung zu groß ausgefallen ist. Bei der Ausrichtung darf man die unterschiedlichen Achsen der Montierung nicht verwechseln: Man verwendet zur Zentrierung des Sterns im Fadenkreuz nur die Rektaszensions- und in Deklinationsachsen und die Achsen für Elevation und Azimut ausschließlich zur Korrektur der Polausrichtung.

Man muss dringend auf die in dem Okular wahrgenommenen Richtungen achten und nicht vergessen, dass man – im Gegensatz zum Blick mit bloßem Auge – durch das direkt aufgesetzte Okular ohne Winkelspiegel ein auf dem Kopf stehendes, spiegelverkehrtes Bild sieht. Mit einem Winkelspiegel steht das Bild zumindest nicht mehr auf dem Kopf. Auf dem Kameradisplay entspricht das Bild dem Blick mit dem bloßen Auge. Ist man sich gerade nicht sicher, kann man ganz sanft in Nord-Süd-Richtung gegen den optischen Tubus drücken und schauen, in welche Richtung sich der Stern bewegt. Drückt man beispielsweise so, dass der Tubus aus der Nordrichtung geht und der Stern dadurch mehr in Richtung des Fadenkreuzes rückt, ist dies ein Zeichen dafür, dass der Stern in Richtung Norden driftete.

Die Bigourdan-Methode

Diese Methode wird in zwei Schritten durchgeführt:

1. Ein Stern, der sowohl in der Nähe des Himmelsäquators als auch des Meridians liegt, wird in einem Fadenkreuzokular zentriert, wobei die Striche des Fadenkreuzes in Nord-Süd- und Ost-West-Richtung ausgerichtet werden. Die nach mehreren Minuten stattgefundene Verschiebung des Sterns in Nord-Süd-Richtung gibt die Richtung der Korrektur des Azimuts der Polausrichtung an. Die Verschiebung in Ost-West-Richtung wird dabei ignoriert.
2. Anschließend wird ein Stern, der sich östlich oder westlich vom ersten befindet und 10° bis 20° über dem Horizont steht, im Fadenkreuz zentriert. Dessen Nord-Süd-Verschiebung gibt die Korrektur der Elevation der Polausrichtung an.

Nach Abschluss von Schritt 2 wiederholt man Schritt 1, um zu überprüfen, ob die Einstellung immer noch gut ist.

Der größte Nachteil dieser Methode ist der, dass die atmosphärische Brechung zu einer Verschiebung eines Sterns bei Schritt 2 führen kann und diese dann zu der Verschiebung infolge des Ausrichtungsfehlers dazukommt.

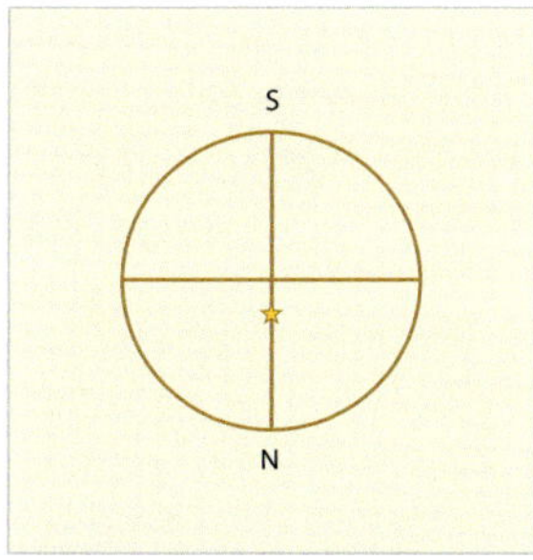

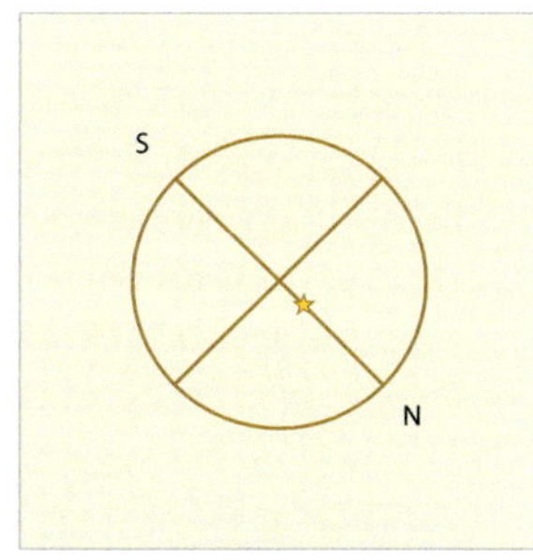

Links ist der erste Schritt der Bigourdan-Methode illustriert: Driftet der Stern nordwärts, zeigt die Polachse der Montierung zu weit nach Westen. Rechts ist der zweite Schritt für einen ostwärts gelegenen Sternen gezeigt: Verschiebt sich dieser Stern in Richtung Norden, steht die Polachse zu hoch über dem Horizont. Bei einem westlich vom ersten Stern gelegenen Stern kehrt sich diese Richtung um: Driftet der Stern gen Norden, ist dies ein Zeichen dafür, dass die Polachse zu niedrig steht.

Die King-Methode

Die King-Methode arbeitet nur mit einem Stern in der Nähe des Himmelspols, zum Beispiel Polaris. Das Fadenkreuz wird dabei entlang der vertikalen und horizontalen Richtungen ausgerichtet. Man kann diese überprüfen, indem man die Montierung anhand der Polausrichtungseinstellung bewegt: Die zwei Verschiebungsrichtungen des Sterns entsprechen den um 90° verdrehten Polachsenausrichtungsfehlern wie folgt:

- Eine vertikale Verschiebung in Richtung Zenit bedeutet, dass die Polachse der Montierung zu weit nach Osten zeigt.
- Eine Verschiebung nach Westen bedeutet, dass die Polachse zu hoch über dem Horizont steht.

Aufgrund der Nähe des Sterns zum Himmelspol würde man vermuten, dass die Verschiebung viel geringer ausfällt als bei der Bigourdan-Methode. Allerdings ist dem nicht so; die Verschiebung findet bei dieser Methode schneller statt, sodass die beiden Einstellungen gleichzeitig vorgenommen werden können. Darüber hinaus wird diese Verschiebung nicht noch durch die atmosphärische Brechung beeinflusst. Im Vergleich zur anderen Methode gibt es allerdings eine zusätzliche Anforderung: Die Nachführgeschwindigkeit muss extrem nah an der siderischen Geschwindigkeit liegen, da sich ansonsten die Verschiebung infolge der Geschwindigkeitsunterschiede unter die Verschiebung durch den Ausrichtungsfehler mischt.

Nachführfehler

Stellen Sie sich vor, Sie säßen in einem fahrenden Zug. Selbst wenn der Zug aufgrund holpriger Gleise sehr rütteln würde, könnten Sie Details in der vorbeiziehenden Landschaft gut erkennen. Ihre Augen würden auf natürliche Weise diese Einzelheiten fixieren. Tagsüber könnte man auch ohne Probleme von dieser Landschaft ein Foto durch das Zugfenster machen. Doch wenn Sie dies nachts, wenn die Landschaft nur durch den Mond oder Straßenlampen beleuchtet wäre, probieren würden, müssten Sie mehrere Sekunden lang belichten und die Bewegungen des Zugs würden sehr wahrscheinlich Ihr Foto verwackeln.

Die nächtliche Situation entspricht der in der Astrofotografie: Selbst wenn Ihre Montierung die Sterne bei der visuellen Beobachtung korrekt verfolgt, ist es mit einer Kamera ganz etwas anderes, da die Anforderungen an die Nachführung viel strenger sind. Man darf dabei nicht vergessen, dass die Fotodioden auf dem Sensor in Mikrometern angegeben werden! Deshalb muss der Astrofotograf in bestimmten Situationen auf ein objektbezogenes automatisches Nachführsystem, also eines, das die Nachführfehler in Echtzeit misst und korrigiert, zurückgreifen, statt die Montierung ohne Rückmeldung einfach laufen zu lassen.

Periodischer Schneckenfehler

In der Astronomie sind es nicht nur die optischen Elemente, die mit hoher Präzision gefertigt sein müssen. Dies gilt auch für einige mechanische Bauelemente wie Getriebe, die die Elektromotoren mit den Achsen der Montierung verbinden. Die meisten Montierungen haben an beiden Achsen eine Schneckenwelle, die ein Zahnrad antreibt. Die Schneckenwelle wiederum wird von einem Motor über ein Getriebe bewegt, das mehrere Gänge aufweist, die für die richtige Geschwindigkeit der Schneckenwelle sorgen.

Hat man beispielsweise eine Montierung mit einem Zahnrad von 100 mm Durchmesser, in das ein Sandkorn mit der Größe von 1/100 mm zwischen einen der Zähne eindringt, würde dies einen Nachführfehler mit einer Amplitude von 40 Bogensekunden verursachen, sobald dieser Zahn an der Reihe wäre. Dieser Nachführfehler entspräche dem scheinbaren Durchmesser des Jupiter! Glücklicherweise hilft das die Mechanik umgebende Schmierfett, dass jede Art von Dreck herausgedrückt wird, doch in diesem Beispiel würde eine Nachführgenauigkeit von vier Bogensekunden eine Fertigungstoleranz der mechanischen Bauteile verlangen, die unter 1/1000 mm liegt.

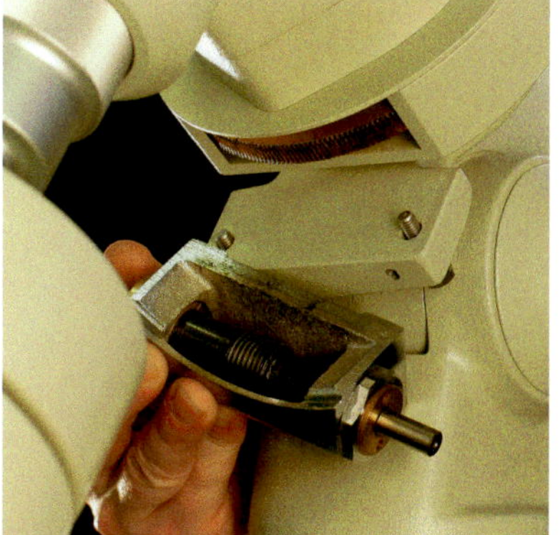

Die gebräuchlichen Nachführmechaniken bei Äquatorialmontierungen bestehen aus einem Motor, der eine Schneckenwelle über ein Getriebe mit mehreren Gängen an jeder Achse antreibt, das wiederum das Schneckenrad bewegt.

In der Praxis führt dies dazu, dass die unvermeidlichen mechanischen Ungenauigkeiten für ständige Unregelmäßigkeiten in der Nachführung sorgen: Die Objekte scheinen in Rektaszension um eine mittlere Position langsam hin und her zu wandern. Diese Oszillationen sind mit einem Fadenkreuzokular leicht zu erkennen und zu messen. Man nennt sie *periodische Fehler,* da sie sich mit der Zeit in mehr oder weniger gleicher Form in Zyklen wiederholen. Die durch die Schneckenwelle verursachten Nachführungenauigkeiten wiederholen sich nach mehreren Minuten genauso bei der nächsten Umdrehung.

Zudem haben auch alle anderen mechanischen Bauteile ihre eigenen periodischen Fehler, jedoch mit anderen Zeitintervallen, und zusammen ergeben alle diese Fehler die sichtbaren Oszillationen in der Nachführung. Dennoch ist es so, dass dabei ein Bauteil in der Amplitude des periodischen Fehlers überwiegt, und dies ist in aller Regel die Schneckenwelle. Wenn man diesen Fehler grafisch aufträgt (siehe Anhang 4), sieht man deutlich, wie dessen Periodizität einer Umdrehung der Schneckenwelle entspricht.

Periode und Amplitude des periodischen Schneckenfehlers hängen von der Montierung ab. Preisgünstige Montierungen haben meist einen Fehler zwischen 30 Bogensekunden bis zu einer Bogenminute pro Umdrehung der Schneckenwelle. Die nicht mit einem PEC-System (siehe nächster Absatz) ausgestatteten Gabelmontierungen von Schmidt-Cassegrain-Teleskopen liegen häufig auch in diesem Bereich. Dagegen haben schwere Deutsche Montierungen wie die von Astro-Physics, Losmandy, Takahashi und 10Micron einen periodischen Fehler von 3 bis 10 Bogensekunden. Allerdings ist die Amplitude des periodischen Fehlers nicht die einzige Kenngröße, die es zu berücksichtigen gilt: Auch die Frequenz der Oszillation zählt. Eine Montierung mit einem Fehler von 20 Bogensekunden bei einer Periode von zehn Minuten, der gleichmäßig verläuft, kann besser sein als ein Fehler von 10 Bogensekunden mit einer Periode von vier Minuten mit vielen kleinen Ruckbewegungen, da man im ersten Fall einer Aufnahme immerhin zwei bis drei Minuten länger ohne zusätzliche Korrektur der Nachführung belichten kann.

Viele Montierungen haben ein elektronisches sogenanntes PEC-System (periodic error correction), das periodische Fehler misst und ausgleicht. Die Fehler werden also gemessen und in die daraus resultierenden Korrekturen bei der Montage des Teleskops durch den Hersteller oder vom Benutzer umgesetzt. Im letzteren Fall muss der Benutzer einen Stern mit einem Fadenkreuzokular im Verlauf einer ganzen Umdrehung der Schneckenwelle von Hand (oder mit einem Autoguiding-System, dazu später mehr) nachführen. Sind die Abweichungen einmal im PEC-System der Montierung gespeichert, können sie vom Nachführsystem berücksichtigt und die Geschwindigkeit der Motoren in Echtzeit angepasst werden. Dies führt in der Praxis dazu, dass ein PEC-System den periodischen Fehler zwar nicht vollständig zu eliminieren vermag, wenn es aber gut funktioniert, dazu führen kann, dass sich ein Fehler im mehrfachen zweistelligen Bogensekundenbereich auf das Niveau hochwertiger Montierungen, also zwischen 5 und 10 Bogensekunden, bringen lässt.

Eine sehr wirksame Maßnahme, den periodischen Fehler einer Montierung der mittleren Preislage zu reduzieren, besteht im Kauf eines höherwertigen Schneckengetriebes. Diese werden von den Zubehöranbietern für einige der gebräuchlichen Montierungen verkauft.

Genau wie die Kollimation der Spiegel eines Teleskops ist die Justierung der mechanischen Bauteile, vor allem der Schneckenwelle, sehr wichtig, um gute Ergebnisse zu erzielen (siehe Anhang 4).

Anfang dieses Jahrzehnts kam in der Amateurastronomie eine neuer Antriebsmotor auf, der in hochpräzisen Industriemaschinen schon lange zur Anwendung kam: der Direktantriebsmotor. Dabei wird ein großer Motor direkt in die Achse der Montierung eingebaut. Dies heißt, Getriebe, Tangentenschrauben und all deren periodischen Fehlern Lebewohl zu sagen. Jeder dieser Motoren wird mit einem hochauflösenden Encoder gekoppelt (siehe Textbox »Das Ende des Autoguidings?« weiter unten in diesem Kapitel). Die Montierungen SkyVision Nova und ASA DDM arbeiten damit.

Die anderen Nachführfehler

Periodische Fehler und Abweichungen in der Polausrichtung sind nicht die einzigen Gründe für die Verschiebungen bei Langzeitaufnahmen. Als weitere häufige Ursachen finden sich:

- Die atmosphärische Brechung, die bei geringen Höhen des Objekts über dem Horizont während der Aufnahme auftritt und deren Amplitude sich auch noch ändert und zu einer vertikalen Verschiebung führt. Der Effekt ist bei Höhen unter 25° bemerkbar und bei Weitwinkelaufnahmen stark genug, um in den Bildregionen in der Nähe des Horizonts Verzerrungen zu ergeben.

- Die Nachführgeschwindigkeit des Motors für die Rektaszension kann von der exakten siderischen Geschwindigkeit abweichen.
- Verbiegungen und mechanisches Spiel innerhalb des Teleskops (optischer Tubus und Montierung), wie zum Beispiel Verschiebungen des Spiegels bei einem Schmidt-Cassegrain-Teleskop (siehe Kapitel 4). Bei einer Deutschen Montierung müssen die Gegengewichte so angeordnet werden, dass sie den optischen Tubus samt seiner Zubehörteile bis auf ein restliches kleines Ungleichgewicht ausbalancieren. Ohne dieses Ungleichgewicht führt das normale Spiel der Schneckenwelle am Schneckenrad eventuell zu zufallsmäßigen Oszillationen in der Nachführung.

Guiding während der Aufnahme

Stellt man in seinen Aufnahmen eine Verschiebung fest, besteht die erste Aufgabe darin, deren Ursache(n) zu finden. Als Erstes verbessert man die Polausrichtung, um zu schauen, ob die Verschiebung dadurch nachlässt. Erkennt man sprunghafte Änderungen, muss man die Nachführmechanik überprüfen (siehe Anhang 4). Auch sollte man es bei solchen Untersuchungen niemals unterlassen, die Kamera zwischendurch durch ein Fadenkreuzokular zu ersetzen, da man solche Bewegungen mit dem Auge viel besser wahrnimmt! Kann das Teleskop trotz allem nicht für mehrere Minuten fehlerfrei nachgeführt werden, muss man die Belichtungszeiten der Einzelaufnahmen reduzieren. Wenn man dies nicht möchte, sollte man das objektbezogene Nachführen (Guiding) in Erwägung ziehen. Das Prinzip des Guidings ist einfach: Man sucht sich einen Stern ausreichender Helligkeit (Leitstern) im Gesichtsfeld der Kamera oder knapp außerhalb, dessen Position man innerhalb kurzer Zeitintervalle beobachtet und die Geschwindigkeit des Motors der Montierung permanent anpasst, um das Herauswandern des Leitsterns auszugleichen.

Diese Technik setzt voraus, dass das Nachführsystem sehr kleine Anpassungen von etwa einer Bogensekunde erlaubt. Dies bedeutet, dass die Montierung geringere Korrekturgeschwindigkeiten zulässt, die unter der siderischen Geschwindigkeit liegen. Die hohen Geschwindigkeiten zum Auffinden von Objekten (GoTo) sind für genaues Nachführen ungeeignet. Alle Montierungen der mittleren und hohen Preislage bieten zumindest eine niedrige Geschwindigkeit an, die oft als *Fotogeschwindigkeit* (photo speed) bezeichnet wird.

NACHFÜHRGESCHWINDIGKEIT UND KORREKTURGESCHWINDIGKEIT

Man verwechsle nicht die Nachführgeschwindigkeit mit der Ausgleichs- bzw. Korrekturgeschwindigkeit. Die Nachführgeschwindigkeit ist die der konstanten Bewegung der Montierung, damit das Teleskop auf ein Objekt zentriert bleibt. Die Grundgeschwindigkeit ist natürlich hier die siderische Geschwindigkeit, die man bei Sternen, Nebeln, Galaxien und sogar den Planeten sowie den meisten Asteroiden verwendet. Einige Montierungen bieten auch andere Geschwindigkeiten an, dies vor allem für Sonne und Mond. Manchmal gibt es noch die Möglichkeit, eine Geschwindigkeit zu programmieren, um ein bestimmtes Objekt wie z.B. einen Kometen zu verfolgen.

Die Korrekturgeschwindigkeit hingegen bezieht sich auf die kleinen Anpassungen in der Nachführgeschwindigkeit, die während des Guidings beim Fotografieren vorgenommen werden. Die Korrekturgeschwindigkeit wird als Bruchteil der siderischen Geschwindigkeit angegeben. Eine Korrektur von beispielsweise 0,3 bzw. 30 % bedeutet, dass wenn diese in der Rektaszension greift, die Montierung auf 70 % der siderischen Geschwindigkeit nach Osten verringert bzw. 130 % in Richtung Westen erhöht wird.

Beim exakten Guiding für das Fotografieren muss die Korrekturgeschwindigkeit geringer sein als die der siderischen, damit sich alle beweglichen Teile der Nachführmechanik in der Rektaszension stets in die gleiche Richtung drehen. Anderenfalls würde eine Korrektur in Richtung Osten zu einer Umkehr der Drehrichtung führen, die ihrerseits aufgrund von Getriebespiel zu Ungenauigkeiten führen würde.

Beim Guiding gibt es zwei unterschiedliche technische Lösungen: das Guiding mit Leitrohr und das Off-Axis-Guiding.

Guiding mit Leitrohr

Das Guiding mit Leitrohr ist die Variante, die von den meisten Amateuren verwendet wird. Dazu bringt man parallel zum Hauptteleskop einen weiteren optischen Tubus, das Leitrohr – etwa einen kurzen achromatischen Refraktor oder ein kleines Spiegelteleskop – eigens für das Guiding an. Neben den zusätzlichen Kosten dafür besteht

Dieses Bild aus der Nähe des Sternbilds Einhorn entstand mit einem Astrographen, einer Brennweite von 530 mm und einem Öffnungsverhältnis von 5 mit einer 24 × 36 mm-Astro-Kamera, die ein Gesichtsfeld von 2,6° × 3,9° erfasste. Mitten in der Milchstraße gelegen, enthält diese Region jede Menge offener Sternhaufen und helle wie dunkle Nebel (darunter den berühmten Konusnebel).

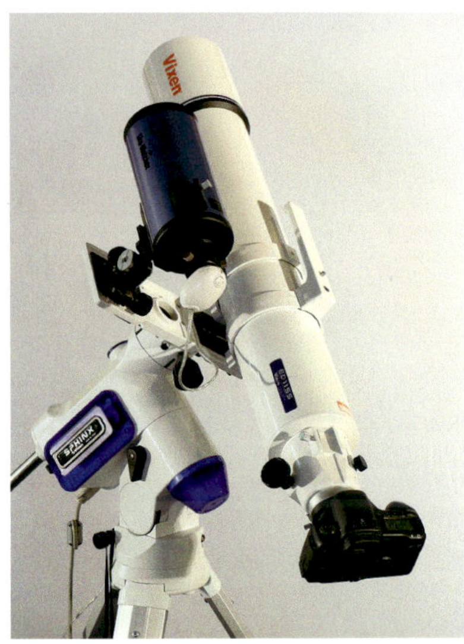

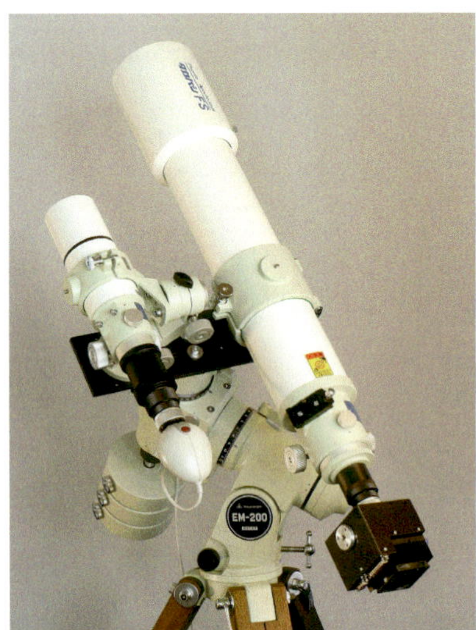

Zwei Beispiele für die Anbringung eines Leitrohrs auf einer Tangentialhalterung. Die Verwendung eines kleinen Maksutov-Teleskops als Leitrohr erweist sich als eine gute Lösung, da es kurz und leicht ist.

die Hauptschwierigkeit dieser Technik darin, zwei sich widersprechende Anforderungen in Einklang bringen zu müssen:

- ein Montierungssystem zu haben, das zwischen den beiden liegt und stabil genug ist, die unterschiedliche Verbiegung der Instrumente zu eliminieren.
- die Notwendigkeit, das Leitrohr anders ausrichten zu müssen als das Teleskop, um einen geeigneten Leitstern anzuvisieren.

Das Leitrohr nur mit einem Standard-Fotostativgewinde zu befestigen, reicht in aller Regel nicht aus. Dazu muss man wissen, dass eine Verbiegung von 0,025 mm am Ende eines 500 mm langen Leitrohrs, das nur an dessen Mitte befestigt ist, zu einer Bewegungsunschärfe von 20 Bogensekunden führt, was deutlich über dem periodischen Fehler einer Montierung von guter Qualität liegt. In diesem Fall würde man gewissermaßen den Teufel mit dem Beelzebub austreiben. Das Befestigungssystem des Leitrohrs muss Befestigungspunkte mit ausreichendem Abstand aufweisen, die entweder, wenn es sehr kurz ist, auf einer Schwalbenschwanz-Schiene oder, bei einem längeren Tubus, mithilfe zweier Schellen gehalten werden.

Um die Richtung des Leitrohrs ein wenig anpassen zu können, muss es auf einer stabilen Tangentialhalterung angebracht werden oder die Schellen haben ihrerseits Justierschrauben wie bei einem Sucherfernrohr. Ist der Sensor für das Guiding allerdings groß und empfindlich genug, um an jedem Ort des Himmels einen geeigneten Leitstern zu finden, kann man für ihn eine starre Montierung in Erwägung ziehen, da dadurch das Risiko von Verbiegungen drastisch reduziert wird. Natürlich sollte auch dann kein Element des mechanischen Aufbaus, das die beiden Tuben hält, schwächer sein als der Rest.

Die parallele Installation eines Leitrohrs bedeutet eine deutliche Mehrbelastung der Montierung und kann bei bestimmten Teleskopen zu Gleichgewichtsproblemen führen, vor allem bei Gabelmontierungen.

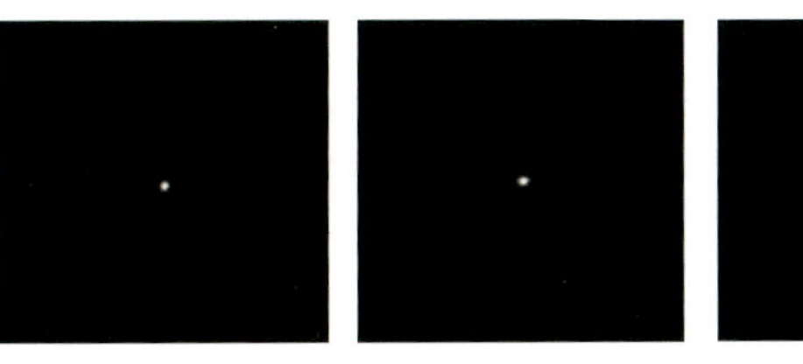

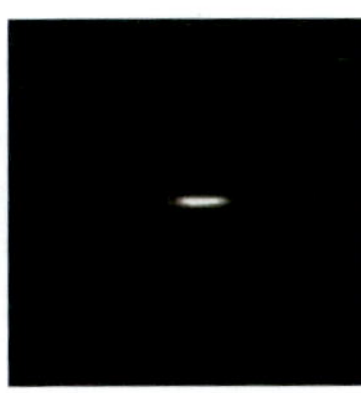

Das erste Bild dieser Serie zeigt einen Stern, der mit einem Abbildungsmaßstab (Sampling) von einer Bogensekunde pro Pixel aufgenommen wurde (z. B. mit einer Kamera mit 7 µm großen Fotodioden und einem Teleskop mit 1500 mm Brennweite). Die Gesamtbreite des Sterns beim halbmaximalen Wert (FWHM, siehe Kapitel 4) beträgt 1,75 Pixel. Die nächsten Bilder zeigen zunehmend stärkere FWHM-Bewegungsunschärfen bei gleichem Abbildungsmaßstab: 0,8, 1, 2, 4, und 8 Bogensekunden.

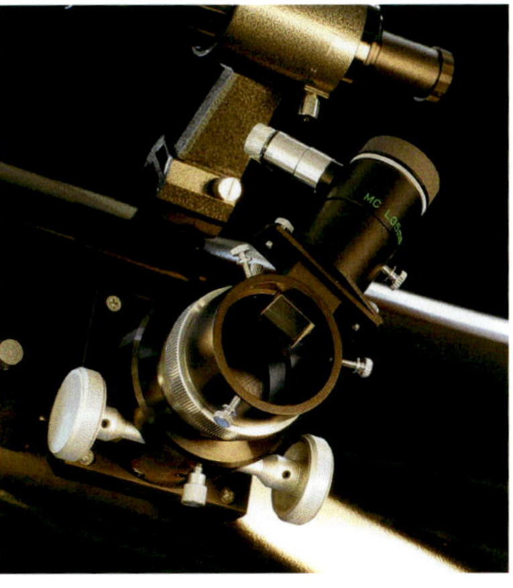

Auf diesem Bild sieht man sehr gut das Prisma eines Off-Axis-Guiders am Rand des Strahlengangs eines Newton-Teleskops, das mit einem Fadenkreuzokular ausgestattet ist.

Off-Axis-Guiding

Der Off-Axis-Guider ist ein kleines Zubehörteil, das kurz vor der Kamera eingebaut wird. Es besteht aus einem kleinen Winkelprisma, das einen kleinen Teil des einfallenden Lichts umlenkt. Dieses Prisma befindet sich dabei außerhalb des Bildfelds des Sensors und wird so platziert, dass es keine Schatten im Bild erzeugt (bei größeren Sensoren in Verbindung mit einem Teleskop mit geringem Öffnungsverhältnis kann es dennoch vorkommen, dass man einen Schatten sieht). Das Prisma leitet das Licht in eine Autoguiding-Kamera (siehe nächster Abschnitt). Damit lassen sich dunklere Leitsterne verwenden, als dies mit einem Leitrohr möglich wäre, da diese Lösung von der größeren Teleskopöffnung (abzüglich der achsfernen Vignettierung!) profitiert. Sie ist zudem leichter und hat nicht das Problem der unterschiedlichen Verbiegung von Leitrohr und Instrument, doch das Auffinden und Zentrieren eines Leitsterns kann schwieriger sein als mit einem Leitrohr, da man dafür den Guider (und die Hauptkamera) drehen muss.

Das Fokussieren muss zuerst an der Hauptkamera und dann am Okular bzw. der Kamera des Leitrohrs stattfinden, indem man diese innerhalb des Auszugsrohrs bewegt. Teleskope mit geringer Feldabdeckung bilden die Sterne am Rand nur unscharf und verzerrt ab, was für das Autoguiding allerdings kein großes Problem darstellt. Bei bestimmten Instrumenten können sich allerdings folgende Probleme ergeben:

- Bei einem Newton-Teleskop kann die Zunahme des Abstands zwischen Teleskop und Kamera dazu führen, dass man nicht mehr scharfstellen kann (Backfocus).
- Bei Verwendung eines Brennweitenreduzierers oder eines Bildfeldebners kann das Einführen eines Off-Axis-Guiders die optimale Platzierung des Sensors erschweren.

Autoguiding

Bis in die späten 1980er-Jahre wurde das Guiding nur visuell vorgenommen, indem man auf das zuvor beschriebene System ein Fadenkreuzokular setzte und mit dem Steuerknüppel an der Controllereinheit der Montierung in Echtzeit die Korrektur der Nachführung vornahm. Seit Einführung der Autoguiding-Kamera SBIG ST-4 wurde beim Guiding das Auge nun durch den Sensor und das Gehirn durch die Software ersetzt. Bei korrekter Anwendung ist das Autoguiding ein wirksames Mittel, um runde unverzerrte Sterne zu erhalten, die zur Schärfe und Schönheit eines Bildes beitragen. Es ist genauer, schneller und weniger ermüdend als das visuelle Guiding. Dennoch ist Autoguiding kein Allheilmittel, das uns vor Windböen schützt oder eine defekte oder schlecht eingestellte Montierung in eine perfekte verwandelt. Und vor allem nimmt es dem Amateur nicht die perfekte Polausrichtung ab.

Trotz der Bezeichnung Autoguider machte dieser nicht alles automatisch: Die Kalibrierungsphase erfordert einiges an Aufmerksamkeit. Zunächst muss ein Leitstern gefunden und sorgsam zentriert werden. Anschließend wird der Autoguider eingebaut und fokussiert, wobei dessen Achsen vorzugsweise parallel zu den Achsen der Montierung liegen sollen. Die Belichtungszeit muss lang genug sein, damit die vom Autoguider aufgenommenen Bilder ein ausreichendes Signal-Rausch-Verhältnis aufweisen (ohne Sättigung), aber wiederum kurz genug, um die Verschiebung eines Sterns aufgrund periodischer Fehler schnell genug korrigieren zu können.

In der Kalibrierungsphase muss der Autoguider lernen, in welche Richtung und mit welcher Geschwindigkeit sich der Stern im Bild bewegt, wenn alle vier

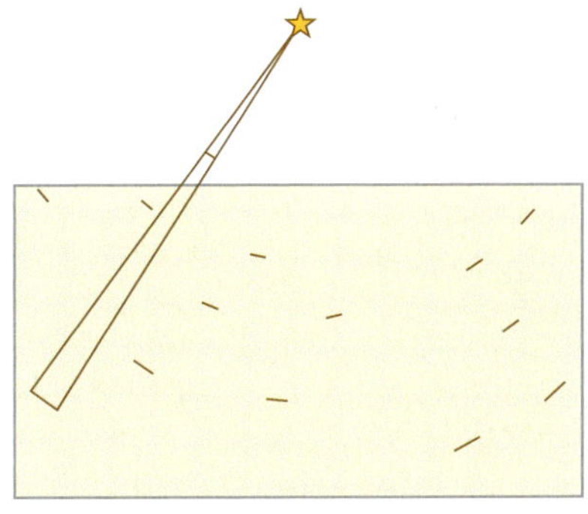

Bleibt das Teleskop exakt auf einen Leitstern ausgerichtet, äußert sich eine unzureichende Polausrichtung als Feldrotation um den Leitstern herum. Da die Intensität dieser Feldrotation proportional vom Winkelabstand zwischen Leitstern und abgebildetem Objekt abhängt, ist es besser, einen Leitstern innerhalb des fotografierten Bildes oder zumindest so nahe wie möglich daran zu wählen.

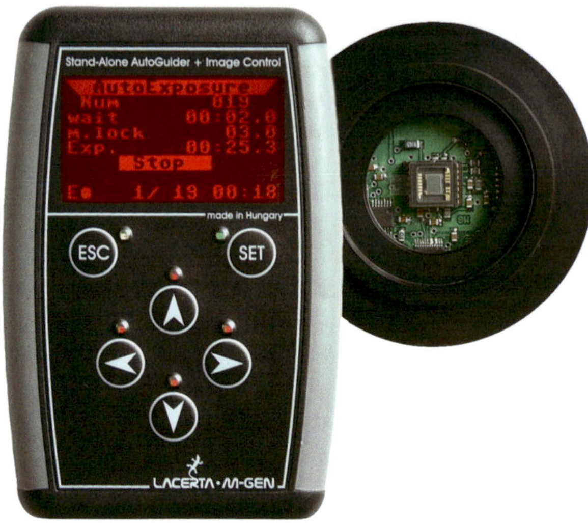

Der autonome Autoguider Lacerta M-GEN mit seiner Steuereinheit.

Korrekturrichtungen (nach Osten, Westen, Norden und Süden) aktiviert sind. Dazu aktiviert er jede dieser Korrekturrichtungen für mehrere Sekunden und misst dabei die dadurch hervorgerufene neue Position des Sterns. Anschließend weiß das System durch eine einfache Rückrechnung, welche Korrekturen es anwenden muss, um eine Abweichung der Leitsternposition auszugleichen.

Sobald der Autoguider kalibriert ist, kann das Autoguiding stattfinden, wobei sich der Guiding-Zyklus ständig wiederholt: Aufnahme eines Bildes, Messung der Verschiebung des Leitsterns, Berechnung der Korrektur und anschließende Neuausrichtung der Montierung. Nun kann die Aufnahme mit der Hauptkamera beginnen. Je nach Helligkeit des Leitsterns beträgt die Zeit für einen Korrekturzyklus zwischen einer halben und mehreren Sekunden. Dauert dieser Korrekturzyklus zu lange, kann es zu Verschiebungen kommen, da sich die Montierung zwischen den Korrekturen mit konstanter Rate weiterdreht.

Bei den Autoguiding-Programmen gibt es einen zusätzlichen Parameter, der meist mit *Aggressivität* bezeichnet wird. Wenn ein Feedback-System wie etwa ein Autoguider eine Abweichung feststellt, muss es diese nicht immer zu 100 % korrigieren. Aufgrund von Unsicherheiten in der Messung infolge der atmosphärischen Verhältnisse und Bildrauschen sollte beispielsweise nur zu 50 bis 70 % korrigiert werden. Bei 100 % kann es zu Oszillationen und sogar Instabilitäten kommen, wodurch die Verschiebung des Leitsterns erhöht statt vermindert wird. Wählt man diesen Parameter zu niedrig (z. B. 10 %), wird die Korrektur eines kleinen Hüpfers durch Schmutz im Schneckengetriebe zu träge. Wenn man mit dem Autoguiding beginnt, probiert man am besten zunächst unterschiedliche Werte aus, um herauszufinden, welcher im Schnitt die geringste Abweichung erzielt.

Kameras und Software für das Autoguiding

Verschiedene Geräte können als Autoguider eingesetzt werden:

- eine astronomische Videokamera, die auf Autoguiding spezialisiert ist, wie z. B. die Lacerta M-GEN; der Vorteil dieser Kameras ist, dass sie Tasten und ein Display haben, sodass sie völlig autonom sind und keinen Computer benötigen.
- eine Astronomie-Videokamera, wie man sie für Planetenaufnahmen benutzt (siehe Kapitel 5) in Verbindung mit einem Programm wie PHD Guiding oder Guidemaster.

Für die Implementierung von Autoguiding ist eine Montierung mit einem physischen oder computergestützten Autoguider-Anschluss erforderlich. Die physischen Anschlüsse (Stecker und Buchsen) sind von Montierung zu Montierung unterschiedlich: Jedes Paar Autoguider/Montierung benötigt ein passendes Kabel, das entweder als Option erhältlich ist oder anhand der Informationen aus den technischen Anleitungen der Geräte selbst hergestellt werden muss. Es gibt jedoch nur zwei Verbindungsarten, d. h. zwei Möglichkeiten, wie der Autoguider die Informationen für den Nachführbefehl an die Montierung weiterleitet:

- eine digitale Verbindung über ein Standardprotokoll wie LX-200. Die Korrekturanweisungen von Richtung und Amplitude werden in Form logischer Befehle an die Montierung übermittelt. Das LX-200-Protokoll wurde von Meade entwickelt und von einigen anderen Herstellern wie z. B. Astro-Physics und Vixen (bei dem nicht mehr hergestellten SkySensor) übernommen.
- eine analoge Verbindung aus vier Kabeln, eines für jede Himmelsrichtung. Das Korrektursignal wird dann durch eine fünfte Verbindung zur Erdung zur erforderlichen Zeit übermittelt. Takahashi bietet Montierungen mit diesem Prinzip an.

Genauso kann ein Autoguider vom einen oder anderen Typ sein: Meade-Kameras unterstützen das LX200-Protokoll, während SBIG-Kameras eine analoge Verbindung verwenden. Um herauszufinden, um welchen Typ es sich bei einer Halterung oder einem Autoguider handelt, können Sie die Dokumentation des Herstellers zu Rate ziehen oder den Händler fragen. Software, die eine Autoguiding-Funktion für Videokameras enthält (Iris, Astrosnap usw.), ist in der Regel vom Typ LX200.

Wenn Ihre Montierung und Ihr Autoguider vom selben Typ sind, ist alles in Ordnung: Sie müssen nur das richtige Kabel besorgen. Ist dies nicht der Fall, können sich die beiden nicht verstehen. Wenn Ihr Autoguider LX200 und Ihre Montierung analog ist, können Sie eine kleine Adapterbox kaufen, die die Autoguiding-Informationen des LX200-Protokolls interpretiert und sie über Relaiskomponenten in Impulse für Ihre Montierung umwandelt. Außerdem wurden einige Anwendungen zur Steuerung von Montierungen bestimmter Hersteller entwickelt. Da wären vor allem EQMOD für Sky-Watcher, Orion EQ und Vixen-Montierungen zu nennen. Und dann gibt es noch das ASCOM-Standardprotokoll für die Kommunikation zwischen all den elektronischen Ausrüstungsgegenständen (Montierungen, Ausrichtungssysteme, Fokussiereinrichtungen, Kamera, Filterräder etc.).

Die Erfahrung hat gezeigt, dass es für eine gute Messgenauigkeit der Leitsternposition von Vorteil ist, wenn der Abbildungsmaßstab (siehe Kapitel 4) des Autoguiders weniger als doppelt so hoch ist wie der des Haupteleskops. Falls dem nicht so ist, kann man immer noch eine Barlowlinse vor dem Autoguider einsetzen.

DIE ZENTRALE STEUERUNG DER ASTROFOTOGRAFISCHEN AUSRÜSTUNG

Für diejenigen, die ihre Aufnahmesitzungen (zumindest teilweise) automatisieren möchten, sodass sie währenddessen etwas anderes tun können (einschließlich Schlafen!), gibt es heute mehrere Anwendungen. Zu nennen sind hier vor allem NINA (Nighttime Image 'N' Astronomy), SGP (Sequence Generator Pro) und APT (Astro Photography Tool). Diese Programme haben ihre eigenen Funktionalitäten, fungieren aber auch als »Overlays« von Drittanbieterprogrammen, die insbesondere Planetariumssoftware (Stellarium, The Sky, Cartes du Ciel ...), »Plate Solving« (ASTAP ...) und Autoguiding (PHD2) abdecken können. Die Schnittstelle und die Funktionalitäten hängen von der gewählten Applikation ab. Sie bieten z. B.:

1. die Selektion des zu fotografierenden Ziels aus einem Katalog oder direkt in der Planetariumssoftware, sowie die Unterstützung bei der Wahl des Bildausschnitts;
2. die Anzeige seiner Sichtbarkeitsbedingungen (Aufgang, Untergang, Meridiandurchgang, Dämmerungszeiten ...);
3. die Hilfe bei der Pol-Ausrichtung;
4. die Ausrichtung der äquatorialen Montierung auf dieses Ziel;
5. die Kontrolle anhand der von der Kamera gelieferten Bilder, ob der tatsächliche Bildausschnitt mit dem geplanten Bildausschnitt übereinstimmt;
6. die Fokussierhilfe;
7. die Auswahl von Filtern, wenn die Kamera mit einem motorisierten Filterrad ausgestattet ist;
8. die Überwachung der Autoguiding-Funktion;
9. das Starten von Aufnahmesequenzen (einschließlich Dunkel- und Weißbildern) durch Variieren von Belichtungszeiten, Filtern etc.

Natürlich erfordern diese Funktionen die Verwendung von kompatibler Hardware, die mit dem Computer verbunden ist. Alle astronomischen Kameras und die dazugehörigen Filterräder gehören selbstverständlich dazu; auf der Seite der Kamera können die Funktionen 3, 5, 6 und 9 nur mit kompatiblen Modellen (direkt steuerbar oder über die Standardverbindung ASCOM) umgesetzt werden. Ebenso ist für die Funktion 4 eine computergesteuerte äquatoriale Montierung erforderlich.

Neben Funktionen wie Aufstellungs- und Kollimationshilfe, Astrometrie, Berechnung von Ausrichtungsmodellen und Fokussierungshilfe ist die Prism-Prozessorsoftware in der Lage, ein ganzes Instrumentarium zu steuern (Teleskop, Montierung, Autoguider, Kamera, Filterrad, Rotator und sogar eine Kuppel, einen Wolkenmonitor und eine Wetterstation).

Anmerkung: Das »Plate Solving« ist eine Funktion der Astrometrie, bei der aus einem realen Bild die Koordinaten und die Ausrichtung des anvisierten Feldes erkannt werden. Sie nutzt dazu eine Datenbank von Himmelsobjekten mit ihren Eigenschaften (Position, Helligkeit ...).

Ist Autoguiding immer notwendig?

Das Autoguiding ist nicht immer erforderlich. Die entscheidenden Kenngrößen sind der periodische Fehler und der Abbildungsmaßstab (Sampling). Betrachten wir einmal zwei unterschiedliche Szenarien:

- Man verwendet eine Montierung mit einem periodischen Fehler von 30 Bogensekunden, um dann Himmelsaufnahmen mit einem 24 mm-Weitwinkelobjektiv und einer DSL aufzunehmen.
- Man verwendet eine Montierung mit einem periodischen Fehler von 10 Bogensekunden mit einem Teleskop von 2 m Brennweite und einer astronomischen Kamera, deren Fotodioden 6,8 µm groß sind.

Im ersten Fall beträgt der Abbildungsmaßstab 60 Bogensekunden pro Pixel, also doppelt so viel wie der periodische Fehler; das Autoguiding ist nicht nötig. Im zweiten Fall ist der Abbildungsmaßstab 14-mal geringer als der periodische Fehler, sodass die Verschiebung im Verlauf einer Umdrehung der Schneckenwelle etwa 15 Pixel beträgt; in diesem Fall ist das Autoguiding dringend angeraten.

Zwischen diesen beiden Extremfällen eine genaue Grenze zu definieren, ist schwierig. Ganz entscheidend ist dabei die eigene Toleranz gegenüber solchen Fehlern. Manche Amateure akzeptieren eine Bewegungsunschärfe von mehreren Pixeln, da sie ihre Bilder vor dem Zeigen auf eine geringere Auflösung herunterrechnen. Andere hingegen wollen perfekt runde Sterne auf einem Bild, das in voller Größe gezeigt werden soll. Eines gilt allerdings immer: Je größer die Brennweite, desto mehr sind die Nachführfehler zu sehen. Möchte man seine Astrofotografie einfach halten, sollte man bei Teleskopen mit kurzen Brennweiten (d. h. unter 1000 mm) bleiben. Natürlich kann man mit einer solchen Brennweite nicht so viele Details zeigen wie mit einer größeren, doch diesen Preis muss man zahlen, wenn man runde Sterne auf seinen Bildern möchte!

Ein letzter Rat: Bei Verwendung einer DSL machen Sie Ihre ersten Versuche ohne Autoguiding. Stellen Sie anschließend auf den meisten Bildern eine Verschiebung fest, verbessern Sie als Erstes die Polausrichtung. Sehen Sie dann immer noch auf den meisten Bildern Verschiebungen, prüfen Sie, ob diese entlang der Rektaszensionsachse stattfinden und überprüfen Sie die Justierung der Schneckenwelle der Rektaszension (siehe Anhang 4). Reicht auch das nicht aus, besteht die häufigste Lösung von Amateuren, die keinen Autoguider verwenden möchten, darin, die Belichtungszeit der Einzelaufnahmen auf einen Bruchteil der Zeit für eine Umdrehung der Schneckenwelle zu beschränken. Dadurch sollte sich der Anteil schlechter Bilder verringern. Führt diese Lösung zu allzu kurzen Belichtungszeiten, sollten Sie über das Autoguiding nachdenken … oder über den Wechsel Ihrer Montierung oder Ihres Teleskops!

DAS ENDE DES AUTOGUIDINGS?

Werden es die hochauflösenden digitalen Encoder möglicherweise schaffen, das Autoguiding in das Museum des Astronomiezubehörs zu schicken? Zurzeit (2014) kommt diese neue Technik nur an High-End-Montierungen wie Astro-Physics AP1600, ASA DDM und 10 Micron HPS zur Anwendung. Das Grundprinzip ist einfach: In die Montierung integrierte Encoder messen die Position in der Drehachse mit einer Genauigkeit im Bereich unterhalb einer Bogensekunde (was einer Auflösung von mehreren Millionen Schritten pro Umdrehung entspricht). Mit diesen Positionsdaten steuert ein einfaches elektronisches Kontrollsystem jeden einzelnen Motor so, dass die Geschwindigkeit der Rotation auf der entsprechenden Achse äußerst konstant verläuft, sodass auf diese Weise jede Form eines periodischen Fehlers in Echtzeit korrigiert wird, bevor dieser zum Tragen kommt. Bei dieser Technik sind allein noch die Polausrichtungsfehler und Verbiegungen limitierende Faktoren der maximalen brauchbaren Belichtungszeit.

Deep-Sky-Objekte

Unter dem Begriff *Deep Sky* fasst man unterschiedliche Familien von Himmelsobjekten zusammen, die sich in Beschaffenheit, Größenordnung und Formgebung ziemlich unterscheiden. Dabei muss man den Wellenlängen der von ihnen emittierten Lichtstrahlen besondere Beachtung schenken, da die optimale Art und Weise, sie zu fotografieren, und die anschließende Bildverarbeitung sehr davon abhängen.

Die Kugelsternhaufen Omega Centauri (rechts) und M13 (links) wurden jeweils mit einer astronomischen Kamera und Refraktoren von 530 mm bzw. 1100 mm Brennweite aufgenommen und im gleichen Maßstab abgedruckt.

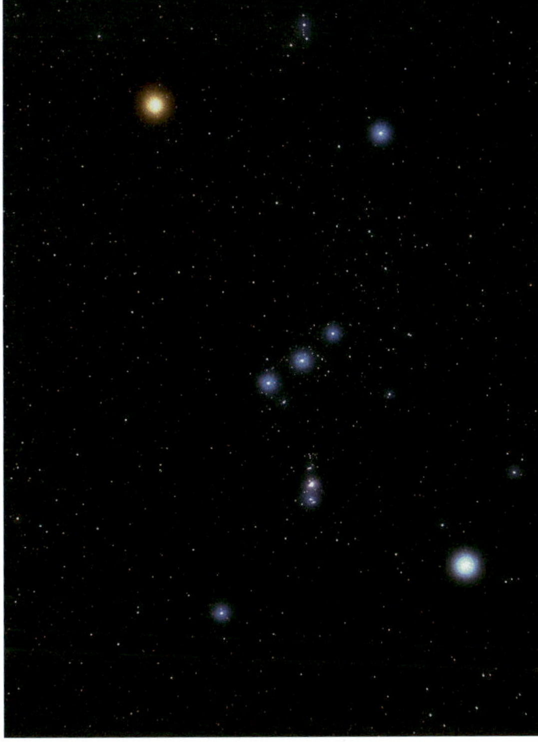

Auf Himmelsfotos mit großem Gesichtsfeld haben die Sterne meist blasse Farben und die Sternbilder sind nicht immer leicht zu erkennen. Dessen Sichtbarkeit lässt sich verbessern, indem man ihr Licht leicht streut wie auf diesem Foto, das durch ein leicht streuendes Anti-Newton-Glas vor der Frontlinse fotografiert wurde.

Sterne

Wie die Sonne strahlen die Sterne mit einem kontinuierlichen Spektrum: Alle Wellenlängen (alle Farben) des sichtbaren Lichts sind je nach Oberflächentemperatur und Zusammensetzung des Sterns in bestimmten Anteilen vertreten. Die massereichsten und heißesten Sterne sehen bläulich aus, wohingegen kleinere und kältere Sterne rötlich erscheinen und nur wenig grünes und blaues Licht emittieren. Die Sonne ist ein gelb-weißer Stern.

Offene Sternhaufen wie der Doppelsternhaufen im Perseus (auf Seite 197 abgebildet) kommen in der Milchstraße häufig vor und enthalten oft junge, heiße Sterne. Deren scheinbare Winkelgrößen unterscheiden sich in hohem Maße und können wie im Fall der Plejaden oder der Hyaden – den berühmten offenen Sternhaufen im Sternbild Stier – über 1° gehen.

Kugelsternhaufen sind sehr alt und bestehen hauptsächlich aus alten und gelblichen Sternen, die es schon sehr viel länger gibt als die massereichen, die man in offenen Sternhaufen sieht.

Unsere Galaxie ist von mehreren Hundert Kugelsternhaufen umgeben. Die eindrucksvollsten davon sind auf der südlichen Himmelshemisphäre zu sehen. Omega

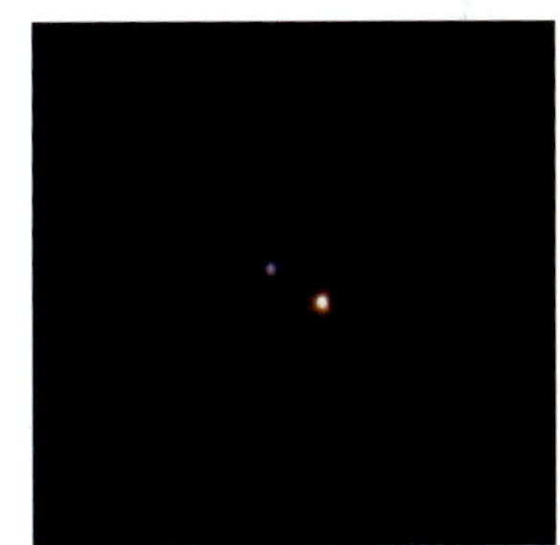

Der Doppelstern Albireo ist aufgrund seiner Helligkeit und des großen Winkelabstands leicht zu fotografieren und dabei auch noch ziemlich fotogen, da die beiden Sterne intensive Farben abgeben. Diese Aufnahme entstand mit einer Sekunde Belichtungszeit mit einer DSL hinter einem 800 mm-Refraktor. Bei engen Doppelsternen bedient man sich der Technik der Planetenaufnahmen, also Brennweitenverlängerern und Videokameras.

Die Hauptsterne des offenen Sternhaufens der Plejaden sind von Reflexionsnebeln umgeben. 2 Stunden Belichtungszeit (240 × 30 s) mit der Sigma fp an einem 530 mm Refraktor bei einem Öffnungsverhältnis von f/5.

Centauri, dessen scheinbarer Durchmesser 1° beträgt, sowie 47 Tucanae in der Nähe der Kleinen Magellanwolke (KMW, engl. SMC) sind Beispiele für Kugelsternhaufen. Omega Centauri ist vom Süden aus beobachtet in etwa 30° nördlicher Breite zu sehen. Auf der Nordhalbkugel erstreckt sich der berühmte M13 im Sternbild Herkules über 20 Bogenminuten.

Weiter außerhalb unserer Galaxie befinden sich die größten Kugelsternhaufen, die andere Galaxien wie M31 (Andromedagalaxie) und M104 (Sombrerogalaxie) umgeben und als ganz kleine, diffuse Flecken fotografiert werden können.

Bei einigen nahen Sternen lässt sich eine relative Bewegung zu den Sternen im Hintergrund messen. Der schnellste ist Barnards Stern (oft auch als »Barnards Pfeilstern« bezeichnet) im Sternbild Schlangenträger, der sich sechs Lichtjahre von der Sonne entfernt befindet und mit einer scheinbaren Geschwindigkeit von zehn Bogensekunden pro Jahr bewegt, wie sich auf Fotos, die mit einem Jahr Abstand aufgenommen wurden, leicht erkennen lässt. Seine Magnitude beträgt 9,5.

Diffuse Nebel

Diffuse Nebel bestehen aus riesigen Gaswolken (hauptsächlich Wasserstoff) und interstellarem Staub, aus denen neue Sterne hervorgehen. Fast alle Nebel, die Amateure fotografieren können, gehören zu unserer Galaxie und sind deshalb zahlreich in der Milchstraße vertreten. Hinsichtlich der Fotografie muss man zwei Typen von Nebeln unterscheiden: Reflexionsnebel und Emissionsnebel.

Reflexionsnebel werden von den umgebenden Sternen angestrahlt. Sie weisen ein kontinuierliches Spektrum auf, das durch die hauptsächlich im blauen Bereich des Lichts stattfindende Streuung durch Staubpartikel eine bläuliche Farbe hat. Die berühmtesten unter ihnen sind die, welche die Hauptsterne der Plejaden und NGC 1975 umgeben und sich im Schatten ihres Nachbarn M42, dem Orionnebel, befinden.

Von den Emissionsnebeln gibt es wesentlich mehr und sie haben eine völlig andere spektrale Signatur. Ihre Materie wird durch die Strahlung der umgebenden Sterne ionisiert. Dabei reflektieren sie nur einen geringen Anteil dieser Strahlung, der Großteil wird reemittiert. Diese

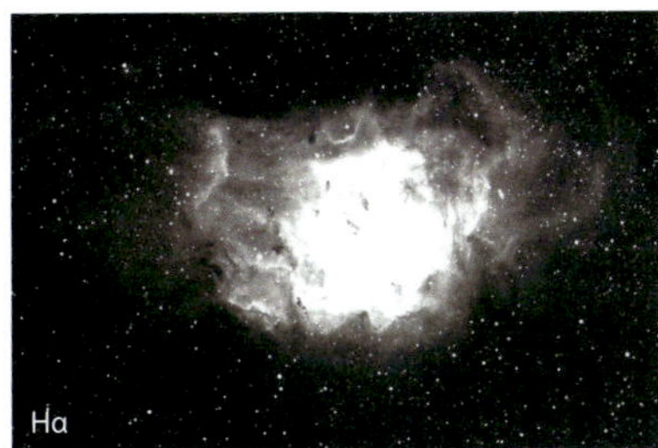

Die relativen Verhältnisse der unterschiedlichen Emissionslinien des Lichts von M8, dem Lagunennebel im Sternbild Schütze

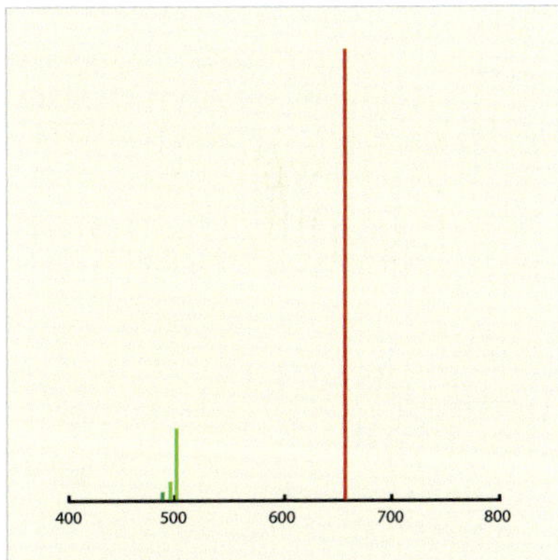

Die wichtigsten Spektrallinien von Emissionsnebeln (von links nach rechts): H-beta, OIII (Doppellinie), H-alpha. Die relativen Intensitäten können sich von Nebel zu Nebel unterscheiden, H-alpha bleibt allerdings immer vorherrschend, gefolgt von OIII und H-beta.

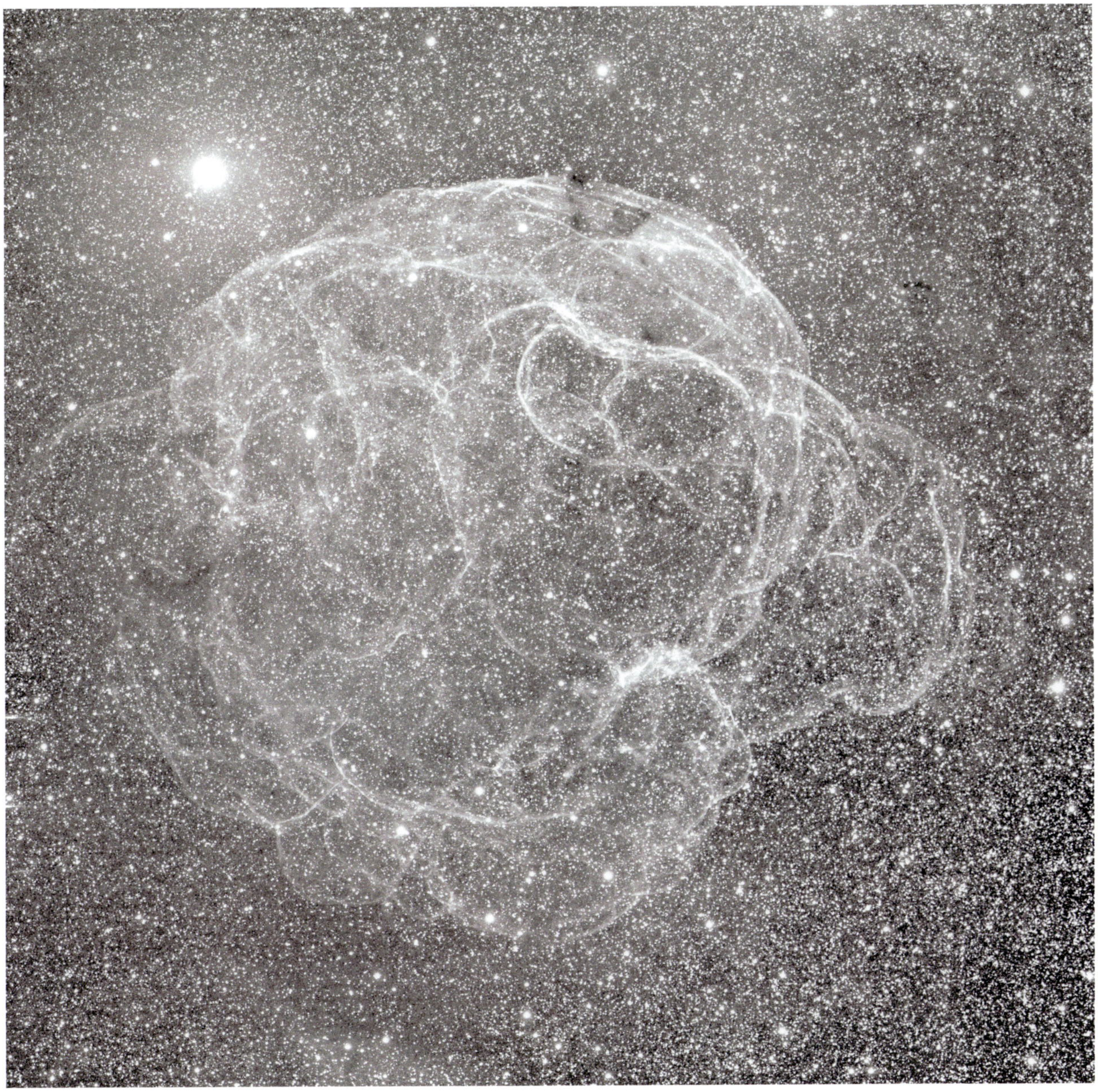

Bei Simeis 147 (auch unter der Bezeichnung Sh2–240 geläufig) handelt es sich um einen Supernova-Überrest, der etwa 40.000 Jahre alt ist. Er erstreckt sich zwischen den Sternbildern Taurus und Auriga über 3°. Sein schwaches Licht erforderte mit einer monochromen astronomischen Kamera, einem H-alpha-Filter und einem 300 mm-Teleobjektiv eine Belichtungszeit von mehreren Stunden, als im Dezember 2007 der Planet Mars (oben links) diesen Himmelsbereich durchlief.

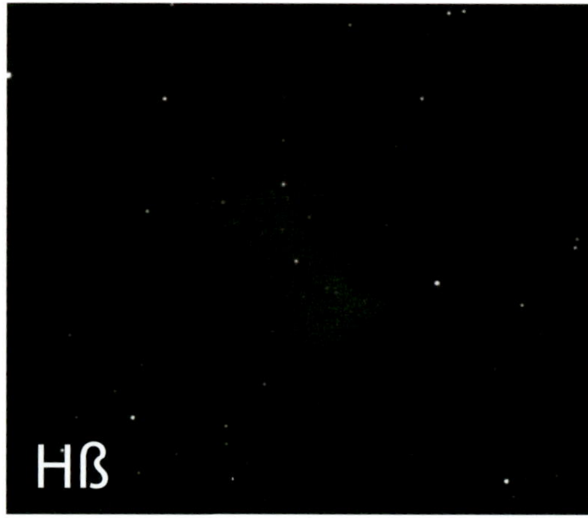

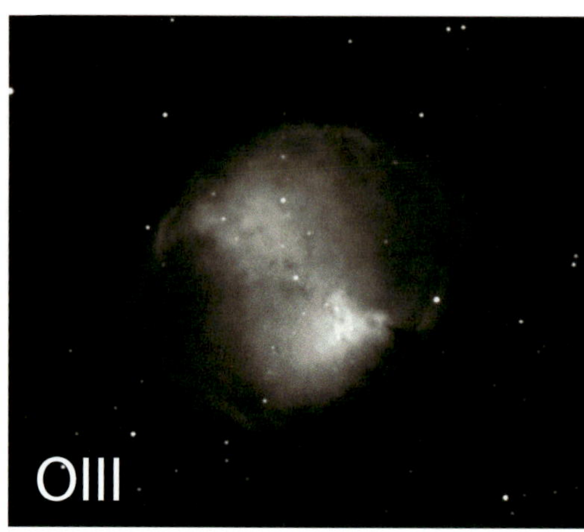

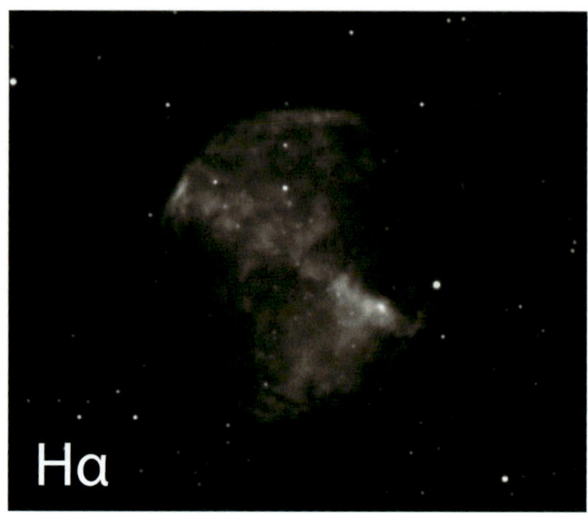

Der jeweilige Beitrag diverser Emissionslinien zum sichtbaren Spektrum von M27, dem Hantelnebel im Sternbild Fuchs (Vulpecula). Man beachte die großen Unterschiede in der Form zwischen OIII und H-alpha.

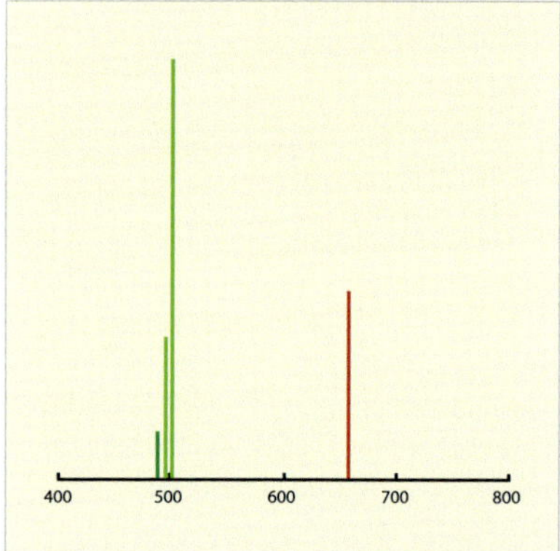

Die Hauptspektrallinien planetarischer Nebel entsprechen weitestgehend denen von Emissionsnebeln, allerdings dominiert hier OIII.

Lichtemission findet in extrem engen Wellenlängenbereichen statt, deren exakte Werte die Physiker monochromatische Emissionslinien nennen. Das Spektrum dieser Nebel ist diskontinuierlich und liefert Informationen über deren chemische Zusammensetzung, da jedes Element (Wasserstoff, Sauerstoff, Schwefel, Stickstoff, Helium etc.) seine spezifischen Wellenlängen im Emissionsspektrum hat. Dabei treten zwei Elemente im sichtbaren Spektrum am deutlichsten hervor:

- Wasserstoff, der eine Reihe von Spektrallinien emittiert, wobei die wesentlichen bei 656,3 nm (H-alpha-Linie) und 486,1 nm (H-beta-Linie) liegen.

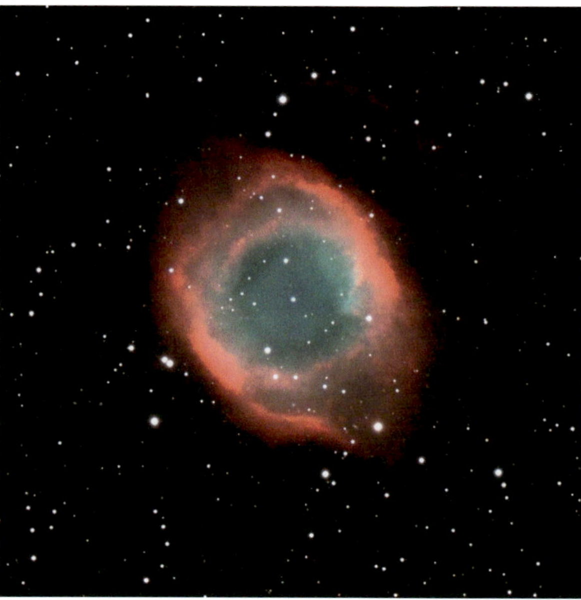

Der Helixnebel, mit einer astronomischen Kamera und Breitband-RGB-Filtern fotografiert. Das Licht der Außenhülle wird von H-alpha dominiert, wobei OIII hauptsächlich im Zentralbereich zu sehen ist. Es gibt noch eine weitere Außenhülle, die sehr viel schwächer ist als der restliche Nebel – man erkennt einen Teil davon im oberen Bildbereich.

- Der zweifach ionisierte Sauerstoff emittiert zwei Spektrallinien bei 495,9 nm und 500,7 nm (die OIII-Linien, ausgesprochen als »O-drei-Linien«), wobei die längere Wellenlänge immer intensiver ist als die erste kürzere.

In Nebeln lassen sich noch andere Spektrallinien finden, vor allem die des ionisierten Schwefels (S II) mit 647 nm im tiefen Rotbereich, unweit von H-alpha. Die tatsächliche Farbe einer jeden Emissionslinie kann man sehen, indem man durch die entsprechenden Filter schaut, die man bei Tageslicht vor eine weiße Fläche hält. Die H-alpha-Linie ist tiefrot, die von H-beta ist blaugrün und die OIII-Linien sind, obwohl sie theoretisch an der Grenze zwischen Grün und Blau liegen, noch grüner. Die H-alpha-Linie überwiegt immer; bei vielen Nebeln ist sie die einzige, die man erfassen kann. Auch wenn sich unsere Augen an die Dunkelheit der Nacht angepasst haben, sind wir leider für diese Wellenlänge so gut wie blind.

Beobachten wir einen Emissionsnebel durch ein Teleskop, nehmen unsere Augen hauptsächlich die OIII-Linien war, wodurch die hellsten Nebel eine leicht grüne Farbe annehmen. Die Farben der schwächeren Nebel können wir auch mit unseren an die Dunkelheit gewöhnten Augen nicht erkennen, da wir solche Objekte nur in Schwarz-Weiß sehen können (wie man so schön sagt: Nachts sind alle Katzen grau!).

Und dann gibt es da noch einen weiteren Typ von Nebel: die Dunkelnebel. Da sie selber kein Licht emittieren und nicht von nahe gelegenen oder inneren Sternen angestrahlt werden, werden sie nur dadurch sichtbar, dass sie andere Sterne oder helle Nebel hinter ihnen verdecken. Zu den bekanntesten Dunkelnebeln zählen der Kohlensack im Kreuz des Südens und der Pferdekopfnebel im

Sternbild Orion. Im Gebiet um den Pferdekopfnebel sind alle Arten von Nebeln vertreten: Emissions-, Reflexions- und Dunkelnebel (siehe Foto auf Seite 24/25).

Die Winkeldurchmesser der Emissionsnebel sind breit gestreut, wobei die größten unter ihnen über mehrere Grad reichen können. Übrigens ist es ziemlich schwierig, präzise Größenangaben bei den großen Nebelkomplexen wie im Sternbild Orion, die die Gebiete von M42, dem Pferdekopfnebel und Barnard's Loop (Barnards Schleife) umfassen, zu machen.

Planetarische Nebel

Bei den planetarischen Nebeln handelt es sich um Materiehüllen von quasi symmetrischer Form, die einen Stern umgeben. Ihr Name rührt daher, dass die Astronomen zunächst davon ausgegangen waren, es handele sich dabei um Gas- und Staubhüllen, die einen jungen Stern und ein begleitendes Planetensystem umgeben. Heute wissen wir, dass es sich um Sterne handelt, die am Ende ihres Lebens einen Teil ihrer Materie in den Weltraum abgestoßen haben. Ihre Strahlung, die im Prinzip aus lauter Spektrallinien besteht, ähnelt der von Emmissionsnebeln sehr stark. Es lassen sich darin zahlreiche chemische Elemente nachweisen, doch meistens überwiegen auch hier Wasserstoff und Sauerstoff. Die relativen Intensitäten der Spektrallinien unterscheiden sich von einem planetarischen Nebel zum anderen, doch meistens dominiert OIII mit 500,7 nm, was den hellsten unter ihnen die charakteristische grüne Färbung verleiht. Nach OIII mit 495,9 nm sind H-alpha und H-beta die Linien, die am stärksten vertreten sind.

Auch andere Spektrallinien kann man finden, vor allem die von Schwefel und Helium in Verbindung mit ionisiertem Stickstoff bei 658,4 nm (NII), der sich ganz in der Nähe von H-alpha befindet und in M57 (dem Ringnebel im Sternbild Leier) sehr hell leuchtet. NII ist mit 2 nm Abstand so nah an H-alpha, dass man diese Spektrallinie nur mit den schmalsten erhältlichen H-alpha-Filtern (3 nm) in Verbindung mit Teleskopen mit großem Öffnungsverhältnis (mindestens 8) erfassen kann. Bei einem Öffnungsverhältnis von beispielsweise f/5 treffen die Strahlen aus dem Randbereich der Teleskopöffnung in einem Winkel von 5,7° auf den Filter, wodurch es eine Verschiebung des passierbaren Wellenlängenbereichs des NII-Filters von 1,5 nm in Richtung Blau gibt, sodass dieser fast genau der H-alpha-Linie entspricht. Da diese Wellenlängenverschiebung antiproportional zum Quadrat des Öffnungsverhältnisses ist, verringert sie sich mit der Steigerung des

Galaxien wie M101 im Großen Wagen enthalten häufig kleine HII-Regionen, die eine Mischung aus Rot (ionisierter Wasserstoff) und Blau (junge Sterne) darstellen.

In diesem Ausschnitt der Galaxie M101, die mit ein paar Minuten Belichtungszeit mit einer DSL an einem Refraktor aufgenommen wurde, ist der kleine helle Fleck rechts neben dem Zentrum auf dem Bild derselben Galaxie links daneben nicht zu sehen. Dabei handelt es sich um die Supernova SN 2011fe, die im August 2011 zu sehen war. Sie war mit einer maximalen Magnitude von 10 die hellste Supernova seit 20 Jahren und durch ein 56 mm-Teleskop mit bloßem Auge zu erkennen.

Der Doppelquasar im Großen Wagen in der Nähe der Galaxie NGC 3079. Obwohl er 50-mal dunkler ist als 3C273, ist er eine der wenigen Gravitationslinsen, die von Amateuren erfasst werden können. Dabei ist einer seiner Bestandteile ein Gravitationsbild des anderen, das durch eine Galaxie verursacht wird, die selbst zu schwach ist, um fotografiert werden zu können. Da sie 5,7 Bogensekunden auseinanderliegen, benötigt man einen Abbildungsmaßstab von zwei Bogensekunden pro Fotodiode, um sie getrennt voneinander darstellen zu können.

Eine Belichtungszeit von nur 30 Sekunden reichte mit einem 130 mm-Refraktor und einer DSL aus, um 3C273, den hellsten unter den Quasaren, zu fotografieren.

Öffnungsverhältnisses von f/5 auf f/10 um den Faktor 4. Hat der Filter eine Bandbreite von über 4 nm, überlagern sich die beiden Spektrallinien.

Der Planetennebel mit dem größten scheinbaren Durchmesser ist NGC 7293, der Helixnebel im Sternbild Wassermann, etwa halb so groß wie der Vollmond. Ihm folgt M27 mit einer Größe von 7 Bogenminuten. Die meisten planetarischen Nebel sind kleiner als eine Bogenminute und erfordern, um viele Details beobachten zu können, einen geringeren Abbildungsmaßstab und somit eine größere Brennweite als die meisten Emissionsnebel.

Galaxien

Von den Galaxien geht ein kontinuierliches Spektrum aus, da sich ihr Licht hauptsächlich aus dem der Sterne zusammensetzt. Das Zentrum einer Spiralgalaxie erscheint meist rötlich oder gelblich, da es aus alten Sternen besteht, wohingegen die Spiralarme in erster Linie junge Sterne enthalten, sodass diese eher bläulich aussehen. Die meisten elliptischen Galaxien (wie etwa M87, die größte Galaxie im Virgo-Haufen) enthalten alte Sterne und zeigen eine gelbliche Farbe. Bis auf ein paar Galaxien (M31, M33 und die beiden Magellanschen Wolken) sind die meisten kleiner als 0,5°. Die berühmte Whirlpool-Galaxie (M51 im Sternbild Jagdhunde) erstreckt sich über 10 Bogenminuten. Die größten Galaxien in den Sternbildern Löwe, Jungfrau und Großer Wagen liegen zwischen 5 und 15 Bogenminuten. In diesen Bereichen finden sich prächtige Galaxienhaufen und Tausende von Galaxien, die kleiner als eine Bogenminute sind und die man mit langen Belichtungszeiten fotografieren kann – viele wunderbare Gelegenheiten, die ausgetretenen Pfade der Astrofotografie zu verlassen!

Bei den Quasaren handelt es sich um sehr weit entfernte und helle Galaxien, die von uns aus wie Sterne punktförmig erscheinen. Der berühmteste, 3C273, befindet sich im Sternbild Jungfrau und ist mit einer Magnitude von 13 der hellste unter ihnen. Hat man ihn erst einmal unter den umgebenden Sternen ausgemacht, ist er einfach zu fotografieren. Es sind zwar noch Tausende weiterer Quasare am Himmel verteilt, doch haben diese selten eine Magnitude von über 18 und erfordern viel längere Belichtungszeiten.

Der Komet NEAT (C/2001 Q4) wurde im Mai 2004 von Angola aus mit einer DSL und einem 200 mm-Objektiv mit 13 Aufnahmen von je 5 Minuten fotografiert. Die Kamera war auf einer Äquatorialmontierung befestigt, deren Nachführgeschwindigkeiten der Rektaszension und Deklination so eingestellt werden konnten, dass sie der Bewegung des Kometen vor den Sternen folgte.

Kometen

Diese einsamen Wanderer durch unser Sonnensystem reflektieren das Licht der Sonne und somit ist ihr Spektrum im Wesentlichen kontinuierlich. Die typischen Kometen bestehen aus einem Kopf und ziehen einen farblosen Schweif aus Staub und einen bläulichen Schweif aus Gas hinter sich her. Im Licht des Kopfes finden sich häufig Emissionslinien, vor allem von molekularem Kohlenstoff (CII) zwischen 450 und 550 nm, wodurch dieser eine grünliche Farbe annimmt.

Die größte Schwierigkeit beim Fotografieren von Kometen ist deren Bewegung vor dem Hintergrund des Himmels. Setzt man ihre Winkelgeschwindigkeit in Beziehung zum Abbildungsmaßstab in Bogensekunden pro Pixel, kann man die ungefähre maximale Belichtungszeit errechnen, wobei man davon ausgehen darf, dass ein Komet ein irgendwie undeutliches Objekt darstellt und deswegen leichte Unschärfen besser verzeiht, als dies bei Sternen der Fall wäre. Diese Amplitude kann stark schwanken, je nachdem, wie weit der Komet von der Sonne entfernt ist und wie weit er von der Erde entfernt ist. Ein für das bloße Auge erkennbarer Komet kann mehrere Hundert Bogensekunden pro Stunde zurücklegen. In diesem Fall wird der Komet auf dem Foto unscharf, es sei denn, man

Der Komet Machholz am 7. Januar 2005, der seinen Schweif vor den Plejaden entlangzog. Das Foto entstand durch vier Aufnahmen von je 5 Minuten Belichtungszeit mit einem 200 mm-Objektiv auf einer Digitalkamera.

Mit unerwarteter Helligkeit und untypischer Form hinterließ der Komet Holmes seine Spur im Herbst 2007.

Am 4. Mai 2006 zog der Komet Schwassmann-Wachmann 3 am Kugelsternhaufen M13 vorbei.

verwendet eine sehr kurze Brennweite und sehr kurze Belichtungszeiten. Es gibt zwei Möglichkeiten, diesen Nachteil zu vermeiden:

- die Verwendung einer Montierung mit programmierbaren Geschwindigkeiten in der Rektaszensions- und Deklinationsachse, auf der die Kometenbewegung eingegeben werden kann.
- Mithilfe eines Guiding-Instruments eine Zielverfolgung (visuell oder autoguiding) auf den Kometenkern durchführen; dies setzt voraus, dass der Kern hell und punktförmig genug ist, was leider nicht immer der Fall ist.

Es gibt zwei Möglichkeiten, einen Kometen zu fotografieren:

- Mit einem Instrument mit kurzer Brennweite oder einem Teleobjektiv, das den gesamten Kometen in einer Umgebung mit Sternen abbildet.
- Mit einem Instrument mit längerer Brennweite, das eine Nahaufnahme des Kometenkerns und eines Teils des Schweifs (der Schweife) liefert. Bei einem aktiven Kometen kann eine Reihe von kurzen Belichtungen, die vorzugsweise mit einem monochromen Sensor aufgenommen werden, um eine höhere Empfindlichkeit zu erreichen, die Bewegungen der Materie von Tag zu Tag oder sogar von Stunde zu Stunde aufzeigen. Auf diese Weise lassen sich äußerst spektakuläre und lehrreiche Animationssequenzen zusammenstellen, die die Bewegung des Kometen vor dem Hintergrund der Sterne, die Materieausstöße des Kerns und manchmal sogar die Fragmentierung von Teilen des Kerns hervorheben.

Den Asteroid 19458 Legault (mit einer Magnitude von 17 in Opposition) kann man auf dieser einstündigen Aufnahme (CCD-Kamera an einem 130 mm-Refraktor) aufgrund seiner leichten Bewegung erkennen. Während einem der Einzelbilder zog das Heck eines Flugzeugs durch das Gesichtsfeld, das durch seine Blitzlichter der Außenbefeuerung kurz angestrahlt wurde, sodass dessen Bewegung in dem Moment eingefroren wurde.

Am 16. September 2018 zieht der Komet Jiacobini-Zinner am offenen Sternhaufen M35 vorbei (der dicht gedrängte Sternhaufen unter M35 ist NGC 2158). 60 Belichtungen à 30 s mit der Sony Alpha 7S auf Celestron RASA 11.

Asteroiden

Wie bei Sternen auch ist kein terrestrisches Teleskop in der Lage, Einzelheiten der Oberfläche oder gar die Form von Asteroiden zu erfassen. Die Fotografie gestaltet sich ähnlich wie die von Sternen, nur dass Asteroiden wie Kometen ihre Eigenbewegung haben. Ihre Winkelgeschwindigkeit vor den Sternen hängt hauptsächlich von der Entfernung zur Erde ab. Die kleinen Asteroiden, die nahe an der Erde vorbeikommen, haben bei geringstem Abstand zu unserem Planeten eine hohe Winkelgeschwindigkeit, die mehrere Grad pro Stunde betragen kann. Um sie auffinden und erfassen zu können, benötigt man eine computergesteuerte Montierung, die anhand der Bahndaten der Asteroiden gesteuert wird.

Die große Mehrheit der Asteroiden kreist allerdings im Asteroidengürtel zwischen Mars und Jupiter und hat eine relative Geschwindigkeit von etwa einer Bogenminute pro Stunde. Je nach Abbildungsmaßstab und Belichtungszeit erscheint der Asteroid dann als Stern oder als kleine Linie, die seine Bewegung andeutet. Wie Planeten auch hat jeder Asteroid seine Oppositionsperioden, während denen er näher und heller erscheint.

Die hellsten Asteroiden erreichen in Opposition eine Magnitude von etwa 6, wodurch sie sogar mit einer Videokamera leicht aufzunehmen sind. Es sind Tausende von Asteroiden bekannt und täglich werden es mehr, doch deren Magnituden liegen meistens unter 15. Auf Deep-Sky-Fotos, die in Richtung der Ekliptik aufgenommen werden, sind Asteroiden häufig mit vertreten.

Die Atmosphäre

Bei der Deep-Sky-Fotografie sind die Anforderungen an die Atmosphäre und das Teleskop ganz anders als bei Planeten. Bei lichtschwachen Objekten wird die Transparenz der Atmosphäre zu einem wichtigen Faktor: Ist es nebelig oder dunstig, wird das Lichtsignal geschwächt und die Lichtverschmutzung macht sich wahrscheinlich stärker bemerkbar. Aufgrund der in tieferen Lagen erhöhten

Diese beiden Rohbilder von M31 wurden mit demselben Teleskop (einem 100 mm-Refraktor mit einem Öffnungsverhältnis von f/5), derselben Kamera und identischer Belichtungszeit (3 Minuten) aufgenommen. Das erste wurde von einem Berg und das zweite bei mir zuhause, 30 km von Paris (der sogenannten »Stadt der Lichter«) entfernt, fotografiert.

Ausschnitte der oberen Bilder von M31. Nach Kalibrierung und Abzug des Himmelshintergrunds von den Rohbildern bleibt auf dem Bild mit der starken Lichtverschmutzung ein Rauschen übrig, das nicht entfernt werden kann und die feinen Strukturen der Spiralarme verdeckt.

Staub- und Rußkonzentrationen in der Luft sind höher gelegene Beobachtungspunkte für die Deep-Sky-Fotografie am besten.

Die Luftverschmutzung durch Kohlendioxid und Ozon stellt in der Astronomie kein Problem dar, da sie unsichtbar ist. Die Lichtverschmutzung hingegen ist für Astronomen eine Katastrophe, da ein dunkler Himmel für die Beobachtung und Fotografie von Deep-Sky-Objekten Grundvoraussetzung ist. Wie Sie schon in Kapitel 3 gesehen haben, ist der Himmelshintergrund ein Signal, das von Rauschen begleitet wird und lichtschwache Objekte verschlucken kann. An Stellen mit hoher Lichtverschmutzung ist dies das dominante Bildrauschen, das alle weiteren Rauschquellen übertrifft. Selbst helle Objekte wie der Orionnebel werden davon stark beeinträchtigt. Um bei mäßiger Lichtverschmutzung das gleiche Signal-Rausch-Verhältnis zu erzielen, wie man es von einem dunklen Beobachtungspunkt aus hätte, benötigt man deutlich längere Belichtungszeiten. Doch selbst mit extrem langen Belichtungszeiten, die in den zweistelligen Stundenbereich gehen können, stößt das erreichbare Signal-Rausch-Verhältnis an eine Grenze und kann niemals das Niveau erreichen, das von einem dunklen Beobachtungspunkt aus möglich ist.

Das Spektrum der Lichtverschmutzung am Himmel ist ziemlich komplex und hängt vor allem von der Art der Beleuchtung in unmittelbarer Nähe ab. Quecksilber- und Niederdruck-Natriumdampflampen, wie sie häufig bei Straßenlaternen eingesetzt werden, und auch die Neonbeleuchtungen haben Emissionslinien, die meist im Bereich von 400 bis 440 nm (Blau) und 540 bis 600 nm (Grün) liegen. Glühlampen und Hochdruck-Natriumdampflampen unterscheiden sich davon durch ihre kontinuierlichen Spektren, die Maxima im Grün- und Rotbereich aufweisen.

Der Mond sorgt seinerseits für eine natürliche Form der Lichtverschmutzung. Diese hängt stark von der Mondphase ab: Eine kleine Mondsichel verursacht wenig, der Vollmond eine große Lichtverschmutzung. Das Phänomen ist dabei das gleiche wie bei der Streuung des Lichts der Sonne am Tage, weshalb der Vollmond einen blauen Nachthimmel verursacht.

Die atmosphärischen Verhältnisse (das Seeing) spielen an typischen Beobachtungsplätzen von Amateuren beim Einsatz kurzer Brennweiten (unter 500 mm) wenig bis gar keine Rolle. Doch bei über 1000 mm werden atmosphärische Turbulenzen sichtbar und bei über 2000 mm zu einem entscheidenden Faktor der Bildschärfe. Wohnt man an einem Ort mit meist nur mittelmäßigen atmosphärischen Verhältnissen, hat man dann zu geringe Abbildungsmaßstäbe (Oversampling) und nur wenig Nutzen von einer längeren Brennweite.

Farbe, Schwarz-Weiß und Filter

Farbige Filter finden vielfache Anwendung in der Deep-Sky-Astrofotografie. Dabei werden zwei Typen von Filtern unterschieden: diejenigen, die dabei helfen, Farbbilder mit einem monochromen Sensor aufzunehmen, und jene, welche die Auswirkung der Lichtverschmutzung verringern.

Breitbandfilter

Wie wir schon an den Transmissionskurven der Rot-, Grün- und Blaufilter auf den Farbsensoren in Kapitel 2 gesehen haben, handelt es sich dabei um Breitbandfilter, d. h., dass sie mit einem Bandpass von jeweils 100 nm einen großen Bereich von Wellenlängen hindurchlassen. Die RGB-Filtersätze, die man an eine astronomische Kamera mit monochromem Sensor anschließen kann, arbeiten ähnlich. Sie sind alle für von der Sonne beleuchtete Objekte auf der Erde geschaffen und produzieren Bilder, deren Farbdarstellung dem entspricht, was man durch diese Filter auf

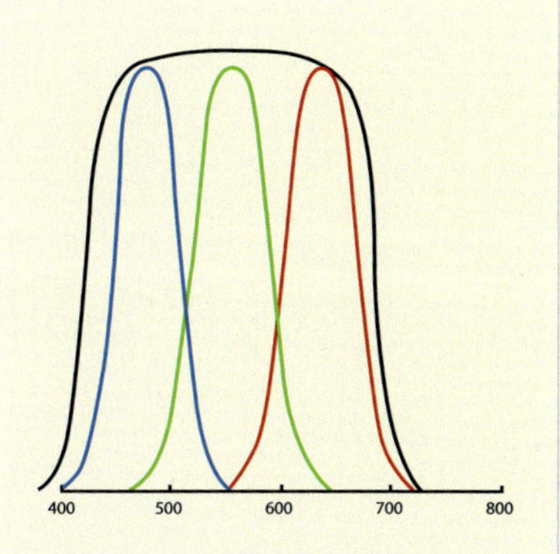

Typische Transmissionskurven astronomischer Breitbandfilter zur Verwendung mit monochromen Sensoren. Die schwarze Kurve gehört zum Luminanzfilter, der alle sichtbaren Wellenlängen hindurchlässt und das Ultraviolett- und Infrarotlicht blockiert. Manchmal gibt es dazu noch einen weiteren Filter, den Klarfilter, der alle Wellenlängen hindurchlässt, als gäbe es gar keinen Filter, und nur die Aufgabe hat, bei der Verwendung der anderen Filter für die gleiche Fokusposition zu sorgen.

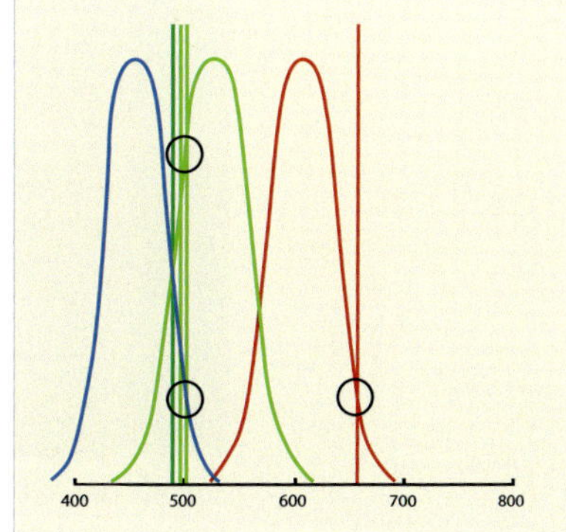

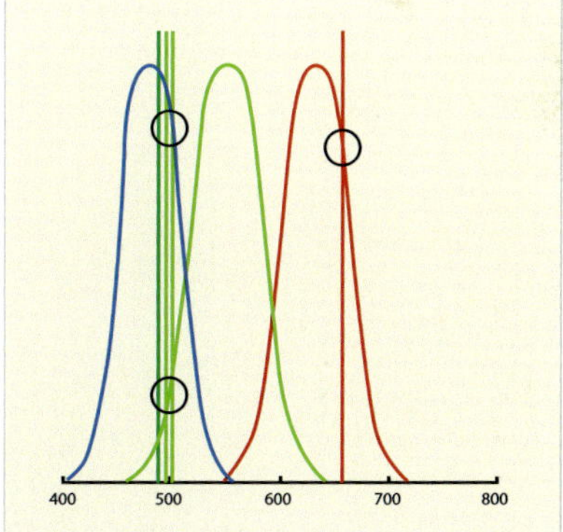

Die Transmissionskurven dieser beiden Sensoren (idealisiert, aber realitätsnah) sind fast identisch, wobei die des zweiten leicht in Richtung größerer Wellenlängen verschoben sind. Der Unterschied ist in der normalen Fotografie wie auch bei Galaxien und Sternen nicht zu erkennen. Doch was die Emissionslinien chemischer Elemente betrifft (Kreise), so unterscheiden sich deren Darstellungen. Beim ersten Sensor ist die Empfindlichkeit für H-alpha niedrig und OIII wird hauptsächlich durch die grünen Fotodioden empfangen. Beim zweiten wird H-alpha besser detektiert und OIII hauptsächlich von den blauen Fotodioden eingefangen, wodurch ein planetarischer Nebel in Magenta, einer Mischung aus Rot und Blau, erscheinen kann.

M8 ist ein Nebel im Sternbild Schütze, der hier mit einer DSL fotografiert wurde. Die mangelnde Empfindlichkeit für H-alpha wird sehr deutlich.

Ein Bild der Nebel M8 und M20, das mit einer monochromen Kamera und einem RGB-Farbfiltersatz aufgenommen wurde. Das Vorherrschen von H-alpha ist offensichtlich.

Der Eulennebel (M97), mit einer monochromen Kamera und dem RGB-Filtersatz der Gruppe 1 fotografiert.

ein von der Sonne beschienenes Motiv sieht. Deshalb führen sie auch bei Himmelsobjekten mit kontinuierlichen Spektren zu guten Ergebnissen: bei Sternen, Galaxien, Reflexionsnebeln und Kometen. Fotografiert man diese Objekte in Farbe, bereitet dies keine weiteren Probleme, auch wenn verschiedene Filtersätze zu leicht unterschiedlichen Ergebnissen führen können.

Bei planetarischen und Emissionsnebeln ist die Lage anders. Das Ansprechen des Sensors (Farbsensor oder monochromer Sensor mit zusätzlichen Filtern) hängt von der Lage der Transmissionskurven der jeweiligen Filter in Bezug auf die Emissionslinien ab. Eine kleine Verschiebung dieser Kurven kann sowohl die Signalintensität als auch die Farbdarstellung stark beeinflussen. Die Art, wie die Kamera dann Nebel darstellt, hängt dabei vor allem von den folgenden beiden Aspekten ab:

- Die H-alpha-Linie liegt im oberen Grenzbereich der Transmissionslinie der Rotfilter auf den meisten Farbsensoren (unter Berücksichtigung des Infrarotsperrfilters), sodass manche dieser Sensoren dafür nur wenig empfindlich sind.
- Die OIII- und H-beta-Linien liegen an der Grenze zwischen den Transmissionslinien der Blau- und Grünfilter der Sensoren. Je nach genauer Lage und Überlappung der Transmissionslinien kann die Farbdarstellung sehr stark zwischen Blau, Blaugrün und Grün variieren.

So weisen DSLs beispielsweise eine gute Empfindlichkeit für OIII-Linien auf; da sich diese an der Grenze zwischen blauen und grünen Fotodioden befinden, erhält man je nach Kamera eine Wiedergabe, die zwischen Cyanblau und Lindgrün variiert. Im Gegensatz dazu ist die Transmission in H-alpha sehr gering. Diese Kameras, wie auch die DSLs anderer Marken, lassen Emissionsnebel daher blau und magentafarben erscheinen.

Grünfilter

Blaufilter

Bilder von M27, die durch Verwendung unterschiedlicher RGB-Filter zustande kamen: mit Grün (linke Spalte) und Blau (rechte Spalte).

Die ersten beiden Reihen wurden mit einer monochromen Kamera aufgenommen: Gruppe 1 (oberste Reihe) und Gruppe 2 (mittlere Reihe). Bei der ersten Gruppe wurde OIII hauptsächlich durch den Blaufilter hindurchgelassen, wohingegen bei der zweiten Gruppe die Farben besser ausgewogen sind, weil OIII sowohl durch den Blau- als auch den Grünfilter gegangen ist. Man beachte, dass bei beiden Gruppen die Transmission des Rotfilters für H-alpha gut ist.

Die dritte Gruppe der Bilder in der untersten Reihe wurde mit einer DSL von Canon aufgenommen. Die Blaufilter des Sensors (unterste Reihe rechts) weisen eine bessere Transmission für OIII auf.

Ein Vergleich zwischen Wratten-Filtern (oben) und einem RGB-Filtersatz für astronomische Zwecke (unten) zeigt die Überlegenheit letzterer in Sachen Farbtransmission. Man bedenke, dass dieses Foto hinsichtlich der tatsächlichen Farben der Filter nicht absolut realistisch ist, da die Kamera ihre eigenen internen Filter bei dieser Abbildung eingesetzt hat.

DIE WAHL EINES RGB-FILTERSATZES

Bei Breitbandfiltern gibt es grundsätzlich zwei Optionen:

1. Filter, die mit ihrer *Wratten*-Bezeichnung ausgewiesen werden: 56 Grün, 25 Rot, etc. Diese gibt es von zahlreichen Herstellern für Astronomiezubehör. Sie sind relativ günstig und werden meist für die visuelle Beobachtung von Planeten verwendet. Für Farbaufnahmen kommen sie nur selten zum Einsatz, da vor allem die blauen und grünen zu viel Licht schlucken. Darüber hinaus sind sie für Infrarotlicht durchlässig und produzieren bei RGB-Bildern merkwürdige Farben.
2. Dichroitische bzw. Interferenzfilter sind zwar teurer, arbeiten aber selektiver und haben eine bessere Transmission von über 80 %. Darüber hinaus blockieren sie das Infrarotlicht. Ein weiterer Vorteil der meisten Filtersätze dieser Art ist, dass sie parfokal sind: Aufgrund ihrer identischen optischen Dichte bleibt die Fokussierung nach einem Filterwechsel immer gleich, was viel Zeit am Teleskop erspart.

Die RGB-Filter für astronomische Zwecke hingegen haben eine hervorragende Transmission für H-alpha, die über 90 % liegt. Allerdings kann, wie bei Farbsensoren auch, die Darstellung von OIII deutlich zwischen Blau, Blaugrün und Grün variieren.

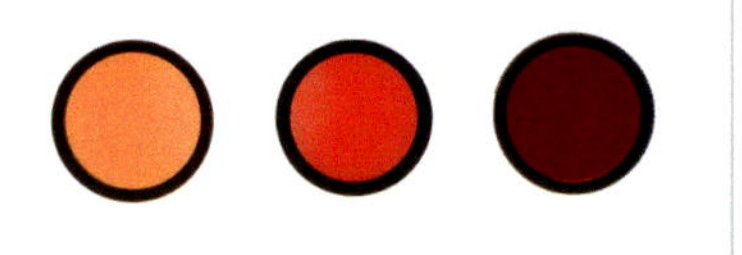

Diese drei Filter lassen 80 % bis 90 % der H-alpha-Linie hindurch, haben aber unterschiedliche spektrale Bandbreiten. Ganz links befindet sich ein einfacher Rotfilter mit einer Bandbreite von 100 nm, in der Mitte ein 14 nm-Filter und ganz rechts einer mit 5 nm Bandbreite. Letzterer entfernt die Auswirkung der Lichtverschmutzung am effektivsten, ist aber auch am teuersten. Die Transmissionskurven von Schmalbandfiltern sind meistens nicht rechtwinklig, sondern glockenförmig und die Herstellerangaben beziehen sich auf die Breite dieser Glockenkurve an der Stelle, die auf halber Höhe des Transmissionspeaks liegt (ähnlich wie bei der Berechnung von FWHM, die in Kapitel 4 erklärt wurde).

Schmalbandfilter

Die meisten Beobachter von planetarischen und Emissionsnebeln verwenden Schmalbandfilter (OIII oder UHC) mit Bandbreiten von 10 bis 20 nm. Der Vorteil dieser Filter liegt darin, dass sie etwa 90 % der beiden OIII-Spektrallinien hindurchlassen und alle anderen Wellenlängen abweisen, wodurch sich der Einfluss der Lichtverschmutzung um einen Faktor von über 10 verringert. Sie sind vor allen Dingen an Beobachtungspunkten in der Stadt oder auch bei Mondlicht nützlich, verbessern aber auch Kontrast und Signal-Rausch-Verhältnis bei dunklen Nachthimmeln auf dem Land. Viele Filter verringern gleichzeitig die Helligkeit der Sterne um den gleichen Betrag, wodurch bei Sensoren ohne Anti-Blooming-Funktionalität das Blooming deutlich reduziert wird und die Nebel in sternreichen Arealen besser zu sehen sind. Für Objekte mit einem breiten Lichtspektrum wie Sterne, Galaxien und Reflexionsnebel sind sie natürlich völlig ungeeignet.

Von zahlreichen Herstellern für Astronomiebedarf gibt es Schmalbandfiltersätze für die Fotografie, die die wichtigsten Emissionslinien abdecken: H-beta, OIII, H-alpha und SII. Der meistgebrauchte ist natürlich H-alpha, der sich für alle Emissionsnebel eignet. Der OIII-Filter ist vor allen Dingen bei planetarischen Nebeln nützlich. Schmalbandfilter sind in Bandbreiten zwischen 3 nm und 15 nm erhältlich. Je schmaler die Bandbreite, desto wirksamer wird die Lichtverschmutzung aus dem Bild gehalten, aber umso teurer sind sie auch. Filter mit 3 nm bis 4 nm eignen sich für Öffnungsverhältnisse von über 5. Bei Öffnungsverhältnissen von unter 5 nimmt man besser Filter mit 5 nm bis 10 nm, da der Lichtkegel aus optischen Gründen für einen Ultra-Schmalbandfilter zu breit ist und zu Lichtverlusten führen kann.

Auch wenn Schmalbandfilter hauptsächlich in Verbindung mit monochromen Sensoren eingesetzt werden, spricht nichts gegen deren Verwendung mit einem Farbsensor, wenn man einen Emissions- oder planetarischen Nebel fotografieren und eine starke Lichtverschmutzung eindämmen möchte. Alle Objekte auf dem Foto nehmen natürlich die Farbe an, die dem Filter entspricht. Aber selbstverständlich verbessert dieser Filter nicht die Empfindlichkeit des Farbsensors auf der betreffenden Linie.

Darüber hinaus sind noch viele weitere Filter erhältlich, die Bezeichnungen wie UHC (Ultra High Contrast), NBN (Narrow Band Nebula), Nebelfilter und Deep-Sky-Filter tragen. Deren Bandbreiten bewegen sich zwischen 20 nm und 60 nm und bewegen sich also um die OIII- und H-beta-Spektrallinien. Sie sind daher etwas weniger wirksam gegen Lichtverschmutzung. Einige von ihnen wurden speziell für die visuelle Beobachtung entwickelt. Die Transmissionen von H-alpha und sogar Infrarot können sich von Modell zu Modell deutlich unterscheiden. Für fotografische Zwecke ist es daher wichtig, deren Transmissionskurven, die von den Herstellern angegeben werden, sorgfältig zu überprüfen, bevor Sie diese Filter für die Fotografie kaufen. Viele sind für das nahe Infrarot durchlässig: Bei der Verwendung mit einem monochromen Sensor müssen sie mit einem Infrarot-Sperrfilter versehen werden.

Das neueste Mitglied der Familie sind die Multibandfilter. Sie kombinieren zwei bis vier schmale Bänder, sodass man mit einem Farbsensor (vorzugsweise modifiziert, wenn es sich um eine Kamera handelt) in einem Durchgang Bilder von Nebeln erhalten kann. Sie sind komplexer

Der Komet Lovejoy mit seinem langen Schweif im Dezember 2013. Das Bild besteht aus zwölf gestapelten Aufnahmen von je 20 s mit einem 135-mm-Objektiv bei Blende 2,8 und einem Vollformatsensor (Bild wurde beschnitten).

Diese beiden Bilder des Sichelnebels wurden mit einer CCD-Kamera aufgenommen, vor der sich ein roter Breitbandfilter (links) und ein H-alpha-Schmalbandfilter (rechts) befand.

Die Clip-Filter von Astronomik sind als Schmalband- und Lichtverschmutzungsvarianten für Vollformat- und APS-C-DSLs von Canon erhältlich.

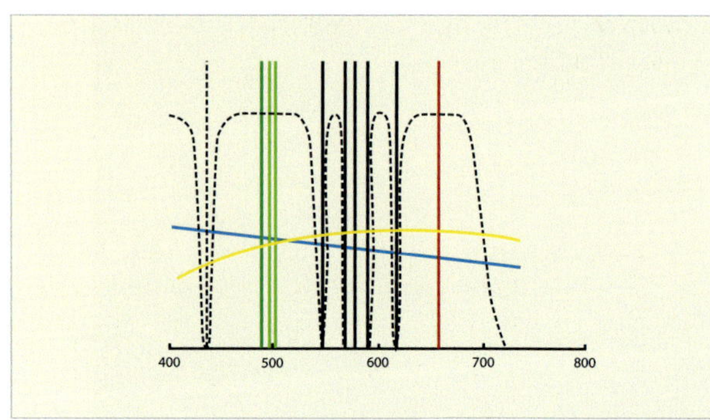

Die Transmissionskurve eines typischen Lichtverschmutzungsfilters. Die Hauptemissionslinien städtischer Beleuchtung sind schwarz, das kontinuierliche Spektrum der Glühlampen ist gelb und die Himmelshintergrundfarbe durch den Mond blau eingezeichnet.

in der Herstellung als Einzelbandfilter und teurer, können aber mehrere Filter ersetzen. Zu dieser Kategorie gehören die Optolong l-eNhance und l-eXtreme sowie die OPT Radian Triad.

Lichtverschmutzungsfilter

Im Handel sind oft sogenannte Lichtverschmutzungsfilter erhältlich, die Namen wie LPS (Light Pollution Suppression), LPR (Light Pollution Rejection) oder CLS (City Light Suppression) tragen. Deren Bandbreiten sind mit mehreren Hundert Nanometern größer als die der zuvor beschriebenen Filter. Sie sollen die Hauptemissionslinien (Quecksilber und Natrium) der städtischen Lichtverschmutzung eliminieren. Leider ist deren Effektivität bei der Beobachtung von Objekten mit kontinuierlichen Spektren sehr begrenzt, sodass man besser von einer Reduzierung als von einer Eliminierung spricht.

Die Hersteller behaupten, dass solche Lichtverschmutzungsfilter auch bei Sternen und Galaxien verwendbar seien, doch erweisen sie sich in Sachen Kontraststeigerung von Emissions- und planetarischen Nebeln weit weniger wirksam als Schmalbandfilter. Man sollte sie daher eher als Allzweckfilter betrachten, die an Beobachtungspunkten mit mäßiger Lichtverschmutzung ein wenig helfen können. In Verbindung mit einem Farbsensor sorgen sie für eine deutliche Farbverschiebung, obgleich diese weit weniger ausgeprägt ist als bei Schmalbandfiltern.

Die Installation eines Filters (Breitband-, Schmalband- oder Lichtverschmutzungsfilter) ist bei einer mit einem Filterrad ausgestatteten astronomischen Kamera einfach. Bei einer DSL muss man einen Adapter finden, der die Platzierung vor der Kamera erlaubt. Den Filter an einem fotografischen Objektiv anzubringen, ist problematischer, da sich dieser an einer der beiden Seiten des Objektivs befinden muss. Dazu verwendet man, falls vorhanden, den Filtereinschub an der Rückseite des Objektivs (manche Teleobjektive haben so etwas) oder schraubt ihn an das Filtergewinde vor der Frontlinse, falls er darauf passt.

Digitalkameras: Infrarotsperrfilter und H-alpha

Wie wir bereits in Kapitel 2 gesehen haben, lassen die Farbfilter, die sich auf den Fotodioden eines Farbsensors befinden, Infrarotstrahlen zwischen 700 nm und 1000 nm hindurch. Deshalb wird ein zusätzlicher Filter (Infrarotsperrfilter) vom Kamerahersteller direkt über dem Sensor angebracht. Dies ist der Preis, den man für gut abgestufte, realistische Farben zahlen muss – zumindest für Aufnahmen bei Tageslicht. Doch durch den Sperrfilter wird leider ein Großteil des H-alpha-Lichts abgewiesen, da der Grenzbereich dieses Filters kurz vor dieser Linie liegt. Dadurch ist die Bilanz eingefangener Photonen äußerst schlecht. Denn es ist nicht nur so, dass lediglich jede vierte Fotodiode H-alpha einfängt, sondern auch deren Anteil um teilweise über 80 % vom Sperrfilter vermindert wird.

Bei einem Nebel, wie er auf Seite 40/41 gezeigt wird, der mit einer monochromen Astro-Kamera an einem 100 mm-Refraktor aufgenommen wurde, wäre der Verlust an H-alpha-Photonen durch den Einsatz einer DSL so groß, als wäre die Apertur (Durchmesser) des Teleskops kleiner als 20 mm! Und selbst diese Überschlagsrechnung ist noch sehr optimistisch, da die wenigen H-alpha-Photonen, die dennoch aufträfen, im Hintergrundlicht und dem damit verbundenen Rauschen, das nicht verringert würde, untergingen. Aller Wahrscheinlichkeit nach ließe sich dieser Photonenverlust selbst mit einer starken Verlängerung der Belichtungszeit nicht ausgleichen.

Um die Empfindlichkeit für H-alpha Linie zu erhöhen, entfernen Amateure den Infrarot-Sperrfilter auf dem Sensor ihrer DSLs. Natürlich kann man dadurch seine Kamera beschädigen und verliert seinen Garantieanspruch, denn dabei muss man die Kamera fast vollständig auseinander- und wieder zusammenbauen und sogar noch etwas löten. Ist der Filter einmal entfernt, hat man drei Möglichkeiten:

- Man ersetzt den Originalfilter mit einem Infrarotsperrfilter (Schott KG3-Glas), dessen Schwellenwert knapp über der wichtigen 656,3 nm-Spektrallinie liegt. Bei Emissionsnebeln ist der Helligkeitszuwachs der H-alpha-Linie deutlich (üblicherweise 4- bis 5-fach). Die Helligkeit von OIII sowie von Sternen und Galaxien bleibt die gleiche. Man kann mit diesem Filter immer noch bei Tage fotografieren, wobei der Autofokus unter der Voraussetzung, dass der Austauschfilter die gleiche Fokusebenenverschiebung aufweist wie der Originalfilter (dabei kommt es auf wenige Hundertstel Millimeter Dicke und den Brechungsindex an), korrekt funktioniert. Die durch den leichten Rotüberschuss hervorgerufene Farbverschiebung kann man durch einen manuellen Weißlichtabgleich mithilfe einer Graukarte (siehe Seite 221) wieder ausgleichen. Die Farben der Sterne und Galaxien bleiben deshalb realitätsnah.
- Man ersetzt den Originalfilter durch einen klaren Glasfilter gleicher Dicke, der für alle Wellenlängen durchlässig ist. Damit steht auch der nahe Infrarotbereich zur Verfügung und der Autofokus bleibt funktionsfähig. Um nun allerdings realistische Farben zu erhalten, muss man einen Infrarotsperrfilter einsetzen (z. B. einen Clip-Filter von Astronomik), da das Infrarotlicht ansonsten alle Farben verderben würde. Beim Einsatz eines Refraktor oder eines Objektivs besteht zudem das Risiko, dass sich die Fokusposition zwischen dem sichtbaren und dem Infrarotlicht unterscheidet und es auf diese Weise schwierig wird, gut zu fokussieren.
- Man ersetzt den Originalfilter durch gar nichts, wodurch wie bei der vorherigen Lösung alle Wellenlängen zur Verfügung stehen. Dadurch funktioniert allerdings weder der Autofokus korrekt, noch ist es bei den meisten Objektiven dann möglich, auf Unendlich zu fokussieren, da das Fehlen des Filters zu einer Verlagerung der Schärfeebene führt. Das Fokussieren ist daher nur noch in Verbindung mit einem Teleskop im Live-View-Modus möglich.

Nach der 2005 erschienenen 20Da bot Canon 2012 die 60Da und 2019 die Ra an, die jeweiligen astronomischen (daher das »a«) Varianten der Canon 20D, 60D und R. 2015 erschien die Nikon D810A, das astronomische Äquivalent der D810. Alle diese limitierten Serien entsprechen der oben beschriebenen Lösung 1 und bieten damit diese Möglichkeit auch für den Hobbybereich.

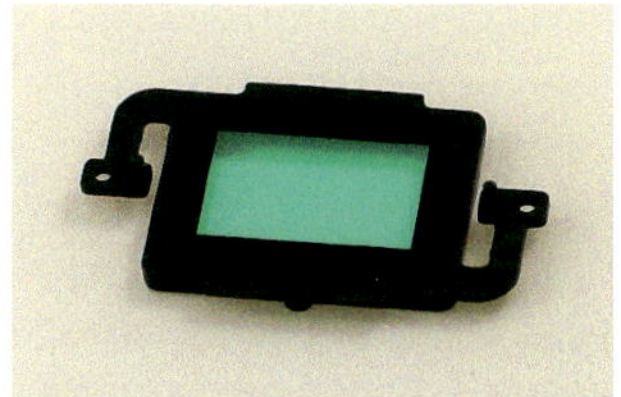

Der IR-Filter, der den Sensor einer Canon-DSL bedeckt, hat eine leicht bläuliche Färbung, die auf seine Absorption im Infra- und Tiefrot hinweist.

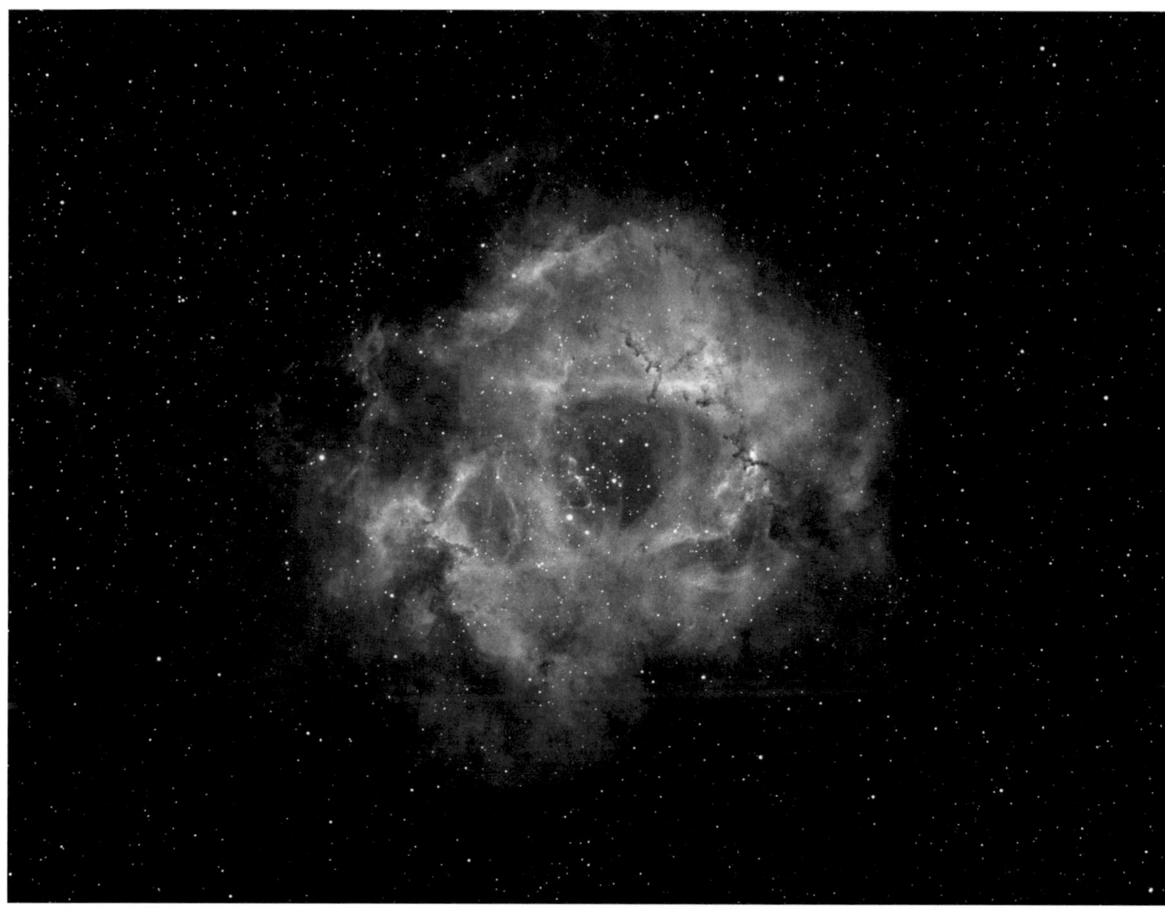

Der Rosettennebel wurde fünf Stunden lang mit einer von Richard Galli (www.eosforastro.com) modifizierten Canon 6D fotografiert. Der allererste Verarbeitungsschritt bestand in der Extraktion der roten Pixel (5 Megapixel aus 20) aus allen RAW- und Kalibrierungsdateien.

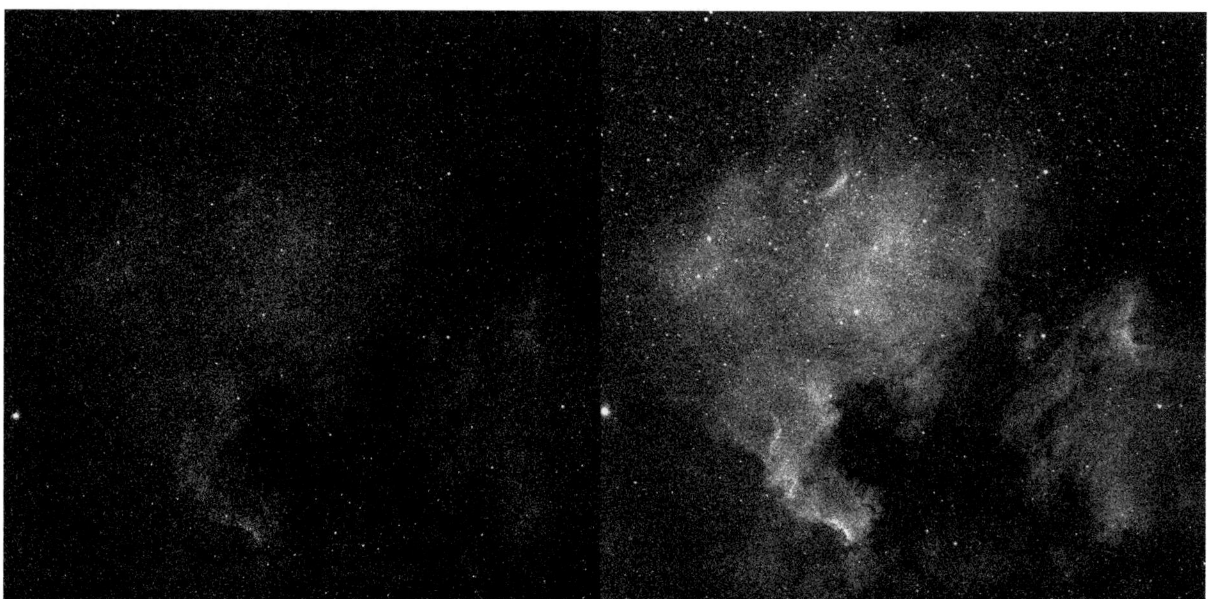

Der Rotkanal einer Aufnahme mit einer Nikon D810A (rechts), links daneben zum Vergleich mit einer unmodifizierten D810.

Auswahl und Einstellung der Kamera

Im Prinzip lässt sich für die Deep-Sky-Fotografie jede Kamera verwenden, die eine längere Belichtungszeit als 30 Sekunden zulässt. Eine Kompakt- oder Bridgekamera lässt sich nur im Huckepackbetrieb verwenden, wobei die meisten von ihnen lediglich Belichtungszeiten zwischen 10 und 30 Sekunden ermöglichen und die Bildqualität im Vergleich zu den besten DSLs in Sachen Rauschen und Dunkelstrom viel schlechter ist. An einem Teleskop kann ein Gehäuse direkt bzw., falls nötig, hinter einem Feldkorrektor oder einem Brennweitenreduzierer angebracht werden.

Da astronomische Kameras oft ähnliche Eigenschaften haben (USB-Anschluss, 12-Volt-Stromversorgung ...), ist ein Hauptkriterium für die Auswahl der Sensor: Anzahl und Größe der Pixel, aber auch, wenn diese Messungen verfügbar sind, die Quanteneffizienz in den verschiedenen Farben und auf den Emissionslinien von Nebeln. Das Vorhandensein einer Temperaturregelung vereinfacht das Leben enorm, da eine kleine Bibliothek von Dunkelbildern ein für alle Mal zusammengestellt werden kann und eine sehr genaue Korrektur des thermischen Signals ermöglicht, was bei Digitalkameras, deren Temperatur während der Aufnahme unvorhersehbar schwankt, nicht der Fall ist. Die Stärke der Kühlung (maximale Temperaturdifferenz zwischen dem Sensor und der Umgebungsluft) ist ebenfalls ein wichtiges Kriterium, ebenso wie das Vorhandensein von Anti-Kondensationsvorrichtungen (abgedichtete Kammer, Heizwiderstand am Sucherfenster ...).

Handelsübliche Digitalkamera oder astronomische Kamera?

DSLs bieten heute ein sehr gutes Preis-Leistungs-Verhältnis und ermöglichen es einer breiten Zielgruppe, schöne Farbfotos von vielen Himmelsobjekten zu machen. Neben ihrer Vielseitigkeit in der Astronomie und im Alltag ist einer ihrer größten Vorteile die im Vergleich zu einer Astronomie-Kamera der gleichen Preisklasse größere Sensorfläche (und damit das erfasste Feld). Ein weiterer Vorteil ist, dass sie ohne externe Stromversorgung oder Anschluss an einen Computer betrieben werden können.

Trotzdem bleiben astronomische Kameras für die Deep-Sky-Fotografie eine gute Wahl, weil ihre monochromen Sensoren eine nicht zu übertreffende Vielseitigkeit und vor allen Dingen Empfindlichkeit bieten. Man könnte sich vielleicht wundern, dass auch heute noch viele astronomische Kameras mit einem solchen Sensor angeboten werden. Dabei würde man jedoch ihre haushohe Überlegenheit in Sachen Empfindlichkeit übersehen. Im Deep-Sky-Bereich sind die Photonen ein knappes Gut: Von einem Stern mit einer Magnitude von 20 kommen in einem 200 mm-Teleskop an der Fokusebene pro Sekunde nur ein Dutzend Photonen an! Bei einem Farbsensor führen von 100 Photonen weniger als 40 grüne, 20 rote und 20 blaue Photonen schließlich wirklich zu Elektronen. Bei der Spektrallinie H-alpha sind es am Ende mitunter nicht mehr als 5. Ein monochromer Sensor dagegen verwandelt 50 bis 80 Photonen, gleich welcher Farbe (inklusive H-alpha), in Elektronen. Der Vorteil einer DSL in Sachen Sensorgröße (also schlussendlich das Gesichtsfeld) wird durch die weit geringere Anzahl umgewandelter Photonen wieder aufgehoben. Bei Galaxien und planetarischen Nebeln ist die Empfindlichkeit weniger ein Thema, aber die meisten dieser Objekte kommen mit einem kleinen Sensor im Brennpunkt eines Amateurinstruments ebenfalls besser zurecht.

Ein Amateur, der regelmäßig Deep-Sky-Bilder machen möchte und bereit ist, Zeit und Geld in diese Aktivität zu investieren, sollte der Kamera ebenso viel Beachtung schenken wie dem Teleskop und dessen Montierung. Schließlich ist die Kamera ein wichtiges Glied der fotografischen Kette, deren Bestandteile im richtigen Verhältnis zueinander stehen müssen. Was nützt es, ein Instrument mit großem Durchmesser zu kaufen, um mehr Photonen zu sammeln, wenn man dann – weil man nicht genug Geld übrig hat – einen Sensor anschließt, der den größten Teil der Photonen wieder aussortiert? Die Frage »Ich habe einen guten Sensor, welches Instrument kann ich davor stellen?« ist genauso gültig wie die Frage »Ich habe ein gutes Instrument, welchen Sensor kann ich dahinter stellen?«.

Für den Amateur, der die besten Deep-Sky-Ergebnisse sowohl in Farbe als auch in Schwarz-Weiß erzielen möchte und der bereit ist, dafür einen gewissen Preis zu zahlen, hat ein Filtersatz (RGB und Schmalband) in Verbindung mit einem monochromen Sensor erhebliche Vorteile:

- Sämtliche Fotodioden sind für das Licht durch RGB- oder Schmalbandfilter empfindlich. Bei einem Farbsensor erfassen nur 50 % der Fotodioden grüne Photonen und jeweils nur 25 % rote oder blaue Photone .
- Die Belichtungszeit kann in den einzelnen Farben so angepasst werden, dass die Gesamtheit der Farben ein homogenes Signal-Rausch-Verhältnis aufweist,

Auf diesen beiden Bildern, die mit dem gleichen Teleskop und mit gleicher Belichtungszeit mit einer DSL (links) und einer CCD-Kamera (rechts) aufgenommen wurden, sieht man die Überlegenheit monochromer Sensoren sowohl bei Nebeln als auch bei Galaxien. Der Druck wurde so angepasst, dass er das gleiche Signal-Rausch-Verhältnis zeigt.

wodurch die Gesamtbelichtungszeit optimiert wird; bei einem Farbsensor ist das Signal-Rausch-Verhältnis zwischen den einzelnen Farben nicht konsistent, was zum Nachteil von Blau und Rot führen würde, die stärker verrauscht sind als die grüne Schicht.

Neben der Empfindlichkeit ist der Monochromsensor sehr vielseitig: Ein »klassisches« Farbbild kann natürlich mit einem Satz breitbandiger RGB-Filter erzielt werden, aber das Spektralband kann je nach Bedarf mit speziellen Filtern ausgewählt werden, insbesondere um »Farben« wie das nahe Infrarot, das Ultraviolett (z.B. für die Venus) oder natürlich Emissionslinien wie H-alpha zu holen.

Es hat keinerlei Auswirkungen auf den Sensor (die Bayer-Matrix ist nicht verschwunden!) oder den Inhalt der Raw-Dateien, die sie liefert.

Welche Belichtungszeit?

Egal ob man eine handelsübliche Digitalkamera oder eine astronomische Kamera benutzt, lautet die erste Frage, die sich einem Astrofotografen stellt: »Welche Belichtungszeit sollte ich für jede Einzelaufnahme wählen?« Die Belichtungszeit sollte so lang wie möglich sein und auf Basis der folgenden Parameter festgelegt werden: der Qualität der Nachführung sowie der Sättigung des Bildes. Dass die hellen Sterne im Gesichtsfeld gesättigt sind, ist ganz normal, doch das Hauptobjekt (Nebel, Galaxien oder Kugelsternhaufen) sollte keine gesättigten Bildbereiche enthalten, da dies zu unwiederbringlichen Informationsverlusten führen würde.

Die Antwort auf diese Frage wird durch einen weiteren Aspekt noch komplizierter. Wie Sie in Kapitel 3 gesehen haben, ist eine einzige lange Aufnahme eines Objekts nicht immer die beste Wahl, da sie von Satelliten, Flugzeugen, Wolken und kosmischer Strahlung durchzogen werden kann und auch sonst noch kleine Missgeschicke passieren können, etwa ein kurzes Anrempeln des Instruments, eine Windböe, der Verlust des Leitsterns oder eine Verschiebung des Fokus. Wenn man beispielsweise vorhat, eine 30-minütige Aufnahme von einer Galaxie anzufertigen, ist es besser, zehn Aufnahmen von je 3 Minuten oder sogar 30 Aufnahmen von je 1 Minute Belichtungszeit zu machen, als eine einzige, die über 30 Minuten geht.

In der Praxis reichen die Einzelbelichtungszeiten im Allgemeinen von etwa zehn Sekunden für ein sehr helles Objekt wie das Zentrum des Orionnebels bis zu einer Dauer von etwa zehn Minuten für ein schwächeres Objekt oder bei der Verwendung von Schmalbandfiltern, wobei die am häufigsten verwendeten Werte im Bereich von 1 bis 5 Minuten liegen.

Wenn Ihre Nachführung nicht optimal ist, werden Sie sich sicherlich die Frage stellen, welche Mindestbelichtungszeit Sie für jedes Bild vernünftigerweise verwenden können, ohne die Nachteile einer übermäßigen Salamitaktik in Kauf nehmen zu müssen. Auch hier werden die in Kapitel 3 besprochenen Konzepte hilfreich sein. Wenn das Ausleserauschen der Kamera gleich null wäre, könnte man die Gesamtbelichtung in beliebig viele Belichtungen aufteilen, z.B. 180 Belichtungen à 5s für eine Gesamtdauer von einer Viertelstunde. Tatsächlich ist das

Ausleserauschen das einzige, das sich bei gleicher Gesamtbelichtungszeit mit zunehmender Anzahl zusammengesetzter Bilder kumuliert. Das Wärmesignal, das Lichtsignal und das damit verbundene Rauschen hängen nur von der Gesamtbelichtungszeit ab, nicht von ihrer Aufteilung in Einzelbelichtungen. Aber natürlich hat keine Kamera ein Ausleserauschen von null. In der Praxis kann die Dauer einer Einzelbelichtung ohne Nachteile verkürzt werden, solange das Ausleserauschen im Vergleich zu den anderen im Bild vorhandenen Rauschmustern vernachlässigbar bleibt. Das ist der Vorteil von Kameras mit geringem Ausleserauschen: Sie ermöglichen es, bei gleicher Gesamtbelichtungszeit die Einzelbelichtungszeit ohne Schaden zu verkürzen. Die Methode zur Bestimmung der optimalen Belichtungszeit pro Einheit wird in Anhang 5 ausführlich beschrieben.

Betrachten wir dabei einmal zwei Extremsituationen:

1. Der Himmel weist eine hohe Lichtverschmutzung auf oder das Ziel ist hell: Das Photonenrauschen (vom Hintergrund oder dem Objekt) überwiegt deutlich die anderen Rauschquellen, sodass die Belichtungszeit der Einzelaufnahmen relativ kurz sein darf (weniger als eine Minute).
2. Das Ziel ist lichtschwach und der Himmel dunkel (oder man arbeitet mit Schmalbandfiltern, die den Himmel abdunkeln): Die Belichtungszeit der Einzelaufnahmen wird besser nicht zu kurz gewählt, da das Ausleserauschen sich ansonsten stark auswirken würde und schließlich dominiert, da es, wie in Kapitel 3 beschrieben, mit der Quadratwurzel der Anzahl der zusammengesetzten Bilder ansteigt.

Diese Frage führt zu einer weiteren: Wie lange soll die Gesamtbelichtungszeit sein? Anders ausgedrückt: Wenn Sie die individuelle Belichtungszeit festgelegt haben, wie viele Bilder sollen Sie dann machen? Das hängt vom fotografierten Objekt ab, aber auch vom Ziel, das Sie verfolgen. Die Anforderungen an die Bildqualität sind unterschiedlich, je nachdem, ob Sie nur die Anwesenheit eines Objekts feststellen wollen oder ob Sie ein möglichst schönes, tiefes und weiches Bild mit einem sehr guten Signal-Rausch-Verhältnis aufnehmen möchten (siehe Kapitel 3). Im zweiten Fall kann es sein, dass Sie mehrere Belichtungen über mehrere Minuten oder sogar Stunden sammeln müssen.

Die anderen Einstellungen

IDie höchste ISO-Einstellung, die bei einer Digitalkamera eingestellt werden kann, ist unter Amateuren ein heiß diskutiertes Thema. Eine Aufnahme mit höherer ISO-Einstellung macht die Objekte in ihr heller, bringt aber auch mehr Bildrauschen. Digital- und Analogfotografie unterscheiden sich in dieser Hinsicht fundamental: Ein höherer ISO-Wert bedeutet nämlich nicht, dass mehr Photonen in Elektronen umgewandelt werden, jedenfalls nicht solange mehr Licht durch das Instrument kommt! Bei gleicher Belichtungszeit sind alle in Kapitel 3 beschriebenen Signale und Rauscheffekte unabhängig von der ISO-Einstellung gleich, mit Ausnahme des Ausleserauschens, das mit steigendem ISO-Wert abnimmt, zumindest bis zu einem gewissen Grad. Sind die Belichtungszeiten lang genug, dass das Rauschen im Bildhintergrund unübersehbar wird, geht das Ausleserauschen darin aber unmerklich unter, sodass es letztlich keine Rolle spielt. Wenn im Gegensatz dazu die Belichtungszeiten relativ kurz sind (natürlich immer noch vom Stativ aus fotografiert) oder das Hintergrundrauschen des Himmels sehr niedrig ist (was bei der Verwendung eines Schmalbandfilters durchaus sein kann), kann das Ausleserauschen im Bild zum Tragen kommen, sodass wir dann lieber die optimale ISO-Einstellung wählen. Wie man diese ermittelt, steht im Anhang 5. Bei der Deep-Sky-Astrofotografie ist dies weit weniger wichtig. Die Vorstellung, dass eine einminütige Aufnahme bei ISO 400 die gleiche Bildqualität aufweist wie eine über vier Minuten bei ISO 100, stimmt daher nicht, da das Signal-Rausch-Verhältnis im letzteren Fall viel besser ist.

Optimale Belichtungszeit und ISO-Einstellung hängen nur mittelbar zusammen, sodass man sich letztlich nur folgendes Prinzip merken sollte: Je kürzer die Belichtungszeit (wenig Signal), desto sorgfältiger muss der ISO-Wert gewählt werden.

Solange Sie im RAW-Format fotografieren, bleiben weitere Einstellungen (Auflösung, Weißabgleich, Schärfung etc.) ohne Wirkung auf die Dateien, da deren Informationen direkt vom Sensor stammen.

Bei einer astronomischen Kamera gibt es keine Einstellung für die »Empfindlichkeit«, aber man kann eine Einstellung für die »Verstärkung« finden. In diesem Fall können Sie die optimale Verstärkung auf die gleiche Weise wie die optimale ISO-Einstellung einer Kamera bestimmen, wie in Anhang 5 beschrieben.

Diese Bilder von M27 wurden mit demselben Teleskop, derselben DSL und derselben Belichtungszeit (6 × 2 Minuten) aufgenommen. Sie unterscheiden sich nur in der ISO-Einstellung (von links nach rechts: 100, 400 und 1600). Auf dem Display der Kamera sehen die RAW-Bilder mit den höheren ISO-Einstellungen zwar heller aus, doch sobald man die Tonwerte mit der Bildbearbeitungssoftware auf die gleiche Helligkeit einstellt, ist das Signal-Rausch-Verhältnis der Bilder fast das gleiche.

Das Auffinden der Objekte

Deep-Sky-Objekte sind schwieriger zu finden als die großen Planeten. Die meisten von ihnen sind durch das Okular eines Teleskops nicht zu sehen. Es gibt mehrere Techniken, die einem dabei helfen, sie in das Blickfeld der Kamera zu bekommen.

Das Sucherfernrohr

Das Sucherfernrohr wird häufig in der visuellen Beobachtung verwendet, kann aber auch in der Fotografie eingesetzt werden. Wenn das gesuchte Ziel nicht sichtbar ist, weil es zu schwach leuchtet, kann man es mithilfe der umliegenden Sterne zentrieren, die man zuvor mit einem guten Atlas ausfindig gemacht hat. Die Zielgenauigkeit eines gut eingestellten Standardsuchers mit 7×50 oder 8×50 liegt bei etwa zehn Bogenminuten. Wenn das Gerät mehr als diesen Wert abdeckt, besteht die Chance, dass sich das gesuchte Objekt innerhalb des Rahmens befindet. Andernfalls kann die Suche schwieriger sein.

Zentrierung durch ein Okular

Es ist jederzeit möglich, ein Okular anstelle des Geräts anzubringen, um die Ausrichtung zu verfeinern, aber dann muss das Gerät danach vom Instrument entfernt werden. Dies ist nicht ohne Risiko, insbesondere für die Fokussierung oder die Qualität der Weißbild-Korrektur (siehe Kapitel 3).

Zentrierung mit DSL oder astronomischen Kamera

Mit einer DSL ist es möglich, das Objekt durch direktes Zielen über den Sucher oder im Live-View-Modus zu zentrieren. Wenn das Objekt nicht sichtbar ist, können die umgebenden Sterne verwendet werden ... wenn sie zahlreich genug und leicht identifizierbar sind. Ein paar Sekunden Belichtung bei hoher ISO sollten genügen, das Ziel zu identifizieren. Das gleiche Verfahren ist auch bei einer astronomischen Kamera anwendbar (wenn möglich im Binning-Modus).

Zentrierung mithilfe von Teilkreisen

Viele Äquatorialmontierungen sind mit Teilkreisen für die Rektaszension und Deklination ausgestattet. Diese Teilkreise arbeiten nicht immer hundertprozentig genau, vor allem nicht in der Rektaszension, sodass sich folgende Methode bewährt hat:

1. Man zentriert sorgfältig einen hellen Stern, der sich nicht zu weit vom Ziel befindet.
2. Man notiert sich die auf den Teilkreisen angezeigten Koordinaten.
3. Mithilfe eines Planetariumsprogramms berechnet man nun die Differenzen für Rektaszension und Deklination zwischen den Koordinaten des Sterns und dem Ziel.
4. Man bewegt die Montierung so, dass die von den Teilkreisen angezeigten Koordinaten sich um genau diese Differenzen unterscheiden.

Die Zielgenauigkeit der meisten Teilkreise ist schlechter als jene, die man mit einem guten Sucherfernrohr bekommt. Deshalb eignet sich diese Methode eigentlich nur für Fotos mit größerem Blickfeld.

Zentrierung mit einem GoTo-System

Viele Montierungen (einige davon werden in diesem Buch vorgestellt) sind mit computergestützten Systemen ausgestattet, die mit dem Begriff GOTO (»gehe zu«) bezeichnet werden und die, nachdem sie zu Beginn der Sitzung durch Anpeilen einiger Referenzsterne eingerichtet wurden, automatisch jedes beliebige Objekt anvisieren, dessen Koordinaten in der Datenbank des Instruments gespeichert sind. Dies hängt nicht nur von der Größe des Sensors und der Brennweite des Instruments ab, sondern auch von der Genauigkeit des GOTO-Systems, die von Instrument zu Instrument variiert, und von der Qualität der anfänglichen Einstellung auf die Referenzsterne. Ein GOTO-System mit einer effektiven Genauigkeit von mehreren Dutzend Bogenminuten ist wenig hilfreich, wenn das zu fotografierende Feld nur wenige Bogenminuten groß ist!

Die Aufnahmen

Eine Deep-Sky-Fotosession spielt sich üblicherweise folgendermaßen ab:

1. Aufbau des Teleskops, möglicherweise inklusive eines Guiding-Teleskops
2. Überprüfung der Kollimation (Kapitel 4), falls nötig
3. Ungefähre Ausrichtung der Polachse der Montierung
4. Anbringen der Kamera an das Teleskop, eventuell mit Brennweitenreduzierer, Feldkorrektor oder Off-Axis-Guider (Kapitel 4)
5. Ausbalancieren des Teleskops in Rektaszensions- und Deklinationsachse und dabei ein leichtes Ungleichgewicht behalten, um chaotische Wippbewegungen zu vermeiden.
6. Präzise Ausrichtung der Polachse (Zusammenbau und Ausbalancieren des Teleskops führen oft zu kleinen Verschiebungen der Polachse, sodass es wichtig ist, sie anschließend noch einmal exakt einzustellen.)
7. Auffinden, Zentrieren und Ausschnittswahl des ersten Himmelsobjekts, das fotografiert werden soll
8. Finden eines Leitsterns, falls nötig, Installation des Autoguiders und anschließendes Fokussieren und Kalibrieren
9. Genaues Fokussieren in der Hauptkamera (Kapitel 4) und Wahl der Einstellungen (bei einer DSL RAW-Modus und ISO-Einstellung)
10. Starten des Autoguiders und nach ein paar Sekunden guten Nachführens Starten der Aufnahmeserie mit der Hauptkamera
11. Regelmäßiges Anhalten des Autoguiders und erneutes Fokussieren der Hauptkamera (je nach Empfindlichkeit des Teleskops für Temperaturschwankungen und deren Verlauf in der Nacht etwa alle halbe bis zwei Stunden)
12. Aufnahme der Kalibrierungsbilder: Dunkelbild, Weißbild und die dazugehörigen Biasbilder (Kapitel 3)

KEINE BAUMELNDEN KABEL

Kabel, die die Hauptkamera oder den Autoguider mit einem externen Netzteil oder dem Computer verbinden, sollten nicht frei nach unten hängen. Die Steifigkeit der Kabel würde sonst sehr wahrscheinlich zu Unschärfen im Bild führen, und das umso mehr, je steifer sie durch die Kälte werden. Man darf dabei nicht vergessen, dass eine Verschiebung von 1/10 mm am Ende eines in der Mitte gehaltenen Tubus von 1 m Länge zu einer Bewegungsunschärfe von zehn Bogensekunden führt! Man sollte die Kabel deshalb so führen, dass sie über dem Mittelteil der Montierung liegen und nicht herunterhängen und die Nachführbewegung der Montierung nicht durch deren Gewicht beeinflusst wird.

WELCHE FWHM?

Wie wir in Kapitel 4 gesehen haben, ist die Halbwertsbreite (FWHM) ein verlässliches Kriterium für die Bildschärfe. Alle astronomischen Programme sind in der Lage, diese bei nicht völlig gesättigt dargestellten Sternen zu messen und ihren Wert in Pixeln oder auch in Bogensekunden anzugeben, wenn man den Abbildungsmaßstab kennt. Im Idealfall betrüge die FWHM einen Pixel. Ein Stern kann jedoch leicht über zwei oder mehr Pixel gehen. Darüber hinaus können weitere Faktoren die FWHM erhöhen: atmosphärische Turbulenzen (Seeing), Nachführfehler usw.

In der Praxis lassen sich mit einem monochromen Sensor an einem Teleskop mit kurzer Brennweite und von guter optischer Qualität FWHM-Werte von 1,5 Pixel oder weniger erzielen. Bei einem Farbsensor ist die FWHM meistens höher, da die Interpolation der Bayer-Matrix dazu führt, dass sie nicht unter 1,6 Pixel liegen kann. Bei zunehmender Brennweite erhöhen sich atmosphärische Turbulenzen und Nachführfehler, sodass die FWHM bei mehreren Metern Brennweite auf 3 Pixel oder mehr steigen kann. In solchen Fällen ist der Abbildungsmaßstab zu gering (Obersampling), sodass eine CCD-Kamera mit 2 × 2-Binning zu einer interessanten Option wird.

Vorbereitung einer Aufnahmesession

Ich rate dringend dazu, dass Sie sich die zu fotografierenden Ziele vorab aussuchen. Als Erstes müssen Sie herausfinden, welche Sternbilder in der entsprechenden Nacht am Himmel sein werden, indem Sie eine Sternkarte oder ein Planetariumsprogramm zu Hilfe nehmen. Berücksichtigen Sie bei der Planung auch, dass die Vorbereitung des Instruments (Zusammenbau, Polachsenausrichtung, Fokussierung, Einstellung des Autoguiders etc.) eine halbe Stunde oder mehr in Anspruch nehmen kann. Dazu kommt dann noch die Zeit für die Fotos selber und die Pausen zwischen den Aufnahmen (für die Übertragung des Bildes zum Computer oder für erneutes Fokussieren).

Viele Kartierungsprogramme (manchmal auch »Planetariumssoftware« genannt) wie Starry Night, Guide oder Stellarium können, wenn sie mit der Brennweite des Instruments und der Größe des Sensors eingestellt sind, ein Rechteck zeichnen, das das von der Kamera gesehene Feld am Himmel darstellt. So können Sie Ihren Bildausschnitt vorbereiten und überprüfen, ob das Objekt als Ganzes in das Bild passt.

Viele Fotografen sagen, dass die Ausschnittswahl die Hälfte der Qualität eines Fotos ausmacht. In der Astronomie hat man nicht die Möglichkeit, die Lichtverhältnisse, die Lage des Motivs oder die Entfernung zu ihm zu verändern, sodass der Ausschnittswahl eine enorm große Bedeutung zukommt. Dies gilt für alle Ziele: Sternbilder, Sonnenflecken, Mondkrater, Nebel, Gruppen von Galaxien usw. Enthält der Bildausschnitt nur ein interessantes Objekt, platziert man es meistens in der Bildmitte. Das Beispiel der Aufnahme von M106 zeigt jedoch, dass es nicht immer die beste Taktik ist, das Hauptobjekt zu zentrieren, wenn es von anderen Objekten umgeben ist, die das Bild bereichern können.

Fotografiert man einen Nebel, der größer ist als die Bildfläche, ist es wichtig, dass man den interessantesten Bereich im Bild hat. Man sollte dabei immer berücksichtigen, dass man die Kamera dabei auch drehen kann, um die Breite bzw. die Diagonale des Sensors am besten auszunutzen. Das Bild steht unmittelbar zur Überprüfung der Bildkomposition zur Verfügung, sodass eine schlampige Ausschnittswahl eigentlich unverzeihlich ist! Suchen Sie sich nicht einfach nur immer Objekte aus, die das ganze Bild ausfüllen, denn auch ein Nebel oder eine Galaxie, die in einem großen Sternenfeld »schweben«, können ein sehr ansprechendes Foto ergeben.

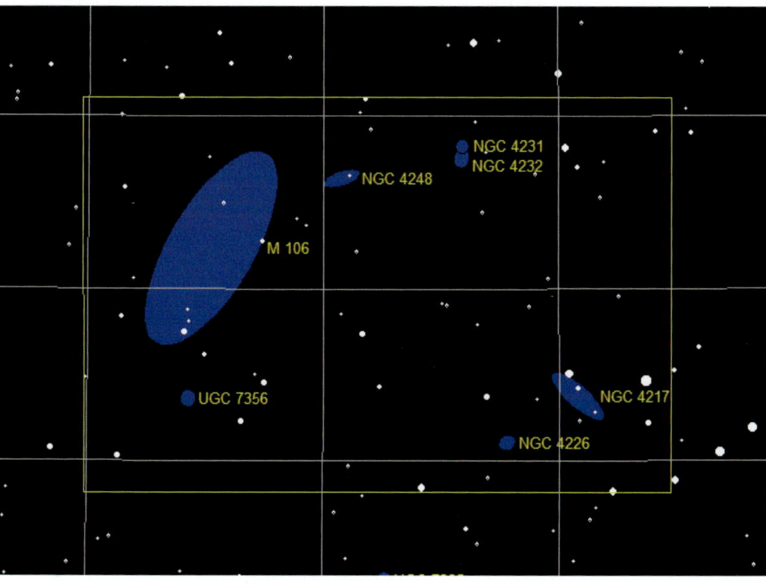

Eine Galaxie kommt selten allein. Auf dem oberen Bild ist das Umfeld von M106 zu sehen. Auf dem unteren Bild sieht man den gleichen Blick in dem Programm The SkyX von Software Bisque. Das Rechteck in der Mitte steht für den Blickwinkel der Kamera, nachdem Kamera- und Teleskopmodell in der Datenbank ausgewählt wurden. Im größeren Gesichtsfeld sieht man mehrere kleinere Galaxien um M106. Mit den Doppelsensorkameras von SBIG zeigt TheSkyX den Guide-Sensor (kleines Rechteck außerhalb) und hilft dabei, die Drehung der Kamera (die angezeigten Kreise) für einen geeigneten Leitstern zu finden.

Verwendet man eine DSL ohne Autoguiding, führen der Restfehler in der Polachsenausrichtung sowie mechanische Verbiegungen zu einer langsamen Verschiebung, die in einem Dithering resultiert, das nicht von zufallsartiger Natur ist. Da sowohl Intensität als auch Richtung dieser Verschiebungen nicht zufällig sind, kann es zu diagonal verlaufenden Mustern im Hintergrund kommen.

Die Technik des Ditherings

So überraschend es auch klingen mag: Wenn mehrere Belichtungen desselben Himmelsfeldes vorgenommen werden, ist es von Vorteil, wenn bei der Aufnahme die Objekte nicht auf allen Bildern exakt an derselben Stelle platziert sind. Ohne Autoguiding ist es wahrscheinlich, dass im Laufe der Zeit eine kleine Drift auftritt, die automatisch die gewünschte kleine Verschiebung bewirkt. Mit Autoguiding ist es jedoch besser, ab und zu absichtlich eine kleine Verschiebung von ein paar Pixeln in eine zufällige Richtung einzuführen (das englische Verb to dither bedeutet zögern, zaudern). Dies wird dazu beitragen, ein saubereres Endbild zu erhalten, da die durch die Vorverarbeitung falsch korrigierten Pixel besser entfernt werden, vor allem die Pixel der heißen Fotodioden. Denn sobald die Bilder neu zueinander ausgerichtet werden, befinden sich diese Pixel an unterschiedlichen Stellen zwischen den neu fokussierten Bildern.

Diese Technik ist besonders effektiv bei nicht temperaturgeregelten Geräten, wenn die Dunkelbildkorrektur nicht optimal ist, was häufig vorkommt. Außerdem darf man nicht vergessen, dass die Vorverarbeitungsbilder verrauscht sind, und da sie zur Korrektur aller Bilder dienen, wird ihr Rauschen viele Male identisch in die Verarbeitungskette eingebracht. Das Dithering hilft, den Beitrag dieses Rauschens zu glätten und führt zu weniger verrauschten Endbildern. Es ermöglicht, die nützliche Anzahl von Vorverarbeitungsbildern drastisch auf wenige Weißbilder und ein Dutzend Offsets und Dunkelbilder zu reduzieren.

Mein Rat: Üben Sie das Dithering so früh wie möglich, denn es ist eine Technik, deren Auswirkungen sich als entscheidend für die Qualität des fertigen Bildes erweisen können! Ich könnte nicht mehr darauf verzichten.

Die Bildbearbeitung

Sind die Aufnahmen gemacht, erfolgt die Bildbearbeitung der Himmelsbilder nach dem hier skizzierten Ablauf. Die allgemein verbreiteten Bildbearbeitungsprogramme ermöglichen viele Arten der Anpassung wie etwa Gradationskurven, können aber nicht die aktuellen Astronomieprogramme ersetzen, die neben geringen oder gar keinen Kosten auch noch viele weitere Vorzüge bei den folgenden Arbeitsschritten aufweisen.

Es gibt eine Vielzahl von kostenlosen und kostenpflichtigen Programmen zur astronomischen Bearbeitung: Prism, PixInsight, MaxIm DL, Siril ... Auch wenn die im Folgenden beschriebenen Bearbeitungen nicht spezifisch für ein bestimmtes Programm sind, habe ich Siril (*www.siril.org*) ausgewählt, um sie zu veranschaulichen. Es kann sowohl Bilder von Digitalkameras als auch von astronomischen Kameras (monochrom oder farbig) verarbeiten. Sie können selbst automatisierte Befehlsfolgen (»Skripte«) erstellen oder auf einige bereits online verfügbare zurückgreifen.

Kalibrierung

Die erste Maßnahme muss die Kalibrierung der Bilder sein und erfolgt wie in Kapitel 3 beschrieben. Vor Zentrierung und Stapelung muss jede Aufnahme einzeln kalibriert werden, wobei die einschlägigen Astronomieprogramme diese Aufgabe auch in einem Schritt bei einer größeren Anzahl Aufnahmen erledigen. Hier sei noch einmal die Wichtigkeit einer guten Weißbildkorrektur betont, um gleichmäßige Himmel auf den Bildern zu erhalten. Die Benutzeroberflächen dieser Programme unterscheiden sich mitunter deutlich voneinander, doch die zugrunde liegenden Arbeitsweisen und die Möglichkeiten ähneln sich sehr.

Wenn die Rohbilder im RAW-Format vorliegen, müssen sie mit einer astronomischen Software vorverarbeitet werden, die diesen Vorgang auf dem RAW-Format der jeweiligen Kamera durchführen kann. In Siril muss jede Sequenz (Himmelsrohbilder, Offsets, Dunkelbilder und Weißbilder) zunächst in ein Format mit umgewandelt werden, vorzugsweise 32 Bit, um mehr Spielraum bei der Verarbeitung zu haben und weniger Gefahr zu laufen, dass Sterne gesättigt werden. Dann können die Vorverarbeitungsmaster gemäß den Empfehlungen in Kapitel 3 erstellt werden:

- Zusammensetzen der Offsets nach Median oder Mittelwert mit Unterdrückung der abweichenden Pixel, ohne Normalisierung;
- Zusammensetzen von Dunkelbildern mit der gleichen Methode;
- Übereinanderlegen und Stapeln;
- Zusammensetzen von Raw-Weißbildern nach der gleichen Methode, aber mit multiplikativer Normalisierung und nach Abzug des Master Offsets.

Die gesamte Vorverarbeitung des Satzes von Rohbildern des Himmels kann dann in einem Durchgang erfolgen. Wenn sie von einem Farbsensor stammen, werden alle Bilder durch Demosaicing nach dem in Anhang 2 erläuterten Prinzip in RGB umgewandelt.

DIE WAHL DER SCHWELLENWERTE IN ASTRONOMIEPROGRAMMEN

In den meisten Astronomieprogrammen kann man zwei Schwellenwerte für die Darstellung des Bildes wählen. Im Gegensatz zu den meist »destruktiv« arbeitenden Bildbearbeitungsprogrammen wird dadurch nicht die Bildinformation selbst, sondern nur die Darstellung auf dem Monitor geändert.

Der untere Schwellenwert entspricht dem reinen Schwarz und hat deshalb den Zweck, dass Sie damit ein sehr dunkles Grau und kein reines Schwarz einstellen: Bleibt das Bild zu hell, sieht es nicht schön aus, da es ihm vor allem an Kontrast fehlt. Machen Sie es aber zu dunkel, können lichtschwache Anteile von Nebel oder Galaxien untergehen und unschöne Übergänge zwischen diesen Objekten und dem Hintergrund entstehen. Den Himmel komplett schwarz zulaufen zu lassen, ist zwar eine bequeme Maßnahme,um damit eine mangelhafte oder ausgebliebene Weißbildkorrektur zu kaschieren, aber schlichtweg Augenwischerei! Ein Bild beispielsweise, das pro Farbkanal 8 Bit hat (also 256 Helligkeitsstufen), sollte an den dunkelsten Stellen eine gemessene Helligkeitsstufe zwischen 10 und 30 aufweisen.

Der obere Schwellenwert entspricht dem reinen Weiß und richtet sich nach der hellsten Stelle des Hauptobjekts, an der keine interessanten Details zu erkennen sind. Die unumstößliche Regel dazu: Sterne und andere Bildbereiche, deren Helligkeit gesättigt ist, sollen auch in reinem Weiß und nicht grau dargestellt werden.

Drei Tipps dazu:

- Wenn Ihre Offsets vollkommen flach sind, d.h. selbst wenn Sie die Schwellenwerte sehr stark angleichen, zeigen sie nur Rauschen und keine Gradienten oder Elektrolumineszenz, können Sie sie durch einen konstanten Wert ersetzen, der dem Mittelwert des Bildes entspricht (dies nennt man einen synthetischen Offset). Dadurch sparen Sie nicht nur Zeit und Speicherplatz, sondern auch das Restrauschen eines Dunkelbildes.
- Wenn die Software diese Option anbietet, aktivieren Sie die sogenannte kosmetische Korrektur heißer Pixel, insbesondere wenn Ihr Sensor nicht gekühlt oder nicht temperaturgeregelt ist. Die Software analysiert dann das Master Dunkelbild und identifiziert alle Pixel, die über einem gewählten Schwellenwert liegen, um sie in den vorzuverarbeitenden Bildern durch den Median oder den Mittelwert der benachbarten Pixel zu ersetzen. In Siril aktiviere ich diese Option immer und wähle »heißes Sigma«, um mehrere zehn- oder gar hunderttausend heiße Pixel zu verarbeiten.
- Wenn Ihre bevorzugte Bearbeitungssoftware die Dateien der neuen Kamera, die Sie gerade gekauft haben, noch nicht erkennt, können Sie deren RAW-Dateien immer noch mit dem Dienstprogramm Adobe DNG Converter, das Sie aus dem Internet herunterladen können, in das DNG-Format (ein von allen Softwareprogrammen anerkanntes Rohformat) umwandeln.

Entfernung von Gradienten

Selbst bei guter Weißbildkorrektur (Flat Field) sieht das Bild meistens aus, als sei es leicht gekippt. Der Hintergrund sieht in Richtung einer Seite oder Ecke etwas heller aus, woraus ersichtlich wird, aus welcher Richtung die Lichtverschmutzung kommt (bei urbaner Lichtverschmutzung vom Horizont oder der Richtung, aus der der Mond scheint). Diesen Helligkeitsverlauf nennt man Gradienten und er wird umso deutlicher, je größer das Gesichtsfeld ist, kann aber auch auf Aufnahmen mit Teleskopen langer Brennweite zu sehen sein.

Zum Glück verlaufen die durch Lichtverschmutzung entstandenen Gradienten meist linear, d.h., der Helligkeitsverlauf ist vom einen Ende des Bildes zum anderen konstant. Leistungsfähige Astronomieprogramme wie Siril, Prism, Iris, MaxIm DL und Pixinsight oder auch GradientXTerminator (ein auf diese Operation spezialisiertes Photosop-Plugin) haben Gradientenentfernungsfunktionen, die in den meisten Fällen gut funktionieren. Ihre Arbeitsweise besteht in der Modellierung des Hintergrunds an Hunderten von Punkten und sie erstellen so ein künstliches Hintergrundbild, das anschließend vom Originalbild subtrahiert wird.

Der Grad der Polynomfunktion, die den Hintergrund modelliert, hängt von dessen Komplexität ab. Bei einem linearen Hintergrund reicht eine Korrektur ersten Grades aus. In meiner persönlichen Praxis hat sich gezeigt, dass ich eine bessere Gradientenkorrektur erhalte, wenn ich diese auf jedes einzelne Bild einer Serie anwende, bevor ich diese stapele.

Hat sich die Aufnahmeserie des gleichen Objekts über mehrere Stunden hingezogen, kann sich die Lage des Bildausschnitts relativ zur Quelle der Lichtverschmutzung mit der Zeit verändert haben, wodurch die linearen Gradienten der einzelnen RAW-Bilder im fertig gestapelten

Bild zu einem komplexeren Gradienten werden. Bei einem Farbbild muss der Gradient auf jeder Ebene einzeln korrigiert werden, da er sich zwischen den einzelnen Ebenen unterscheidet.

Bilder übereinanderlegen und stapeln

Der nächste Schritt besteht darin, die verschiedenen vorbehandelten Bilder neu zu zentrieren und zusammenzusetzen, nachdem die Bilder gegebenenfalls nach ihrem mittleren FWHM sortiert wurden. Wie schon bei den Planetenaufnahmen können viele Astronomieprogramme einen Großteil der Himmelsbilder selbsttätig präzise zueinander ausrichten. Sind die Bilder dabei lediglich horizontal oder vertikal verschoben, benötigt die Software dafür nur einen einzigen Bezugsstern. Je nach Software wird dieser automatisch oder vom Benutzer ausgewählt. In letzterem Fall sollte der Stern relativ isoliert und von der Helligkeit her nicht gesättigt sein. Seine Position wird vom Programm bis auf Bruchteile von Pixeln ermittelt und die folgenden Bilder danach ausgerichtet (die Mathematiker sehen sich hierbei an eine Schwerpunktberechnung erinnert). Die dazu nötigen Verschiebungen betragen niemals ganzzahlige Pixelwerte, sodass das Programm an dieser Stelle bei jedem skalierten Bild interpolieren muss.

Falls die Polachsenausrichtung unzureichend war, müssen die Bilder auch noch verdreht werden Dazu benötigt die Software zwei Sterne, da sie nicht nur die horizontalen und vertikalen Verschiebungen, sondern auch die Rotation zwischen dem betrachteten Bild und dem ersten Bild der Serie berechnen muss. Mit einer üblichen Bildbearbeitungssoftware wäre dies zwar im Prinzip auch machbar (man müsste die Ebenen von Hand in die richtige Position bringen), aber äußerst mühsam und bestenfalls durch ganzzahlige Pixelverschiebungen möglich.

Die Kalibrierung eines vorverarbeiteten Stapels von RAW-Bildern erfolgt erst nach der Konvertierung in RGB, also auch nach der Bayer-Interpolation (siehe Anhang 2). Wären sie noch im RAW-Format, würden die Neuausrichtungen anhand des ersten Bilds im Stapel zufällige Verschiebungen der roten, grünen und blauen Pixel verursachen, was in der Summe zu absurden Farben führen würde.

Das Stapeln der neu ausgerichteten Bilder erfolgt dann durch Addition, Median oder Sigma-Clipping. Wie Sie in Kapitel 3 erfahren haben, funktionieren die beiden letztgenannten Methoden nur dann gut, wenn die Bilder untereinander die gleiche Helligkeit aufweisen, atmosphärische Transparenz und Lichtverschmutzung sich also nicht zwischen erstem und letztem Bild geändert haben. Das kann passieren, wenn der Mond während der Aufnahmesitzung auf- oder untergegangen ist oder das Objekt durch die Erdrotation in die Nähe der Lichtverschmutzung am Horizont geraten ist. In solchen Fällen sollten Sie die Aufnahmen daher vorher normalisieren (siehe Kapitel 3), indem eine Konstante hinzugefügt oder subtrahiert wird, um den Himmelshintergrund über alle zu stapelnden Bilder hinweg zu harmonisieren, was einige Verarbeitungsprogramme automatisch können.

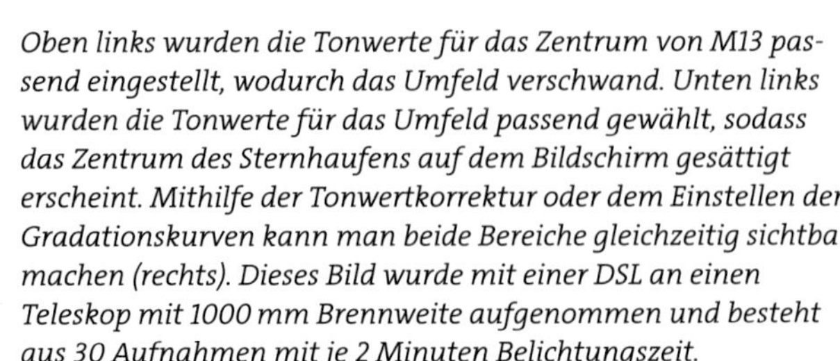

Oben links wurden die Tonwerte für das Zentrum von M13 passend eingestellt, wodurch das Umfeld verschwand. Unten links wurden die Tonwerte für das Umfeld passend gewählt, sodass das Zentrum des Sternhaufens auf dem Bildschirm gesättigt erscheint. Mithilfe der Tonwertkorrektur oder dem Einstellen der Gradationskurven kann man beide Bereiche gleichzeitig sichtbar machen (rechts). Dieses Bild wurde mit einer DSL an einen Teleskop mit 1000 mm Brennweite aufgenommen und besteht aus 30 Aufnahmen mit je 2 Minuten Belichtungszeit.

Nachdem eine Reihe RAW-Bilder in einem Astronomieprogramm registriert und gestapelt worden ist, hat man meistens am Ende einen Grünstich im Bild (oben). Nach Anwendung der für das Kameramodell spezifischen Faktoren für die Farbkanäle war die farbliche Ausgewogenheit der Galaxie in diesem Beispiel gut (Mitte). Durch die Lichtverschmutzung wurde der Hintergrund allerdings dadurch rötlich. Dieser Farbstich lässt sich beseitigen, indem man den Schwarzpunkt eines jeden RGB-Farbkanals bei der Tonwertkorrektur einzeln anpasst (unten).

Farbkalibrierung

Beim Zusammenfügen von Bildern, die mit einer Digitalkamera oder einer astronomischen Farbkamera aufgenommen wurden, müssen die Farben des resultierenden RGB-Bildes ausgeglichen werden, indem auf jede Farbe ein gerätespezifischer Koeffizient angewendet wird, um die Unterschiede in der Empfindlichkeit der Fotodioden der verschiedenen Farben auszugleichen. Um die Koeffizienten für Ihre Kamera ein für alle Mal zu berechnen, folgen Sie der in Anhang 5 beschriebenen Technik.

Neben der manuellen Eingabe der so ermittelten RGB-Koeffizienten bieten einige Bearbeitungsprogramme (u. a. PixInsight, Siril) die Möglichkeit, diese automatisch photometrisch aus dem fertigen Bild und einer der im Internet zugänglichen Sterndatenbanken zu bestimmen. Diese Methode hat den Vorteil der Einfachheit und ermöglicht es, gleichzeitig die Pegel des Himmelhintergrunds in den verschiedenen Farben auszugleichen, sodass dieser neutral grau wird.

Einige Sterne werden blau, gelb, orange oder rot erscheinen, aber wenn Sie grüne oder magentafarbene Sterne sehen, ist Ihre Farbbalance fehlerhaft: Es gibt keine Sterne, die diese Farben haben!

Tonwertkorrektur und Gradationskurven

Die meisten Deep-Sky-Objekte weisen über ihre ganze Größe hinweg starke Helligkeitsunterschiede auf, die oft über einen Faktor von 100 oder mehr gehen können. Dies gilt vor allem für Kugelsternhaufen und Galaxien mit einem hellen Zentrum. Ohne Nachbearbeitung ist es daher unmöglich, das Bild so zu zeigen, dass alle Teile gleichzeitig sichtbar werden. Alle Funktionen zur Verdichtung der Helligkeitswerte funktionieren nach dem gleichen Prinzip: Sie komprimieren den Dynamikumfang des Bildes, indem sie die dunkleren Bereiche des Bildes anheben, ohne die hellen allzu sehr zu beeinflussen. Mathematisch gesehen wird das Bild nichtlinear. Die hier gezeigten Funktionen beziehen sich auf Photoshop, sind aber in anderen Programmen wie DxO OpticsPro und Paint Shop Pro ähnlich.

Wenn die Astronomiesoftware, die Sie für die Vorbearbeitung und das Zusammensetzen verwenden, nicht über die notwendigen Funktionen verfügt, um die Lichter zu harmonisieren und den Himmelshintergrund zu neutralisieren, müssen Sie das Bild oder die Bilder zunächst in ein 16-Bit-TIFF-Format exportieren. Eine andere Möglichkeit ist das Dienstprogramm FITS Liberator (*www.spacetelescope.org/projects/fits_liberator/*), mit dem Sie

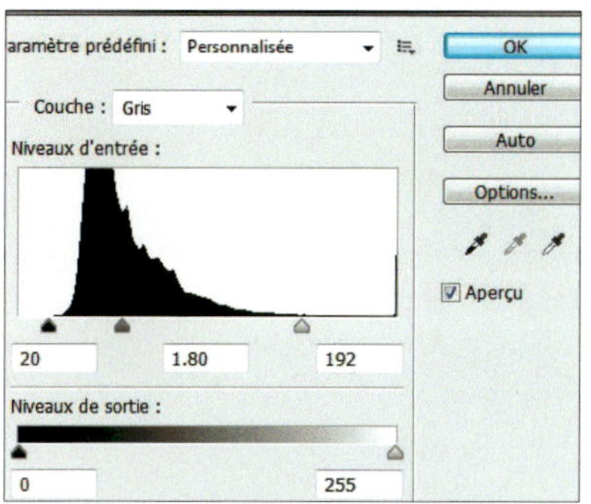

Bei dieser Einstellung der Tonwertkorrektur wurde der Schwarzpunkt auf 20 (knapp vor dem Anfang des Histogramms), der Weißpunkt auf 192 und das Gamma auf 1,8 eingestellt. Die Histogrammwerte rechts des Weißpunkts sind kein Problem, da diese für die Sterne stehen.

eine FITS-Datei in Photoshop importieren und die Ebenen voreinstellen können.

Ist das Bild in Photoshop geöffnet, geht man in den Dialog für die Tonwertkorrektur *(Bild > Korrekturen)*. Unter dem Histogramm befinden sich von links nach rechts gesehen drei Einstellungen: Schwarzpunkt (0), Gamma (1,00) und Weißpunkt (255). Durch Verstellung der Schieberegler oder die Eingabe numerischer Werte hebt man den Schwarzpunkt und verringert den Weißpunkt und/oder erhöht das Gamma (immer auf über 1). Ziel ist es, ein Ergebnis zu erhalten, bei dem der Himmel in einem dunklen Grau erscheint, ohne dass er reinschwarz wird (indem man den schwarzen Reiter knapp links neben den Anfang des Histogramms verschiebt). Damit sind die dunklen Bereiche eines interessanten Objekts (Nebel oder Galaxie) dann gut zu sehen, ohne dass es zur Sättigung der hellsten Bildbereiche kommt.

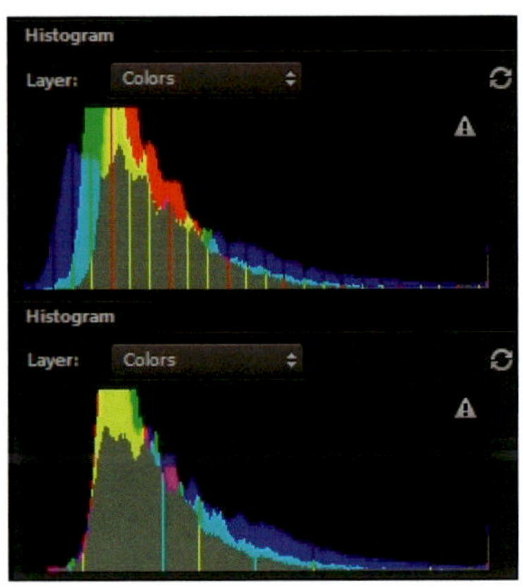

Bei einem Farbbild verwendet man beim Setzen des Schwarzpunkts das Farbhistogramm und legt dabei die unteren Bereiche der drei RGB-Histogramme übereinander. Oben hat der Himmelshintergrund einen orangen Farbstich, der unten korrigiert ist. Eine farbliche Dominanz auf der rechten Seite des Histogramms bleibt dabei unberücksichtigt (in diesem Fall rührte der Blau-Überschuss von den Nebeln der Plejaden her).

Falls der Himmelshintergrund bei einem Farbbild aufgrund der Lichtverschmutzung einen Farbstich aufweist, setzt man für jeden RGB-Farbkanal den Schwarzpunkt einzeln und erhält so einen farbneutralen Himmel. Um die korrekte Positionierung der unteren RGB-Helligkeitsbereiche zu überprüfen, verwendet man das Farbhistogramm. Mit dem Pipettenwerkzeug sorgt man dafür, dass der Hintergrund grau wird. Bei gelbem Hintergrund stellt man den Schwarzpunkt des Blaukanals ein, ist er magentafarben, regelt man den des grünen und bei Blaugrün den des roten.

Zu ähnlichen Ergebnissen kommt man mit der Gradationskurve. Beim Schwarz- und Weißpunkt handelt es sich um die beiden Eingangswerte (horizontale Achse), während man eine Veränderung des Gammas erzielt, indem man die Kurve an einem oder mehreren Punkten verbiegt.

Man darf diesen Vorgang ruhig mehrmals wiederholen, vor allem wenn das originale TIFF-Bild sehr dunkel erscheint. Es ist äußerst wichtig, mit 16 Bit zu arbeiten (oder eventuell mit 32 Bit in einer astronomischen Software), da 8 Bit nur sehr begrenzte Retuschen erlauben (natürlich aber bringt es nichts, 8-Bit-Bilder in 16-Bit zu verwandeln). Man sollte sich keine Sorgen machen, wenn Photoshop auch bei 16 Bit die Helligkeitswerte immer zwischen 0 und 255 anzeigt und nicht von 0 bis 65.535, wie man annehmen sollte. Die internen Berechnungen finden definitiv trotzdem in 16 Bit statt, wenn im Menü *Bild* unter *Modus* 16-Bit-Kanal steht.

Statt nun alle diese Veränderungen direkt am Bild vorzunehmen, kann man auch Einstellungsebenen für die Tonwertkorrektur oder Gradationskurven verwenden. Speichert man das Bild anschließend im Photoshop-eigenen PSD-Format, kann man die eigenen Einstellungen ohne Informationsverlust später noch ändern.

Arbeitet man lieber mit Astronomieprogrammen wie MaxIm DL, PixInsight oder Siril, können diese anstelle von Photoshop verwendet werden, da sie für die Einstellung von Tonwerten und Gradationskurven ähnliche Funktionen haben.

Alle Arbeitsschritte zur Aufhellung dunkler Bildbereiche haben den gleichen Nachteil: Das Signal-Rausch-Verhältnis wird an diesen Stellen verschlechtert und mit dem Signal auch das Rauschen verstärkt. Da dies zu Ergebnissen mit mehr Rauschen als im Originalbild führt, sollten diese Arbeitsschritte nur auf solche Bilder angewendet werden, die bereits ein gutes Signal-Rausch-Verhältnis haben. Darüber hinaus werden die Sterne dadurch vergrößert, da auch deren dunkle Tonwertbereiche angehoben werden. Das Ergebnis ist ein schwächeres Bild und mit weniger Details als das Original.

Rauschreduzierung

Einige astronomische Programme wie PixInsight verfügen über eine ausgeklügelte Rauschbehandlungsfunktion, die auf zwei Komponenten wirkt: die Luminanz- (Helligkeit) oder die Chrominanz-Kanäle. Das Photoshop-Tool zur Rauschunterdrückung tut das Gleiche. Farbrauschen ist oft das visuell unangenehmste, indem es Flecken erzeugt, die wie ein Flickenteppich aussehen: Durch Variieren der entsprechenden Einstellung (Farbrauschen reduzieren) wird es abgeschwächt. Die Stärke der Bearbeitung lässt sich dosieren, indem Sie mit den Parametern >Intensität< (nach oben) und >Details erhalten< (nach unten, aber nicht zu stark) spielen. Lassen Sie den Parameter >Details betonen< auf Null.

Wenn Ihnen das Rauschen nach dieser Behandlung immer noch unerträglich erscheint, liegt das daran, dass es eine Inkompatibilität zwischen mindestens zwei der folgenden Faktoren gibt:

- die Helligkeit des fotografierten Objekts;
- die Hintergrundhelligkeit des Himmels (Lichtverschmutzung ist eine der Hauptrauschquellen);
- die Leistungsfähigkeit Ihrer Ausrüstung;
- die Aufnahmeparameter (und vor allem die gesamte Belichtungszeit);
- Entwicklungs- und Verarbeitungsparameter.

Wenn eine erneute Behandlung durch »Aufzwingen« von Einstellungen nicht ausreicht, dann deshalb, weil Sie das eigentliche Mittel gegen Rauschen hätten anwenden sollen, das bei weitem das effektivste ist: mehr Signal (Licht) sammeln, d. h. länger belichten oder an einem weniger belasteten Ort arbeiten.

Fertigstellung des Bildes

Die Bildränder weisen oft kleine Restfehler auf (Verdunkelung, helle Bereiche). Ein Reframing ermöglicht es, diese zu eliminieren. Es ist kein Problem, wenn wir uns um unsere Bildausschnitte gekümmert haben, indem wir die interessanten Objekte nicht am Rande des Bildes platziert haben.

Wenn noch weiße oder farbige Flecken durch heiße Pixel oder kosmische Strahlung vorhanden sind, löschen Sie diese mit dem Stempelwerkzeug, wie in Kapitel 1 beschrieben.

Die endgültige Speicherung des Bildes erfolgt in der Regel in hoher Qualität im JPEG-Format (oder geringer Kompression). In diesem Format veröffentlichen Sie Ihre Fotos in sozialen Netzwerken, in einem Blog oder auf einer Website oder senden sie per E-Mail oder auf Twitter an die Empfänger. Meistens wird es notwendig sein, die Größe des Bildes zu reduzieren, da ein Full-HD-Bildschirm nur 2 Megapixel anzeigt und sogar ein 4K-Bildschirm nur 8 Megapixel, was durch die Größenanpassungs- oder Resampling-Funktionen einer beliebigen Bearbeitungssoftware geschieht.

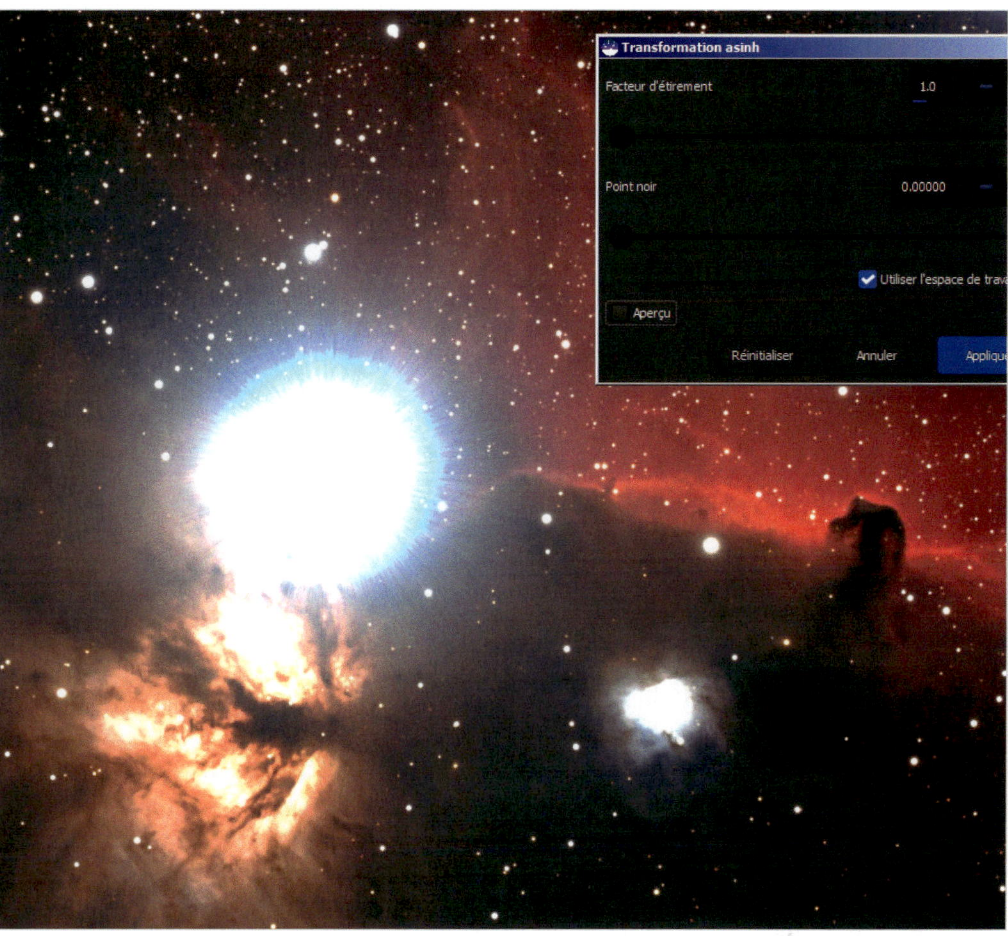

Unser Foto, nachdem wir den Gradienten des Himmelshintergrunds verringert haben. Dieses Bild wurde aus 3 einminütigen Aufnahmen (35 mm Objektiv bei Blende 2,8 mit einem Vollformatsensor; entspricht 24 mm mit APS-C) konstruiert. Es beinhaltet mehrere Wunder des Deep Sky: die Andromeda-Galaxie (M31) oben links, der Plejaden-Cluster (M45) oben rechts und der Perseus-Doppel-Cluster etwas unten links in der Mitte des Bildes. Das Sternbild Kassiopeia befindet sich unten links, während der helle Stern Capella aus dem Sternbild Fuhrmann unten rechts sichtbar ist.

Verbesserung des Schärfeeindrucks

Die bei Planetenaufnahmen so nützlichen *Unscharf maskieren*- und Wavelet-Methoden können aus zweierlei Gründen bei Deep-Sky-Bildern nicht auf die gleiche Weise angewendet werden:

- Sie verstärken das Rauschen – und das Signal-Rausch-Verhältnis ist bei Deep-Sky-Bildern viel geringer als bei Planetenaufnahmen.
- Sie erzeugen Artefakte, die vor allen Dingen bei Sternen zu sehen sind, wo sie zu dunklen Ringen führen.

Schärfungsfunktionen wie *Unscharf maskieren,* Wavelets und Hochpass-Filter sollten nur sehr zurückhaltend und unter sorgfältiger Beobachtung der Details angewendet werden. Astronomieprogramme bieten noch weitere Algorithmen an, wie zum Beispiel Dekonvolutions- (Entfaltungs-) und Bildwiederherstellungstechniken. Der berühmteste Algorithmus ist der Lucy-Richardson-Algorithmus (LR), doch es gibt auch noch andere, die auf dem Van-Cittert-Zernike-Theorem und der maximalen Entropie beruhen. Diese Algorithmen machen sich den Umstand zunutze, dass ein Stern eine punktförmige Lichtquelle darstellt, und nehmen einen Stern aus dem Bild oder eine künstliche Punktstreufunktion (PSF), um die bildspezifische Beeinträchtigung durch Atmosphäre und Instrument zu ermitteln und diese dann durch Umkehrung auf das Bild anzuwenden. Diese Verarbeitung findet iterativ statt, wobei der Benutzer die Anzahl der Iterationen festlegt.

In der Theorie sind diese Algorithmen alle ganz wunderbar. In der Praxis verstärken sie das Rauschen, führen zu Artefakten und funktionieren nur dann korrekt, wenn das Signal-Rausch-Verhältnis der Bilder ziemlich hoch

In der 100 %-Darstellung ist das Rauschen auf den Nebelschwaden der Plejaden deutlich sichtbar (links). Sie kann durch eine Anti-Rausch-Behandlung reduziert werden (rechts).

ist, was in der Deep-Sky-Fotografie schwer zu erreichen ist. Sie helfen, die Bildschärfe etwas zu erhöhen und ein mögliches Verwackeln aufgrund von Nachführfehlern zu mildern. Doch sollte man nicht allzu hohe Erwartungen in sie stecken. Die Qualität der RAW-Bilder zu verbessern, indem man zum Beispiel seine Fokussierung optimiert und die Genauigkeit der Nachführung erhöht, bringt in jedem Fall mehr (siehe Textbox über das Hubble-Teleskop in Kapitel 5). Verwendet man diese Algorithmen in zu starkem Maße, sehen die Bilder mitunter merkwürdig aus und man weiß am Ende nicht mehr, was real ist und was nicht.

Mosaike

Eine Möglichkeit, das Blickfeld eines Fotos zu erweitern, ist die Anfertigung eines Mosaiks, bei dem an den Kanten angrenzende Teilbilder wie bei Panoramen in der normalen Fotografie zusammengebaut werden. Ein Instrument mit einer geringen Feldabdeckung ist nicht ideal für die Erstellung von Mosaiken, da es schwierig sein wird, stark verzerrte Sterne am Rand des Feldes zusammenzubringen.

Beim Fotografieren ist es am besten, die Kanten des Sensors an den Achsen der Montierung auszurichten, da das Weiterrücken von Teilbild zu Teilbild dann immer nur in jeweils eine Richtung geschieht (Rektaszension oder Deklination). Die verschiedenen Bildausschnitte sollten einen gut sichtbaren gemeinsamen Rand haben: Dieser Bereich wird von der Software verwendet, um eines der Bilder im Verhältnis zum anderen zu verschieben. Ich empfehle Ihnen eine Überlappung von mindestens 15–20 % zwischen benachbarten Bildern. Natürlich müssen sowohl die Belichtungszeiten als auch die Verarbeitungsschritte sämtlicher Teilbilder identisch sein.

Besondere Beachtung verdienen dabei die Weißbildkorrektur und die Entfernung der Gradienten, denn die Hauptschwierigkeit bei dem Ganzen ist, unsichtbare Übergänge zu erzeugen. Selbst eine Abweichung von nur ein paar Prozent führt zu sichtbaren Brüchen im Bild. Unterschiedliche Helligkeiten und Hintergründe zwischen den Einzelbildern sind aufgrund von unterschiedlichen Graden von Lichtverschmutzung und Durchsichtigkeit der Atmosphäre recht häufig, sodass deren Tonwerte oft angepasst werden müssen. Kommt es durch das Registrieren und Stapeln der Rohbilder zu Artefakten an den Kanten, müssen diese erst abgeschnitten werden, bevor die Einzelbilder zusammengesetzt werden.

Es gibt viele verschiedene Möglichkeiten, Bilder zusammenzufügen. Astronomische Software bietet alle Funktionen zum Erstellen von Mosaiken. Prism zum Beispiel enthält eine Funktion, bei der Sie nur angeben müssen, welche beiden Bilder zusammengefügt werden sollen, und dann in jedem der Bilder auf einen Stern im gemeinsamen Bereich klicken. Die Funktion übernimmt die Erstellung eines Bildes in der richtigen Größe, das die beiden Quellbilder enthält, die Neujustierung eines der Bilder im Verhältnis zum anderen auf einen Pixelbruchteil genau sowie die Anpassung der Ebenen. Die Funktion Photomerge in Photoshop kann den gemeinsamen Bereich zwischen zwei Bildern finden und sie zusammenfügen. Auch das Zusammenfügen mithilfe von Ebenen, die übereinandergelegt und manuell gegeneinander verschoben werden, ist möglich, wie in Kapitel 5 beschrieben.

Verzerrungen in Bildern werden am besten korrigiert, bevor man das Mosaik zusammensetzt. DxO Optics und Photoshop haben Funktionen zur Korrektur der Linsenverzerrung, aber sie funktionieren nur auf den RAW-Daten. Wahrscheinlich ist die beste Lösung für die Erstellung eines Mosaiks aus verzerrten Bildern die Verwendung einer speziellen Panoramasoftware, da diese Art von Software sehr effektiv ist, wenn es darum geht, Verzerrungen vor der Montage der Bilder zu glätten.

Unscharf maskieren, *auf ein Deep-Sky-Bild mit den für Planetenaufnahmen typischen Parametern angewandt. Das Rauschen wurde dadurch verstärkt und es kam um die Sterne herum zu dunklen Ringen.*

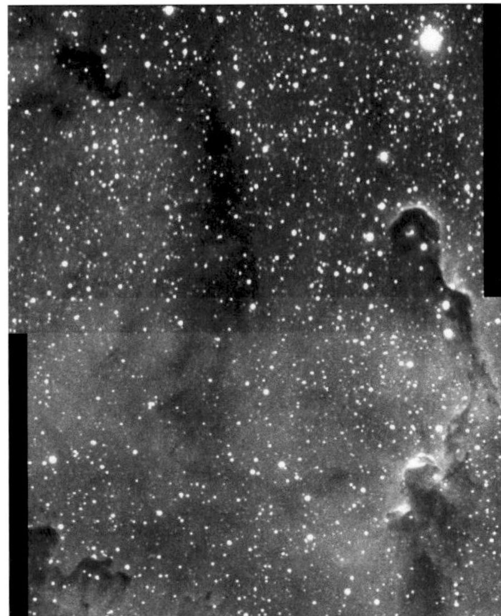

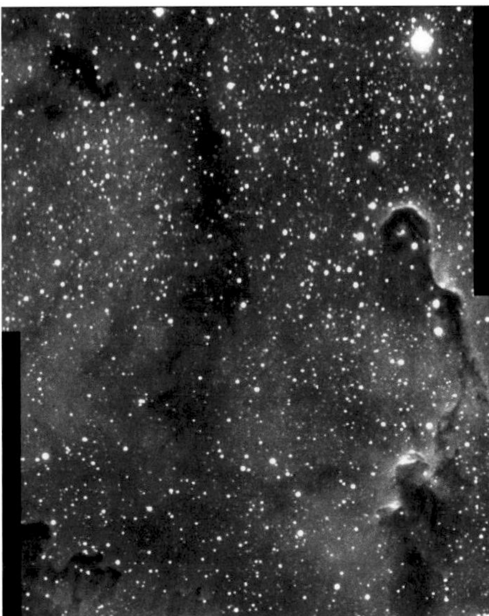

Trotz gleicher Belichtungszeiten weisen diese beiden Bilder des Nebels IC 1396 Unterschiede in der Hintergrundhelligkeit auf, die man in der Überlappungszone deutlich sieht (linkes Bild). Diese Unterschiede müssen entweder manuell oder automatisch (je nach Software zur Berechnung von Mosaiken) vor dem Zusammensetzen angeglichen werden, wie beim rechten Bild geschehen.

Beim oberen Bild von M82 werden durch die Darstellung des Hintergrunds noch lichtschwache Ausläufer der Galaxie gezeigt, wohingegen sie beim unteren Bild durch das reine Schwarz untergehen, womit es auch zu unrealistischen Übergängen kommen kann.

Farbliche Bearbeitung

Wir haben gesehen, dass es möglich ist, Informationen über die Färbung von Himmelsobjekten auf verschiedene Weise zu sammeln: mit einem Farbsensor, mit einem monochromen Sensor und einem Satz Breitbandfilter, mit einem Monochrom- oder Farbsensor und einem Satz Schmalbandfilter.

Wir müssen nun die verschiedenen Bilder oder Farbebenen verarbeiten, um das endgültige Bild in Farbe zu rekonstruieren.

In der Natur gibt es nur Lichtstrahlen unterschiedlicher Wellenlänge: Farben sind ein brillantes Hilfsmittel, das unser Gehirn erfunden hat, um zwischen den verschiedenen Wellenlängen zu unterscheiden, für die unser Auge mehr oder weniger empfindlich ist.

In der Astrofotografie versuchen wir, Farben so zu erhalten, wie wir sie durch ein Teleskop sehen würden, wenn die Sterne ein viel intensiveres Licht ausstrahlen würden, das uns farbempfindliches Sehen zu ermöglichte. Aber es ist nicht immer einfach, besonders bei Nebeln …

ASTROFOTOGRAFIE, STAPELN UND FOTOMONTAGEN

Das Stapeln von Bildern ist eine wirkungsvolle und häufig verwendete Methode zur Simulation von Langzeitbelichtungen, durch die das Signal-Rausch-Verhältnis verbessert wird. Wie Sie gesehen haben, besteht sie aus dem Kombinieren von Bildern eines Himmelsmotivs (Sonnenflecken, Protuberanzen, Mondkrater, Planeten, Sternenfelder, Galaxien), die in so kurzen Zeitfenstern aufgenommen wurden, dass sich Form und Zusammensetzung des gesamten Gesichtsfelds in dieser Zeit nicht sichtbar verändern. Bei Nebeln und Galaxien ist dieses Zeitfenster praktisch unbegrenzt. Doch bei dynamischeren Motiven wie z. B. dem Vorbeiflug eines schnellen Kometen in der Nähe einer Galaxie oder eines Nebels oder auch bei einer Weitwinkelaufnahme der Milchstraße mit langer Belichtungszeit und Nachführung bei gleichzeitig scharf dargestellten Landschaftselementen kann man versucht sein, eine Fotomontage der diversen Bildelemente zu erzeugen und sich dabei aus Bildern bedienen, die zu verschiedenen Zeitpunkten oder mit unterschiedlicher Ausrüstung aufgenommen wurden. Auf diese Weise mag sich darstellen lassen, wie man das Ereignis selbst gesehen hat und wie es für das Auge schön anzuschauen ist, doch bedient man sich dabei Techniken, die den Bereich der reinen Astrofotografie verlassen und das Reich der Kunst betreten. Dann ist es jedoch absolut notwendig, den Betrachter darauf hinzuweisen, dass es sich um eine Montage handelt.

Bearbeitung der Farben von Sternen und Galaxien, die mit einem Farbsensor aufgenommen wurden

Dies stellt den einfachsten Fall dar. Sie können davon ausgehen, dass die Farben der Objekte mit kontinuierlichem Spektrum (Sterne, Galaxien usw.), die Sie erhalten haben, in etwa dem entsprechen, was Ihr Auge durch das Okular sehen würde, wenn diese Sterne heller wären. Sie können immer noch ein wenig mit der Farbsättigung spielen, wenn Sie Ihr Bild als wenig farbenfroh empfinden, aber vermeiden Sie es, in den Rausch von Bildern mit psychedelischen Farben zu verfallen! Wenn ein Schmalband- oder Verschmutzungsfilter verwendet wird, ist angesichts der mehr oder weniger starken Eliminierung bestimmter Wellenlängenbereiche mit einer Farbdominanz zu rechnen.

Die Farbbalance-Koeffizienten müssen für Ihre Kamera und eventuelle Filter nach einer der oben beschriebenen Methoden ermittelt werden.

Bearbeitung der Farben von Sternen und Galaxien, die mit einem monochromen Sensor und LRGB-Filtern fotografiert wurden

Die Gruppen von Luminanz-, Rot-, Grün- und Blaubildern, die nacheinander mit jedem der Filter erhalten werden, müssen sorgfältig vorbehandelt, neu fokussiert und zusammengesetzt werden, und eventuelle Gradienten müssen entfernt werden. Anschließend muss eine Trichromie durchgeführt werden, d. h. diese drei oder vier Schichten müssen kombiniert werden, um ein Farbbild zu erhalten, was mit Bildbearbeitungsprogrammen oder mit astronomischer Software leicht möglich ist. Aber die Farbbalance wird nicht von vornherein gemacht, sondern Sie müssen sich um sie kümmern. Es ist nämlich sehr wahrscheinlich, dass bei gleicher Belichtungszeit die drei Farben nicht gleichmäßig vertreten sind, weil der Wirkungsgrad des Sensors und die Transmission der Filter zwischen den verschiedenen Wellenlängenbereichen variieren. Glücklicherweise sind die Ausgleichskoeffizienten für einen bestimmten Sensor und einen bestimmten Satz von Filtern konstant; sie müssen nur einmalig nach der in Anhang 5 beschriebenen Methode bestimmt werden.

Sobald die RGB-Korrekturkoeffizienten ermittelt wurden, ist es sinnvoll, die Gesamtbelichtungszeit in jeder Farbe an diese Koeffizienten anzupassen, damit sie proportional zu ihnen sind. Nehmen wir zum Beispiel an, dass ein Sensor mit seinen Filtern eine von Rot nach Blau abnehmende Empfindlichkeit aufweist, sodass sie die Koeffizienten 1/1,5/2 haben, d. h. Blau muss verdoppelt und Grün um 50 % gegenüber Rot verstärkt werden, um ausgeglichene Farben zu erhalten. Wenn die kumulative Belichtungszeit in Rot 10 min beträgt, kann die von Grün nahe bei 15 min und die von Blau bei 20 min liegen. Auf diese Weise ist das Signal-Rausch-Verhältnis der drei Schichten gleich gut und keine der Farben wurde im Vergleich zu den anderen unnötig lange belichtet: Die Gesamtbelichtungszeit ist optimiert.

Die Dreifarben-RGB-Technik wurde von Amateuren erstmals in den 1990er-Jahren eingesetzt. Sie hat allerdings einen großen Nachteil: Sie benötigt in allen Farbkanälen ein gutes Signal-Rausch-Verhältnis und erfordert daher lange Belichtungszeiten. Die kommen dadurch zu Stande, dass das meiste Licht von den Filtern nicht durchgelassen wird; durch den Blaufilter beispielsweise wird das rote und grüne Licht komplett eliminiert. Im Vergleich zu einem Farbsensor, der nur eine Aufnahme macht, wird die Gesamtbelichtungszeit eines monochromen Sensors bei dieser Technik nicht signifikant verringert.

Die LRGB-Technik mit ihrer zusätzlichen Luminanzaufnahme umgeht diesen Nachteil und wird nun praktisch von allen Amateuren, die eine monochrome Kamera verwenden, eingesetzt. Die Technik beruht auf einer Eigenschaft des menschlichen Sehapparats: Die Details eines Motivs werden hauptsächlich in Form ihrer monochromen Bildkomponente wahrgenommen, der sogenannten Luminanz. Der farbliche Anteil (Chrominanz) kann in Sachen Auflösung und Signal-Rausch-Verhältnis von vergleichsweise schlechter Qualität sein, ohne dass das Endergebnis deutlich sichtbar darunter leidet. (Dieses Phänomen hat man sich lange Zeit bei der Übertragung von Fernsehbildern zunutze gemacht, bei denen die Bandbreite für die Bildinformation der Luminanz viel höher war als die der Chrominanz, ohne dass die Zuschauer ein schlechteres Bild bekamen.)

In der Astronomie wendet man das Prinzip der LRGB-Technik in der Form an, dass ein monochromes Bild mit dem bestmöglichen Signal-Rausch-Verhältnis und bester Auflösung erzeugt und mit drei RGB-Bildern geringerer Qualität kombiniert wird, die nur die Aufgabe haben, dem monochromen Bild Farbe zu verleihen.

Um nun ein gutes Signal-Rausch-Verhältnis bei vernünftigem Zeitaufwand zu erzielen, wird das Luminanzbild ohne Filter oder lediglich mit einem Infrarotsperrfilter aufgenommen, sodass alles sichtbare Licht genutzt wird. Da das Signal-Rausch-Verhältnis der Chrominanzbilder weit weniger wichtig ist als beim Luminanzbild, braucht

WIE MAN DIE FARBEN ÜBERPRÜFT

Die visuelle Kontrolle der Farben auf dem Bildschirm ist ein riskantes Unterfangen, vor allem, wenn der Bildschirm nicht sorgfältig mit einem Farbmesskopf kalibriert wurde. Jede Software kann Ihnen die Intensitätswerte in jeder Farbe für ein Pixel anzeigen, das im Bild mit einem Schieberegler oder einer Pipette markiert ist. Zögern Sie nicht, diese Werte zu verwenden, z. B. um die Farben in einem Referenzbereich des Bildes auszugleichen, von dem Sie wissen, dass er grau sein soll.

Das Pipettenwerkzeug in Paint Shop Pro zeigt die RGB-Werte des ausgewählten Pixels an. In Photoshop sind die Pixelwerte unter dem Cursor im Informationsfenster sichtbar.

Dieses Bild der Großen Magellanschen Wolke, aufgenommen bei 135 mm auf einem 24 × 36 mm Sensor (entspricht 85 mm auf APS-C), wurde auf ein quadratisches Format beschnitten. Der Tarantula-Nebel befindet sich leicht über und rechts von der Bildmitte.

Ein Ausschnitt des Bildes von Seite 162. Bei der LRGB-Technik wird das monochrome Bild (links) durch das RGB-Bild (Mitte) eingefärbt, um ein Farbbild (rechts) zu ergeben, das von der Schärfe und dem guten Signal-Rausch-Verhältnis der monochromen Bildkomponente profitiert.

die Gesamtbelichtungszeit der mit Farbfiltern aufgenommenen Bilder nicht höher zu sein als die für die Luminanz. So hat man beispielsweise 30 Minuten für die Luminanz-Aufnahmen und 30 Minuten für alle RGB-Bilder zusammengenommen, was insgesamt einer Stunde Aufnahmezeit entspricht. Die RGB-Technik ohne Luminanz würde dagegen 4 Stunden in Anspruch nehmen (und mit einem Farbsensor noch mehr), um ein vergleichbares Ergebnis zu erzielen. Setzt man für alle Techniken gleiche Gesamtbelichtungszeiten an, übertrifft die LRGB-Technik qualitativ alle anderen Methoden.

Jede Astronomiesoftware ist in der Lage, die Kombination von Luminanz- und Chrominanzbildern durchzuführen. Sie müssen ihnen nur den Namen jedes der Bilder L, R, G und B mitteilen. Zuvor müssen alle diese Bilder relativ zueinander neu ausgerichtet werden, damit sie perfekt übereinstimmen. Die Level oder Schwellenwerte der RGB-Bilder müssen ebenfalls sorgfältig eingestellt worden sein, um die Farben richtig auszugleichen: Eine sehr kleine Veränderung dieser Einstellungen kann zu großen Farbunterschieden führen.

Auch in Bildbearbeitungsprogrammen ist es einfach, die Bilder zu kombinieren, wobei das Chrominanzbild zuvor durch Zuordnung der RGB-Bilder vorbereitet wurde. In Photoshop werden die Luminanz- und Chrominanzbilder geöffnet und in den Lab-Modus umgewandelt, dann wird das Luminanzbild ausgewählt und anstelle der Lab-Ebene des Chrominanzbildes kopiert/eingefügt. Eine Methode, die zu einem sehr ähnlichen Ergebnis führt, besteht darin, das Luminanzbild als neue Ebene des Chrominanzbildes zu kopieren und anzugeben, dass es sich um eine Ebene des Typs Helligkeit handelt. In Paint Shop Pro ist die Methode dieselbe: Öffnen Sie beide Bilder, wählen Sie das Luminanzbild aus, kopieren/einfügen Sie es als neue Ebene über das Chrominanzbild, schalten Sie diese Ebene in den Modus *Luminanz* (Ebenenpalette) und verschmelzen Sie schließlich alle Ebenen (Menü Ebenen).

Bearbeitung der Farben von Emissionsnebeln, die mit einem Farbsensor fotografiert wurden

Die Situation ist viel schwieriger als bei Objekten mit kontinuierlichem Spektrum. Wir haben gesehen, dass die Empfindlichkeit in H-alpha und die Farbwiedergabe von OIII zwischen verschiedenen Sensoren stark variieren können. Diese Unterschiede zwischen den Kameras sind ein wichtiger Grund dafür, dass Emissions- und planetarische Nebel von einem Foto zum anderen so unterschiedliche Farben aufweisen. Das ist einer der Nachteile von Farbsensoren: Sie machen, was sie wollen, ohne Spielraum für den Benutzer! Bei einem großen Defizit an H-alpha ist es immer noch möglich, die rote Ebene bei der Bearbeitung anzuheben, aber nur in begrenztem Umfang, da diese angesichts der geringen Anzahl an eingefangenen Photonen flach und sehr verrauscht ist. Außerdem besteht die Gefahr, dass alle Sterne einen dominanten Rotanteil erhalten.

Es ist durchaus möglich, einen H-alpha-Filter zu einer DSL hinzuzufügen, vor allem, wenn dieser entsprechend modifiziert wurde. Vor der Vorverarbeitung ist es sinnvoll, die roten Fotodioden aus den Rohbildern und den Vorverarbeitungsbildern zu separieren, da die grünen und blauen Fotodioden ohnehin nichts aufgenommen haben und nicht von Nutzen sind. Die weitere Verarbeitung unterscheidet sich nicht von der Standardverarbeitung eines monochromen Bildes.

Bearbeitung der Farben von Emissionsnebeln, die mit einem monochromen Sensor und RGB- oder Schmalbandfiltern aufgenommen wurden

Die mit einem monochromen Sensor und Breitband-RGB-Filtern aufgenommenen Farben von Emissionsnebeln kann man über die Farbfaktoren anpassen und so realistische Farben der Sterne erhalten. Die Situation ist hier weit besser als mit einem Farbsensor, da die Transmissionen astronomischer Rotfilter für H-alpha (und SII), die Hauptspektrallinie von Emissionsnebeln, immer sehr gut sind. Allerdings kann wie bei Farbsensoren auch die OIII-Linie je nach Filtersatz jeden Farbton zwischen Blau und Grün annehmen.

Um eine realistischere Darstellung der Emissionslinien zu erhalten, sollte man andere, von der Quanteneffizienz des Sensors und den Transmissionen der Filter für jede der Spektrallinien hergeleiteten Faktoren verwenden.

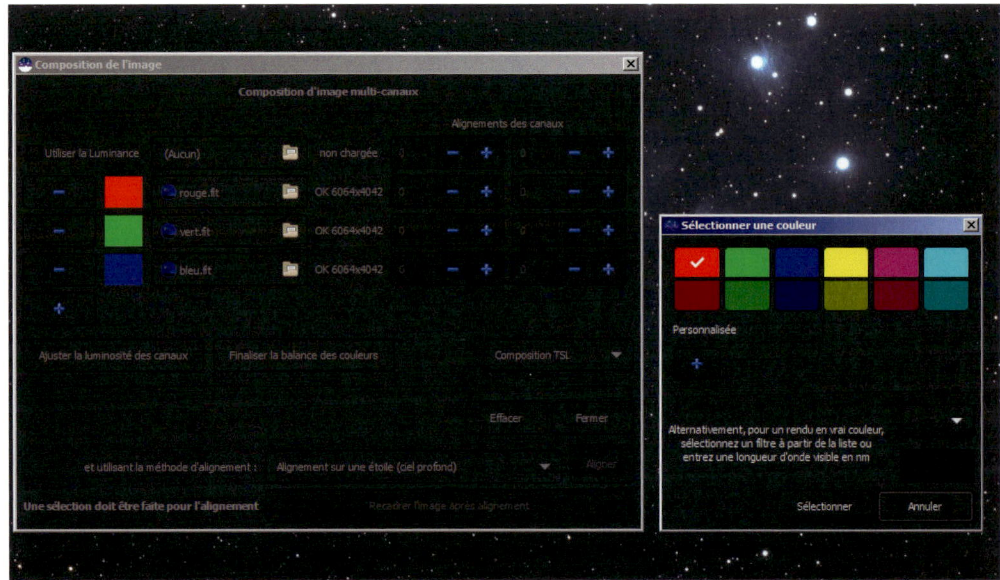

Im Bildkompositionsfenster von Siril können Sie drei oder vier Bilder auswählen, die Sie kombinieren möchten, ihnen einen Farbton zuweisen, ihre Farbbalance und ihren Hintergrund ausgleichen und sie bei Bedarf neu ausrichten.

Allerdings nehmen die Sterne dadurch unrealistische Farben an.

Verwendet man mit H-alpha und OIII nur zwei Filter, kann man H-alpha dem Rotkanal und OIII dem grünen und blauen Kanal zuordnen. Bei Verwendung von drei Filtern (SII, H-alpha und OIII) kann man jedem Farbkanal eine Spektrallinie zuweisen, sodass daraus am Ende die berühmte gemappte SHO-Farbpalette resultiert (auch »Hubble-Palette« genannt, da das berühmte Bild vom Adlernebel auf diese Weise eingefärbt wurde, welches mit diesem Weltraumteleskop aufgenommen wurde). Logischerweise sollte man die Farbebenen mit den Faktoren ins Gleichgewicht bringen, die anhand der jeweiligen Spektrallinienempfindlichkeit des Sensors zuvor ermittelt wurden. Ist der Sensor beispielsweise für OIII halb so empfindlich wie für H-alpha, sollte man die OIII-Ebene um den Faktor 2 verstärken, bevor man die Ebenen zu einem Farbbild vereint. Allerdings würde die H-alpha-Linie die anderen beiden, vor allem SII, übertrumpfen und einen grünlichen Nebel ohne große farbliche Vielfalt ergeben. Wenn man nun alle Spektrallinien gleich stark gewichtet und die Ebenen mit den schwächeren dazu verstärkt, hat dies zwei Dinge zur Folge:

- Diese Verstärkung sollte schon bei der Aufnahme berücksichtigt werden, indem man die schwächeren Spektrallinien proportional länger belichtet, um nach der Verarbeitung ein vergleichbares Signal-Rausch-Verhältnis zu erhalten.
- Die Sterne bekommen eine starke dominante Farbe, üblicherweise Magenta bei SHO, falls SII (dem Rotkanal zugewiesen) und OIII (Blaukanal) gegenüber H-alpha farblich gleich gewichtet werden. Ganz eifrige Amateure stellen die Sterne vor den Nebeln frei (durch eine Auswahl in Photoshop) und wenden dann unterschiedliche Farbfaktoren auf die entsprechenden Bildbereiche an, bevor sie die Ebenen vereinigen, und erhalten so realistischere Sternfarben.

Die Möglichkeiten der farblichen Manipulation sind hier noch nicht erschöpft. Man kann ein Schmalbandbild mit H-alpha durch Farbbilder mit RGB-Breitbandfiltern einfärben. Ist die Hauptemissionslinie wie bei den meisten Nebeln H-alpha, sind die Farben des Nebels und der Sterne realistisch und man hat dank des Schmalbandfilters für die Luminanzkomponente noch den Vorteil, dass das Bild weniger durch Sterne überladen wird. Darüber

hinaus kann man ein H-alpha-Bild auch bei einem Himmel aufnehmen, der durch Straßenbeleuchtungen oder Mondlicht beeinträchtigt ist. Im Prinzip ist jede Farbkombination denkbar, solange der Betrachter über die angewendete Verarbeitung informiert wird und weiß, welche Farbe im Bild für was steht.

Lassen Sie mich abschließend sagen, dass ein schönes Bild nicht immer aus Farbbildern zusammengesetzt sein muss, denn ein monochromes Bild eines in H-alpha aufgenommenen Nebels kann optisch ebenfalls sehr ansprechend sein. Wenn von einem solchen Nebel sowieso nur H-alpha-Licht ausgeht, liefert die rote Farbe keine zusätzliche Bildinformation und senkt sogar den Motivkontrast, sodass die Details in Schwarz-Weiß besser zu erkennen sind. Sie können die eine oder die andere Darstellung bevorzugen: Es ist eine Frage des Geschmacks!

Der Cirrus-Nebel im Sternbild Schwan ist der schönste unter den Supernova-Überresten. Von ihm gehen im Prinzip nur H-alpha- und OIII-Wellenlängen aus. Wie man hier und auf der vorherigen Seite sieht, wurden die beiden Bilder, die mit den jeweils entsprechenden Filtern aufgenommen wurden, kombiniert, sodass H-alpha für die rote und OIII für die grüne und blaue Farbebene verwendet wurden. Hier sind die hellsten Regionen dieses großen Nebels zu sehen.

DEEP-SKY-BILDGEBUNG SCHRITT FÜR SCHRITT

Falls möglich, mache man seine ersten Gehversuche der Deep-Sky-Fotografie mit einem Teleskop kurzer Brennweite oder, wenn es geht, sogar mit einem Weitwinkelobjektiv. Auf diese Weise sind die Objekte leichter aufzufinden und nachzuführen. In der ersten Nacht macht man sich mit der Kamera und der Montierung vertraut: Polachsenausrichtung, Finden des Objekts und des Ausschnitts, Fokussierung, Aufnahme und Überprüfung der Bilder auf dem Display der Kamera oder des Computers.

Beherrscht man diese Grundtechniken, sucht man sich ein Objekt aus, macht von ihm mehrere Aufnahmen und anschließend einige Kalibrierungsbilder (Dunkel-, Weiß- und Biasbilder).

Am nächsten Tag kalibriert man jedes Bild sorgfältig, registriert und kombiniert diese. Man spielt mit den Tonwerten und entfernt, falls nötig, die Gradienten.

Ist man nun mit seiner Ausrüstung und den grundsätzlichen Verarbeitungstechniken vertraut, kann man sich an die Deep-Sky-Fotografie mit längeren Brennweiten machen. Dabei muss man wissen, dass man dafür möglicherweise eine Ausrüstung für das Autoguiding und entsprechende Software benötigt. Besitzt man eine CCD-Kamera mit Filterrad, sollte man die LRGB-Bilder erst angehen, wenn man die Produktion eines ansprechenden monochromen Bildes beherrscht.

Dieses Falschfarbenbild des Nordamerika- und Pelikannebels geht über 3° und zeigt die Spektrallinien SII, H-alpha und OIII, die mit Schmalbandfiltern von 3 nm Breite isoliert und mit einer CCD-Kamera an einem Standort mit sehr viel Lichtverschmutzung aufgenommen wurden. Die Gesamtbelichtungszeiten betrugen 12, 2,5 bzw. 4,5 Stunden. Jede einzelne RAW-Aufnahme von 5 Minuten wurde kalibriert und registriert. Anschließend wurde mit der Combine Color*-Funktion von MaxIm DL jede gestapelte Bildergruppe einer Ebene im LRGB-Modus zugeordnet: H-alpha zur Luminanz und Grün, SII zu Rot sowie OIII zu Blau.*

Um die im Vergleich zu H-alpha schwächeren Spektrallinien OIII und vor allen Dingen SII auszugleichen, wurden sie um die Faktoren 3,5 bzw. 10 verstärkt. Abschließende Anpassungen von Tonwerten, Gradationskurven und der Farbsättigung wurden nach dem Export aus MaxIm DL im 16-Bit-TIFF-Format in Photoshop durchgeführt.

Der Hexenkopfnebel (IC2118) im Sternbild Eridanus

Anhänge

Anhang 1: Dateiformate und Arbeitsschritte

In diesem Anhang werden die in der Astronomie gängigen Dateiformate besprochen und grundsätzliche Arbeitsschritte erläutert, die jede Astronomiesoftware ausführen kann. Weitere Informationen finden sich in vielen anderen Büchern über Digitalfotografie.

Gebräuchliche Dateiformate

Sämtliche Bildinformationen werden in einer Datei gespeichert. Jede der vielen Möglichkeiten dazu hat ihre eigene Art und Weise, die Bildparameter und Pixeldaten abzulegen, das sogenannte Format. Jedes Dateiformat hat seine Vor- und Nachteile und seine bevorzugten Einsatzgebiete.

TIFF

TIFF steht für Tagged Image File Format und ist zusammen mit JPEG das meistverwendete Datenformat in der Fotografie. Sein Aufbau ist einfach: Es besteht aus einer Zahlenfolge, die für die Pixelwerte im Bild steht. Anhand der Position in der Zahlenfolge kann man herausfinden, welcher Wert welchem Pixel im Bild entspricht. Natürlich braucht man bei einem Farbbild pro Pixel drei Zahlen: eine für den roten, eine für den grünen und eine für den blauen Kanal. Die Größe der entsprechenden Datei ist einfach zu berechnen: Jedes Pixel benötigt 1 Byte (Schwarz-Weiß-Bild) oder 3 Bytes (Farbbild). Ein Farbbild mit z. B. 6 Millionen Pixeln benötigt 6 Millionen Bytes pro Farbe bzw. 18 Millionen Bytes insgesamt, was einer Dateigröße von etwa 18 Megabyte (MB) entspricht.

Eine wichtige Eigenschaft des TIFF ist dessen Fähigkeit, Bilder mit 8-Bit- oder 16-Bit-Tiefe pro Farbkanal anzulegen. Bei 16 Bit verdoppelt sich die Datenmenge unseres Farbbild-Beispiels mit 6 Millionen Pixeln auf 36 MB.

Das Bitmap-Format (BMP) ist insofern mit TIFF verwandt, als es die Bilddaten ebenfalls nicht komprimiert (siehe nächsten Abschnitt über das JPEG-Format), kann allerdings nur 8 Bit pro Farbkanal speichern.

JPEG

Das TIF-Format wäre im Grunde perfekt, würde es nicht zu diesen umfangreichen Dateien führen, die zu groß sind, um sie auf einer Website einzubinden, mit einer E-Mail zu versenden oder auf einer Speicherkarte mit geringer Kapazität abzulegen. Deshalb wurden komprimierende Dateiformate entwickelt. Dazu gehören neben JPEG für Bilder noch MPEG oder DV für Video und MP3 für Audio. Diese Dateien werden mittels hochentwickelter mathematischer Algorithmen kodiert und dekodiert, die die Aufgabe haben, die Anzahl von Bytes, die zur Speicherung nötig sind, zu reduzieren und dabei so weit wie möglich die Qualität der Originaldaten zu erhalten. Dabei werden zwei Arten der Kompression unterschieden:

- Verlustfreie (lossless) Kompression: sobald die Datei entpackt ist, sind alle Ursprungsdaten wiederhergestellt (der allseits bekannte ZIP-Kompressionsalgorithmus arbeitet so).
- Verlustbehaftete Kompression: Es kommt durch die Kompression zu Verlusten in der Datenqualität und zu Artefakten, und das umso mehr, je stärker die Daten auf geringe Anzahlen an Bytes komprimiert werden.

Bei der verlustfreien Kompression ist die Reduktion der Datenmenge relativ begrenzt und beträgt bei den meisten Bildern weniger als 50 %. Bei der JPEG-Kompression kann der Benutzer die Kompressionsrate bei der Speicherung selbst bestimmen und die Reduktion der Datenmenge fällt deutlich stärker aus. Dabei hängt die Datenmenge

ZUSATZBILDINFORMATIONEN

Neben den digitalen Daten, die für die numerischen Werte eines jeden Pixels stehen, enthält eine Bilddatei allgemeine Informationen über das Bild oder Bildparameter. Die Formate sind in dieser Hinsicht mehr oder weniger flexibel. Manche speichern Informationen bzw. Kommentare in den Bildparametern wie etwa Belichtungszeit, verwendetes Instrument bzw. Objektiv und Kameraeinstellungen (diese Zusatzinformationen sind die sogenannten EXIF-Daten). Obwohl die Einstellung des Weißlichtabgleichs zum Beispiel die numerischen Werte, die in einer RAW-Datei (siehe RAW-Format im Folgenden) gespeichert sind, nicht verändert, wird diese Einstellung in der Datei so abgelegt, dass sie die Software zum Auslesen der RAW-Datei verwenden kann.

am Ende nicht nur von der Auflösung des Bildes, sondern auch von dessen Inhalt ab: Bei gleicher Kompressionsrate erfordert ein Bild mit zahlreichen Details (oder Rauschen!) mehr Bytes als ein unscharfes Bild oder eines mit größeren homogenen Flächen.

Auch wenn dies nicht gerade ideal ist, bedeutet der Umstand, dass ein Bild oder ein Video komprimiert ist, auf gar keinen Fall, dass man dadurch keine guten Ergebnisse erzielen könnte. Es hängt immer von der Größenordnung des Qualitätsverlustes und der anschließenden Nutzung des Bildes ab. Bei einem Bild, das bereits verarbeitet wurde und auf einer Website präsentiert werden soll, ist eine starke Kompression weit weniger ein Problem als bei einem, das noch weiter bearbeitet werden soll (beispielsweise größere Veränderungen in Kontrast und Schärfung noch bevorstehen).

GIF

Das Graphics Interchange Format (GIF) ist ein 8-Bit-Format, das hauptsächlich für Animationen verwendet wird, da es für kleine Serien von Bildern ausgelegt ist, die jeweils für eine bestimmte Zeit zu sehen sind. Die größte Beschränkung dieses Formats liegt darin, dass es nur 256 Farben pro Pixel verarbeiten kann, was wirklich wenig ist. Deshalb wurde es nach und nach vom PNG-Format (Portable Network Graphics) verdrängt, das leistungsfähiger ist mit bis zu 16 Bits pro Farbe und verlustfreier Kompression.

Fast alle Fotos auf Webseiten sind JPEGs und für kurze Animationen verwendet man GIFs.

RAW

Das RAW-Format kam mit den ersten hochwertigen Digitalkameras auf. Es entspricht dem Negativ der analogen Fotografie auf Film. Das Thema der RAW-Formate muss hier behandelt werden, da jeder Hersteller sein eigenes hat. Sie wurden alle entwickelt, um die direkt vom Sensor kommenden Rohdaten zu speichern, sodass die Digitalisierungskette ohne weitere Umwandlungen startet (obwohl in einigen Kameras schon Modifizierungen der digitalen Daten stattfinden, die zum Beispiel Störungen wie Streifenbildung beheben). Die Struktur der Bayer-Matrix wird dabei beibehalten, ohne dass für die Erzeugung der drei RGB-Farbkanäle eine Interpolation durchgeführt wird. Diese findet später in der Software statt, die dieses Format dekodiert (siehe Anhang 3). Es wird höchstens eine verlustfreie Kompression eingesetzt. Das RAW-Bild ist also nichts weiter als ein monochromes Bild, das wie die Bayer-Matrix, die den Sensor bedeckt, aufgebaut ist und in dem jedes Pixel einer ganz bestimmten Fotodiode entspricht. Aus diesen Gründen benötigen RAW-Bilder zwei- bis dreimal weniger Bytes als ein farbiges 8-Bit-TIFF-Bild. Man spricht hier auch manchmal vom CFA-Bild (color filter array).

Ein weiterer Vorteil des RAW-Formats ist, dass es Daten über 8 Bit kodieren kann, meistens in 14 Bit, was 16.384 (2^{14}) Tonwertstufen entspricht.

FITS

Es wäre durchaus angebracht gewesen, diese Erläuterungen mit dem FITS-Format (Flexible Image Transport System) zu beginnen, da es in der Astronomie so wichtig ist. Es ist in der Tat ein umfassendes Standardformat, das von und für die Wissenschaft entwickelt wurde und sowohl unter professionellen als auch Amateurastronomen weit verbreitet ist. FITS ist das bevorzugte Format bei den Astronomieprogrammen, die alle dieses Format öffnen, verarbeiten und speichern können – normalerweise aber nur als monochrome 16-Bit-Bilder. FITS ist das bevorzugte Format für diese Software. Siril und PixInsight zum Beispiel können mit 32-Bit-codierten Farb-FITS-Dateien arbeiten.

Obwohl die Helligkeitswerte von Pixeln bei 16 Bit zwischen 0 und 65.535 (–1) liegen können, reichen einige Astronomieprogramme nur bis 15 Bit (0 bis 32.767) oder interpretieren die obere Hälfte des Bereichs der digitalen Daten (32.768 bis 65.535) als negativ (–32.768 bis 0).

Proprietäre Datenformate

Als Alternative zu FITS-16-Bit-Bildern haben manche CCD-Kamerahersteller und Anbieter von Astronomiesoftware eigene monochrome und farbige Datenformate entwickelt.

So gibt es beispielsweise das STX-Format bei SBIG, das CPA-Format bei Prism und das PIC-Format bei Iris. Die beiden letztgenannten Programme verwenden ihr eigenes Format, um Farbbilder mit 3 × 16 Bit zu kodieren, was besonders bei Bildern von Farbgeräten nützlich ist.

SER

Das SER-Format ist im Videobereich das, was RAW für die Fotografie ist. Es wird von zahlreichen astronomischen Videokameras verwendet, um Bilder in nichtkomprimierten Sequenzen zu speichern, und das von 8 Bit bis 16 Bit. Die Dateien können natürlich sehr groß werden: Bei 8 Bit ergibt ein einstündiges Video von einem Sensor mit 1 Million Pixel bei 60 Bildern pro Sekunde eine Datei von 216 GB; bei 10 Bit oder mehr sind es doppelt so viele

Format	Dateisuffix	Kompression (verlustbehaftet)	Anzahl Bits pro Farbkanal
TIFF	.tif	Nein	8 oder 16
GIF	.gif	Ja; nur 256 Farben	Unter 8
JPEG	.jpg	Ja	8
FITS	.fit/.fts/.fits	Nein	16 oder 32
RAW	Herstellerabhängig; z. B. .cr2 bei Canon, .nef bei Nikon, .orf bei Olympus	Nein	Je nach Bittiefe der Kamera (meist 14 Bit)

Zusammenfassung der häufigsten Bildformate und ihrer Hauptmerkmale

Daten. Dieses Format wird von Software erkannt, die auf Planetenaufnahmen spezialisiert ist.

Formatkonvertierungen

Bei Konvertierungen von einem Format in ein anderes gilt das Grundprinzip, so lange wie möglich über 8 Bit zu bleiben und so spät wie möglich in ein komprimiertes Format überzugehen. Ein 8-Bit-Bild in 16 Bit umzuwandeln, ist meistens ein Fehler, weil man ja keine neuen Informationen erzeugt. Wenn man allerdings 8-Bit-Bilder stapelt (siehe Kapitel 5), kann es angebracht sein, zu 16 Bit überzugehen.

Einige Softwareprogramme sind in der Lage, die drei RGB-Kanäle eines Farbbildes gleichzeitig zu verarbeiten, andere müssen die drei Bilder getrennt bzw. in Gruppen von jeweils drei verarbeiten. Die kostenlose Software PIPP ist ein wahrer Konvertierungs-Werkzeugkasten: Sie kann eine Vielzahl von Formaten öffnen und umwandeln, z. B. konvertiert sie eine Reihe von RAW-Bildern im DNG-Format in eine farbige SER-Datei für die Weiterverarbeitung in AS!3.

Bildschirmansicht der Bilder

Wie die Bilder auf dem Bildschirm angezeigt werden, hängt von der Art der verwendeten Software ab. In den normalen Bildbearbeitungsprogrammen wird das Bild immer mit seinem jeweiligen vollen Dynamikumfang gezeigt: Pixel mit dem Helligkeitswert 0 werden völlig schwarz, die mit 255 (bei einem Schwarz-Weiß-Bild) reinweiß dargestellt. Die Grauwerte dazwischen werden linear abgebildet, ein Pixel mit dem Wert 128 beispielsweise als mittleres Grau angezeigt. Wenn wir nun Kontrast und Helligkeit des Bildes bearbeiten, werden die digitalen Pixelwerte neu berechnet. Gehen wir mit der Maus über ein Vergleichspixel, können wir sehen, dass sich sein Wert verändert hat.

Bei Astronomieprogrammen funktioniert die Bildschirmdarstellung etwas anders. Meist mittels Schiebereglern stellt man dort zwei Werte ein: den oberen und den unteren Schwellenwert. Mit dem oberen legt man fest, ab wann die Pixel komplett weiß dargestellt werden, mit dem unteren entsprechend, ab wann die Pixel alle als Schwarz angezeigt werden. Wenn man in einem dieser Programme beispielsweise ein 16-Bit-Bild öffnet, den oberen Schwellenwert auf 4000 stellt und den unteren auf 2000, werden alle Pixel mit einem Wert unter 2000 schwarz und über 4000 weiß dargestellt. Ein Pixel mit dem Wert 3000 erscheint dann als mittleres Grau. Das heißt, dass der sichtbare Effekt der Schwellenwerte der gleiche ist wie die Veränderung von Kontrast und Helligkeit eines Bildes, jedoch gilt dies nur für die Bildschirmansicht, da die eigentlichen Pixelwerte nicht verändert werden.

Man darf an dieser Stelle wieder nicht vergessen, dass, wenn Photoshop ein 16-Bit-Bild anzeigt, die Pixelwerte mit Ziffern weiterhin zwischen 0 und 255 angegeben werden, als handele es sich um ein 8-Bit-Bild (also nicht zwischen 0 und 65.535, wie es bei einer Astronomiesoftware der Fall ist). Dennoch rechnet Photoshop mit der Genauigkeit von 16 Bit, so als hätten die angezeigten Werte mehrere Nachkommastellen, die zwar nicht sichtbar sind, aber bei den Berechnungen verwendet werden.

Häufige Bildbearbeitungsschritte

Die in den folgenden Abschnitten erklärten Arbeitsschritte werden in der astronomischen Bildbearbeitung häufig ausgeführt, entweder direkt vom Benutzer oder indirekt durch komplexe Algorithmen und Berechnungen. Jedes in diesem Buch erwähnte Astronomieprogramm kann diese Arbeitsschritte durchführen.

Arithmetische Arbeitsschritte

Es gibt viele arithmetische Operationen, die an dem einzelnen Pixelwert eines Bildes vorgenommen werden können: Addition, Subtraktion, Multiplikation, Division etc. Arithmetische Operationen können auch mit unterschiedlichen Bildern stattfinden, wie zum Beispiel bei der Kalibrierung (Kapitel 3), wo Pixel für Pixel Subtraktionen und Divisionen durchgeführt werden.

Durch einige solcher Operationen kann es zu einer Sättigung von Pixelwerten kommen, etwa wenn ein Bild in 8 Bit verarbeitet wird und durch Multiplikation des gesamten Bildes um den Faktor 2 die Originalwerte zwischen 128 und 255 am Ende alle bei 255 abgeschnitten werden.

Bildgröße ändern

Die Größe eines Bildes zu ändern, bedeutet anschließend ein Bild mit einer größeren oder kleineren Anzahl von Pixeln zu haben. Für diesen Größenunterschied muss die Software eine Interpolation durchführen (in Kapitel 2 erläutert). Die Algorithmen dazu reichen von einfachsten Pixelverdopplungen bis zu ausgefeilten Techniken wie der bikubischen Interpolation.

Spiegelungen

Durch eine Spiegelung wird das Bild mittig an der vertikalen oder horizontalen Achse gespiegelt. Ein Herschelkeil beispielsweise macht, wie wir in Kapitel 6 gesehen haben, das Bild spiegelverkehrt.

Beschneiden

Beim Beschneiden wird ein rechtwinkliger Bereich eines Bildes durch Eingabe von vier Koordinaten oder direkt mit der Maus als ein Ausschnittsrahmen festgelegt. Dieser Arbeitsschritt wird häufig benötigt, um die schwarzen Ränder, die nach dem Registrieren und Stapeln einer Bilderserie übrig bleiben, zu entfernen.

Drehungen

Die beiden Parameter für eine Drehung sind die Lage des Angelpunkts und der Winkel. Um diesen Angelpunkt herum wird das Bild dann um den entsprechenden Winkel gedreht. Dieser Arbeitsschritt, der wie beim Demosaicing und Verschieben Interpolationen vollzieht, wurde vor allem dafür entwickelt, die zwischen mehreren zu stapelnden Bildern stattgefundene Bildfeldrotation zu korrigieren (Kapitel 7). Führt man die Drehung aus, ohne zuvor die Bildfläche zu vergrößern, gehen Teile des Bildes verloren, da sie außerhalb der Bildfläche zu liegen kommen, genauso wie es im Außenbereich auch zu schwarzen Flächen kommen kann.

Verschiebungen

Bei einer Verschiebung wird der gesamte Bildinhalt horizontal oder vertikal um eine bestimmte Anzahl von Pixeln verlagert. Dieser Arbeitsschritt findet meistens bei der Registrierung der Bilder vor dem Stapeln statt. Mithilfe von Interpolationen sind die Astronomieprogramme in der Lage, Verschiebungen um nichtganzzahlige Pixelanzahlen wie z. B. 10,3 oder 3,95 vorzunehmen, was die Genauigkeit der Registrierung deutlich erhöht.

Anhang 2: Vom Sensor zum Bild

Die Entstehung eines digitalen Bildes beschränkt sich nicht auf das Einsammeln von Licht durch den Sensor. Nach der Belichtung kommt die Phase des Auslesens, während der die in den Fotodioden gespeicherten Elektronen eingesammelt und – wie in Kapitel 2 beschrieben – in digitale Daten umgewandelt werden.

Bei einem monochromen Sensor ist der letzte Schritt in der Erzeugung eines digitalen Bildes einfach: Jedes Pixel im Bild entspricht nur einer einzigen Fotodiode auf dem Sensor, sodass das Bild eine direkte Wiedergabe dessen ist, was dieser aufgezeichnet hat.

Bei einem Farbsensor werden die Dinge allerdings kompliziert. Würde jede Fotodiode exakt einem Pixel entsprechen, erhielten wir kein überzeugendes Ergebnis. Nehmen wir beispielsweise an, wir würden einen blauen Himmel fotografieren: Wir bekämen ein Schachbrettmuster, bei dem lediglich jeder vierte Pixel Licht eingefangen hätte, nämlich nur die Fotodioden mit dem Blaufilter davor. Gleichzeitig weiß jeder, dass bei einem Farbbild jedes Pixel seine eigene Farben haben muss und demzufolge drei Werte enthält: einen für Rot, einen für Grün und einen für Blau. Ein Farbbild mit 4 Millionen Pixeln enthält also 12 Millionen Datenpunkte. Doch wenn der Sensor nur 4 Millionen Fotodioden hat, wo kommen dann die restlichen 8 Millionen Datenpunkte her? Aus der Interpolation!

Betrachten wir einmal eine grüne Fotodiode in der ersten Zeile unseres Farbsensors (auf der vorherigen Seite). Sie ist von zwei blauen Fotodioden umgeben, einer links und einer rechts. Diese grüne Fotodiode ist nicht für blaues

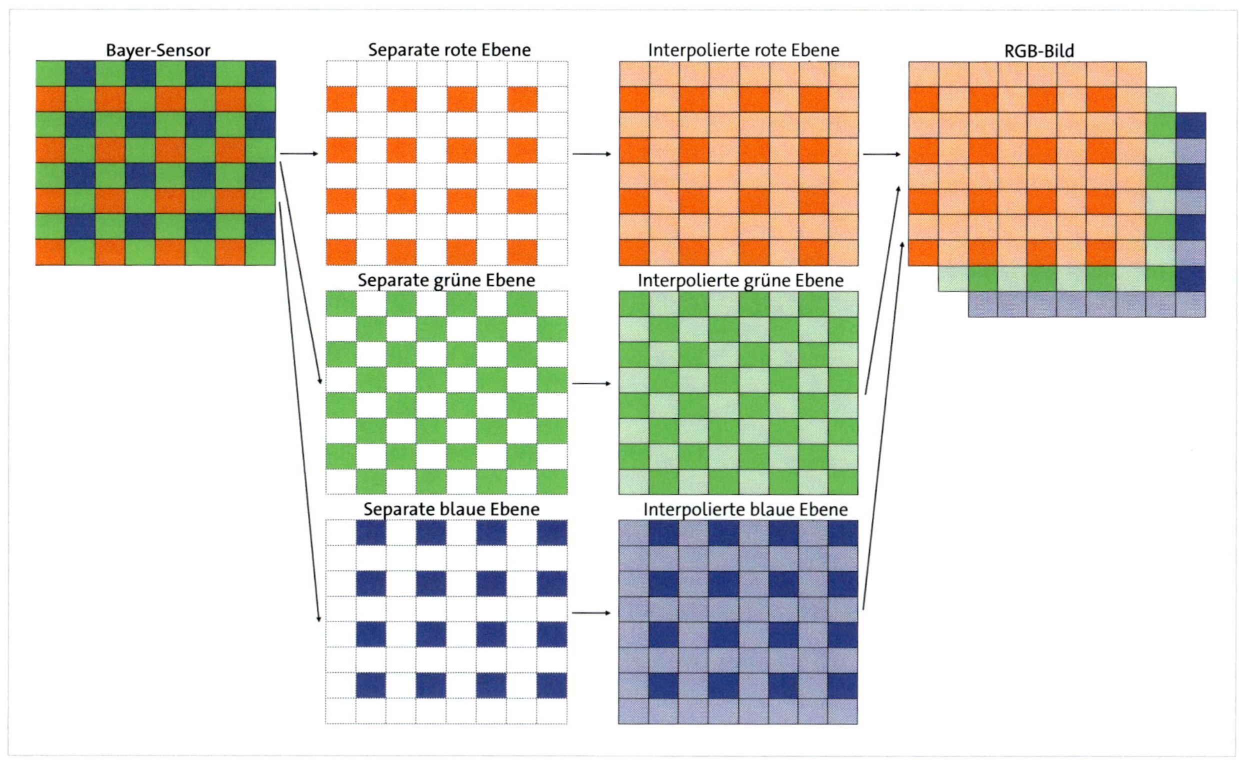

Die Rekonstruktion eines RGB-Bildes aus den Daten, die aus einem Sensor mit Bayer-Matrix (Vollfarben) stammen, geschieht durch Interpolation, mit der die fehlenden Daten (schraffierte Farben) ergänzt werden.

Licht empfindlich und wir wissen daher nicht, wie viel blaues Licht auf sie getroffen ist. Das Beste, was wir machen können, ist den wahrscheinlichsten Wert für diesen nicht gemessenen Wert abzuschätzen, der irgendwo zwischen den Werten liegen muss, den seine blauen Nachbarn gemessen haben. Hat der Wandler der linken blauen Fotodiode beispielsweise den Wert 100 zugewiesen und der rechten 110, weisen wir dem blauen Pixel, das unserer grünen Fotodiode entspricht, den Durchschnittswert von 105 zu. Dieser Vorgang wird für alle Pixel des Bildes durchgeführt, um die fehlenden Messwerte zu berechnen – die sogenannte Bayer-Interpolation oder das Demosaicing. Die in diesem Beispiel vorgeführte Art der Interpolation ist grob vereinfacht, denn die heute eingesetzten Interpolationsalgorithmen sind sehr viel komplizierter und berücksichtigen noch ein paar mehr benachbarte Fotodioden.

Anhang 3: Uniformitätsfehler – Ursachen und Lösungen

Wie Sie in Kapitel 3 gesehen haben, können Vignettierungen und Schatten durch Staub mithilfe eines Weißbilds (Flat Field) in den gesammelten Bildern korrigiert werden. Trotzdem ist es wichtig, dass diese Fehler in den Rohbildern so gering wie möglich ausfallen, und zwar aus zweierlei Gründen:

- Die Vignettierung führt durch Lichtverlust zu einer Beeinträchtigung des Signal-Rausch-Verhältnisses. Auch nach deren Korrektur weist der Randbereich eines Bildes mehr Rauschen auf als die Mitte.
- Je deutlicher die Uniformitätsfehler ausfallen, desto schwieriger ist es, ein vollständig repräsentatives Weißbild zu erzeugen und somit eine gute Korrektur zu erreichen.

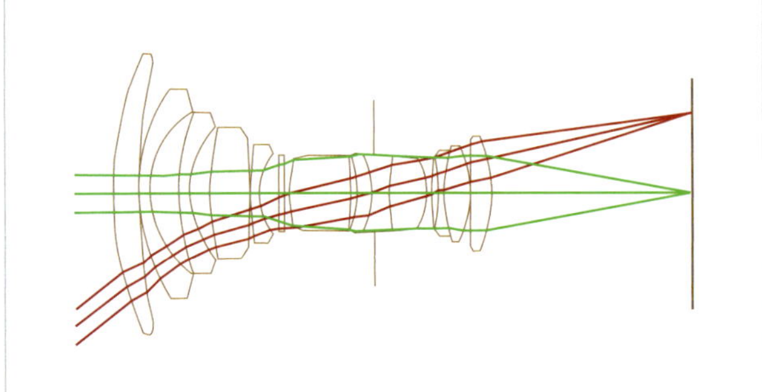

Der schräg einfallende Lichtstrahl geht als Ellipse durch die Eintrittspupille des Objektivs und trifft im Randbereich des Sensors schräg auf, wodurch er im Vergleich zu einem Lichtstrahl, der die Mitte der optischen Achse durchläuft, einen längeren Weg zurückgelegt (Grafik: Leica).

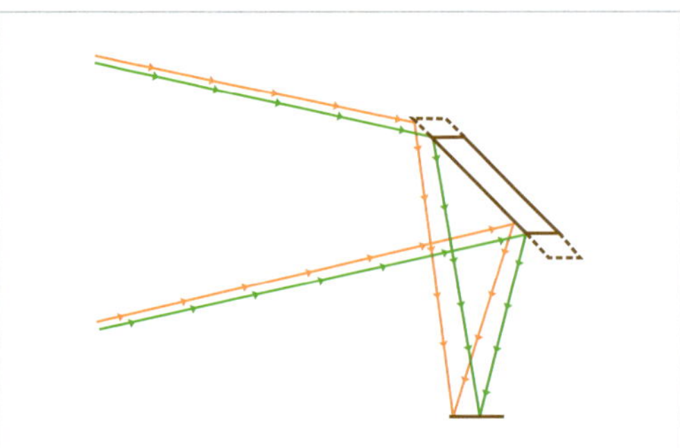

Der Sekundärspiegel dieses Newton-Teleskops in dieser Abbildung ist für die Fotografie unterdimensioniert: Er reflektiert zwar alle Lichtstrahlen, die in der Bildmitte auftreffen (grün), nicht aber die im Randbereich (rot). Ein größerer Sekundärspiegel (gestrichelte Linien) ergäbe ein besser ausgeleuchtetes Bildfeld. In vielen Büchern und Webseiten findet man Formeln zur Größenberechnung des Sekundärspiegels, bezogen auf das für die Fotografie benötigte Bildfeld.

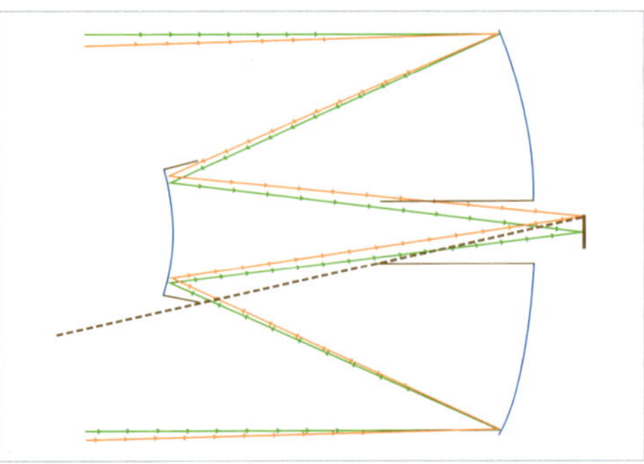

Das Blendrohr eines Teleskops aus der Cassegrain-Familie verhindert zwar einerseits Streulicht, bevor es den Kameraadapter erreicht (gestrichelte Linie), verursacht aber andererseits eine Vignettierung, deren Intensität von der Konstruktion und der Fokusposition abhängt. Dieser Effekt wird durch einen Brennweitenreduzierer noch verstärkt, da der Blickwinkel des Sensors vergrößert wird und die Lage der Fokusebene des Instruments weiter zurückwandert.

Vignettierung

Die Ursachen von Vignettierungen auf der Bildebene können geometrischer, optischer und mechanischer Natur sein:

- **Geometrisch:** Aus dem Blickwinkel schräg auftreffender Lichtstrahlen ist die Apertur eines Instruments nicht kreisförmig, sondern elliptisch, sodass die lichtsammelnde Oberfläche mit steigendem Einstrahlwinkel abnimmt. Auf der Kameraseite des Instruments treffen diese Strahlen nicht im rechten Winkel auf und haben einen längeren Weg zurückgelegt, was ebenfalls zu einem Lichtabfall bei den randständigen Pixeln im Vergleich mit der Sensormitte zur Folge hat. Dieser Effekt tritt am deutlichsten bei Weitwinkelobjektiven für die normale Fotografie auf.
- **Optisch:** Eines der optischen Elemente ist hinsichtlich der Bildfeldabdeckung unterdimensioniert. Einige Newton-Teleskope haben beispielsweise einen Sekundärspiegel, dessen Durchmesser gerade groß genug ist, die Lichtstrahlen zu reflektieren, die in der Mitte des Gesichtsfelds auftreffen, doch ein Teil der achsfernen Lichtstrahlen geht am Sekundärspiegel vorbei. Bei einem Teleskop ist die Konstruktion des Sekundärspiegels ein Kompromiss zwischen minimaler zentraler Obstruktion und der Beschränkung der Deep-Sky-Fotografie. Teleskope, die speziell für die Deep-Sky-Fotografie mit großen Sensoren entwickelt wurden, haben in der Regel größere Sekundärspiegel als die für die visuelle Beobachtung optimierten.
- **Mechanisch:** Ein Bauteil des Instruments blockiert Licht, das aus dem Außenbereich des Gesichtsfelds stammt. Es gibt mehrere Bauteile, die für solche Effekte verantwortlich sind, sofern sie nicht speziell für die Fotografie konstruiert wurden:
  - Die Taukappe: Baut man sich eine solche für sein Instrument selbst, sollte man darauf achten, dass sie hinsichtlich des Gesichtsfelds groß genug gebaut wird. Die von den Herstellern für ihre fotografischen Objektive oder astronomischen Instrumente entwickelten Taukappen haben natürlich stets die richtige Größe.
  - Das Blendrohr: Das erstreckt sich in den Cassegrain- und damit auch in den Schmidt-Cassegrain-Teleskopen zwischen Haupt- und Sekundärspiegel. Solch ein Blendrohr ist wichtig, damit das Licht des Himmelshintergrunds nicht direkt auf das Auge bzw. den Sensor trifft, da dies einen verheerenden Effekt auf dem Bildkontrast hätte. Die Konstruktion des Blendrohrs ist immer ein Kompromiss zwischen der Unterdrückung von Streulicht und minimaler Vignettierung am Blickfeldrand. Bei Refraktoren

übernehmen diese Aufgabe mehrere Streulichtblenden, die aus mit scharfen Kanten versehenen Blendenöffnungen bestehen, welche ebenfalls Vignettierungen verursachen können.

- Der innere Tubus des Fokussierers, der vor allen Dingen bei Refraktoren lang sein kann
- Die Adapterringe des Geräts auf dem Instrument
- Jedes Element, das direkt vor der Kamera platziert wird: Adapter, Filter Off-Axis-Guider etc.

Durch den Kameraadapter verursachte Vignettierung

Dieser Aspekt verdient einige Aufmerksamkeit, da die Lösung dazu recht einfach ist. Nehmen wir an, wir würden auf unserer DSL über einen T2-Adapter (siehe Kapitel 4) einen 31,75 mm (1,25") großen männlichen Adapter anbringen und ihn zusammen mit einem Instrument mit einem Öffnungsverhältnis von 5 verwenden. In diesem Beispiel wäre das äußere Ende des männlichen Adapters etwa 100 mm vom Sensor entfernt. Eine einfache Rechnung zeigt uns, dass die Breite des Lichtstrahls, der auf die Mitte des Sensors trifft, 100 mm davor 100/5 = 20 mm beträgt. Der gesamte Lichtkegel geht durch diesen Adapter, dessen Durchmesser etwa 27 mm beträgt (im folgenden Bild grün gezeichnet), zumindest im mittleren Bereich des Lichtkegels, der auf die Mitte des Sensors trifft.

Für die Lichtstrahlen, die auf den Randbereich gerichtet sind, ist die Situation ganz anders. Vereinfacht können wir sagen, dass der Lichtkegel 10 mm aus der Mitte des Sensors heraus parallel zum zentralen Lichtkegel verläuft und seitlich 10 mm von ihm versetzt ist (im folgenden Bild

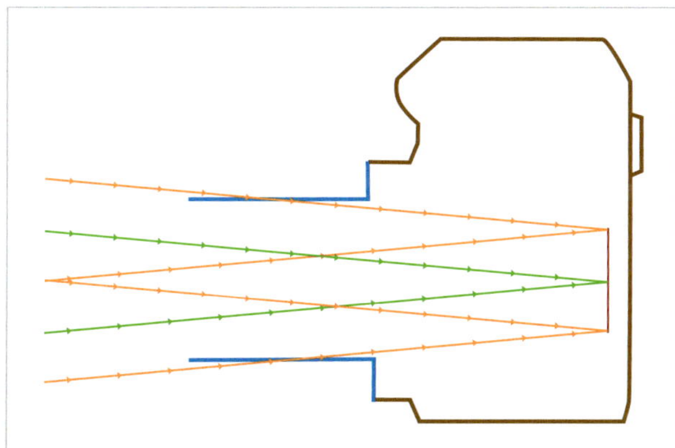

Dieses Diagramm einer DSL veranschaulicht, warum ein Adapter (blau eingezeichnet) mit einem Durchmesser von 31,75 mm (1,25") eine Vignettierung verursachen kann.

in Orange eingezeichnet). Für diesen Lichtkegel müsste der Innendurchmesser des Adapters mindestens 30 mm (20 + 10) betragen, was hier nicht der Fall ist. Die Folge ist, dass der Adapter eine Vignettierung verursacht.

Allgemein lässt sich sagen, dass für die Bestimmung, ob ein mechanisches Element, das an einem Teleskop (mit dem Öffnungsverhältnis R) in einem Abstand (T) vor dem Sensor (Diagonale, D) platziert wird, eine Vignettierung verursacht, folgende Formel herangezogen werden kann (womit die Mindestgröße der Öffnung berechnet und so überprüft wird, ob der Innendurchmesser dieses Elements mindestens so groß ist wie dieser Wert):

$$D + \frac{T}{R}$$

Durch Filter verursachte Vignettierung

Eine weitere häufige Ursache für Vignettierungen sind vor der Kamera platzierte Filter. Ein Filter mit einem Durchmesser von 31,75 mm (1,25") hat eine optische Apertur von etwa 26 mm. Es liegt auf der Hand, dass er bei einem 24 × 36 mm-Sensor (mit einer großen Diagonalen von 44 mm) eine Vignettierung verursacht, sodass man in diesem Fall einen 50,8 mm-Filter (2") verwenden sollte.

Staub

Sichtbare runde Flecken auf den Bildern stammen von Staubpartikeln, die sich in der Nähe des Sensors oder direkt darauf befinden. Es lässt sich leicht ersehen, dass die Größe des Schattens durch einen kleinen Partikel, der sich in einem Abstand (D) vom Sensor befindet, D/R beträgt (R ist wieder das Öffnungsverhältnis des Teleskops). Bei einem Öffnungsverhältnis von 10 verursacht ein Partikel 5 mm vor dem Sensor einen Schatten von 0,5 mm Durchmesser und ist deshalb eindeutig zu sehen. Befände sich dieser 50 mm vor dem Sensor, hätte sein Schatten einen Durchmesser von 5 mm und wäre dadurch auf dem Bild nicht mehr zu erkennen. Dadurch wird deutlich, dass man sich um Staubpartikel, die sich weit weg vom Sensor befinden, vor allem solche auf den Spiegeln oder Linsen des Teleskops, keine allzu großen Sorgen machen sollte, da sie keine sichtbare Auswirkung auf das Bild haben.

Der erste Weg, Staubflecken zu vermeiden, besteht darin zu verhindern, dass sich Partikel auf dem Sensor ablagern können. Wechselt man das Objektiv seiner DSL, erledigt man dies am besten schnell und, falls möglich, an einem staubarmen Ort, wobei man die Kameraöffnung nach unten hält. Befinden sie sich nicht am Teleskop, belässt man den Deckel auf seiner Video- oder auf dem Anschluss seiner CCD-Kamera. Der zweite Weg besteht in der Reinigung des Sensors. In Fotozeitschriften gibt es immer wieder Artikel über diverse Reinigungsmethoden. Doch selbst nach einer Reinigung hat man selten einen 100-prozentig sauberen Sensor. Kamerahersteller und -werkstätten bieten professionelle Sensorreinigungen an. Hat man immer noch ein paar verbleibende Staubpartikel, sollte man sich keine allzu großen Sorgen machen, da sich diese durch ein gutes Weißbild korrigieren lassen.

Die einfachste Möglichkeit, Staub auf dem Sensor festzustellen, ist ein Weißbild mit dem größtmöglichen Öffnungsverhältnis aufzunehmen, wodurch die Flecken klein und damit gut sichtbar abgebildet werden. Bei einer Digitalkamera stellt man einfach die kleinste mögliche Blende des Objektivs (16 oder 32) ein und richtet sie auf eine Wand oder den Himmel. Bei einer CCD- oder Videokamera kann man ein langes enges Rohr vor den Sensor halten oder ihn aus größerer Entfernung mit einer kleinen LED beleuchten.

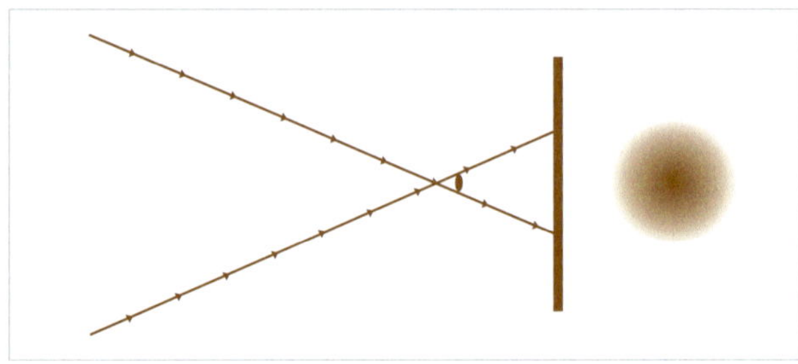

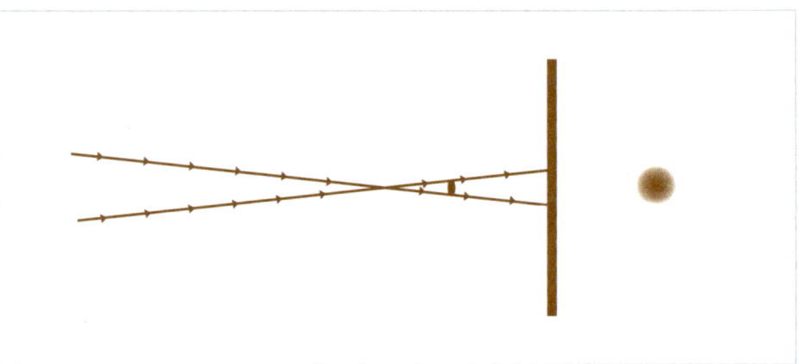

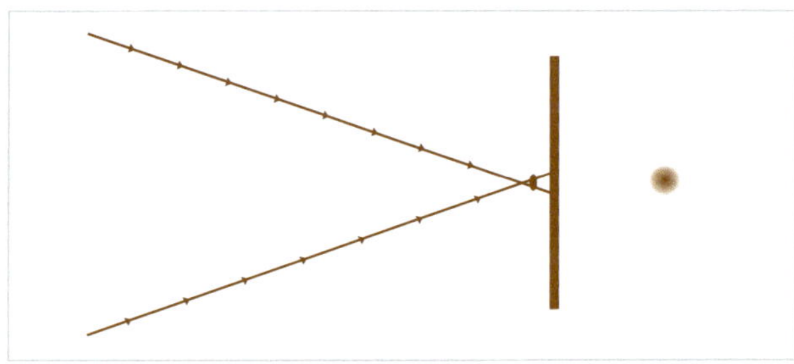

Ein kleines (lichtstarkes) Öffnungsverhältnis ergibt größere Schatten von geringerem Kontrast (oben) als ein großes Öffnungsverhältnis (Mitte). Doch auch der Abstand zwischen Staubpartikel und Sensor spielt eine Rolle, wobei die durch ihn verursachten Schatten kleiner und dunkler werden, wenn sich der Partikel näher am Sensor befindet (unten).

Anhang 4: Überprüfung und Einstellung einer Äquatorialmontierung

Messung des periodischen Fehlers

Die Messung des periodischen Fehlers ist eine gute Methode zur Prüfung, ob die tatsächliche Nachführqualität den Erwartungen entspricht. Man führt sie nach sorgfältiger Polachsenausrichtung durch, indem man das Abwandern eines Sterns in der Nähe des Schnittpunkts zwischen Himmelsäquator und -meridian beobachtet. Nur die Nachführabweichungen in Rektaszension werden im Verlauf mehrerer Umdrehungen der Schneckenwelle zur Ermittlung von Periodizitäten ausgewertet. Die Messung dazu kann auf zweierlei Arten geschehen, und zwar mithilfe von:

- einem Okular mit einem Fadenkreuz mit Skala, von denen die eine Achse parallel zur Rektazention verläuft. Um die Skala zu kalibrieren, positionieren Sie den Stern an einem Ende der Achse, stellen die Nachführmotor aus und messen die Zeit, die der Stern zum Durchlauf einer bestimmten Anzahl von Teilstrichen der Skala benötigt. Wenn Sie jetzt wissen, dass sich der Stern 15"/s verschoben hat, können Sie leicht die Skala bestimmen (braucht der Stern für den Durchlauf der Gesamtskala 6 s mit 60 Teilstrichen benötigte, entspricht ein Teilstrich 1,5"/s am Himmel). Für eine ausreichende Präzision muss die Vergrößerung groß genug sein; falls nötig eine Barlow-Linse hinzufügen.
- mit einer Webcam oder Videokamera: man macht in regelmäßigen Abständen von mehreren Sekunden Aufnahmeserien und erstellt daraus ein Diagramm mit der Verschiebung des Sterns über die Zeit. Dazu müssen die Achsen der Kamera an denen der Montierung ausgerichtet sein. Im Zusammenspiel mit einer Videoerfassungssoftware wie Iris oder Astroart kann das kostenlose Programm PEAS (Periodic Error Analyzing

Software: *http://web.telecom.cz/elektro-metal/peas_f.htm*) eine Kurve mit dem periodischen Fehler erstellen und auswerten. Ansonsten kann man die folgenden Schritte auf den so aufgenommenen Bilderstapel ausführen:

- Zuerst die Position des Sterns in jeder Aufnahme der Serie mit einer Astromoniesoftware bestimmen, die diese als x- und y-Pixelkoordinate in einer Textdatei speichern kann.
- Anschließend kopiert man diese Werteliste in eine Excel-Tabelle und erstellt sich daraus eine Kurve, auf der der Drift der Rektaszension im zeitlichen Verlauf zu sehen ist. Um die x- und y-Achsen zu kalibrieren, müssen Sie die Zeitintervalle zwischen den aufeinanderfolgenden Bildern und die Auflösung des Abbildungsmaßstabs in Bogensekunden kennen (siehe Kapitel 4).

Justierung der Montierung

Eine Äquatorialmontierung zu justieren, ist einfach, aber wichtig, wenn man gute fotografische Ergebnisse möchte, ganz gleich, ob man mit oder ohne PEC oder Autoguiding arbeitet. Die Hauptjustierung betrifft die Schneckenwelle der Rektaszension und das Schneckengetriebe. Wie bei jedem Getriebe gibt es auch hier immer etwas Spiel. Um dies zu überprüfen, zieht man die Rutschkupplung (sofern vorhanden) fest an, nimmt den optischen Tubus in die eine und die Achse des Gegengewichts in die andere Hand und versucht die Montierung in Rektaszension sanft hin- und herzubewegen. Man braucht nur sehr wenig Spiel, es muss aber zumindest gerade noch spürbar sein. Verspürt man überhaupt kein Spiel, wird die Schneckenwelle vermutlich fest gegen das Getriebe gedrückt, und das kann zu folgenden Problemen führen:

- Der Motor kann damit zu kämpfen haben und sogar ins Stocken geraten, wenn er nicht stark genug ist.
- Die Mechanik kann vorzeitig verschleißen.
- Vibrationen des Motors können sich auf den optischen Tubus übertragen, was sich auf die Bildschärfe auswirken kann.
- Die Nachführung kann ungleichmäßig werden und der periodische Fehler sich verstärken.

Die Justierung der Schneckenwelle ist eine Sache des Herumprobierens: Schrauben lösen, Schneckenwelle positionieren, Schrauben wieder anziehen, Spiel überprüfen.

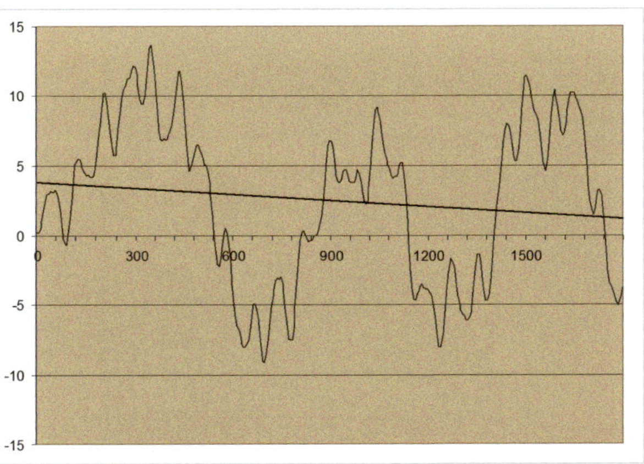

Dieses Diagramm eines periodischen Fehlers wurde aus der gemessenen Position eines Sterns in einer Bilderserie aus einer Webcam erstellt, die über 30 Minuten aufzeichnete. Auf der x-Achse wurde die Zeit in Sekunden, auf der y-Achse die Verschiebung des Sterns in Bogensekunden aufgetragen. Die Rotationsperiode der Schneckenwelle dieser Montierung lässt sich leicht aus dieser Kurve entnehmen; sie beträgt 10 Minuten. Die schwarze Linie zeigt den linearen Trend an. Die Neigung relativ zur x-Achse kann von einer Abweichung von der siderischen Geschwindigkeit herrühren oder aber auch durch einen kleinen Fehler in der Polachsenausrichtung entstanden sein.

Fällt die Temperatur, kann sich das Spiel verringern und sogar ganz verschwinden, sodass man die Justierung am besten unten den Bedingungen der Außentemperatur vornimmt. Als ich die Position der Schneckenwelle bei meiner ersten Äquatorialmontierung eingestellt hatte, wurde der periodische Fehler von 30 Bogensekunden auf 10 reduziert! Wie bei der Kollimation gilt: Selbst wenn die Montierung durch den Hersteller justiert wurde, kann sich diese durch den Transport verändert haben. Bei einer anderen meiner Montierungen wurde durch die Vibrationen des Motors das Beugungsscheibchen in zwei Teile getrennt, sodass es wie eine Acht aussah: Das Instrument hatte dadurch mehr als die Hälfte seiner Auflösung eingebüßt! Eine einfache Justierung der Schneckenwelle reichte aus, um das Problem zu beheben.

Ist das Zahnradgetriebe zugänglich, dann prüfen Sie, ob es einen Hauch Spiel zwischen den Zahnrädern gibt. Blockieren Sie dazu mit der einen Hand ein Zahnrad, während Sie mit der anderen versuchen, das nächste zu drehen. Wenn Sie Ihre Deutsche Montierung in Rektaszension und Deklination ins Gleichgewicht bringen, belassen Sie ein leichtes Ungleichgewicht, um zu verhindern, dass es aufgrund mechanischen Spiels zu einer Wippbewegung kommt. Auch wenn es weniger kritisch ist, überprüfen Sie den Mechanismus der Deklination mit der gleichen Methode. Besitzt Ihre Montierung eine Einstellmöglichkeit für die langsame Bewegung (slow motion), überprüfen Sie die Geschmeidigkeit der Mechanik, indem Sie das Teleskop mittels der Steuerung für die langsame Bewegung eine ganze Umdrehung in Rektaszension vollführen lassen. Dabei sollten Sie keine Stellen finden, an denen es schwer läuft. Finden Sie eine bei jeder Umdrehung der Schneckenwelle, kann diese verkantet oder sogar leicht

Durch leichtes Hin- und Herbewegen der Montierung in Rektaszension kann man das Spiel zwischen Schneckenwelle und Getriebe überprüfen.

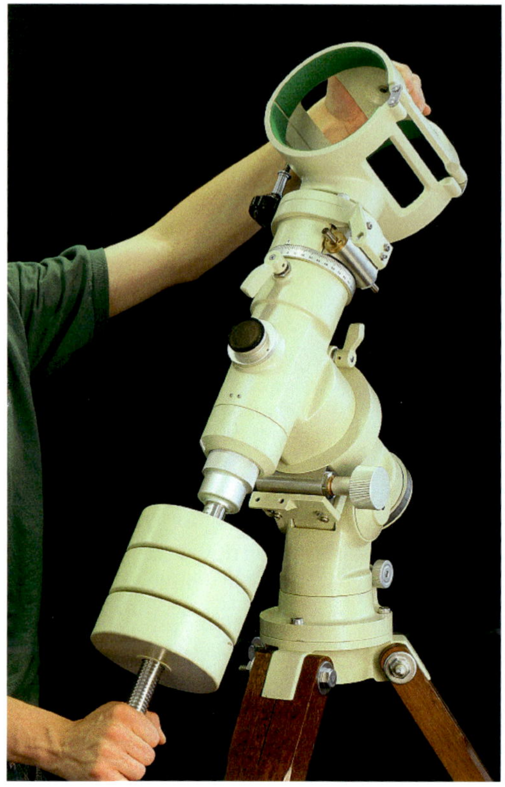

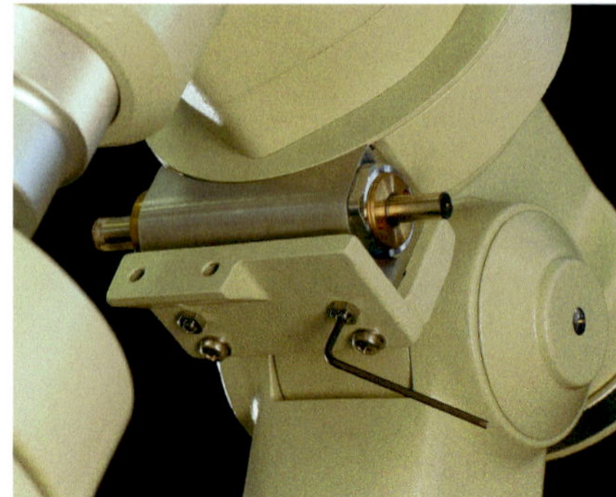

Diese Montierungen haben externe Einstellmöglichkeiten für die Schneckenwelle, was die Justierung deutlich erleichtert. Bei anderen Montierungen ist diese Mechanik innen, doch auch dort kann man justieren, indem man das Gehäuse der Schneckenwelle von außen leicht verschiebt.

verbogen sein. Befinden sich diese schwergängigen Stellen an bestimmten Positionen in der Rektaszension, kann Ihre Montierung einen der folgenden Fehler aufweisen:

- Das Zahnradgetriebe ist hinsichtlich der Polachse leicht aus der Mitte geraten. Lässt sich dessen Position nicht einstellen, erhöhen Sie entsprechend das Spiel der Schneckenwelle.
- Zahnradgetriebe und Zahnrad für die Schneckenwelle müssen geschmiert werden, was bei älteren Montierungen manchmal der Fall sein kann. Nehmen Sie dazu hochwertiges Fett mit Teflon oder Silikon, das bei jeder Temperatur seine Funktion erfüllt. Haben Sie den Eindruck, dass das Originalfett nicht gut sei, können Sie die komplette Mechanik entfetten und dann neues auftragen. (Beachten Sie dabei, dass Lösungsmittel wie Trichlorethylen sehr gut entfetten, aber auch giftig sind, und Sie deshalb sehr vorsichtig damit umgehen müssen!)

Amateure, die sich darüber wundern, dass die Hersteller Instrumente konstruieren, bei denen man Schneckenwelle oder Spiegel selber justieren muss, sollten sich vor Augen halten, dass auch ein Fahrrad regelmäßig eingestellt und geschmiert werden muss. Natürlich sind die Zahnräder eines astronomischen Instruments nicht so grob wie die an einem Fahrrad und auch die mechanische Präzision ist eine Größenordnung oder mehr höher als bei einem Fahrrad.

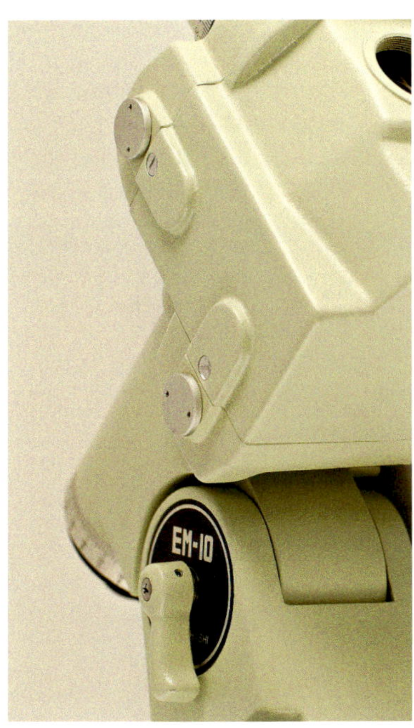

Tangential verlaufende Schneckenwellen werden durch Feststellschrauben an ihren Enden in Position gehalten (auf diesem Foto sind die Schraubenköpfe mit ihren jeweils zwei kleinen Löchern zu sehen), die, zu fest gezogen, zu Störungen im Rundlauf führen können.

Anhang 5: Optimierung der Kameraeinstellungen

Optimale Belichtungszeit des Einzelbildes bei der Deep-Sky-Fotografie

Nachdem man sich über die Gesamtbelichtungszeit für ein bestimmtes Ziel im Klaren geworden ist, muss man sich noch für eine Belichtungszeit der Einzelaufnahmen entscheiden. Um die optimale Belichtungszeit zu finden, über die hinaus es nichts bringt länger zu belichten, führt man folgende Schritte durch:

1. Man nimmt nacheinander Bilder mit jeweils doppelt so langer Belichtungszeit unter den üblichen Bedingungen (Beobachtungspunkt, Instrument, Kamera, Einstellungen, Filter) auf.
2. Dann kalibriert man seine Bilder sorgfältig mit Master-, Dunkel- und Weißbildern, die man sich aus mindestens zehn Dunkel- und Weißbildern erstellt hat, wandelt diese, falls sie als RAW-Bilder vorliegen, in RGB-Bilder um und korrigiert alle Gradienten im Hintergrund.
3. Mithilfe eines Astronomieprogramms misst man das Hintergrundrauschen (Standabweichung oder *Sigma*), teilt das Ergebnis durch die Wurzel aus 2 (1,41) und erhält so das Ausleserauschen.
4. Führen Sie die gleiche Messung (Ausleserauschen) an einem unbearbeiteten Offsetbild durch.

Die optimale Belichtungszeit für die Einzelaufnahme hat man gefunden, wenn das Hintergrundrauschen das Ausleserauschen um das Drei- bis Vierfache übertrifft. Ab dann spricht man von »hintergrundlimitierten« Bildern. Natürlich kann diese Belichtungszeit die Fähigkeiten der Montierung überfordern, vor allem wenn man ohne Autoguiding auskommen muss.

Bei kalibrierten Aufnahmen von einer, zwei, vier und acht Minuten kommt man beispielsweise auf Standardabweichungen von 13, 17, 23 und 32 digitalen Einheiten (analog-to-digital units, ADUs). Beträgt das Ausleserauschen sechs Einheiten, liegt die optimale Belichtungszeit bei etwa 4 Minuten. Das bedeutet, dass bei einer Gesamtbelichtungszeit von 40 Minuten das Signal-Rausch-Verhältnis am Ende mit 10 Aufnahmen von je 4 Minuten besser ist als bei 40 Aufnahmen von je 1 Minute. Es würde allerdings durch 5 Aufnahmen von je 8 Minuten nicht signifikant verbessert.

Die optimale Belichtungszeit verkürzt sich, wenn das Ausleserauschen niedrig oder der Himmelshintergrund relativ hell ist. Deshalb führt die Verwendung eines Schmalbandfilters oder eines Teleskops mit größerem Öffnungsverhältnis zur Verlängerung der Belichtungszeit der Einzelaufnahmen und ein Sensor mit höherer Quanteneffizienz oder geringerem Ausleserauschen zu kürzeren Zeiten.

Optimale ISO-Einstellung für Deep-Sky-Aufnahmen und Astrolandschaften

Bei der Planeten-, Mond- und Sonnenfotografie ist die Einstellung des kleinesten ISO-Wertes (normalerweise ISO 100, bei manchen Kameras ISO 200) diejenige, die das beste Signal-Rausch-Verhältnis bietet, da sie eine längere Belichtungszeit zulässt, um intensivere Signale zu erhalten. Beachten Sie, dass die sogenannten »erweiterten« Einstellungen (z.B. ISO 50 bei einigen Kameras) ein Software-Trick sind, den Sie vermeiden sollten, da die Elektronik des Sensors in Wirklichkeit bei ISO 100 arbeitet.

Bei lichtschwachen Deep-Sky-Objekten zeigt die Erfahrung, dass verschiedene ISO-Einstellungen bei gleicher Belichtungszeit zu sehr ähnlichen Ergebnissen hinsichtlich des Signal-Rausch-Verhältnisses führen. Natürlich wird das Bild auf dem Kameradisplay bei höheren ISO-Einstellungen heller dargestellt, doch auch das Rauschen

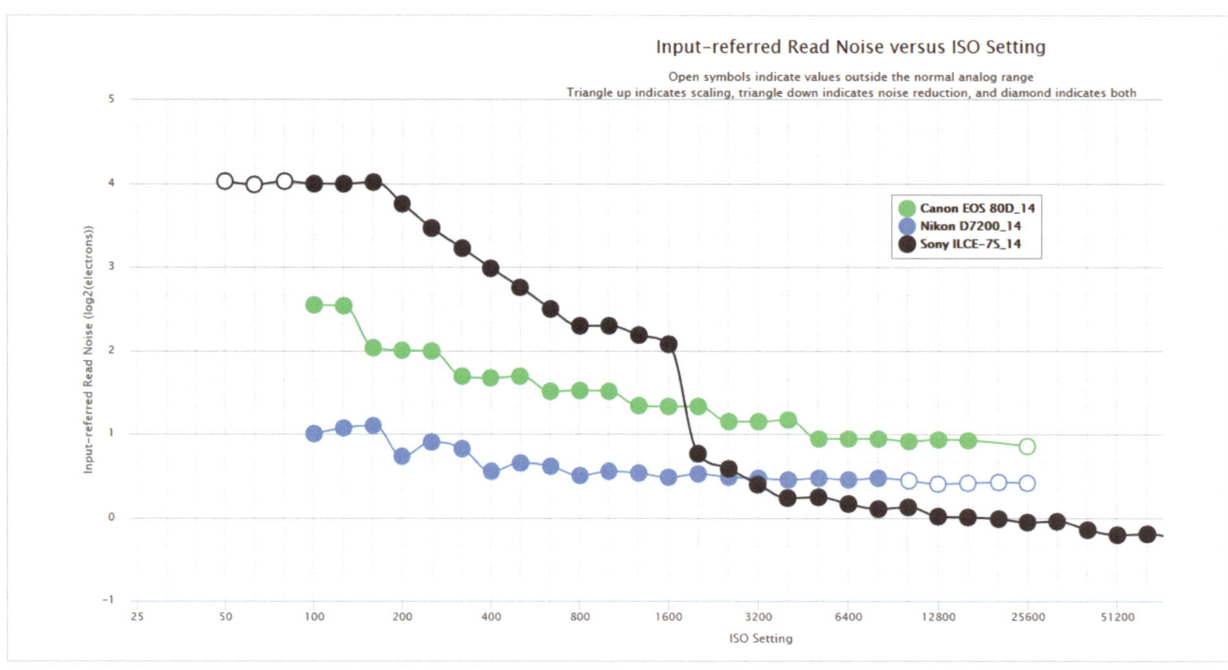

Bill Claffs Messungen des Rauschverhaltens veranschaulichen die große Vielfalt von Geräten auf dem Markt. Die grüne Kurve (Canon 80D) ist typisch für Canon-Kameras, mit einem Rauschen, das zunächst deutlich abnimmt und sich dann bei ISO 3200 stabilisiert. Die Nikon D7200 (blau) zeichnet sich durch ein nahezu stabiles Rauschen aus: Seine optimale Einstellung ist ISO 400.

Bei Sony 7S (in Schwarz) bemerken wir einen sehr deutlichen Rückgang des Rauschpegels bei ISO 2000 und dann eine Stabilisierung ab ISO 4000: Zwischen diesen Werten befindet sich die optimale Einstellung.

wird stärker. Dies ist nicht verwunderlich, wenn man sich klarmacht, dass die ISO-Einstellung die eigentliche Empfindlichkeit des Sensors nicht verändert, sondern die Verstärkung des Signals. Dem Kapitel 3 konnten Sie entnehmen, dass das Photonensignal und das begleitende Rauschen gleichsam verstärkt werden. Die ISO-Einstellung hat somit keinen Einfluss auf das Signal-Rausch-Verhältnis. Das Gleiche gilt für das thermische Signal und dessen Rauschen: Ganz egal, wie die ISO-Einstellung lautet, bekommt man das gleiche Signal-Rausch-Verhältnis. Die einzige Bildkomponente, auf die die Empfindlichkeitseinstellung einen Einfluss hat, ist das Bildrauschen. Wenn man das Bildrauschen als absoluten Wert (z. B. in Elektronen) in Abhängigkeit von der ISO-Einstellung misst, stellt man fest, dass es bei den meisten Kameras zunächst deutlich abnimmt und sich dann schließlich stabilisiert. Diesen Stabilisierungspunkt müssen wir kennen: Er markiert die Grenze der Empfindlichkeitseinstellung, die nicht überschritten werden sollte. Eine höhere ISO-Einstellung ist sogar schädlich, da die Dynamik der Kamera, d. h. ihre Fähigkeit, sowohl Tiefen als auch Lichter aufzunehmen, in umgekehrtem Verhältnis zur ISO-Einstellung abnimmt.

Die einfachste Methode ist, die Website von Bill Claff zu besuchen, insbesondere die Seite, auf der für die meisten aktuellen und früheren Kameras die Kurve des Ausleserauschens in Abhängigkeit von der ISO-Einstellung (Input-referred Read Noise versus ISO Setting) dargestellt wird: *http://photonstophotos.net/Charts/RN_e. htm.*

Die optimale Einstellung liegt an der Stelle der Kurve, an der sich das Bildrauschen zu stabilisieren beginnt, d.h. wenn es bei steigender ISO-Zahl nicht mehr signifikant abnimmt. Wenn Ihre Kamera auf dieser Seite nicht aufgeführt ist, können Sie auch selbst die Kurve des Ausleserauschens Ihrer Kamera zeichnen:

1. Man nimmt eine Reihe von Bias-RAW-Bildern mit der kürzesten Belichtungszeit (z. B. 1/4000 Sekunde) bei unterschiedlichen ISO-Einstellungen auf: 100, 200, 400 etc.
2. Öffnen Sie sie in einer Astronomiesoftware und messen Sie das Ausleserauschen (in ADU) in einem kleinen Bereich mit einer Seitenlänge von etwa 100 Pixeln.
3. Teilen Sie den gemessenen ADU-Wert durch den ISO-Wert (z. B. ergibt eine Messung von 20 ADU, die bei ISO 200 erzielt wurde, 20/200 = 0,1).
4. Tragen Sie die Messkurve auf: auf der X-Achse die ISO-Einstellung, auf der Y-Achse der im vorherigen Schritt berechnete Wert.

Die optimale Einstellung liegt kurz nach der Stelle, wo sich die Kurve abflacht und das Rauschen auf eine Obergrenze zusteuert.

Weißlichtabgleichfaktoren zur Anwendung bei RAW- und RGB-Aufnahmen

Die RGB-Faktoren, die man auf die einzelnen Farbkanäle anwenden kann, sind im RAW-Bild gespeichert, sodass ein gängiges Bildbearbeitungsprogramm auf diese für eine entsprechende Weißlichtabgleicheinstellung an der Kamera zugreifen kann. Doch wenn man solch ein Bild in einem Astronomieprogramm öffnet, wird keiner dieser Faktoren angewandt, sodass das Bild dann eine deutliche, meist grüne Farbdominanz aufweist.

Jedes Digitalkamera-Modell hat seine spezifischen Faktoren, und wenn dann noch deren Infrarotsperrfilter verändert wurde (Kapitel 7), haben sich diese Faktoren auch noch verändert. Falls andere Hobbyfotografen sie nicht bereits ermittelt haben, gehen Sie wie folgt vor:

1. Man nimmt ein Weißbild (Flat Field) auf, indem man im RAW-Modus ein weißes Blatt Papier oder, noch besser, eine Graukarte direkt im Sonnenlicht fotografiert. Der Weißlichtabgleich sollte dabei auf Sonnenlicht eingestellt sein. Durch eine Blendeneinstellung von 11 oder 16 sollte die Vignettierung minimiert werden.
2. Danach schaut man sofort auf das RGB-Histogramm auf dem Kameradisplay und versichert sich, dass das Bild nur Grau und keinerlei Farbdominanzen enthält.
3. Die RAW-Datei öffnet man in seinem Astronomieprogramm, subtrahiert das Biasbild (Kapitel 3) und wandelt es in RGB um.
4. Jetzt bestimmt man die drei Faktoren aus dem Verhältnis der Intensitäten der RGB-Kanäle. Betragen die mittleren Intensitäten beispielsweise 1000, 1500 und 1200 digitale Einheiten, sind die RGB-Faktoren auf Grün bezogen 1,5, 1 und 1,25. Auf das Bild angewandt, würde das in diesem Beispiel eine Intensität von 1500 in jedem Farbkanal ergeben.

Diese Methode lässt sich auch auf einen Satz Filter anwenden, der mit einer astronomischen Kamera verwendet wird.

Wenn man eine Graukarte bei Sonnenlicht fotografiert, kann man mit ihr die RGB-Faktoren einer Digitalkamera mit Filtersatz bestimmen. Graukarten sind im Fotozubehörhandel erhältlich.

Index

Adam Woodworth

Astro-Landschaftsfotografie

Den Sternenhimmel über eindrucksvollen Landschaften in Szene setzen

2021
208 Seiten, Broschur
€ 29,90 (D)

ISBN:
Print 978-3-86490-831-6

Der Sternenhimmel ist eines der fesselndsten Naturmotive. Mit modernen Digitalkameras ist es mittlerweile möglich, Bilder der Gestirne, der Milchstraße und atmosphärischer Phänomene wie dem Polarlicht festzuhalten, die früher nur Fotograf:innen mit professioneller Ausrüstung vorbehalten waren. In diesem inspirierenden Buch zeigt Ihnen Adam Woodworth, wie Sie auch mit einer moderaten Ausrüstung und aktueller Bildbearbeitungs-Software die Schönheit des Sternenhimmels mit perfekt belichteten Landschaften kombinieren und atemberaubende Fotos erstellen. Folgen Sie den Schritt-für-Schritt-Anleitungen und machen Sie stimmungsvolle Bilder nächtlicher Szenerien und Naturschauspiele.

- Lernen Sie, wie Sie selbst unter schwierigsten Bedingungen perfekte Aufnahmen machen.
- Setzen Sie neueste Apps zur Planung und aktuelle Software wie Adobe Lightroom Classic und Photoshop ein, um Bildmaterial für Astro-Landschaftsfotos aufzunehmen und am Computer zu perfektionieren.
- Kombinieren Sie Einzelbilder einer Bildserie in der Bildbearbeitung zu einer atemberaubenden Multishot-Komposition.

Salke Hartung

Landschaftsfotos nach Plan

Himmelsereignisse über Stadt und Land – erkunden, planen und umsetzen mit PhotoPills

2023
250 Seiten, Festeinband
€ 32,90 (D)

ISBN:
Print *978-3-86490-934-4*
PDF *978-3-96910-902-1*
ePub *978-3-96910-903-8*
mobi *978-3-96910-904-5*

Auf *dpunkt.de* auch als Bundle (Print & E-Book) erhältlich.

Durch eine gezielte Berücksichtigung von astronomischen Ereignissen und meteorologischen Faktoren bei der Aufnahmeplanung lässt sich die Quote an spektakulären Bildern enorm steigern. So können Sie zum Beispiel Sonnen- oder Mondfinsternisse, Meteorschauer oder spezielle Konstellationen mit Mond, Sonne oder Milchstraße nutzen, um Stadt- und Landschaftsfotos mit faszinierenden Himmelsszenarien zu kreieren.

Das Buch führt anhand verschiedener Tools – in dessen Zentrum die App PhotoPills steht – durch den kompletten Planungsprozess eines Himmelsereignisses, erläutert die einzelnen Werkzeuge im Detail und zeigt anhand zahlreicher Praxisbeispiele die Möglichkeiten und das Potenzial von geplanten Aufnahmen. Die vorgestellten Werkzeuge und Methoden sollen dabei Ihre bestehenden Fototechniken nicht ersetzen, sondern erweitern. Geplante Landschaftsaufnahmen lassen sich zeitlich perfekt managen und steigern Ihre Chancen auf eine hohe Ausbeute erfolgreicher Fotos.

Lernen Sie, wie Sie PhotoPills und andere Tools einsetzen, um Landschaften und Stadtlandschaften vor einem spektakulären Himmel in Szene zu setzen. Erweitern Sie Ihr fotografisches Repertoire und lernen Sie eine neue Art zu fotografieren kennen.